TRAITÉ PRATIQUE

DE

SAVONNERIE

TRAITÉ PRATIQUE

DE

SAVONNERIE

MATIÈRES PREMIÈRES — MATÉRIEL
PROCÉDÉS DE FABRICATION DES SAVONS DE TOUTE NATURE

PAR

ÉDOUARD MORIDE

INGÉNIEUR-CHIMISTE

Ouvrage couronné par la Société industrielle du Nord de la France

---

DEUXIÈME ÉDITION

Complètement remaniée et mise au courant des derniers progrès réalisés

---

PARIS

LIBRAIRIE POLYTECHNIQUE, BAUDRY ET Cⁱᵉ, ÉDITEURS

15, RUE DES SAINTS-PÈRES, 15
MAISON A LIÉGE, RUE DES DOMINICAINS, 7

1895

TABLE DES MATIÈRES

CHAPITRE Ier

Composition des savons. Saponification. Observations sur les savons.

CHAPITRE II

Corps gras et essais des corps gras.

CHAPITRE III

Alcalis et essais des alcalis

CHAPITRE IV

Eau. Chaux et Chlorure de sodium.

CHAPITRE V

Matériel des savons de Marseille.

CHAPTRÉ VI

Principes sur les lessives en général. Préparation des lessives à Marseille.

CHAPITRE VII

Fabrication des savons de Marseille

CHAPITRE VIII

Matériel des savons durs ordinaires.

CHAPITRE IX

Préparation des lessives des savons durs ordinaires.

CHAPITRE X

Savons suivant la méthode marseillaise et savons levés sur lessive en une seule opération.

CHAPITRE XI

Savons d'empâtage et savons mixtes. Observations sur la marbrure.

CHAPITRE XII

Matériel des savons mous.

CHAPITRE XIII

Préparation des lessives des savons mous

CHAPITRE XIV

Fabrication des savons mous.

CHAPITRE XV

Matériel des savons de toilette. Fabrication mécanique. Derniers perfectionnements réalisés.

CHAPITRE XVI

Fabrication des pâtes de savons de toilette.

CHAPITRE XVII.

Résine et savons résineux. Silicate et savons silicatés.

CHAPITRE XVIII.

Savons industriels et médicinaux.

CHAPITRE XIX.

Procédés particuliers de saponification.

CHAPITRE XX.

Falsification et analyse des savons.

CHAPITRE XXI.

La glycérine en savonnerie. Généralités. Extraction. Dosage et analyse.

CHAPITRE XXII.

Extraction des corps gras des eaux savonneuses et des tissus hors de service. Saponification des corps gras récupérés.

APPENDICE

TABLE DES FIGURES

Essais des corps gras.

Eau.

Matériel des savons de Marseille.

Préparation des lessives à Marseille (*Nouvelle méthode*).

Matériel des savons durs ordinaires.

Matériel des savons mous.

Matériel des savons de toilette.

Silicate.

Saponification instantanée.

Extraction de la glycérine.

TRAITÉ PRATIQUE

DE

SAVONNERIE

CHAPITRE PREMIER

COMPOSITION DES SAVONS. SAPONIFICATION. OBSERVATIONS SUR LES SAVONS

---

1. COMPOSITION DES SAVONS

Avant Chevreul, on ne possédait que des notions fort inexactes sur la composition des savons.

Ce savant découvrit, vers **1812**, que les corps gras naturels, qu'on avait toujours considérés comme des principes purs, ne différant entre eux que par de simples propriétés physiques, se composent de principes immédiats : oléine, margarine et stéarine, qu'on regarde comme des sels organiques.

Le même chimiste démontra postérieurement que, sous l'influence des alcalis caustiques, les corps gras se divisent en glycérine, produit neutre, qui, après leur avoir servi de base commune, reste en dissolution dans l'eau, et en acides gras, oléique, margarique et stéarique, qui, ainsi isolés de la glycérine, forment, en s'unissant aux oxydes alcalins, des oléate, margarate, stéarate, c'est-à-dire des savons.

A notre époque, on entend par suite sous le nom de *savons* les sels formés par les combinaisons d'acides gras avec des oxydes alcalins et surtout les produits que l'industrie prépare par l'action des alcalis caustiques sur les huiles et autres corps gras naturels pour former, soit des savons durs à base de soude, soit des savons mous à base de potasse. Dans les premiers, la glycérine est presque toujours éliminée, tandis que dans les seconds elle reste en totalité.

Chevreul ayant examiné quels pouvaient être les motifs de cette dissemblance, a constaté que dans les savons mous, la potasse caustique, en se combinant avec les acides oléique, margarique, stéarique, produit des oléate, margarate, stéarate de potasse qui prennent toujours la consistance d'une gelée, par suite de la prédominance d'oléate existant dans les matières grasses traitées et de la propriété que possède la potasse d'être essentiellement hygrométrique. Quant aux savons durs, obtenus avec la soude caustique, par la formation d'oléate, margarate, stéarate de soude, il a remarqué que ces savons ont d'autant plus de fermeté qu'ils renferment plus de margarate ou de stéarate, relativement à l'oléate, et que la soude retient moins d'eau que la potasse.

Le savon, quel qu'il soit, n'est donc pas un mélange, mais une combinaison d'acides gras, d'alcali et d'eau, c'est-à-dire un véritable sel que l'on obtient dans un état de pureté plus ou moins grand suivant les procédés de fabrication.

On peut considérer les acides gras contenus dans le savon comme l'enveloppe des alcalis et également comme moyen préservatif contre la conversion des alcalis à l'état carbonaté.

Dans le commerce on a l'habitude d'évaluer la richesse des savons au pour cent de corps gras qui ont été employés à leur fabrication, il serait beaucoup plus logique d'adopter la teneur en acides gras trouvés à l'analyse, de cette façon bien des difficultés seraient évitées dans les transactions.

Voici la composition de divers savons :

SAVONS DURS

	D'après	Acides gras	Alcali	Eau, sels neutres, etc.
Savon marbré de Marseille..........	Thénard.......	60 »	6 »	33 »
— — —	Arnavon.......	54.50	6.30	39.20
— — —	Roux..........	57 »	7 »	36 »
— blanc —	Thénard.......	50.20	4.60	45.20
— — —	Arnavon.......	59.40	6.68	34.02
— — —	Roux..........	59 »	6.80	34.20
Savon vert d'huile de pulpes d'olives.	Arnavon.......	60.30	6.70	33 »
— — — —	Moride........	63.60	6.62	29.78
Savon d'acide oléique..............	Lormé........	59.50	6.48	34.02
— —. —	Droux........	64 »	7 »	29 »
Savon d'huile de palme............	Moride........	63 »	8 »	30 »
— — —	Girardin......	62.80	8.70	28.50
— — — blanchie......	Stockhardt.....	61.20	9.70	29.10
— — — non blanchie..	—	65.20	9.80	25 »
Savon marbré rouge..............	Jean..........	65.52	5.28	29.20
— — bleu.............	—	64.26	5.12	30.62
Savon de suif marbré.............	Girardin......	62 »	8 »	30 »
— — ordinaire...........	Ure...........	52 »	6 »	42 »
Savon de coco...................	Jean..........	42.63	6.42	50.95
— — anglais............	Girardin......	22 »	4.50	73.50
— — français...........	—	30 »	10 »	60 »
Savon résineux anglais............	Ure...........	70 »	6.50	23.50
	Stein..........	62.95	8.03	29.02
Pour les savons résineux la résine est comptée *avec les acides gras.*				

SAVONS MOUS

	D'après	Acides gras	Alcali	Eau, glycérine sels neutres, etc.
Savon du nord de la France..........	Thénard.......	44 »	9.50	46.50
— — —	Chevreul.......	42.80	9.10	48.00
— — —	Moride........	43 »	8.60	48.40
— de Paris....................	Droux........	38.50	9 »	52 »
— allemand...................	Faist..........	42.17	6.43	54.40
—	Worms........	38.50	7.26	54.24
— anglais....................	Girardin......	45 »	8.50	46.50
— belge.....................	—	36 »	7 »	57 »
— hollandais..................	Droux........	42.50	8.50	49 »

2. SAPONIFICATION

La saponification, c'est-à-dire l'opération par laquelle on convertit les corps gras en savon, consiste dans le dédoublement de ces corps gras en acides gras et glycérine au moyen de bases métalliques.

M. Berthelot complétant les études de Chevreul, a démontré que toutes les huiles et les graisses employées à la fabrication du savon sont des éthers et de la glycérine composés de tristéarate, trimargarate, triolate et tripalmitate de glycérine, cette dernière substance étant considérée comme un alcool triatomique.

Lorsqu'on saponifie, par exemple, une matière grasse riche en tristéarate de glycérine, on a, d'une part, un alcool triatomique ou glycérine et un stéarate de soude ou de potasse, c'est-à-dire un savon dur ou mou suivant qu'on a employé l'un ou l'autre de ces alcalis à l'état caustique.

L'équation chimique qui suit exprime ce dédoublement en présence de la soude.

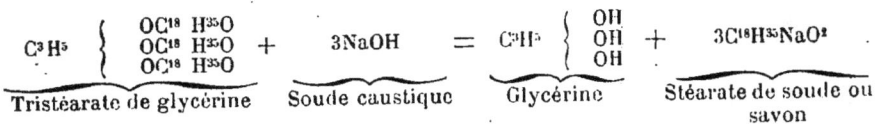

$$C^3H^5 \begin{cases} OC^{18}H^{35}O \\ OC^{18}H^{35}O \\ OC^{18}H^{35}O \end{cases} + \quad 3NaOH \quad = \quad C^3H^5 \begin{cases} OH \\ OH \\ OH \end{cases} + \quad 3C^{18}H^{35}NaO^2$$

Tristéarate de glycérine	Soude caustique	Glycérine	Stéarate de soude ou savon

Les huiles de palme et de coco qui contiennent en partie des acides gras en liberté sont beaucoup plus promptement saponifiées que les corps gras qui sont tout à fait neutres, tels que le suif, l'huile d'olive, etc.

La décomposition d'un corps gras par un alcali n'a pas lieu d'une façon immédiate et dans toute la masse à la fois, elle s'effectue en plusieurs phases. Quand il s'est formé par suite du contact du corps gras avec la solution d'alcali caustique une émulsion, des sels acides gras solides tenant en suspension le reste du corps gras prennent naissance jusqu'à ce que la totalité soit transformée en savon.

Une parfaite saponification exige :

1° Pour les savons suivant le mode marseillais quatre opérations :

Empâtage, relargage, cuisson, madrage ou liquidation.

2° Pour les savons non relargués, procédé à la petite chaudière, deux opérations :

Empâtage, cuisson.

3° Pour les savons mous, trois opérations :

Empâtage, clarification, cuisson.

Tableau des quantités approximatives de soude ou de potasse pour la saponification de 100 parties de divers corps gras.

CORPS GRAS	SOUDE CAUSTIQUE					
	A l'état solide		A l'état de lessive marquant à l'aréomètre de Baumé			
	Oxyde de sodium anhydre NaO	Oxyde de sodium hydraté NaO, HO	10° Densité 1,075	20° Densité 1,162	25° Densité 1,210	30° Densité 1,263
Acide oléique..	11.00	14.30	287	143	110	84
Huile de coco.	13.50	17.50	350	175	135	103
Huile de palme.	11.50	15.00	300	150	115	89
Suif..........	10.60	13.60	273	137	105	80
CORPS GRAS	POTASSE CAUSTIQUE					
	A l'état solide		A l'état de lessive marquant à l'aréomètre de Baumé			
	Oxyde de potassium anhydre KO	Oxyde de potassium hydraté KO, HO	8° Densité 1,060	20° Densité 1,162	26° Densité 1,220	35° Densité 1,320
Acide oléique..	16.60	20.00	233	133	100	75
Huile de coco..	20.50	24.30	405	162	122	90
Huile de palme.	17.50	20.60	345	138	103	77
Suif..........	16.00	19.30	322	123	97	72

Empâtage. — « L'empâtage a pour but, dit d'Arcet, de combiner chimiquement l'alcali au corps gras. Cette première opération présente souvent de nombreuses et grandes difficultés : il faut fournir au corps gras la lessive caustique nécessaire, peu à peu et à une densité convenable, afin que le savon, en se formant, ne puisse ni se dissoudre dans la liqueur, ni s'y réunir en grains trop gros et trop durs. Si le savon formé se dissolvait dans la lessive bouillante, toute la cuite se prendrait bientôt en masse, le savon brûlerait au fond de la chaudière, et l'opération ainsi conduite deviendrait impraticable. Si, au contraire, on voulait faire l'empâtage en employant trop de lessive et des lessives trop concentrées, l'ébullition ne parviendrait que difficilement à multiplier les points de contact entre le corps gras et la lessive, ce qui retarderait la saponification et augmenterait la dépense en combustible, en main-d'œuvre, etc. »

M. Bignon *(Fabrication rapide du savon)* explique ainsi l'empâtage :

« L'huile, au moment où elle est versée dans la lessive, est saponifiée complètement dans tous les points de contact ; puis la petite quantité de savon formée étant plus lourde que l'huile et plus légère que la lessive, vient se placer entre les deux où elle forme une nappe continue qui s'oppose à tout contact postérieur ; si les matières restent en repos, la saponification est suspendue.

« Mais si on agite, voici ce qui arrive : le savon formé, rencontrant de la lessive chaude, s'y dissout. (Cette lessive, d'ailleurs, à mesure qu'elle cède son alcali, devient plus aqueuse et plus apte à dissoudre). L'eau de savon, étant agitée avec l'huile, émulsionne celle-ci ; et comme la saponification est un phénomène tout de contact (Pelouze), l'huile ayant multiplié prodigieusement sa surface par le fait de l'*émulsionnement*, la saponification s'opère dans la même proportion : les deux phénomènes marchent parallèlement et ne dépendent, quant à la célérité, que de l'énergie du brassage ; l'épaississement dépendant surtout de l'état émulsif, croît et décroît avec lui. Quant à l'eau, elle se trouve absorbée dans une certaine proportion par le savon qui en a besoin pour se constituer ; l'excès sert à former l'émulsion qui ne saurait exister sans une proportion assez forte de ce liquide. L'eau va donc diminuant à mesure que l'opération avance ; la vaporisation en enlève également et quand elle est toute employée, la pâte touche au fond. »

D'après M. Dumas, l'empâtage consiste à former une émulsion, ou commencement de combinaison, entre l'huile et les lessives dont la densité ne dépasse jamais 11° B., et à préparer ainsi la masse à recevoir l'action de lessives plus fortes.

Relargage. — Cette opération, spéciale aux savons fabriqués suivant la méthode marseillaise, a pour but de préparer le savon en voie de formation à recevoir son complément d'alcali ; mais il faut, pour l'effectuer, que l'empâtage soit entièrement achevé.

On utilise pour le relargage les lessives dites de *recuit* qui sont
des lessives plus ou moins épuisées et celles de trempages du savon
marbré, en raison du chlorure de sodium qu'elles contiennent,
produit qui possède la propriété de séparer le savon à l'état insoluble de ses dissolutions aqueuses ou alcalines faibles.

Cuisson. — Le savon ayant abandonné, par le repos, la lessive
usée, il s'agit de s'occuper de la cuisson tout en donnant à sa pâte
la quantité d'alcali qui lui manque ; on réalise ce double but en employant des lessives alcalines salées, dont chacune d'elles amène
une séparation. On comprendra par suite combien est erronée l'o-
pinion de ceux qui prétendent que la cuisson est seulement destinée à amener le savon à ne contenir que la proportion d'eau convenable. Cette grave erreur a été combattue du reste par Robiquet
qui s'exprime ainsi :

« Quelques auteurs ont avancé que l'empâtage étant achevé, la
saponification l'était également. Rien ne justifierait dans cette supposition, la quantité considérable d'alcali qu'on est obligé d'ajouter
avant d'obtenir le savon parfait. On ne doit donc considérer l'empâtage que comme un commencement ou un premier degré de combinaison, et l'opération suivante, la coction, comme destinée à la
transformation de l'huile en acides gras à l'aide de la réaction alcaline, et à fournir tout l'alcali nécessaire à la saturation de ces acides
à mesure qu'ils se développent. »

Madrage ou liquidation. — Le madrage a lieu pour les savons
marbrés, la liquidation pour les savons blancs.

Le madrage consiste à disséminer dans la masse totale du savon
en chaudière les parties de savons d'alumine et de fer qui sont d'un
noir bleuâtre de façon à obtenir de petites veines.

Les questions de brassage et de température ont une grande influence sur le madrage. En ce qui concerne les lessives dont on doit
se servir, il est essentiel qu'elles ne soient ni en trop grande quantité ni trop faibles ; car la pâte savonneuse ne pourrait retenir les
savons métalliques qui donnent lieu à la marbrure.

Si au contraire les lessives employées sont en trop petite quantité et à des degrés élevés les savons métalliques ne peuvent plus se disséminer et en outre la pâte manquant de l'eau qui lui est nécessaire, il en résulte une perte de rendement.

La liquidation n'est pas, comme on le croit généralement, un simple délayage du savon qui en le rendant plus fluide, permet l'élimination des matières étrangères au véritable savon, c'est une opération bien plus compliquée et par suite très délicate. Elle a pour but de rendre la pâte blanche et homogène, en séparant avec l'aide de lessives douces faibles et de la chaleur deux savons qui varient entre eux de consistance, de couleur, de degré d'hydratation, ainsi que de solubilité et qui ne peuvent être désunis que si l'on abaisse d'une façon suffisante la lessive qui imprègne la pâte totale. Celui des savons qui est le plus soluble se dissout promptement dans la lessive qui devient visqueuse et colorée, puis, en raison de la densité qu'il possède, il tombe à la partie inférieure entraînant avec lui toutes les matières poreuses et l'alcali en excès.

L'autre savon qui s'hydrate beaucoup moins aisément et qui est en outre insoluble dans la lessive qui dissout le premier constitue la masse de savon épuré.

3. OBSERVATIONS SUR LES SAVONS

Rendement. — Le rendement, ou quantité de savon provenant d'un poids déterminé de corps gras, dépend :

1° De la nature des corps gras ;

2° Du degré des lessives ;

3° De la conduite des diverses opérations, nécessitées par la saponification.

Les acides gras du suif, de l'huile d'olive, exigent plus d'alcali que ceux de l'huile de lin et des huiles analogues.

Un corps gras quelconque imparfaitement saponifié par défaut d'alcali, n'atteindra pas son point de rendement; si au contraire l'alcali est en excès le rendement sera dépassé, mais on obtiendra un savon de mauvaise qualité. Nous pouvons donc formuler : que les corps gras s'unissent aux alcalis suivant des principes cons-

tants et que ce n'est qu'artificiellement qu'on augmente le rendement.

Rendement en savon de quelques corps gras.

Origine végétale.	Huile de colza...........................	1,45
	— de lin...........................	1,40
	— d'olives...........................	1,70
Origine animale.	Acide oléique...........................	1,50
	Suif de bœuf............................	1,70
	— de mouton...........................	1,70

Sachant qu'un savon contient, par exemple, 64 0/0 d'acides gras,
pour connaître son rendement, c'est-à-dire la quantité de savon qui
a été obtenue par 100 kg. de corps gras, il suffit d'établir le calcul
ci-dessous :

$$\frac{64 \text{ d'acides gras}}{100 \text{ de savon}} = \frac{100 \text{ d'acides gras}}{x \text{ de savon}} \quad x = \frac{100 \times 100}{64} = 156,250$$

On voit que 64 0/0 d'acides gras correspondent à 156 kg. 250 de
savon ; mais comme la glycérine a été forcément éliminée, pour
avoir la quantité de matière grasse neutre employée on doit ajouter au chiffre d'acides gras la proportion équivalente de glycérine.
Ainsi si nous supposons que le savon ait été fabriqué avec du
suif exclusivement, la teneur en glycérine étant à peu près pour
cette substance de 10 0/0, nous aurons :

Acides gras...........................	64.00
Plus 10 0/0 de glycérine sur 64 d'acides gras..	6.40
Soit de matière grasse pour 100 kg. de savon.......	70.40

Table de rendement suivant la teneur en acides gras.

Acides gras	Rendement	Acides gras	Rendement
64	156.250	40	250.000
62	161.290	38	263.157
60	166.666	36	277.774
58	172.413	34	294.111
56	178.571	32	312.500
54	185.185	30	333.333
52	192.300	28	357.142
50	200.000	26	384.600
48	208.333	24	416.660
46	217.391	22	454.444
44	225.000	20	500.000
42	238.095	18	555.555

Pesanteur spécifique. — La nature des huiles, comme celle des graisses, est sans aucune action sur la pesanteur spécifique d'un savon ne renfermant que les proportions strictement nécessaires d'alcali et d'eau ; le degré de concentration des lessives employées et la cuisson exercent seuls une influence. Or un savon fabriqué avec des lessives faibles, puis soumis à une longue cuisson pouvant se trouver dans le même cas de concentration qu'un savon obtenu avec des lessives fortes, on peut dire que c'est uniquement de la cuisson que dépend la pesanteur spécifique du savon. D'un autre côté, les praticiens n'ignorent pas que deux cuites conduites d'une façon identique sont cependant dissemblables sous le rapport de la densité ; mais il est facile de remarquer que, dans ce cas, la pâte la plus compacte a un poids supérieur à celle qui est poreuse. La première mise dans l'eau atteint plus vite le fond d'un vase que la seconde.

PESANTEUR SPÉCIFIQUE DE DIVERS SAVONS

Savon marbré de Marseille	1,033
— blanc —	1,040
— d'acide oléique	1.027
— résineux ordinaire	1,070
— à l'huile de palme et de coco	1,100
— marbré rouge	1,092
— de toilette	1,048

Déchet. — Tous les savons bien fabriqués, nous voulons parler de ceux qui sont absolument purs, offrent un déchet égal, mais on a remarqué que sur les savons de Marseille autant le déchet est rapide et irrégulier pour le savon marbré, autant il est lent et uniforme pour le savon blanc par suite de la liquidation qui a rendu ce dernier plus parfait.

D'autre part, chacun sait que les savons en général, perdent ou gagnent du poids suivant qu'ils se trouvent dans une atmosphère sèche ou humide, mais que, s'ils sont restés trop longtemps à l'air, ils ne peuvent que très difficilement regagner le poids primitif ; cependant si l'on met ces savons dans une dissolution de sel marin la perte est nulle.

Action de l'eau. — Selon Cheveul, qui a examiné avec beaucoup de soin l'action de l'eau sur les savons, les sels neutres des *acides gras* traités par 12,000 à 15,000 parties d'eau, se divisent en un sel acide insoluble et en un alcali libre qui reste en dissolution avec des traces d'acides gras. La quantité d'alcali dissous serait la moitié environ de celle qui est contenue dans le composé.

Il en résulte qu'en présence d'une forte quantité d'eau, les savons se scindent en sels acides qui se précipitent, et en alcali libre restant à l'état de dissolution. On a en effet remarqué qu'un savon quelconque ne peut avoir une action efficace qu'après sa séparation en un précipité insoluble et en une partie soluble.

M. S. Fricke, dans une communication faite au laboratoire de chimie industrielle du Carolinum à Brunswick, s'exprime ainsi :

« Nous avons cru utile de faire un examen approfondi de la manière dont le savon se comporte avec l'eau, dans les circonstances ordinaires du lavage.

« La première idée qui se présente pour atteindre ce but, c'est de prendre le liquide formé par la dissolution de savon dans un excès d'eau, c'est-à-dire de prendre l'eau ou bouillie de savon et d'en séparer, par filtration, le précipité solide du reste de la solution ; mais cela présente des difficultés presque insurmontables. C'est que la bouillie de savon ne se laisse pas filtrer ; elle ne traverse le filtre que très lentement et ne passe jamais bien claire. Il est donc indispensable, pour pouvoir bien étudier le phénomène, d'obtenir séparément la partie soluble et la partie insoluble, et d'étudier à part chacune d'elles.

« Lorsqu'un morceau de savon solide et bien sec est plongé dans un vase rempli d'eau pure, de manière qu'il s'y tienne juste au-dessous de la surface (ce qu'on peut réaliser, par exemple, au moyen d'un réseau en fil de fer convenablement suspendu), et qu'on abandonne le vase au repos, on voit nettement une solution se former à la surface extérieure du savon et tomber au fond en stries d'une limpidité parfaite.

« La place de ces dernières est aussitôt remplie par l'eau qui afflue du vase ; celle-ci absorbe une nouvelle portion de l'élément soluble du savon, et on arrive ainsi par la circulation naturelle du dissolvant à lessiver tout le savon, c'est-à dire à séparer la partie soluble dans un excès d'eau froide de la partie qui y est insoluble. A mesure que la solution s'effectue, le savon introduit dans le vase perd de plus en plus sa translucidité, devient de plus en plus opaque et finit par prendre l'aspect du bois, aspect dû à sa structure fibreuse qui est mise à nu. Aux endroits où les fibres sont plus ramollies, par l'eau, elles ont un beau brillant nacré. Par ce moyen, on parvient à isoler l'élément insoluble du savon. Naturellement, la séparation est plus ou moins complète, suivant la manière dont est exécutée l'expérience ; elle dépend, par suite, de la forme du savon qu'on doit prendre en morceaux cohérents et volumineux, mais plats et non épais ; elle dépend ensuite de la quantité d'eau et aussi de la profondeur du vase ; enfin, la séparation sera d'autant plus complète que la solution qui se forme autour du savon en tombant au fond, se mêlera moins au reste de l'eau. »

M. E. Rotondi a étudié de son côté l'action de l'eau sur les savons et il a consigné les remarques suivantes :

1° Les savons alcalins neutres sont décomposés par l'eau et forment des savons basiques, solubles dans l'eau chaude comme dans l'eau froide, et des savons acides qui sont insolubles.

2° La décomposition complète dépend de la température à laquelle on opère, de la concentration et du temps indispensable à la réaction.

3° Les savons basiques se dyalisent aisément, mais le contraire a lieu pour les savons acides.

4° Les savons basiques ne sont nullement un mélange de savon neutre et d'alcali libre, car le sel ne peut les précipiter entièrement.

5° Les solutions aqueuses des savons basiques dissolvent les acides gras et en font une solution claire, qui au contact de l'air, devient peu à peu louche, par suite de la combinaison et de la précipitation d'un savon acide.

6° Les solutions de savon basique, étant chauffées, fondent les savons acides, mais par le refroidissement s'en séparent de nouveau.

7° Les substances grasses neutres peuvent former une émulsion seulement avec les savons basiques et ne se combinent pas chimi-

quement, car le mélange peut être décomposé et les constituants
être retrouvés par l'addition de 90 p. 100 d'alcool.

8° Le deutoxyde de carbone rend les savons basiques insolubles
sans les décomposer.

9° Les savons acides sont dépourvus de toutes ces qualités.

Les savons de bonne fabrication se dissolvent aussi aisément et
aussi complètement dans l'eau bouillante que dans l'alcool, et donnent, sans pour cela se décomposer, un liquide transparent ; mais
par le refroidissement la transparence disparaît.

L'affinité des savons pour l'eau est excessivement variable ; elle
dépend de la nature des matières grasses dont ils proviennent.

Le stéarate de soude procure, avec 10 parties d'eau, une solution
épaisse qui se solidifie à 62° C., tandis que le stéarate de potasse
ne fournit qu'un liquide assez épais. L'oléate de soude n'exige que
la même quantité d'eau ci-dessus pour former une solution fluide
alors qu'on a un résultat semblable pour l'oléate de potasse avec 4
parties d'eau seulement.

Pour dissoudre, en vue d'usages industriels, les savons dans les
conditions les plus avantageuses, il est essentiel de n'employer qu'une
eau renfermant le moins possible de sels calcaires et magnésiens,
c'est-à-dire qu'on doit rechercher de préférence soit l'eau distillée,
l'eau de pluie ou l'eau de condensation de vapeur.

Dans le cas, qui existe souvent, où l'on ne peut se procurer les
unes ou les autres, il faut recourir à la correction chimique des eaux
qu'on a à sa disposition et si l'on procède d'une façon judicieuse
l'on est assuré que le savon agira avec toute son efficacité.

Action des dissolutions salines. — En présence de dissolutions
salines, l'action de l'eau sur les savons se trouve notablement modi-
fiée. Un morceau de savon de soude, placé dans une dissolution
concentrée et froide de sel marin, surnage comme dans un bain de
mercure, ne se décompose pas et reste tout à fait solide.

Si l'on a chauffé la dissolution saline, le savon se ramollit, en
formant une masse visqueuse épaisse, qui se sépare nettement à la
surface du bain liquide et se divise par l'agitation en flocons, qui se
rassemblent de nouveau lorsqu'on laisse reposer la liqueur. Cette

masse abandonne alors à la solution de sel marin une certaine quantité d'eau, qui dépend d'ailleurs de la nature du savon. On voit, par conséquent, que le savon de soude est insoluble, aussi bien à chaud qu'à froid, dans une solution concentrée de sel marin.

. Si l'on réunit deux dissolutions, l'une de savon, l'autre de sel marin, elles ne se mélangent que pour un certain degré de dilution, cette dilution doit être très étendue, pour la plupart des savons, quand elles sont concentrées elles forment des couches superposées parfaitement distinctes.

Si à une dissolution de savon dans de l'eau on ajoute du sel marin, celui-ci emprunte à la dissolution une quantité d'eau suffisante pour se dissoudre, la nouvelle solution de sel ainsi formée, se sépare d'ailleurs de la première.

Toutes les solutions de savons se comportent ainsi avec un grand nombre d'autres sels tels que : le chlorure de potassium, le chlorhydrate d'ammoniaque, les carbonates alcalins, les alcalis caustiques, etc. ; toutefois les phénomènes ne sont pas aussi appréciables qu'avec le chlorure de sodium.

Les lessives caustiques ne se mélangent convenablement aux solutions de savons que si elles ont un degré peu élevé.

Les savons de potasse sont décomposés par les sels de soude ; il se produit un savon de soude et du sel de potasse en quantité correspondante au sel de soude. Par exemple avec le chlorure de sodium on obtient du chlorure de potassium.

Avant que la soude artificielle ait été découverte, on utilisait quelquefois cette réaction dans les pays du Nord pour obtenir des savons durs avec des savons mous. Dans ce cas on transformait un savon fabriqué avec de la potasse au moyen d'une addition de sel marin. Il se formait alors du chlorure de potassium et la soude libre remplaçait la potasse comme base du savon.

Effets du savon. — La consommation sans cesse croissante du savon, la variété de ses qualités, et les usages multiples qui lui sont spéciaux imposent de rechercher par suite de quelles influences cette substance, absolument indispensable aux peuples civilisés, rend les éminents services que chacun apprécie.

De nombreuses expériences ont démontré que le savon développe à un très haut degré les qualités purificatrices de l'eau et qu'il ne peut être remplacé, sauf dans des cas isolés ; mais, pendant longtemps, on n'a eu aucune notion sur la faculté que possède un savon dont la base est saturée d'un corps gras, de nettoyer les étoffes, la peau, etc.

Berzélius a été le premier à s'occuper de cette intéressante question, et, à son avis, on peut la résoudre en s'appuyant sur deux raisons principales :

4° La facilité avec laquelle le savon se décompose dans les dissolutions étendues et abandonne son alcali en formant des sels.

2° La propriété que possède une solution savonneuse d'absorber la graisse en s'émulsionnant.

D'après Chevreul, le savon, qui n'est qu'un sel neutre d'acides gras, se décompose lorsqu'il se dissout dans une grande quantité d'eau ce qui détermine la séparation d'une partie insoluble, tandis que l'alcali est mis en liberté avec des traces d'acides gras. Les impuretés adhérentes aux étoffes sont évincées par cet alcali qui forme avec elles des combinaisons, sinon complètement savonneuses, au moins susceptibles de s'unir par affinité avec la partie acide insoluble qui existe dans la dissolution. Cette partie acide agit alors pour envelopper les matières impures en suspension et empêcher qu'elles ne viennent adhérer de nouveau sur les étoffes dont elles ont été éliminées avec le concours de frottements actifs et répétés.

M. Bussy se place à un tout autre point de vue : selon lui, quand on opère un lavage quelconque, l'action de l'alcali est insignifiante et il n'y a en jeu que celle du savon lui-même qui simplement rend miscibles à l'eau les souillures qui imprègnent les étoffes, c'est-à-dire met ces matières dans un tel état de division qu'elles puissent être tenues en suspension dans l'eau rendue visqueuse et ne plus s'attacher aux étoffes.

Supposons pour un instant comme exacte l'unique efficacité de l'alcali, l'usage du savon ne serait alors qu'un moyen très dispendieux de se procurer de l'alcali. Quant à la théorie que nous venons de résumer en dernier lieu si elle avait une valeur réelle on pourrait substituer au savon une foule de substances aptes à donner à l'eau de la viscosité.

M. Waren-Delarue, paraît s'être appliqué à concilier les opinions qui ont été soulevées. « L'action de l'eau, dit-il, ne paraît pas être le seul mode d'opérer du savon ; ses propriétés utiles sont dues, en grande partie, au pouvoir qu'il possède de dissoudre ou d'émulsionner des substances qui sont par elles-mêmes insolubles dans l'eau. On sait que tels sels minéraux exercent une action dissolvante sur certains corps d'ailleurs entièrement insolubles : ainsi c'est un fait bien connu que le borax (borate de soude), fait dissoudre avec une grande facilité l'acide urique ; que les sels de chaux sont très solubles dans la glycérine ; les chimistes se rappelleront à ce sujet les propriétés dissolvantes remarquables que possède la bile, qui est essentiellement une combinaison d'alcali avec les acides gras ou savon ; elle dissout avec une grande facilité le corps gras neutre nommé « cholestérine, » qui, de même que les graisses est insoluble dans l'eau.

« Outre ces deux modes d'action, le savon sans aucun doute produit aussi un effet mécanique. La propriété qu'il possède de rendre l'eau capable de former une écume ou mousse, contribue efficacement à l'enlèvement des particules insolubles de la malpropreté, lesquelles sont entraînées par le frottement de l'eau de savon, forcée d'entrer et de sortir à travers les très petits interstices des étoffes soumises au blanchissage ; ces particules, tenues en suspension par la mousse, et comme gonflées, ne peuvent plus rester adhérentes aux filaments des tissus. »

Pour nous, pendant le lavage, le savon se décompose : d'une part en sel soluble basique qui a le pouvoir de réagir sur différentes impuretés, particulièrement sur les graisses et de les dissoudre, d'autre part, en sel insoluble acide dont le rôle se borne à tenir en suspension les impuretés détachées des fibres en traitement.

La décomposition d'un savon neutre en sel basique et en sel acide est absolument analogue à la transformation de quelques acétates en acide basique et acide acétique.

En dehors des propriétés que nous venons de relater, il en existe une autre sur laquelle on doit fixer l'attention ; nous voulons parler de la faculté inhérente à une dissolution savonneuse de mouiller presque tous les corps. Cette faculté donne prise à un contact intime très favorable, car elle permet alors à l'eau saturée de savon de se glisser par capillarité entre la surface de l'objet à nettoyer et les taches qui s'y trouvent en déplaçant la couche d'air interposée, ce qui détermine l'élimination des impuretés, résultat qu'on ne saurait atteindre d'une façon complète par l'emploi d'eau pure.

Un savon préparé dans les meilleures conditions ne se dissout que lentement ; aussi est-on dans la nécessité d'effectuer un frottage jusqu'à ce que l'on soit parvenu à dissoudre la proportion de savon indispensable pour faire disparaître les taches. On conçoit qu'il ne peut y avoir ainsi de savon inutilement dépensé, c'est le motif pour lequel on accorde la préférence aux savons préparés suivant la méthode marseillaise.

En se servant au contraire d'un savon de fabrication inférieure, celui-ci, en raison de l'eau qu'il contient en excès, manque de force d'adhésion, aussi est-il désagrégé par l'eau avec une telle rapidité que même en supposant un savonnage opéré avec la plus vigilante attention, on consomme une quantité de savon d'environ dix fois supérieure à celle qui serait strictement utile en employant un savon irréprochable.

M. l'abbé Vassart, professeur de teinture à l'Ecole nationale des arts de Roubaix, s'exprime ainsi sur le choix d'un savon industriel.

« Les savons présentent d'assez grandes différences de solubilité et par suite de facilité pour les rinçages. Or on voit de suite les inconvénients qui pourraient résulter d'un mauvais rinçage ; il resterait du savon dans le tissu et après plus ou moins de temps ces tissus prendraient une mauvaise odeur de corps gras devenus rances. Les savons qui se rincent le mieux sont encore ceux à l'acide oléique, à l'huile d'olive avec huile de sésame et d'arachide ; les savons les plus difficiles à rincer sont ceux à l'acide stéarique et au beurre de palme. »

Lors du savonnage il est aisé de constater que les savons mous ont une réaction alcaline qui ne se manifeste pas avec les savons durs et ils se dissolvent avec plus de rapidité que ceux-ci.

Pour nous résumer, les effets du savon dépendent d'une action physico-chimique.

CHAPITRE II

CORPS GRAS ET ESSAIS DES CORPS GRAS

1. CORPS GRAS

On entend par « corps gras » des principes naturels, onctueux au toucher, laissant sur le papier une tache qui le rend diaphane et résiste à la chaleur. Moins denses que l'eau où ils sont insolubles, les corps gras sont peu solubles dans l'alcali, très solubles dans l'éther, la benzine et les essences, fades à la langue, non volatils et ne décèlent aucune trace d'acide au papier tournesol. Les uns sont liquides : huiles ordinaires ; les autres épais : huiles concrètes ou beurres ; enfin il y en a de solides : graisses, suifs, cires.

Sous l'action d'un froid intense, les huiles ordinaires acquièrent une certaine consistance ; la chaleur, par contre, augmente leur fluidité et liquéfie celles qui sont concrètes ainsi que les graisses, les suifs et les cires.

Les corps gras provenant du règne végétal ou animal ne sont presque jamais purs et contiennent de l'albumine ou du mucilage et des fragments de tissu cellulaire. Ces matières étrangères font éprouver au corps gras, au contact de l'air, une décomposition particulière par laquelle il se forme, entre autres produits, une substance volatile d'une odeur repoussante, et douée de propriétés acides, décomposition qu'on qualifie de rancissement.

Chevreul a démontré que les corps gras sont des mélanges, en proportions variables, de certains principes définis tels que : la stéarine, la margarine, la butyrine, etc., et que ces principes sont susceptibles d'être décomposés, avec fixation d'eau ou **acides gras** et un corps neutre désigné sous le nom de **glycérine**.

M. Berthelot a mis ensuite hors de doute la composition de ces principes qui, par leurs mélanges, constituent les corps gras naturels. Il résulte de ses travaux, qu'on doit considérer la glycérine comme un alcool qui en s'unissant aux acides gras, avec élimination d'eau, forme des combinaisons neutres, véritables éthers, que l'on désigne sous le nom générique de **glycérides**.

Les glycérides les plus répandus dans la nature sont l'oléine, la margarine, la palmitine et la stéarine.

Selon leur consistance, les corps gras sont désignés sous le nom d'*huile*, lorsqu'ils sont liquides à la température ordinaire, d'*huile concrète* ou *beurre* quand ils ont une consistance pâteuse et se ramollissent à $+ 18°$; enfin on se sert de la dénomination de *graisse* ou de *suif* lorsqu'ils ne deviennent liquides qu'à plus de 38°.

Division des corps gras employés en savonnerie.

Huiles	liquides végétales	siccatives	huile de chenevis. — de lin. — d'œillette. — de ricin.	
		non siccatives	huile d'amandes douces, — d'arachide. — de cameline. — de coton. — de maïs. — d'olive. — de sésame.	d'enfer. à fabrique. de fonds de piles. de pulpes. de ressence.
	concrètes	végétales	huile de coco. — de coprah. — de mafoura. — d'illipé. — de palme. — de palmiste. — de brindonia.	
		animales	huiles des mammifères. acide oléique. huiles des cétacés. huile de poissons.	de baleine. de cachalot. de dauphin.
Graisses			graisse de cheval. — de colle. — dite flambart. — d'os. — de saindoux.	
Suifs	des végétaux		suif d'arbre. — de Piney.	
	des animaux		suif de bœuf. — des hoyauderies. — de mouton. — d'os. — de taureau. — de vache. — de veau.	

Les alcalis caustiques, soude ou potasse, transforment les corps gras en acides gras : oléique, margarique, stéarique, qui, isolés de la glycérine, leur base commune, forment aussitôt en se combinant aux oxydes alcalins, suivant les lois de l'affinité chimique, des oléate, margarate et stéarate, c'est-à-dire des savons qui, s'ils proviennent d'un simple empâtage, conservent la glycérine à l'état d'hydrate, alors qu'ils en sont débarrassés dans les savons relargués, ou cuits sur lessive.

HUILES LIQUIDES VÉGÉTALES SICCATIVES.

Huile de chènevis ou de chanvre. — Provenance. Graines du chanvre cultivé.
Pays producteurs. — France, Allemagne, Perse, Inde.
Couleur. — L'huile de chènevis fraîche est jaune verdâtre ; vieille jaune brun.
Odeur. — Désagréable.
Saveur. — Fade.
Densité. — 0,9255 à + 15°.
Congélation. — A — 27°.
Falsification. — Par l'huile de lin colorée en jaune verdâtre à l'aide de l'indigo.
Fabrication. — Savons mous.

Huile de lin. — Provenance. Graines du Lin cultivé.
Pays producteurs. — France, Belgique, Hollande, Angleterre, Russie, Inde.
Couleur. — Jaune clair par pression à froid.
     —   Brunâtre   —   à chaud.
Odeur. — Spéciale.
Saveur. — Id.
Densité. — 0,930 à + 15°.
Congélation. — A — 27°.
Falsification. — Par l'huile de poisson et l'huile de résine.
Fabrication. — Savons mous et quelquefois savons durs.

Huile d'œillette ou huile blanche. — Provenance : Graines du Pavot somnifère.
Pays producteurs. — France, Belgique.
Couleur. — Jaune d'or.
Odeur. — Agréable.
Saveur. — Id.
Densité. — 0,9249 à + 15°.
Congélation. — A — 18°.
Falsification. — Par les huiles d'arachide, de coton et de sésame.
Fabrication. — Savons mous.

Huile de ricin ou huile de Palma Christi. — Provenance : Graines du ricin commun.

Pays producteurs. — Europe, Afrique, Asie, Amérique.
Couleur. — Légèrement jaunâtre.
Odeur. — Presque nulle.
Saveur. — Fade.
Densité. — 0,960 à + 15°.
Congélation. — A — 18°.
Falsification. — Par l'huile d'œillette.
Fabrication. — Savons durs.

HUILES LIQUIDES VÉGÉTALES NON SICCATIVES

Huile d'amandes douces. — Provenance : Fruits de l'Amandier commun.
Pays producteurs. — France, Algérie, Espagne, Italie, Inde.
Couleur. — Jaune clair.
Odeur. — Nulle.
Saveur. — Agréable.
Densité. — 0,9177 à + 15°.
Congélation. — A — 20°.
Falsification. — Par les huiles de coton, d'œillette et de sésame.
Fabrication. — Savons durs médicinaux, seulement, en raison de son prix élevé.

Huile d'arachide. — Provenance : Graines de l'Arachide, aussi nommés « pistaches de terre ».
Pays producteurs. — France, Espagne, Afrique, Amérique.
Couleur. — Jaune.
Odeur. — Désagréable.
Saveur. — Analogue à celle des haricots verts.
Densité. — 0,9163 à + 15°.
Congélation. — A — 3°.
Falsification. — Par l'huile de coton.
Fabrication. — Savons durs.

Huile de cameline. — Provenance : Graines de la Cameline cultivée.
Pays producteurs. — Europe, Asie.
Couleur. — Jaune jonquille.
Odeur. — Particulière.
Saveur. — Id.
Densité. — 0,9252 à + 15°.
Congélation. — A — 18°.
Falsification. — Par les huiles de colza, de lin et les huiles minérales.
Fabrication. — Savons mous.

Huile de coton. — Provenance : Graines du Cotonnier Bombace.

Pays producteurs. — Asie, Afrique, Amérique.

Couleur. — Rougeâtre en masse.

— Jaunâtre en petite partie.

Odeur. — Nulle.

Saveur. — Douce

Densité. — 0,9306 à + 15º.

Congélation. — A 0º.

Falsification. — Rare.

Fabrication. — Savons durs et savons mous.

Huile de maïs. — Provenance: Graines du Maïs, blé d'Inde ou de Turquie.

Pays producteurs. — Asie, Amérique, Afrique.

Couleurs. — Rouge brun.

Odeur. — Forte.

Saveur. — Particulière.

Densité. — 0,9232 à + 15º.

Congélation. — A — 5º.

Falsification. — Par l'huile de poissons et l'huile de résine.

Fabrication. — Savons mous.

Huile d'olive. — Cette huile, qui provient de l'olivier d'Europe, arbre qui n'est guère cultivé par ailleurs que dans le nord de l'Afrique, exige, en raison de son importance et des qualités qu'elle comporte que nous l'examinons d'une façon plus complète que les huiles précédentes. On fait usage en savonnerie des qualités dites :

Huile d'Enfer.

— à fabriquer.

— de fond de piles.

— de pulpes.

— de ressence.

Huile d'Enfer. — C'est le résidu extrait des eaux résultant du traitement des tourteaux de grignons par l'eau bouillante, lors de l'élimination des dernières parties de l'huile à manger ordinaire.

Son odeur est repoussante. On y mélange souvent des fonds de fûts qui sont devenus rances. Cette huile est, avec d'autres, employée à la fabrication des savons marbrés.

Huile à fabriquer. — Le midi de la France fournit cette huile par petites quantités; par contre, on en reçoit beaucoup d'Espagne, de Grèce, du Maroc, de Tunisie et de Turquie.

Tantôt elle est limpide, tantôt semi-fluide, sa couleur est verte ou jaune, néanmoins la composition est la même.

L'huile la plus limpide et la moins teintée sert à fabriquer le savon blanc, les autres sortes sont réservées aux savons marbrés bleu vif; mais toujours avec addition d'autres huiles.

Huile de fond de piles. — Elle est constituée par le dépôt qui se forme dans les citernes pendant le séjour qu'y fait l'huile d'olive récemment extraite. Elle contient de l'eau, des parties mucilagineuses et des pulpes, aussi est-on obligé de l'épurer par une solution de chlorure de sodium, marquant 5 à 6° à l'aréomètre Baumé.

Cette huile concourt surtout à la fabrication des savons marbrés bleu vif.

Huile de pulpes. — On l'extrait par le sulfure de carbone des pulpes d'olive déjà pressées. L'huile de pulpe n'est jamais d'une limpidité parfaite, et se fige à une température plus élevée que celle de l'huile d'olive ordinaire. A 0° elle a une consistance analogue à celle du saindoux. Sa couleur est d'un vert foncé et son odeur sulfureuse. Le savon obtenu avec cette huile est verdâtre, mais il est d'excellente qualité ; aussi les teinturiers en soie lui accordent la préférence.

Huile de ressence. — Cette huile est le produit des grignons d'olive traités par l'eau, c'est-à-dire de tourteaux de la deuxième pression.

Sa couleur est verte, son odeur très caractéristique. Elle est pâteuse et sa densité est de 0,922 à + 15°. On fait en usage de savonnerie pour contre-balancer la faiblesse des huiles de graines et procurer des savons marbrés à coupe ferme qui peuvent parfaitement résister dans les pays chauds.

Les huiles d'olive de bonne qualité peuvent être falsifiées par les huiles de colza, de coton, de sésame et d'arachide.

Indépendamment de la fabrication des savons durs, elles sont employées quelquefois à celles des savons mous.

Huile de sésame. — Provenance : Fruits du Sésame Jugeoline.
Pays producteurs. — Asie, Europe et Afrique.
Couleur. — Jaune doré ou jaune foncé.
Odeur. — Nulle.
Saveur. — Semblable à celle de l'huile de chènevis.
Densité. — 0,9225 à + 15°.
Congélation. — A — 5°.
Falsification. — Par les huiles d'arachide et de coton.
Fabrication. — Savons durs.

HUILES CONCRÈTES VÉGÉTALES

Huile de coco. — Provenance : Fruits frais du Cocotier des Indes et du Cocotier du Brésil
Pays producteurs. — Afrique, Asie, Amérique et Océanie.
Couleur. — Blanche.
Odeur. — Très agréable.
Saveur. — Id.
Densité 0,9210 à + 15.
Congélation. — A + 16°.
Fusion. — A 22°.

Falsification. — Par l'huile de coprah.
Fabrication. — Savons durs.

Huile de coprah. — Extraite des fruits desséchés du Cocotier, cette huile présente presque tous les caractères de l'huile de coco.
Fabrication. — Savons durs.

Huile de mafoura — Provenance : Graines du Mafureira oleifera.
Pays producteurs. — Afrique, Amérique.
Couleur. — Blanc jaunâtre.
Odeur. — De cacao.
Saveur. — Amère.
Densité. — 0,9170 à + 15°.
Congélation. — A + 30°.
Fusion. — L'huile fraîche à 32°.
     —   — vieille à 36°.
Falsification. — Rare.
Fabrication. — Savons durs.

Huile d'illipé. — Provenance : Semences du Bassia longifolia et latifolia.
Pays producteurs. — Asie et Afrique.
Couleur. — Blanc verdâtre.
Odeur. — Faible.
Saveur. — Id.
Densité. — 0,9720 à + 15°.
Congélation. — A + 22°.
Fusion. — A 43°.
Falsification. — Rare.
Fabrication. — Savons durs.

Huile de palme. — Provenance : Fruits de l'Eleide de Guinée.
Pays producteur. — Afrique.
Couleur. — Jaune orangé.
Odeur. — D'iris ou de violette.
Saveur. — Spéciale.
Densité. — 0,9450 à + 15°.
Congélation. — A + 25°.
Fusion. — Entre 27° et 32°.
Falsification. — Par la cire jaune.
Fabrication. — Savons durs et savons mous.

Huile de palmiste. — Provenance : Noyaux des fruits du palmier précédent.
Couleur. — Blanche verdâtre.
Odeur. — Agréable.
Saveur. — Amère.

Densité. — 0,9520 à 15°.
Congélation. — A + 25°.
Fusion. — A 25°.
Falsification. — Par des graisses et des suifs.
Fabrication. — Savons durs.

Huile de brindonia. — Provenance : Graines de Brindonia indica.
Pays producteurs. — Asie et Amérique.
Couleur. — Blanc grisâtre.
Odeur. — Spéciale.
Saveur. — Amère.
Densité. — 0,9240 à + 15°.
Congélation. — A + 35°.
Fusion. — A 40°.
Falsification. — Par le suif.
Fabrication. — Savons durs.

HUILES CONCRÈTES ANIMALES

Acide oléique. — Provenance : Décomposition des corps gras concrets pour la fabrication des bougies stéariques.
Couleur. — Brun rougeâtre.
Odeur. — Rance.
Saveur. — Acre.
Densité. — 0,897 à + 15° pour l'acide oléique de distillation.
—   0,902 à + 15°   —   —   de saponification.
Congélation. — A + 12°   —   —   de distillation.
—   A + 8°   —   —   de saponification.
Fusion. — + 18°   —   —   de distillation.
—   + 16°   —   —   de saponification.
Falsification. — Par l'huile de résine.
Fabrication. — Savons durs et savons mous.

Huile de baleine. — Provenance : Balœnoptera musculus.
La qualité qui se trouve dans le commerce et porte le nom d'huile de baleine ordinaire est un mélange d'huiles de baleine, blanche, jaune et noire.
Couleur. — Jaune rougeâtre.
Odeur. — Désagréable.
Saveur. —   Id.
Densité. — 0,9236 à + 15°.
Congélation. — A 0°.
Fusion. — A 12°.
Falsification. — Par les huiles de cachalot, de marsouin, de phoque et celles de poissons.
Fabrication. — Savons durs et mous.

Huile de cachalot. — Provenance : Physeter macrocephalus.
Couleur. — Jaune orangé en masse.
   —   Jaune clair en petite partie.
Odeur. — Désagréable.
Saveur. —   Id.
Densité. — 0,920 à + 15°.
Congélation. — A + 5°.
Fusion. — A 15°.
Falsification. — Par l'huile de poissons.
Fabrication. — Savons mous.

Huile de dauphin. — Provenance : Delphinus globiceps.
Couleur. — Jaune citron.
Odeur. — Forte.
Saveur. — Id.
Densité. — 0,9178 à + 15°.
Congélation. — A + 2°.
Fusion. — A 12°.
Falsification. — Par l'huile de poissons.
Fabrication. — Savons mous.

Huile de poissons. — Provenance : corps entiers ou en partie de nombreuses espèces de poissons.
Couleur. — Jaune orangé brun.
Odeur. — Caractéristique.
Saveur. —   Id.
Densité. — 0,9270 a + 15°.
Congélation. — A 0°.
Fusion. — Variable.
Falsification. — Par l'huile de résine.
Fabrication. — Savons mous.

GRAISSES ET SUIFS

Graisse de cheval. — Il y en a de blanche, de jaune et de brune. Le savon dur qui en résulte est d'assez bonne qualité ; mais son odeur est fort désagréable. Cette graisse est très fusible, la température de la main la fait couler.

Graisse de colle. — On donne le nom de « graisse de colle » à la graisse extraite des résidus de la fabrication de la colle forte, par traitement à la vapeur et à l'eau acidulée à l'acide sulfurique. Cette graisse est jaune et odorante, elle est fusible à 25°. Ne sert que pour des savons de basse qualité.

Graisse dite « Flambart ». — C'est la graisse qui se réunit à la surface de l'eau qui sert aux charcutiers pour cuire leurs viandes ; sa couleur est d'un gris terne et son rendement très avantageux en savonnerie. Sa densité est de 0,940 à + 15° et son point de fusion 26°.

Graisse d'os ou « petit suif ». — Elle provient des épeluchures du suif en branche, des grattures de boyaux et des membranes intestinales ainsi que des résidus de cuisine. Le titre varie de 40 à 42° et la densité de 0,914 à 0,916.

Graisse de saindoux ou axonge. — S'extrait de la *panne*, c'est-à-dire du tissu adipeux accumulé à la surface des intestins du porc. Cette graisse est blanche. Sa densité est de 0,938 à + 15°, quant à son point de fusion il oscille entre 26 et 31°, suivant les diverses espèces de porcs. La grande pureté de cette graisse la fait employer spécialement à la fabrication des savons de toilette.

Suif d'arbre. — Extrait des baies du Stillingia sebifera, arbre qui croit en bondance en Chine.

Ce suif, de couleur un peu verdâtre, est plus ferme que le suif animal et complètement inodore. Il a une densité de 0,918 à + 15° et un point de fusion de 45°, il est fort peu employé en savonnerie.

Suif de Piney. — Fourni par les fruits du Vatéria indica. Sa densité est de 0,915 à + 15° et son point de fusion 36°. A l'état frais ce suif est vert blanchâtre. Il est gras au toucher et produit un bon savon dur.

Suif de bœuf. — Sous ce nom on comprend le suif de vache et de taureau. Brut il est blanc rosé, non opalin ; fondu, blanc gris, légèrement jaunâtre, opaque. Ce suif possède une densité de 0,925 à + 15°.

Suif des boyauderies. — Sa couleur blanc verdâtre et son odeur repoussante font qu'on ne peut l'utiliser que pour les savons durs très communs.

Suif d'os. — Il est extrait des os frais traités à l'eau bouillante. Son odeur est faible et sa couleur varie du blanc au jaune: mais quand il provient de vieux os, la couleur est brune, et l'odeur désagréable.

Suif de mouton. — Présente beaucoup d'analogie avec le suif de bœuf, avec lequel il est du reste souvent mélangé. Sous cette dénomination on entend le suif des béliers, des brebis, des boucs et des chèvres. Sa densité est de 0,937 à + 15° et son point de fusion 45°.

Suifs de taureau, de vache, de veau. — Tous trois ressemblent au suif de bœuf et sont par suite mélangés à celui-ci. Ils sont aussi employés à la fabrication des savons durs.

Falsifications. — Les graisses et les suifs sont falsifiés avec de l'eau, ou du chlorure de sodium en dissolution, quant aux suifs, on y introduit en outre de la fécule, du kaolin, du sulfate de baryte, du carbonate de plomb, etc.

2. ESSAIS DES CORPS GRAS

Ils se divisent en : essais physiques, essais chimiques.

On comprendra qu'étant donné le cadre de ce traité nous ne pouvons entrer dans autant de détails que comporte un tel sujet. Nous avons fait un résumé des principales méthodes et conseillons aux personnes désireuses d'approfondir cette question, de consulter l'ouvrage récent de M. Ferdinand Jean, qui a pour titre : *Chimie analytique des matières grasses.*

Essais des huiles.

Essais physiques. — Ils reposent sur la densité des huiles au moyen d'appareils désignés sous le nom d'*Oléomètre* et de *Réfractomètre.*

L'oléomètre à froid de Lefebvre, qui est le plus connu, est établi sur la différence de densité des huiles à + 15°; il exige d'opérer exactement à cette température afin d'éviter des corrections.

Au-dessus de + 15°, l'écart dans la densité est de 0,001 en plus ou moins pour 1° c. au-dessus de + 15°, soit 0,002 pour 3° c., et ainsi de suite.

Tableau de densités avec l'oléomère Lefebvre.

HUILES	Densité à + 15° celle de l'eau étant prise pour unité	Poids de l'hectolitre	Poids du litre
		KILOG.	GR.
Huile de chènevis..............	0,9270	92,70	927
— de lin...........	0,9350	93,50	935
— d'œillette................	0,9253	92,53	925,3
— d'amandes douces..........	0,9180	91,80	918
— d'arachide	0,9170	91,70	917
— de caméline..............	0,9282	92,82	928,2
— de colza d'été.............	0,9167	91,67	916,7
— — d'hiver...........	0,9150	91,50	915
— d'olive..................	0,9170	91,70	917
— de sésame...............	0,9235	92,35	923,5
— d'acide oléique...........	0,9003	90,03	900,3
— de baleine filtrée..........	0,9240	92,40	924
— de cachalot..............	0,8840	88,40	884

Procédé par. l'alcoomètre de Gay-Lussac. — M. Heydenreich a proposé l'alcoomètre de Gay-Lussac pour distinguer les huiles d'après leur densité, l'eau étant prise comme unité, et M. Schüller a dressé à cet effet le tableau suivant où nous n'avons conservé que les huiles pouvant intéresser directement la savonnerie :

HUILES	Densité à + 15° celle de l'eau étant prise pour unité	Degrés de l'alcoomètre centésimal qui y correspondent
		DEGRÉS
Huile de chènevis...............	0,9276	53,67
— de lin..................	0,9347	50
— de noix.................	0,9260	54,40
— d'œillette...............	0,9243	55,25
— de ricin...'.............	0,9611	43,75
— d'amandes douces..........	0,9180	58,25
— de cameline..............	0,9252	54,75
— de colza................	0,9136	60,20
— d'olive.................	0,9176	58,40
— d'acide oléique...........	0,9003	66
— de baleine filtrée..........	0,9231	55,80

Procédé par l'acide sulfurique. — M. Maumené et M. Fehling ayant constaté, chacun de leur côté, qu'en traitant une huile quelconque par l'acide sulfurique il se produisait une augmentation de température, ont songé à ce réactif pour essayer la pureté des huiles.

HUILES	D'après M. Maumené	D'après M. Fehling
	ÉLÉVATION DE TEMPÉRATURE	
	Avec 50 grammes de chaque huile mêlée à 10 cc. d'acide sulfurique à 66° Baumé	Avec 15 grammes de chaque huile mêlée à 10 cc. d'acide sulfurique à 66° Baumé
	DEGRÉS	DEGRÉS
Huile de chènevis...............	98	»
— de lin..................	133	74
— de noix.................	101	»
— d'œillette...............	74,5	»
— de pavot................	»	70,5
— de ricin.................	47	»
— d'amandes douces..........	53,5	40,3
— de colza................	58	»
— d'olive.................	42	37,7
— de sésame...............	68	»

D'après eux les huiles siccatives en présence de l'acide sulfurique concentré, séchauffent beaucoup plus que les huiles grasses non siccatives et occasionnent même un dégagement d'acide sulfureux.

Procédé par l'oléoréfractomètre Amagat et Jean. — Dans ces derniers temps l'on s'est beaucoup occupé de l'*oléoréfractomètre* de MM. Amagat et Jean basé sur la déviation que subit un rayon lumineux en traversant un corps gras liquide, déviation qui peut servir à reconnaître la nature d'une matière grasse et à caractériser sa pureté.

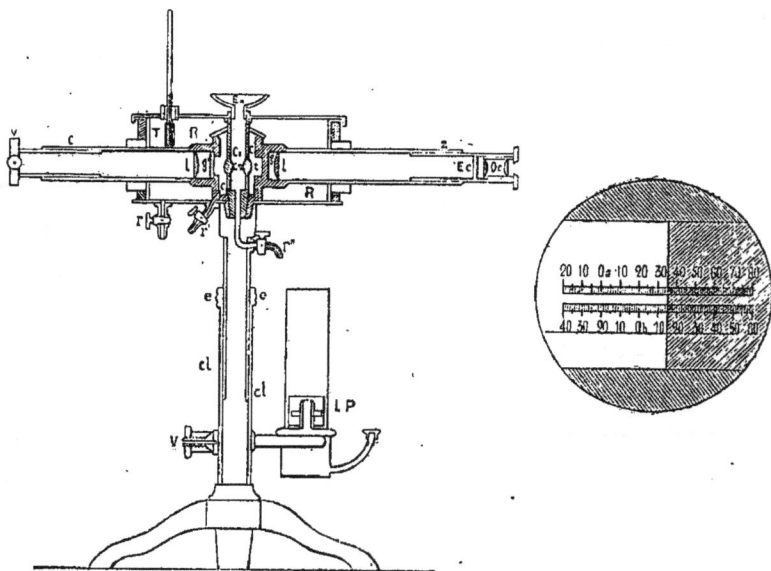

Fig. 1. — Oléoréfractomètre Amagat et Jean

L'appareil désigné *oléoréfractomètre*, fig. 1, consiste en une cuve métallique *cc'*, munie de deux tubulures opposées *tt'* et fermées par deux glaces parallèles *gg'*. Sur les tubulures sont vissées, dans le prolongement l'un de l'autre un collimateur *e* et une lunette L.

Au centre de la cuve circulaire est fixé un petit cylindre *cy*, en métal argenté, creusé dans les parois auquel sont mastiquées deux glaces gg' GG' formant un angle déterminé.

Une échelle photographique double transparente, à divisions arbitraires, placée devant l'objectif, à l'intérieur de la lunette (Ec) et sur laquelle vient se projeter l'image fournie par le collimateur, sert de mesure. Cette image est produite par le bord vertical d'un volet partageant le champ en deux parties, l'une sombre, l'autre lumineuse. L'éclairage s'obtient en pointant l'oléoréfractomètre dans la direction de la flamme d'une lampe. L'appareil est complété par des robinets de vidange $r'r''$, par un réservoir d'eau RR, avec robinet de vidange r et thermomètre T et par une petite lampe modèle zP servant de régulateur de température, le liquide type employé pour déterminer la déviation des huiles et des matières grasses concrètes est une huile à réfraction nulle, préparée spécialement.

L'essai d'une huile à l'oléoréfractomètre est très simple : on met dans la cuve de l'huile type à + 22 degrés, de façon à recouvrir les glaces des lunettes, puis on verse de l'eau à + 22 degrés dans le réservoir servant de régulateur de température, on remue l'huile avec un thermomètre et lorsque l'huile et l'eau du réservoir sont à 22 degrés on ferme la cuve avec son obturateur. Dans ces conditions, si l'on verse de l'huile type à 22 degrés, dans le cylindre et qu'on regarde par l'oculaire (Oe) de l'appareil, on voit que la ligne qui sépare le champ sombre du champ lumineux coïncide avec le zéro A, de l'échelle.

Si l'on remplace l'huile type dans le cylindre par une huile quelconque, on observe alors une déviation plus ou moins considérable à droite ou à gauche du zéro, suivant la nature de l'huile examinée. Les huiles végétales dévient toutes à droite du zéro ; les huiles de pied de mouton, de bœuf, de cheval, de spermaceti, dévient en sens contraire, c'est-à-dire à gauche du zéro.

Chaque espèce d'huile donne une déviation caractéristique ; ainsi les huiles d'olive dévient de 1 à 2 degrés, l'huile de lin de 54 degrés, le coton de 20 degrés, le colza de 18 degrés, l'œillette de 29 degrés, etc.

L'oléoréfractomètre permet donc, par une simple lecture, de

constater la pureté d'une huile. Si l'huile est falsifiée, la déviation s'éloignera plus ou moins du degré spécial à l'huile pure et, selon que la déviation sera diminuée ou augmentée, on aura une donnée sur la nature de l'huile ajoutée frauduleusement.

Ainsi 10 0/0 d'huile d'œillette ajoutés dans l'huile d'olive portent la déviation à + 6°5 ; l'huile lin, fraudée avec 20 0/0 de chenevis donne + 47° au lieu de 54°, etc.

Les huiles minérales et les huiles de résines sont faciles à reconnaître dans leurs mélanges avec des huiles végétales, par l'influence qu'elles exercent sur la déviation.

Lorsque l'huile examinée ne donne pas exactement le degré afférent à l'huile pure, il faut, avant de se prononcer, purifier l'huile en la traitant à deux reprises par l'alcool chaud ; certaines huiles rances ainsi traitées reprennent leur déviation normale ; ce traitement est presque toujours nécessaire pour les huiles d'olive.

Quand les huiles n'ont pas été épurées, il est bon de leur faire subir une légère défécation avec l'acide sulfurique avant de les examiner à l'oléoréfractomètre.

Les indications fournies par cet appareil doivent toujours être contrôlées par la prise de densité et la détermination du degré thermique.

Essais chimiques. — *Procédé Heydenreich et Penot.* — Il est fondé sur la coloration que subissent les huiles sous l'action de l'acide sulfurique.

Dès qu'on ajoute une goutte de cet acide à 66° Baumé à 10 ou 15 gouttes d'une huile, mises sur un verre de montre reposant sur une feuille de papier bien blanc, on aperçoit presque de suite qu'il se produit une coloration qui varie suivant la nature de l'huile employée et selon qu'on laisse la réaction s'opérer seule, ou qu'on remue avec une baguette de verre. Par un examen comparatif avec une huile pure, de même espèce, on voit ensuite si l'huile à l'essai est mélangée ou pure.

M. Penot ne fait usage que d'une goutte d'acide pour 20 d'huile et se sert aussi d'acide sulfurique saturé de bichromate de potasse.

Tableau comparatif des réactions obtenues par MM. Heydenreich et Penot

HUILES	Réactions de M. Heydenreich Acide sulfurique à 66°		Réactions de M. Penot Acide sulfurique saturé de bichromate de potasse
	Sans agitation	Avec agitation	
Chènevis........	Grumeaux bruns sur fond jaune.	Brun verdâtre.	Grumeaux jaunes sur fond vert.
Lin d'Alsace....	Rouge brun foncé.	Grumeaux bruns sur fond gris.	Grumeaux bruns sur fond presque incol.
Lin du Nord....	Rouge brun moins foncé.	Caillot brun sur fond vert.	Grumeaux bruns sur fond vert de chrôme.
Noix............	Jaune brun.	Caillot brun foncé.	Grumeaux bruns.
Pavot..........	Tache jaune.	Olive brunâtre.	Grumeaux jaunes sur fond blanc.
Ricin..........	Tache jaune légère.	Presque incolore.	Vert très léger.
Amandes douces.	Jaune serin; des points orangés.	Vert sale.	Grumeaux jaunâtres.
Arachide........	Jaune gris sale.		
Cameline	Jaune passant à l'orangé vif.	Gris jaunâtre.	
Colza.	Auréole bleu verdâtre, avec quelques stries brun jaunâtre au centre.	Bleu verdâtre.	Grumeaux jaunes sur fond vert de chrome.
Olive..........	Tache peu sensible.	Gris verdâtre.	Olive brun.
Sésame.........	Rouge vif.		
Acide oléique...	Tache rougeâtre, auréole rougeâtre.	Rouge brun.	Rouge brun.

Procédé Cailletet. — Ils sont au nombre de quatre, qui consistent :

1° A faire réagir durant trente secondes seulement un mélange d'acide sulfurique aqueux chaud et d'acide azotique concentré sur les huiles ;

2° A profiter des colorations différentes que prennent les huiles sous l'influence de l'acide hypo-azotique dissous dans l'acide azotique, en opérant, à une température de 10° à 12° C., pour les huiles d'olive, sésame, arachide et à celle de 16° à 20° C., pour l'huile de colza ;

3° A faire réagir sur 20 gr. d'huile, pendant cinq minutes au minimum, à une chaleur de 100°, de l'acide hypo-azotique produit par 10 gouttes d'acide azotique (0 gr. 45) et 10 gouttes d'acide sulfurique (0 gr. 25) et à constater en combien de temps la solidification est terminée.

4° A mettre dans un petit verre à essai 1 cc. de mercure, 12 cc. d'acide azotique et 4 cc. d'huile.

En se dissolvant dans l'acide, le mercure donne lieu à un dégagement de bioxyde d'azote qui fait mousser l'huile et la colore.

La coloration de la mousse et de l'huile qui se réunit au-dessous est le caractère propre de ce quatrième procédé.

Procédés Chateau. — Ils sont établis pour l'analyse générale des huiles, sur les réactions suivantes :

1° L'emploi du bisulfure de calcium donnant un savon jaune restant coloré ou non ;

2° Les colorations provenant du chlorure de zinc sirupeux ;

3° Les colorations effectuées à l'aide de l'acide sulfurique ordinaire ;

4° Les colorations produites par le bichlorure d'étain fumant ;

5° Les colorations données à froid comme à chaud, par l'acide phosphorique sirupeux ;

6° Les colorations procurées par le per-nitrate de mercure employé séparément et conjointement avec l'acide sulfurique.

Procédé pour reconnaître la pureté des huiles de coprah et de palmiste, par M. Milliau. — A 30°-31° centig., l'huile de coprah (coco) pure est soluble dans deux fois son volume d'alcool absolu.

A la même température, l'huile de palmiste est soluble dans quatre fois son volume d'alcool absolu.

Additionnées d'huiles végétales ou de graisses animales peu solubles (addition au vingtième et au-dessous), l'une et l'autre deviennent presqu'insolubles dans les mêmes quantités d'alcool absolu, l'action dissolvante de ce dernier ne déterminant pas le fractionnement des parties et le mélange ayant acquis une solubilité qui lui est propre et nullement dépendante des proportions de matières grasses solubles et insolubles qui le composent.

Ces différences de solubilité permettent de vérifier avec précision la pureté de ces huiles concrètes, dont l'analyse chimique si ardue, ne donne que des résultats bien souvent incertains et quelquefois contradictoires surtout pour de faibles mélanges.

Première opération. — On ajoute dans un tube à essai gradué en cent. cub., pendant une minute, 20 c. c. de l'huile à examiner avec

40 cc. d'alcool à 95°. L'huile dépouillée de ses acides gras libres et de ses impuretés se dépose dans le tube.

Ce traitement préliminaire indispensable peut donner certaines indications :

L'alcool à 95° absorbe une certaine quantité de matières grasses neutres, et l'huile dissout elle-même de 15 à 20 0/0 d'alcool.

Le pouvoir dissolvant de l'huile diminue sensiblement par l'addition d'huiles insolubles, tandis que celui de l'alcool augmente par l'addition d'huiles solubles dans l'alcool à 95° : ricin, résine, etc., huiles qu'on peut alors facilement caractériser par leurs propriétés physiques et chimiques très tranchées.

Deuxième opération. — Dans un tube à essai gradué en cent. cub., on traite 5 c.c. de l'huile de coprah lavée à l'alcool à 95°, par 10 c. c. d'alcool absolu, et on place le tube dans un bain-marie chauffé très exactement à 30°-31° centigr.

Après quelques instants d'immersion on agite vivement le tube pendant trente secondes et on le replace dans le bain-marie.

L'huile de coprah pure se dissout complètement, et la solution alcoolique est parfaitement limpide.

L'huile de coprah additionnée d'huiles insolubles (falsification la plus fréquente), arachide, sésame, coton, maïs, etc., ne se dissout sensiblement pas, et forme une masse trouble avec l'alcool absolu dont elle se sépare rapidement, pour tomber en fines gouttelettes au fond du tube où elle vient se rassembler.

L'huile de coprah contenant de l'huile de palmiste, se précipite, lorsque la proportion du mélange atteint 20 0/0 ; au-dessous la masse reste trouble.

La vérification de l'huile de palmiste se fait comme il vient d'être dit, en mettant 20 c. c. d'alcool absolu, au lieu de 10, et en opérant toujours avec 5 c. c. d'huile et à la température de 30°-31° centigr.

5 c. c. d'huile de palmiste, contenant 20 0/0 d'huile de coprah et au-dessus, se dissolvent dans 15 c. c. d'alcool absolu ; dans les mêmes proportions, l'huile pure ne se dissout pas complètement et le mélange reste trouble.

La pureté des tourteaux de coprah et de palmiste se constate en extrayant par un dissolvant quelconque, une quantité suffisante d'huile, qu'on traite de la même manière.

Si l'on veut opérer à une température plus basse, la proportion d'alcool absolu doit être augmentée ; à 25°-26° par exemple, il faut la doubler, et mettre pour 5 c. c. d'huile de coprah ou de palmiste, 20 c. d'alcool dans le premier cas et 40 c. dans le second.

L'adultération des huiles de coprah et de palmiste peut causer les plus graves préjudices à la savonnerie française qui en consomme annuellement près de 100 millions de kg., et à l'agriculture qui utilise les tourteaux pour ses besoins.

Le procédé qui vient d'être exposé permet de constater leur pureté.

Procédé pour déceler la falsification des huiles en général par les résines et les huiles de résines. — D'après Smith, on constate la présence des résines dans une huile en la mélangeant avec de l'alcool rectifié à 90° ; on fait bouillir pendant quelques minutes, on laisse refroidir, on décante la liqueur spiritueuse et on l'additionne d'une solution alcoolique d'acétate de plomb neutre ; il se produit un précipité blanc caillebotté, si ce sel rencontre une substance résineuse dans la liqueur.

Pour y chercher et y doser les *huiles de résines* (ainsi sans doute, que les huiles minérales), Jungt fait agiter vivement l'huile suspecte avec 9 fois son volume d'alcool d'une densité de 0,83 (91° centésimaux), le tout occupant 100 volumes d'un tube gradué en dixièmes de centimètre cube. En laissant reposer le liquide pendant 24 heures, l'huile grasse insoluble se sépare et occupe un volume qu'on déduit de celui qu'on a mis en expérience : la différence représente le volume de l'huile étrangère qu'elle contenait. En filtrant la solution alcoolique et en évaporant, le résidu qu'on en retire peut être pesé, opération qui corrobore la précédente.

Essais des graisses et des suifs

Les fraudes les plus grossières consistent à incorporer aux graisses et aux suifs du sulfate de baryte, du kaolin, du marbre blanc en poudre impalpable et de la fécule ; mais il est fort simple de les reconnaître ; il suffit, en effet, de faire fondre dans une capsule une petite partie de graisse ou de suif sur laquelle on a des doutes, en y ajoutant un peu d'eau. On porte à l'ébullition quelque temps, on laisse refroidir, et à la suite du repos on trouve au fond de la capsule toutes les matières étrangères.

C'est surtout à l'aide de l'eau qu'on falsifie les graisses et les suifs ; soit en l'incorporant seule, soit avec des cristaux de soude. On constate la proportion d'eau en plaçant, dans une capsule tarée, la graisse ou le suif, soit 80 gr., et on élève la température jusqu'à 110 ou 115° ; la perte de poids de la capsule indique l'eau évaporée.

Quant aux cristaux de soude on les reconnaît, en fondant la graisse ou le suif dans l'eau et examinant si l'eau est devenue alcaline, ou bien encore par incinération.

Les graisses d'os renferment en sus de matières gélatineuses, du carbonate et du phosphate de chaux ; les suifs des tissus cellulaires et débris de membranes. On détermine ces impuretés en dissolvant un poids connu de graisse ou de suif dans l'éther ou le sulfure de carbone, on fait passer sur un filtre taré qu'on lave à l'éther, et on pèse.

Enfin les graisses, comme les suifs, étant fort souvent mélangées de matières de basse qualité, qui quoique ayant une composition similaire diffèrent par la proportion d'acides solides, ces matières de basse qualité ne pouvant être distinguées facilement, il a été stipulé que les acides gras, retirés par saponification, auraient pour base un point de fusion de 43° c. 5, les écarts en dessus et en dessous donnant lieu à une augmentation ou à une diminution de prix proportionnelle.

Dans le commerce des graisses et des suifs, les bulletins d'essai indiquent l'humidité, les impuretés et le titre, ou température de solidification des acides gras.

De tous les procédés en usage pour constater la température de solidification de ces acides, celui auquel se sont arrêtés MM. Dalican et F. Jean nous paraît le plus pratique : voici ce procédé :

1° Peser 50 gr. de graisse ou de suif ;

2° Les faire bouillir jusqu'aux premières vapeurs grasses ;

3° Mesurer 40 centimètres cubes de solution de soude caustique à 36° Baumé ;

4° Mesurer 25 centimètres cubes d'alcool à 40° ;

5° Mêler les deux liquides dans une fiole ;

6° Verser ce mélange sur la graisse ou le suif, ayant une température de 200° ;

7° Agiter sans cesse jusqu'à ce que le savon se solidifie ;

8° Verser sur le savon un litre d'eau distillée ;

9° Faire bouillir le tout pendant quarante-cinq minutes ;

10° Décomposer par l'acide sulfurique étendu ;

11° Enlever l'eau à la pipette ;

12° Couler la matière grasse dans un petit plateau ;

13° Vérifier la cristallisation.

Les acides gras obtenus sont desséchés et fondus dans un tube bouché ; le point de solidification est pris à l'aide d'un thermomètre indiquant les dixièmes de degrés.

Connaissant le titre de la graisse ou du suif, on évalue approximativement les proportions des acides solides et de l'acide liquide à l'aide du tableau suivant dressé par Chevreul, au moyen de mélanges à proportions déterminées d'acide margarique et d'acide oléique :

Acide oléique	Acides concrets	Se trouble à	Se fige à	Acide oléique	Acides concrets	Points de fusion	Acide oléique	Acides concrets	Points de fusion	Acide oléique	Acides concrets	Points de fusion
		DEGRÉS	DEGRÉS			DEGRÉS			DEGRÉS			DEGRÉS
99	1	+2	0	74	26	35,5	49	51	44,3	24	76	49,5
98	2	7	+2	73	27	36	48	52	44,5	23	77	49,8
97	3	7	3	72	28	36,5	47	53	45	22	78	50
96	4	7,5	5	71	29	37	46	54	45	21	79	50
95	5	9,5	7	70	30	37,5	45	55	45,7	20	80	50,2
94	6	11	8	69	31	38	44	56	46	19	81	50,3
93	7	15	9	68	32	38,5	43	57	46,3	18	82	50,7
92	8	15	10	67	33	38,7	42	58	46,5	17	83	51
91	9	16	14	66	34	39	41	59	46,5	16	84	51,5
90	10	21	17	65	35	39,5	40	60	46,7	15	85	51,8
89	11	25	18	64	36	39,7	39	61	47	14	86	52
88	12	26	21	63	37	40	38	62	47,7	13	87	52
87	13	26	24	62	38	40	37	63	47,7	12	88	52,5
86	14	27	25,5	61	39	41	36	64	47,8	11	89	52,5
85	15	28	26,5	60	40	41	35	65	48	10	90	53
84	16	30	27,5	59	41	41,7	34	66	48	9	91	53
83	17	30	28,5	58	42	42	33	67	48,2	8	92	52,2
82	18	32	29,5	57	43	42	32	68	48,3	7	93	54
81	19	32	30,5	56	44	42,2	31	69	48,5	6	94	54
80	20	32,5	31,5	55	45	42,5	30	70	48,5	5	95	54
79	21	35	32	54	46	43	29	71	48,5	4	96	54,2
78	22	35	33	53	47	43,5	28	72	48,5	3	97	54,7
77	23	36	34	52	48	43,7	27	73	48,7	2	98	55
76	24	36	34,5	51	49	44	26	74	49,2	1	99	55
75	25	36,5	35,5	50	50	44	25	75	49,5			

D'après ce tableau, une graisse ou un suif qui aurait donné des acides fondant à 43°7, devrait fournir 48 p. 100 d'acides solides et 52 p. 100 d'acide oléique.

En mélangeant l'acide stéarique type du commerce, dont le point de solidification est 55°4, et l'acide oléique complètement débarrassé de l'acide margarique par repos et filtration, MM. Dalican et F. Jean ont trouvé les chiffres ci-dessous.

Tableau indiquant pour chaque degré du thermomètre la quantité d'acides stéarique et oléique contenue dans une graisse ou un suif, défalcation faite de 4 p. 100 pour la glycérine et 1 p. 100 pour humidité et impuretés.

Points de fusion	Quantité 0/0 d'acide stéarique	Quantité 0/0 d'acide oléique	Points de fusion	Quantité 0/0 d'acide stéarique	Quantité 0/0 d'acide oléique
DEGRÉS			DEGRÉS		
40 .	35,15	59,95	45, 5	52,25	42,75
40, 5	36,10	58,90	46	53,20	41,80
41	38	57	46, 3	55,10	39,90
41, 5	38,95	56,05	47	57,95	37,05
42	39,90	55,10	47, 5	58,90	36,10
42. 5	42,75	52,25	48	61,75	33,25
43	43,70	51,30	48, 5	66,50	28,50
43, 5	44,65	50,35	49	71,25	23,73
44	47,50	47,50	49, 5	72,20	22,80
44, 5	49,50	45,60	50	75,05	19,95
45	51,30	43,70			

L'oléoréfractomètre de MM. Amagat et Jean, dont nous avons parlé en nous occupant des essais physiques pour contrôler la pureté des huiles, permet de différencier aussi bien les graisses animales : le suif de bœuf donne — 16° ; celui du mouton — 20° ; celui du veau — 19° ; le suif de place — 17° ; le suif de la Plata — 19°. Parties égales de suif de bœuf et de suif de mouton donnent la déviation du suif de place ; il est donc possible, avec cet appareil de reconnaître la fraude des suifs destinés à la savonnerie, ce qui est fort intéressant pour cette industrie ; en effet, depuis que la fabrication de la margarine est devenue très importante, il arrive que certains fondeurs, après avoir pressé le suif pour en extraire l'oléine, ramènent le suif pressé au titre du suif de place en l'additionnant de petits suifs, graisses vertes, suifs d'os qui ne fournissent pas le rendement voulu en acides concrets et donnent des produits de qualité inférieure, difficiles à travailler.

Caractères principaux de divers corps gras (Arnavon).

	Densité à 15°	Chaleur par l'acide sulfurique commercial	Point de solid. des acides	Densité des acides à 30°
Amandes douces	918,2	49°	12°	893,0
Aoura (astrocaryum vulgare)	916,5	35	31	890,8
Arachide	918	46	28	891,8
— décortiquée	919	46	28	891,8
Baobad (Madagascar)	919,5	47	29,9	895
Botha ou lentisque	920	45	29	891,9
Chanvre (chènevis)	923	74	8	898,4
Colza	915	49	18	888,5
Coton épuré	922,5	65	32	899
Faine	920	59	14	892
Lin	935	104	19	910,2
Moutarde	918,5	53	11	892
Navette	917	56	17	891,5
Niger (Inde)	926	75	26	898
Noix	927,5	88	9	902
Noix de Bakoul (Indo-Chine)	927,5	91	11	901,5
Olive à bouche	916,3	37	19	888,6
Olive à fabrique	915,5	37,5	21	888,6
Pavot-œillette	925	74	17	897,5
Pulgnère (Afrique)	920	52	27	891,7
Pulpe d'olives	920	37,5	20	891,8
Ravisson (Mer Noire)	921	56	6	891,9
Ressences d'olives	922	38,5	22	892,5
Ricin à fabrique	964	52		
Sesame à froid	923	58	22	898,4
— à chaud	924	58	22	898,4
— du Levant	926,5	58	22	899,2
Azyme (Madagascar)	915	»	46	
Castanha (Mozambique)	918,5	43	39	
Coco (Antille)	925,5	18,5	29	898,6
Coprah (Afrique, Inde)	925	18	28	894,1
Illipé (Inde)	915	32,5	43	889
Malfourère (côte d'Afrique)	920,5	30	50	892
Palme	915,5	»	44	888,4
Palmiste (Guyane)	924	20	28	893,1
Rénéhala (Madagascar)	915,5	46	35	891,9
Suif végétal (Indo-Chine)	911,5	»	53	
Graisse de cheval	918,3	42	37	891,8
Saindoux	917	»	38	
Suif animal	918	»	46	
Acide oléique de suif		30	v riable	889

CHAPITTE III

ALCALIS ET ESSAIS DES ALCALIS

---

1. ALCALIS

Par le mot *alcali* on désigne toutes les combinaisons de l'oxygène avec les métaux alcalins : sodium, potassium, etc.,qui donnent naissance à des bases énergiques.

Les caractères des alcalis sont les suivants :

1° Ils sont entièrement solubles dans l'eau ;

2° Ils ont une saveur âcre et caustique ;

3° Ils verdissent le sirop de violettes et la majeure partie des couleurs végétales employées comme réactifs ;

4° Ils ramènent au bleu la teinture de tournesol rougie par un acide ;

5° Ils neutralisent les acides avec lesquels ils forment des sels ;

6° Ils absorbent l'acide carbonique de l'air pour se convertir en carbonates.

Nous ne nous occuperons que de la soude et de la potasse, alcalis qui sont seuls en usage en savonnerie.

La soude forme la base des savons durs, la potasse celle des savons mous.

Division des alcalis employés en savonnerie.

Soudes...
{
Soude brute.
Sel de soude raffiné carbonaté.
— — — caustique.
— — — carbonaté pur.
Cristaux de soude.
Soude caustique.
}

Potasses. {
— Potasse brute de betteraves.
— raffinée de betteraves.
— brute de suint.
— raffinée de suint.
— artificielle ou de transformation.
— caustique.

SOUDES

Soude brute. — On a renoncé, depuis fort longtemps, à l'emploi de la soude brute *naturelle* obtenue par l'incinération de plantes dénommées « salifères », croissant dans le voisinage de la mer.

La découverte de la soude brute artificielle, spécialement employée aujourd'hui à la fabrication des savons marbrés de Marseille, est due à Nicolas Leblanc. Cette fabrication repose sur la double transformation du chlorure de sodium en sulfate de soude par l'acide sulfurique, et du même sulfate en carbonate de soude à l'aide de craie et de charbon.

La soude brute se présente en masses grisâtres, poreuses, et sert à la préparation des lessives pour les savons de Marseille blancs et marbrés.

Voici la composition de diverses qualités de soude brute, en admettant l'existence séparée du sulfure de calcium et de la chaux vive.

Sulfure de calcium	29,96	28,87	27,34	33,19
Carbonate de soude	44,80	44,40	38,50	41,50
Sulfate —	0,92	1,54	1,54	0,75
Silicate —	1,52	1,30	1,42	1,16
Aluminate —	1,44	0,80	1,02	0,39
Chlorure de sodium	1,85	1,42	1,75	1,31
Chaux vive	9,68	10,41	10,18	9,32
Carbonate de chaux	5,92	3,20	»	0,90
Oxyde de fer	1,21	1,75	2,40	3,02
Charbon	1,20	5,42	5,43	4,72
Impuretés diverses ; sable, silicate de magnésie	1,50	0,89	10,72	3,74
	100,00	100,00	100,00	100,00

Après lessivages à l'eau chaude, on obtient une solution formée de :

Carbonate de soude.   20,50
Soude caustique   3,30
Chlorure de sodium.   1,70
Sulfate de soude. 0.60
Sulfure de sodium   0,10
Silice et alumine.   0,17
Sulfure de fer.   0,03
Eau   73,60
                                        ───────
                                        100,00

Quant au résidu de la soude brute, appelé « charrée, » il renferme en moyenne :

Sulfure de calcium.   29,55
Chaux vive.   10,94
Carbonate de chaux.   16,97
Sulfate de soude.   0,24
Sulfure de sodium   0,35
Eau   27,60
Charbon ou coke.   4,80
Oxyde de fer.   1,60
Silice insoluble.   1,00
Alumine   2,40
Eau combinée et pertes.   3,42
Carbonate de magnésie.   1,13
                                        ───────
                                        100,00

Sel de soude raffiné carbonaté. — On le prépare en concentrant une lessive de soude brute, analogue à celle dont nous avons
un peu plus haut donné la teneur, qu'on carbonate à l'aide des gaz
des foyers. Par la concentration, il arrive un moment où la totalité
du carbonate de soude ne peut plus rester en dissolution et commence à se déposer alors que les autres sels existent encore dissous. On extrait successivement de la chaudière les dépôts qui se
sont formés et, par calcination dans des fours, on a du sel de soude
de diverses qualités suivant la nature de ces dépôts.
Ci-dessous quelques analyses :

Carbonate de soude..............	76,67	87,01	93,34	95,39
Chlorure de sodium..............	12,48	6,44	3,28	2,11
Sulfate de soude................	8,54	3,25	2,15	1,50
Matières insolubles.............	0,42	0,22	0,08	»
Eau.............................	2,22	3,11	1,15	1,00
	100,00	100,00	100,00	100,00

C'est l'Angleterre qui fabrique principalement ces sels de soude carbonatés qu'elle exporte dans le Monde entier sous le nom de « Soda Ash ».

Sel de soude raffiné caustique. — Sa fabrication consiste simplement à caustifier par la chaux vive, suivant telle ou telle proportion, la soude brute, dans les bacs de lessivages, puis à évaporer la solution claire dans un four *ad hoc* jusqu'à complète siccité.

Ce sel, encore recherché par quelques savonniers, est fortement hygrométrique et se présente en petites masses poreuses d'inégale grosseur. On le vend comme titrant 80 à 86° Descroizilles ; mais les fabricants s'arrangent toujours de façon à ne livrer que du 80°.

Dans le travail on obtient du 85° ; aussi abaisse-t-on ce titre avec du sel marin qu'on a soin de faire décrépiter dans un four, pendant quelques instants, afin de lui enlever son éclat brillant qui le décélerait trop aisément.

Voici diverses analyses de sels de soude caustiques fabriqués par le procédé marseillais ; ces analyses, que nous empruntons à M. Naville, ont été faites sur des échantillons de produits livrés au commerce.

Analyses de sels de soude caustiques.

	PLAN D'AREN		Ras-suen	Thann.	SAINT-GOBAIN		Salyn-dre.
	A	B			Chauny.	St-Fons,	
Degré alcalimétrique	83,50	80,25	80,50	82,10	80,00	82,40	80,25
Degré caustique....	24,00	22,25	12,25	10,00	21,50	17,60	17,75
Carbonate de soude.	63,06	61,64	72,81	77,55	62,93	70,43	67,30
Hydrate de soude...	19,59	18,26	10,00	8,16	17,55	14,36	14,48
Sulfite de soude	0,06	0,06	0,08	0,08	0,03	0,04	0,04
Sulfate de soude....	8,12	7,97	12,15	9,55	6,16	7,71	8,16
Chlorure de sodium.	4,70	8,11	2,17	3,10	10,12	4,88	6,84
Aluminate de soude.	1,32	1,06	0,88	0,05	traces	0,07	0,95
Silicate de soude....	0,21	—́	0,03	0,11	0,28	0,01	0,15
Oxyde de fer.......	0,03	0,04	0,02	0,01	0,02	0,04	0,02
Insoluble..........	0,08	0,10	0,21	0,05	0,10	0,25	0,22
Pertes..............	2,83	2,76	1,65	1,34	2,81	2,21	1,84
	100,00	100,00	100,00	100,00	100,00	100,00	100,00

Nous ferons remarquer qu'il n'y a aucun avantage à traiter un sel de soude caustique ; la caustification doit en effet avoir lieu comme pour un sel de soude carbonaté ; il faut seulement un peu moins de chaux.

Sel de soude carbonaté pur (Procédé au bicarbonate d'ammoniaque). — Ce sel, qui fait une si terrible concurrence aux sels de soude Leblanc, est obtenu par une réaction consistant à mettre en présence, dans une dissolution, du chlorure de sodium et du bicarbonate d'ammoniaque, qui, par double décomposition, produisent du bicarbonate de soude et du chlorhydrate d'ammoniaque. Le bicarbonate de soude est décomposé par la chaleur pour donner du carbonate de soude, tandis que le chlorhydrate d'ammoniaque est soumis à une distillation pour reformer ensuite le bicarbonate d'ammoniaque nécessaire.

Livré en poudre très fine et très blanche, le sel de soude appelé « à l'ammoniaque » est composé de carbonate de soude presque chimiquement pur et n'a aucune causticité ; en voici une analyse :

Carbonate de soude.	99,632
— de magnésie	0,021
— de chaux	0,071
Alumine.	0,009
Sesquioxyde de fer.	0,003
Chlorure de sodium.	0,064
Silice et charbon.	0,053
Eau	0,147
	100,000

Le titre varie de 90°,10 à 91,68 Descroizilles, soit 97,45 à 99,16 p. 100 de carbonate de soude ; quant à la densité, comme elle diffère de celle des autres sels de soude, on doit établir les comparaisons au poids et non au volume.

En résumé, les principaux avantages du sel de soude carbonaté pur sont :

1.º Economie sur la soude employée provenant du haut titre de cette soude et de son prix :

2º Facilité de dissolution et pureté irréprochable des lessives ;

3º Régularité dans la richesse du produit.

Cristaux de soude (Carbonate de soude neutre cristallisé). —
Dans l'exposé que nous venons de faire des propriétés spéciales au
sel de soude carbonaté (procédé au bicarbonate d'ammoniaque),
on a pu remarquer que ce sel devait être considéré comme des cristaux de soude desséchés; aussi la majeure partie des cristaux de
soude qu'on rencontre dans le commerce est-elle fabriquée avec ce
sel. Il suffit d'en effectuer la fonte dans de l'eau chaude jusqu'à ce
qu'on ait une solution marquant 35° à l'aréomètre Baumé ; on
chauffe jusqu'à une température voisine de 80° centigrades et par
refroidissement il se forme des cristaux de soude.

Théoriquement ils devraient renfermer pour **100** :

Carbonate de soude anhydre: **37,063**
Eau de cristallisation **52,937**

Mais tels qu'ils sont livrés par l'industrie :

1° Ils ne titrent en moyenne que 33° alcalimétriques Descroizilles,
soit 35 1/2 p. 100 de carbonate de soude anhydre ;

2° Ils contiennent une notable proportion de sulfate de soude
anhydre (8 à 10 p. 100) qu'on a été contraint d'ajouter dans le travail pour leur donner de la dureté.

Soude caustique. — Ce n'est pas seulement combinée à l'acide
carbonique que la soude est livrée à la savonnerie ; la soude caustique (hydrate de soude fondu) lui est aussi fournie depuis longtemps.

Analyses de soudes caustiques françaises, d'après M. Moride.

	60/62 p.100	70/72 p.100	75/76 p.100
Hydrate de soude (NaO,HO)	75,40	86,73	92,47
Carbonate de soude	5,50	4,98	4,50
Chlorure de sodium	11,20	3,88	2,00
Sulfate de soude	4,00	2,91	0,12
Alumine, chaux, etc	0,25	0,13	0,60
Humidité	4,30	1,37	0,31
	100,00	100,00	100,00

Table indiquant les quantités d'oxyde de sodium (NaO)
et d'hydrate de soude (NaO, HO) correspondantes au carbonate de soude

Carbonate de soude	Oxyde de sodium	Hydrate de soude	Carbonate de soude	Oxyde de sodium	Hydrate de soude
1	0,59	0,75	51	29,94	38,50
2	1,17	1,51	52	30,52	39,26
3	1,76	2,26	53	31,11	40,01
4	2,35	3,02	54	31,70	40,77
5	2,93	3,77	55	32,28	41,52
6	3,52	4,53	56	32,86	42,28
7	4,11	5,28	57	33,45	43,03
8	4,69	6,04	58	34,04	43,79
9	5,28	6,79	59	34,63	44,54
10	5,87	7,55	60	35,22	45,30
11	6,46	8,30	61	35,81	46,05
12	7,04	9,06	62	36,40	46,81
13	7,63	9,81	63	36,98	47,56
14	8,22	10,57	64	37,57	48,32
15	8,81	11,32	65	38,16	49,07
16	9,39	12,08	66	38,74	49,83
17	9,98	12,83	67	39,33	50,58
18	10,57	13,59	68	39,91	51,34
19	11,15	14,35	69	40,50	52,09
20	11,74	15,11	70	41,09	52,85
21	12,33	15,86	71	41,68	53,60
22	12,91	16,62	72	42,26	54,31
23	13,50	17,37	73	42,85	56,17
24	14,09	18,13	74	43,44	55,86
25	14,68	18,88	75	44,02	56,62
26	15,26	19,64	76	44,61	57,38
27	15,85	20,39	77	45,20	58,13
28	16,44	21,17	78	45,79	58,89
29	17,03	21,91	79	46,37	59,64
30	17,61	22,65	80	46,96	60,40
31	18,21	23,40	81	47,55	61,15
32	18,80	24,16	82	48,19	61,91
33	19,38	24,91	83	48,72	62,63
34	19,97	25,67	84	49,31	63,42
35	20,56	26,42	85	49,90	64,17
36	21,14	27,17	86	50,49	64,93
37	21,73	27,93	87	51,07	65,68
38	22,32	28,69	88	51,66	66,44
39	22,90	29,44	89	52,25	67,19
40	23,48	30,20	90	52,83	67,95
41	24,07	30,95	91	53,42	68,70
42	24,66	31,71	92	54,00	69,46
43	25,24	32,46	93	55,59	70,21
44	25,83	33,21	94	55,17	70,97
45	26,41	33,96	95	55,76	71,72
46	27,00	34,71	96	56,35	72,48
47	27,59	35,47	97	56,93	73,23
48	28,17	36,23	98	57,52	73,99
49	28,75	36,99	99	58,10	74,74
50	29,35	37,75	100	58,70	75,50

La soude caustique est préparée en faisant agir de la chaux vive
sur une dissolution à chaud de carbonate de soude. La chaux

s'empare très vivement de l'acide carbonique du sel de soude pour former un carbonate de chaux insoluble et la lessive décantée avec soin contient de l'oxyde de sodium hydraté en solution ou soude caustique (NaO, HO), que l'on concentre pour l'avoir solide.

La soude caustique en masse est expédiée dans des cylindres en feuilles de tôle très minces du poids de 300 kg., au maximum et dont la tare uniforme est de 9 kg.,

On en distingue trois qualités :

La soude caustique . 60/62 pondéral

— 70/72 —

— 75/76 —

Par titre pondéral, on entend que 100 kg., renfermant 60/62, 70/72 ou 75/76 p. 100 d'oxyde de sodium anhydre (NaO).

Ce premier effet de l'air humide est de produire la déliquescence de la soude caustique ; mais bientôt elle absorbe l'acide carbonique et se transforme en carbonate efflorescent: enfin, en se dissolvant dans l'eau, elle provoque une élévation de température. Selon Dalton, sa solution saturée à froid renferme 36,8 p. 100 d'oxyde de sodium et sa densité est égale à 1,500; elle bout à 130°.

POTASSES

Potasse brute de betteraves. — M. Dubrunfaut est le premier qui ait retiré la potasse des résidus salins appelés « vinasses, » provenant de la fermentation et de la distillation des mélasses de betteraves.

On évapore les « vinasses », liquides d'une odeur désagréable et d'une couleur très foncée, jusqu'à la densité de 40° Baumé, puis on les met dans un four où, par suite des matières organiques qu'ils contiennent ces liquides sirupeux s'enflamment et brûlent. La combustion terminée, on retire la masse incandescente et on a, après refroidissement à l'air libre, un produit noirâtre et poreux qui est la potasse brute de betteraves très soluble à l'eau chaude.

Sa richesse en carbonate de potasse est assez variable, ainsi qu'on peut le constater par les analyses suivantes de différents types :

Carbonate de potasse..............	37,16	51,22	41,02	26,79
— de soude.................	21,17	10,40	12,41	21,10
Chlorure de potassium.............	19,30	6,60	14,64	15,25
Sulfate de potasse.................	9,03	8,10	10,35	17,42
Eau............................	1,40	5,63	7	4,43
Matières insolubles................	11,94	18,05	14,58	15,10
	100,00	100,00	100,00	100,00

Potasse raffinée de betteraves. — Le raffinage de la potasse brute de betteraves comprend :

1° Séparation par lessivages des parties solubles et insolubles ;

2° Concentrations et refroidissements successifs de ces lessives afin d'éliminer les sels étrangers au carbonate de potasse qui se déposent suivant tel ou tel degré de densité ou de température ;

3° Evaporation des lessives purifiées et calcination du carbonate de potasse dans un four à réverbère pour le débarrasser de l'eau et des matières organiques.

Ainsi fabriquée, la potasse raffinée de betteraves est en petits granules blancs de formes diverses.

Dans le commerce, on rencontre des potasses raffinées de betteraves 70/75, 75/80, 78/82, 80/85, 88/92 p. 100 de carbonate de potasse.

Analyses

	70/75	75/80	78/82	80/85	88/92
Carbonate de potasse..............	72,57	77,31	80,94	82,21	89,18
— de soude..............	15,36	14,34	11,50	10,55	3,00
Chlorure de potassium............	5,51	3,50	3,19	3,02	3,80
Sulfate de potasse................	3,46	2,90	2,50	2,20	0,52
Eau............................	0,70	0,42	0,43	0,50	1,75
Matières insolubles..............	0,43	0,40	0,42	0,43	0,25
Phosphate de potasse.............	1,97	1,13	1,02	1,09	1,50
	100,00	100,00	100,00	100,00	100,00

Potasse brute de suint. — Elle est extraite par lavages d'une matière grasse, onctueuse, d'une odeur forte, repoussante, provenant de la transpiration des moutons dont il imprègne la toison. D'après la méthode de MM. Maumené et Rogelet, on lave à l'eau froide les laines « en suint », puis les eaux de lavage, d'une densité de 1.18, chargées de carbonate de potasse, sont travaillées ainsi que les vinasses de betteraves.

La potasse brute de suint offre, à première vue, le même aspect que la potasse brute de betteraves ; cependant, si on l'examine attentivement, on constate qu'elle est légèrement bleutée. Sa faible proportion en carbonate de soude la rend très précieuse en savonnerie, surtout l'hiver.

Analyses

Carbonate de potasse...............	79,79	73,72	76,82	70,25	82,05
— de soude...............	3,58	3,83	3,02	3,29	2,07
Chlorure de potassium.............	5,63	6,42	4,81	6,40	3,85
Sulfate de potasse...............	5	4,76	4.24	5,82	4,35
Eau...............................	1,20	2,62	3,40	5,60	3,67
Matières insolubles...............	4,90	8,54	7,71	8,64	4,04
	100,00	100,00	100,00	100,00	100,00

Potasse raffinée de suint. — La potasse brute de suint est raffinée comme suit :

Par lessivages on sépare les matières insolubles, on concentre la lessive à 40°/50° Baumé, puis on laisse refroidir afin que le chlorure de potassium et le sulfate de potasse se déposent.

L'eau-mère évaporée fournit de la potasse raffinée titrant **88/92** p. 100, presque exempte de carbonate de soude, se présentant en granules arrondis d'un blanc moins vif que la potasse raffinée de betteraves.

Analyse moyenne

Carbonate de potasse	91,94
— de soude	1,25
Chlorure de potassium	2,10
Sulfate de potasse	2,40
Silicate —	1,51
Eau	0,58
Matières insolubles	0,22
	100,00

La présence du silicate de potasse est caractéristique pour ce produit.

Potasse artificielle ou de transformation. — Sa fabrication repose sur le principe du procédé Leblanc.

On décompose du chlorure de potassium par l'acide sulfurique dans des fours à deux compartiments ; il se dégage de l'acide chlorhydrique et se forme du sulfate de potasse qui, mélangé en proportions déterminées avec de la craie et du charbon, puis chauffé, fournit du carbonate de potasse et un oxysulfure de calcium insoluble qu'on isole par un lessivage. La lessive de carbonate de potasse est concentrée jusqu'à 50/35° Baumé, puis on effectue la calcination. Le degré de pureté est de 88/94 p. 100 de carbonate de potasse.

Analyses

Carbonate de potasse	91,25	93,29
— de soude	2,22	2,98
Chlorure de potassium.	2,21	1,50
Sulfate de potasse.	2,40	0,65
Eau	1,00	1,05
Matières insolubles	0,92	0,53
	100,00	100,00

Cette potasse, ainsi que celle de suint raffinée, sont rarement employées en savonnerie.

Potasse caustique. — La potasse caustique (hydrate de potasse, oxyde hydro-potassique) est préparée en décomposant du carbonate de potasse de suint ou raffiné, en dissolution, par de la chaux vive, qui forme, avec l'acide carbonique, un carbonate de chaux insoluble et de la potasse caustique en solution à 40° Baumé qui est concentrée dans une chaudière à feu nu par une ébullition soutenue jusqu'à une température de 250 à 300° et même plus, suivant la qualité à obtenir. Quand le liquide atteint une certaine consistance, on le coule dans des cylindres semblables à ceux de soude caustique où la solidification s'opère promptement.

On distingue trois sortes de potasse caustique. L'une à 60/65 p. 100, la seconde à 75/80 p. 100, la troisième à 80/85 p. 100 d'oxyde de potassium hydraté (KO,HO).

Table indiquant les quantités d'oxyde de potassium (KO), et d'hydrate de potasse (KO, HO), correspondantes au carbonate de potasse

Carbonate de potasse	Oxyde de potassium	Hydrate de potasse	Carbonate de potasse	Oxyde de potassium	Hydrate de potasse
1	0,68	0,81	51	34,78	41,45
2	1,36	1,62	52	35,46	42,26
3	2,05	2,44	53	36,14	43,07
4	2,73	3,25	54	36,82	43,88
5	3,41	4,06	55	37,50	44,69
6	4,09	4,87	56	38,18	45,51
7	4,77	5,69	57	38,86	46,32
8	5,46	6,50	58	39,54	47,14
9	6,14	7,31	59	40,22	47,95
10	6,82	8,13	60	40,90	48,76
11	7,50	9,94	61	41,58	49,57
12	8,18	9,75	62	42,26	50,38
13	8,87	10,56	63	42,94	51,19
14	9,60	11,37	64	43,62	52,01
15	10,23	12,18	65	44,30	52,82
16	10,91	12,99	66	44,98	53,63
17	11,59	13,81	67	45,66	54,45
18	12,28	14,62	68	46,34	55,26
19	12,96	15,43	69	47,02	56,07
20	13,64	16,26	70	47,70	56,89
21	14,32	17,07	71	48,38	57,70
22	15,00	17,88	72	49,06	58,51
23	15,68	18,69	73	49,74	59,32
24	16,36	19,50	74	50,42	60,13
25	17,05	20,31	75	51,10	60,94
26	17,73	21,12	76	51,78	61,75
27	18,41	21,93	77	52,46	62,56
28	19,09	22,74	78	53,14	63,37
29	19,77	23,55	79	53,87	64,19
30	20,46	24,39	80	54,56	65,02
31	21,14	25,20	81	55,24	65,83
32	21,82	26,01	82	55,92	66,64
33	22,50	26,82	83	56,60	67,46
34	23,18	27,63	84	57,28	68,27
35	23,86	28,44	85	57,96	69,09
36	24,54	29,25	86	58,64	69,90
37	25,22	30,06	87	59,32	70,71
38	25,90	30,87	88	60,00	71,52
39	26,58	31,68	89	60,68	72,33
40	27,28	32,52	90	61,36	73,15
41	27,96	33,33	91	62,05	73,96
42	28,64	34,14	92	62,73	74,77
43	29,32	34,95	93	63,42	75,58
44	30,00	35,76	94	64,09	76,40
45	30,68	36,57	95	64,77	77,21
46	31,36	37,38	96	65,45	78,02
47	32,04	38,19	97	66,13	78,83
48	32,72	39,00	98	66,81	79,64
49	33,40	39,81	99	67,49	80,45
50	34,10	40,64	100	68,20	81,28

Au contact de l'air, la potasse caustique absorbe l'humidité et l'acide carbonique, puis devient très déliquescente.

Analyses de potasses caustiques françaises, d'après M. Moride

	60/65 p. 100	75/80 p. 100	80/85 p. 190
Hydrate de potasse (KO, HO).......	64,03	77,59	83,70
Hydrate de soude (NaO, HO)........	8,07	3,18	1,29
Carbonate de soude...............	4,60	3,24	0,00
Chlorure de potassium............	3,51	3,35	0,90
Sulfate de potasse................	2,03	0,18	0,35
Eau............................	17.76	12,46	13,76
	100,00	100,00	100,00

Nouvellement fondue, elle est d'un blanc tirant un peu sur le jaune et d'une cassure fibreuse. Sa densité est de 2,1.

En se dissolvant dans l'eau froide, elle dégage du calorique.

2. ESSAIS DES ALCALIS

L'essai des alcalis porte le nom d'alcalimétrie.

L'alcalimétrie a pour but le dosage de l'alcali libre ou carbonaté, contenu dans les soudes et les potasses du commerce ; c'est-à-dire de se rendre compte du seul corps utile. Un tel contrôle mis à la portée des consommateurs est donc excessivement précieux pour leurs intérêts.

Le principe de l'alcalimétrie est le suivant :

Si dans une solution étendue d'alcali libre ou carbonaté et de divers sels et additionnée de quelques gouttes de teinture de tournesol, on verse peu à peu un acide d'un titre connu, comme l'acide sulfurique, cet acide porte son action uniquement sur l'alcali libre ou carbonaté. Tant que la solution n'est pas neutralisée, elle garde la couleur bleue du tournesol, mais dès qu'elle est devenue neutre et qu'il y a le plus faible excès d'acide, la nuance bleue passe au rouge. On peut ainsi, en prenant des quantités déterminées d'acide et de matière à essayer, dissoutes dans des volumes d'eau connus, avoir des liqueurs titrées, il sera ensuite facile de constater par le nombre de centimètres cubes de liqueur normale acide employés le poids de l'alcali que renferme la matière soumise à l'examen.

Les méthodes d'alcalimétrie les plus connues sont celles de Descroizilles et de Gay-Lussac.

Préparation de la liqueur normale d'acide sulfurique. — Dans un vase à étroite ouverture marqué aux deux tiers « 1 *litre* » par un trait au diamant, on met tout d'abord un demi-litre d'eau distillée et peu à peu, en remuant, 100 grammes d'acide sulfurique pur à 66° Baumé, puis on rince soigneusement le flacon qui a servi à peser l'acide sulfurique, et on verse son contenu dans la solution de telle sorte qu'on obtienne un litre. L'acide ayant occasionné une élévation de température du liquide qui le dilate il faut laisser refroidir à 15° ; rétablir avec de l'eau le niveau qui s'est abaissé et agiter de nouveau le tout. Il en résulte que 50 centimètres cubes de cette liqueur contiennent 4 grammes 9 d'acide sulfurique qu'on met dans une burette graduée en demi-centimètres cubes, pour occuper 100 divisions, afin d'effectuer les essais qu'on se propose.

Méthode de Descroizilles. — « Il faut d'abord, dit-il, se procurer l'instrument que j'ai nommé *Alcalimètre* et qui se compose d'un tube de verre de 0 m. 25 de hauteur sur 0 m. 2 de diamètre ; porté sur un pied de façon à pouvoir se tenir verticalement ; son bord supérieur est renversé et enduit d'une légère couche de cire, afin d'éviter l'adhérence du liquide quand on veut verser le contenu de l'alcalimètre.

« Ce tube est gradué, à partir du haut, en cent parties ou degrés dont chacune contient un demi-gramme d'eau distillée et représente la capacité d'un demi-centimètre cube. »

Descroizilles recommande en outre :

1° Du sirop de violette ; mais comme il se décolore assez rapidement on peut le remplacer par du papier imprégné de teinture de tournesol ;

2° Du papier de tournesol passé au rouge par une légère immersion dans de l'eau très peu acidulée ;

3° Du papier de tournesol qui aura été plongé dans une liqueur très faiblement alcaline ;

4° Une petite balance sensible avec poids de 10 et de 20 gr.;

5° Quelques verres à expériences ;

6° Des agitateurs et une assiette ;

7° Un petit mortier de porcelaine ou d'agate ;

8° Un vase à étroite ouverture susceptible de contenir plus d'un litre avec un trait indiquant le litre ;

9° La liqueur normale d'acide sulfurique préparée comme nous l'avons indiqué.

Pour les soudes et les potasses, Descroizilles a conseillé d'opérer comme suit : ·

Essais alcalimétriques des soudes. — « Les essais de soude demandent une grande attention. Il faut d'abord retirer de chaque baril un échantillon composé de poussier, de croûte et de soude prise dans l'intérieur des morceaux. On concasse le tout dans un mortier. Ces opérations doivent se faire le plus promptement possible, car la soude attire l'humidité de l'air, et j'ai vu des échantillons augmenter de 40 centièmes, sans qu'ils cessassent de paraître secs.

« Pesez 10 grammes de soude préalablement concassée, ayez d'autre part, dans une fiole, une quantité d'eau égale à environ les neuf dixièmes d'un décilitre ; mettez-en à peu près le dixième dans un mortier, et ajoutez-y la soude que vous broyerez vivement et avec soin pendant cinq minutes ; puis ajoutez deux autres dixièmes d'eau, mélangez bien, laissez reposer et soutirez l'eau surnageante, de manière à ne laisser couler avec elle que sa portion de soude finement broyée. Triturez de nouveau ce qui est au fond du mortier, et pendant deux minutes ajoutez-y environ deux autres dixièmes d'eau, mélangez bien, laissez reposer un instant, et soutirez comme précédemment. Répétez le broyement, l'addition de l'eau et la décantation, jusqu'à ce que toute la soude soit passée, de façon à former un peu moins d'un décilitre de liquide.

« Rincez exactement le mortier et le pilon, en prenant les plus grandes précautions pour que le tout soit introduit dans la mesure du décilitre. Complétez ensuite la mesure du décilitre, avec la petite quantité d'eau nécessaire, puis introduisez ce liquide dans une petite fiole, agitez plusieurs fois et laissez reposer.

« Soutirez alors la liqueur, pour la faire passer sur un filtre composé d'un carré de papier pris dans une demi-feuille, et que vous placerez sur un entonnoir de 6 à 7 centimètres. Lorsqu'il sera passé une quantité suffisante de liqueur bien claire, prenez-en un demi-décilitre, très précieusement mesuré, et procédez à la saturation par la liqueur alcalimétrique, mise dans son tube, jusqu'à 0^0 après avoir placé sur une assiette d'un côté, des petits morceaux de papier de tournesol légèrement virés au rouge, et d'un autre côté des petits carrés de papier de tournesol encore bleus.

« Saisissez l'instrument de la main gauche, et inclinez-le sur le verre qui contient la moitié tirée à clair de la dissolution alcaline. La liqueur acide y tombera par gouttes. En même temps, agitez la liqueur alcaline pour faciliter le dégagement de l'acide carbonique, qui se manifeste par l'effervescence. Lorsque vous aurez vidé l'alcalimètre de quelques divisions, essayez si la saturation approche ; retirez l'agitateur, et posez son extrémité mouillée sur un des petits carrés de papier rouge qui doit devenir bleu si la saturation est effectuée ; dans le cas contraire ajouter de la liqueur d'épreuve qui occasionne une nouvelle effervescence. On ne doit faire cette addition qu'avec prudence, et toucher chaque fois un des petits carrés de papier bleu pour s'arrêter enfin lorsque le dernier touché prend une teinte tirant au rouge. Après avoir relevé l'alcalimètre pour voir à quelle ligne s'arrête la liqueur d'épreuve restante, vous compterez un échelon de moins pour compenser l'excès de saturation. »

Si donc la liqueur a son niveau sur la 86ᵉ division, n'en compter que 85, qui représentent le titre alcalimétrique de la soude à l'essai.

Essais alcalimétriques des potasses. — Ils ont lieu exactement comme ceux des soudes, chaque division employée de la liqueur normale d'acide sulfurique correspond aussi à un degré alcalimétrique équivalent pour les potasses.

Méthode de Gay-Lussac. — C'est un perfectionnement de la méthode de Descroizilles qui permet de déterminer le nombre de centièmes d'alcali pur des soudes et des potasses carbonatées ou caustiques, c'est-à-dire de trouver le titre pondéral.

Essais alcalimétriques des soudes et des potasses. — Pour trouver le nombre de centièmes d'alcali, on doit opérer non plus sur un poids d'alcali égal à celui de l'acide concentré dans les 50 centimètres cubes de la burette, mais sur un poids tel que si la soude ou la potasse étaient pures, l'acide des 100 divisions de la burette serait employé à le saturer ; c'est donc un poids équivalent à celui de l'acide. Ce poids est de 3 gr. 160 pour la soude, et de 4 gr. 816 pour la potasse.

Pour éviter des erreurs dans la prise d'échantillon, on pèse dix fois de l'une et de l'autre, soit 31 gr. 60 de soude ou 48 gr. 16 de potasse, on fait dissoudre dans l'eau de manière que le volume de la dissolution soit d'un demi-litre ou 500 centimètres cubes et l'on filtre. Prenant ensuite avec une pipette jaugée 50 centimètres cubes de la solution alcaline, qui représentent le dixième de la partie soluble de l'échantillon, on les verse dans un vase à précipiter. On ajoute alors à la dissolution quelques gouttes de teinture bleue de tournesol et le vase à saturation est posé sur un papier blanc afin de mieux juger de la teinte du liquide. Ceci fait, verser doucement au début, et même goutte par goutte ensuite, la liqueur acide, dans la solution alcaline, en donnant un mouvement giratoire au vase à précipiter et ne plus mettre de liqueur dès que la teinte bleue est convertie en rouge vif, dit « pelure d'oignon ». Un opérateur peu expérimenté trouve, presque toujours, un titre plus élevé que le titre réel, ce qui vient d'une trop grande quantité de liqueur normale employée, aussi, doit-il se livrer à des essais de contrôle. Si l'alcali est absolument pur, 50 centimètres cubes exigent les 50 centimètres cubes ou les 100 divisions d'acide étendu pour être saturés ; il s'ensuit qu'un échantillon ne contenant que la moitié de son poids de soude ou de potasse n'exigera que la moitié, ou 50 divisions de la burette, dont chaque degré ou centième fournit l'indication des centièmes de soude ou de potasse.

La table suivante donne la richesse de la soude en carbonate sec.

La première colonne indique la richesse centésimale d'oxyde so-

dique calculée d'après l'équivalent exact ou le demi-poids moléculaire de la soude, 31 ; elle correspond aux degrés de Gay-Lussac
dits aussi pondéraux.

La deuxième donne les quantités de carbonate de soude correspondantes à l'oxyde sodique de la première colonne.

La troisième contient les degrés Descroizilles.

Pour cent d'oxyde sodique	Carbonate de soude	Degrés Descroizilles	Pour cent d'oxyde sodique	Carbonate de soude	Degrés Descroizilles
30,0	51,29	47,42	54,0	92,32	85,35
30,5	52,14	48,21	54,5	93,18	86,14
31,0	53,00	49,00	55,0	94,03	86,93
31,5	53,85	49,79	55,5	94,89	87,72
32,0	54,71	50,58	56,0	95,74	88,52
32,5	55,56	51,37	56,5	96,60	89,31
33,0	56,42	52,16	57,0	97,45	90,10
33,5	57,27	52,95	57,5	98,31	90,89
34,0	58,13	53,74	58,0	99,16	91,68
34,5	58.98	54,53	58,5	100.02	92,47
35,0	59,84	55,32	59,0	100,87	93,26
35,5	60,69	56.11	59,5	101,73	94,05
36,0	61,55	56,90	60,0	102,58	94,84
36,5	62,40	57,69	60,5	103,44	95,63
37,0	63,25	58.48	61,0	104,30	96,42
37,5	64,11	59,27	61,5	105,15	97,26
38,0	64,97	60,04	62,0	106,01	98,00
38,5	65,82	60,85	62,5	106,86	98,79
39,0	66,68	61,64	63,0	107,72	99,58
39,5	67,53	62,43	63,5	108,57	100,37
40,0	68,39	63,22	64,0	109,43	101,16
40,5	69,24	64,01	64,5	110,27	101,95
41,0	70,10	64,81	65,0	111,14	102,74
41,5	70,95	65,60	65,5	111,99	103,53
42,0	71,81	66,39	66,0	112,85	104,32
42,5	72,66	67,18	66,5	113,70	105,11
43,0	73,52	67,97	67,0	114,56	105,90
43,5	74,37	68,76	67,5	115,41	106,69
44,0	75,23	69,55	68,0	116,27	107,48
44,5	76,08	70,34	68,5	117,12	108,27
45,0	76,95	71,13	69,0	117,98	109,06
45,5	77,80	71,92	69,5	118,83	109,85
46,0	78,66	72,71	70,0	119,69	110,64
46,5	79,51	73,50	70,5	120,53	111,43
47,0	80,37	74,29	71,0	121,39	112,23
47,5	87,22	75,08	71,5	122,24	113,02
48,0	82.07	75,87	72,0	123,10	113,81
48,5	82,93	76,66	72,5	123,95	114,60
49,0	83,78	77,45	73,0	124,81	115,39
49,5	84,64	78,24	73,5	125,66	116,18
50,0	85,48	79,03	74,0	126,52	116,97
50,5	86,34	79,82	74,5	127,37	117,76
51,0	87,19	80,61	75,0	128,23	118,55
51,5	88,05	81,40	75,5	129,08	119,34
52,0	88,90	82,19	76,0	129,94	120,13
52,5	89,76	82,98	76,5	130,79	120,92
53,0	90,61	83,77	77,0	131,65	121,71
53,5	91,47	84,56	77,5	132,50	122,50

Table de correspondance des degrés alcalimétriques avec le carbonate
de potasse.

Degrés alcalimétriques	Carbonate de potasse	Degrés alcalimétriques	Carbonate de potasse	Degrés alcalimétriques	Carbonate de potasse
1	1,41	25	35,26	49	69,11
2	2,82	26	36,67	50	70,52
3	4,23	27	38,08	51	71,93
4	5,64	28	39,49	52	73,34
5	7,05	29	40,90	53	74,75
6	8,47	30	42,31	54	76 16
7	9,87	31	43,72	55	77,57
8	11,28	32	45,13	56	78,98
9	12,69	33	46,54	57	80,39
10	14,10	34	47,95	58	81,80
11	15,51	35	49,36	59	83,21
12	16,92	36	50,77	60	84,62
13	18,83	37	52,18	61	86,03
14	19,74	38	53,59	62	87,44
15	21,15	39	55,00	63	88,85
16	22,56	40	56,41	64	90,26
17	23,97	41	57,82	65	91,67
18	25,38	42	59,23	66	93,08
19	26,79	43	63,65	67	94,49
20	28,21	44	62,06	68	95,90
21	29,62	45	63,47	69	97,31
22	31,03	46	64,88	70	98,73
23	32,44	47	66,29	71	100,13
24	33,85	48	67,70		

CHAPITRE IV

EAU, CHAUX ET CHLORURE DE SODIUM

---

1. EAU

L'eau en savonnerie est employée en quantité considérable pour la préparation des lessives. Elle forme avec les bases alcalines des hydrates de soude ou de potasse.

A la température ordinaire, l'eau pure doit être transparente sans odeur ni saveur, incolore en petite quantité, mais bleue en masse.

Elle se solidifie à 0° en augmentant de volume et entre en ébullition à 100° sous la pression barométrique de 0ᵐ76 pour se convertir en vapeur et a une densité de 1,000 à la température de 4° C.

On considère l'eau comme un corps neutre parce qu'elle n'agit en aucune façon sur les réactifs colorés.

D'après M. Dumas sa composition est de :

$$
\begin{array}{lr}
\text{Hydrogène.} \quad . \quad . \quad . \quad . & 11,111 \\
\text{Oxygène} \quad . \quad . \quad . \quad . & 88,889 \\
\hline
& 100,000
\end{array}
$$

Presque tous les métaux décomposent l'eau, soit à froid, soit à chaud ; ils s'emparent de son oxygène et mettent l'hydrogène en liberté.

L'eau se divise en :

Eau de pluie.

— de fleuves et de rivières.

— de sources.

— de puits.

Toutes renferment des matières organiques et salines en dissolution : matières organiques d'animaux et de végétaux, et matières salines telles que carbonate de chaux, sulfate de chaux, etc.

Nombre d'industries ne peuvent employer que des eaux très pures et si elles ne les trouvent pas abondamment dans le lieu où elles sont fixées, elles doivent avoir recours aux divers systèmes qui permettent d'enlever à l'eau les substances étrangères qu'elle contient, ou tout au moins d'en corriger les effets nuisibles en dénaturant ces impuretés.

Les matières en suspension dans l'eau s'éliminent le plus simplement par la décantation et la filtration ; les substances en dissolution demandent l'emploi de procédés plus compliqués. Il faut, pour les rendre tangibles, l'action d'agents chimiques qui les précipitent. Elles peuvent alors être séparées du liquide comme les substances qui s'y trouvaient naturellement en suspension.

La savonnerie ne redoute pas, comme certaines industries plus délicates, la présence des matières en suspension dans l'eau. Il est rare que l'eau soit assez chargée de limon pour qu'il en résulte quelqu'inconvénient dans la fabrication. La présence des sels calcaires, si gênante pour beaucoup d'industriels, parmi lesquels nous citerons en première ligne ceux qui emploient le savon, n'est pas une cause de soucis pour le fabricant de savon lui-même, car les sels calcaires sont éliminés par l'action même des lessives qui amènent ces sels à l'état de carbonate de chaux insoluble, sans action sur le savon ultérieurement formé.

Les eaux, fortement minéralisées par les chlorures et les sulfates solubles sont seules impropres à la fabrication du savon, du moins ne pourraient-elles servir qu'à l'obtention de dissolutions salées. L'eau des mers, l'eau des forages voisins de la mer et en communication avec elles, ou l'eau qui a parcouru des bancs souterrains de sels, tels que les chlorures de sodium ou de magnésium, les sulfates de soude et de potasse, ne peuvent servir à la préparation des lessives qu'elles enrichiraient en sels neutres, favorisant la séparation du savon en grains.

Il est un emploi commun à toutes les industries pour lequel la pureté de l'eau présente une grande importance ; nous voulons parler de la production de la vapeur.

Les eaux très chargées de limon remplissent rapidement les chaudières de boues qui gênent la chauffe, favorisent les accidents par coups de feu et forcent à des arrêts et nettoyages fréquents. On pare assez bien à cet inconvénient, qui se présente souvent avec les eaux de rivières, de mares ou d'étangs, en disposant les chaudières de façon à ce que les dépôts puissent se rassembler dans des points où on a placé des orifices de purge. En opérant de temps en temps des chasses sous pression on se débarrasse de la plus grande partie des dépôts et on peut prolonger la durée du fonctionnement sans arrêt des générateurs.

Avec certaines eaux ces chasses fréquentes ont un inconvénient qu'il est bon de signaler ; les boues formées de sable fin usent rapidement les robinets de purge et, si l'on n'y prend garde, il se fait des fuites importantes par ces robinets.

Le seul moyen pratique de se débarrasser de ces limons, avant l'entrée dans les générateurs, consiste dans la filtration, car la décantation de ces substances ténues est extrêmement longue et en tout cas serait incomplète.

Les substances en dissolution dans l'eau peuvent être beaucoup plus dangereuses pour les chaudières que les matières en suspension. A l'encontre de ce que nous avons dit pour ce qui concerne la fabrication du savon, ce sont les chlorures et les sulfates alcalins qui sont les moins nuisibles, car l'eau des chaudières terrestres n'arrive jamais ou presque jamais à être saturée de ces sels très solubles, qui, par conséquent, ne se déposent pas.

Les sels calcaires (bicarbonate et sulfate) sont les plus redoutables car ils donnent, non seulement des dépôts pulvérulents, mais encore des cristallisations, qui s'attachent aux parois des chaudières sous forme de croûtes résistantes, souvent très dures, nuisant à la transmission de la chaleur ; causes de dépenses exagérées et d'une foule d'ennuis qu'il n'est pas besoin de rappeler aux propriétaires d'appareils à vapeur dont l'eau d'alimentation est très chargée de ces substances.

Pour éviter la formation de ces croûtes si nuisibles on emploie souvent des désincrustants; il est rare qu'il n'y ait pas quelques inconvénients à cette pratique, qui est le plus souvent inefficace, et en tout cas ne diminue aucunement le volume des dépôts et quelquefois les augmente. On tend de plus en plus aujourd'hui à corriger l'eau avant son entrée au générateur; en la faisant passer dans des appareils épurateurs où on la débarrasse en partie de ses sels incrustants par une précipitation chimique suivie de décantation et de filtration. Les plus connus des épurateurs en usage sont des décanteurs où on fait circuler de l'eau traitée par la chaux et le carbonate de soude.

Ce que bien des industriels reprochent à ces appareils épurateurs, c'est d'être volumineux et par suite encombrants et coûteux. L'emploi de la chaux comme agent chimique vient compliquer la question en ce sens qu'il faut veiller de près au dosage et à la distribution de ce réactif qui, employé en excès, peut être plus nuisible qu'utile. La chaux a, de plus, l'inconvénient de doubler sensiblement le volume des précipités qui se forment au sein de l'eau.

En dehors des cas particuliers (eaux très chargées de bicarbonates), et mettant hors de cause les installations très importantes, où la distribution de la chaux peut être méthodiquement réglée et surveillée de près, l'utilité de l'emploi de cette substance pour l'épuration est contestable. Pour la majeure partie des eaux de rivière, dont le titre hydrotimétrique est peu élevé, il suffirait, pour avoir une eau convenable à l'alimentation des générateurs, d'introduire méthodiquement dans l'eau brute une quantité de carbonate de soude déterminée, ainsi que l'a préconisé Kuhlmann. On se débarrasse ainsi du sulfate de chaux, élément incrustant par excellence des eaux, on rend le bicarbonate absolument inoffensif en ajoutant un très léger excès de carbonate de soude qui agit sur le bicarbonate de chaux en favorisant sa décomposition et précipite le carbonate de chaux à l'état de poudre légère non adhérente, qu'on peut enlever de la chaudière avec la plus grande facilité.

L'appareil épurateur d'eau pourra se réduire dans ce cas à un distributeur de réactif et à un filtre. Le distributeur devra introduire dans l'eau, au fur et à mesure de son passage dans l'appareil, la petite quantité de réactif nécessaire pour la correction chimique, le filtre arrêtera le carbonate de chaux formé, et en même temps débarrassera l'eau des limons argileux ou sablonneux qui forment des dépôts compacts dans les chaudières, nuisent à leur bon fonctionnement et peuvent attaquer la robinetterie.

L'eau, après avoir passé dans un épurateur ainsi compris, arrivera claire et non incrustante dans la chaudière et cela avec le minimum de dépense.

Pour répondre à ces désidérata, MM. Delhotel et Moride ont créé un filtre à nettoyage rapide qui, sous un petit volume, peut fournir des quantités considérables d'eau corrigée aux générateurs à vapeur.

Ce filtre, fig. 2 et 3, se compose d'un cylindre de tôle fermé, pouvant résister à une pression élevée, comme l'est, par exemple, celle de certaines canalisations de villes. La masse filtrante qui remplit les 2/3 de ce cylindre est du sable quartzeux fin, de grosseur régulière. Dans ce sable est noyé un collecteur d'eau filtrée formé de tôle perforée et de toile métallique fine.

L'eau à filtrer arrive à la surface supérieure du sable par des ajutages courbes *a a* disposés de telle manière, qu'en arrivant, le courant d'eau donne à la masse d'eau recouvrant le sable un mouvement de rotation. Par suite de ce mouvement, la surface du sable est frottée et le dépôt de limon sur la surface est retardé et, par suite, l'obstruction des pores de cette surface, cause de diminution de débit. A la longue, la filtration devient cependant moins rapide ; il suffit pour lui rendre son intensité première, d'ouvrir un robinet inférieur R, communiquant avec un entonnoir central E. L'ouverture de ce robinet supprime la contre pression du filtre et de la conduite d'eau filtrée ; il se fait alors un soulèvement de la partie supérieure du sable et l'eau brute, arrivant avec violence par les ajutages courbes, produit un tourbillonnement qui lave le sable ; les impuretés sont enlevées et s'échappent par l'entonnoir E et le robinet R, le sable, plus dense, est simplement frotté et nettoyé et ne peut s'élever jusqu'au bord de l'entonnoir. En une fraction de minute, ce nettoyage de la surface, dû à un simple mouvement du robinet inférieur, rend au filtre sa puissance première.

L'encrassement de la surface est, dans un filtre en sable, la cause de la diminution de débit de ce genre de filtre ; c'est ce qu'il faut surtout combattre pour rendre le filtre intensif, mais il faut aussi compter, à la longue, avec l'encrassement de la masse. Pour nettoyer à fond la masse totale du sable, le filtre est disposé de façon à être parcouru par un courant ascendant, inverse du courant normal.

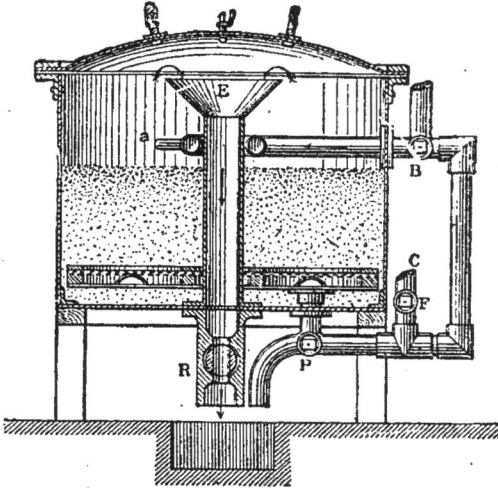

Fig. 2. — Coupe en élévation.

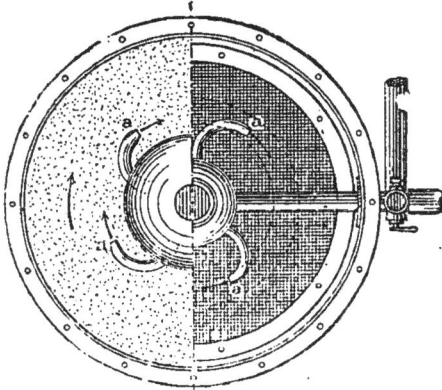

Fig. 3. — Coupe en plan.
Filtre Delhotel et Moride.

En général, les courants inverses sont inefficaces dans les filtres dont les matériaux sont fixes et dont les pores, une fois obstrués, ne peuvent être vraiment rendus libres, qu'en démontant l'appareil. Il n'en est pas ainsi dans le filtre que nous décrivons. Le sable fin, dont rien ne maintient la surface supérieure, est mobile sous l'action du courant ascendant qui le soulève, fait jouer les grains les uns par rapport aux autres et les débarrasse des impuretés qu'il avait retenues. Ces impuretés, plus fines et plus légères que le sable, sont enlevées par le courant ascendant et évacuées par l'entonnoir E et le robinet R, pendant que le sable soulevé retombe en vertu de sa densité.

Pendant le lavage par courant inverse on envoie l'eau à la partie supérieure en ouvrant convenablement le robinet à deux voies B de façon à renvoyer l'eau à la partie supérieure du sable ; les premières portions de l'eau qui passe n'étant pas claires, on purge, par un robinet P, que l'on ferme lorsque l'eau arrive limpide.

Avec un filtre ainsi combiné, auquel on rend toute sa puissance par un simple mouvement de robinet, dont la masse filtrante peut être lavée à fond sans main-d'œuvre, cette masse étant d'ailleurs inusable et imputrescible, on peut clarifier des eaux très limoneuses, et, au besoin, des eaux traitées chimiquement par les réactifs connus : soude caustique, carbonate de soude, oxalate de soude, chlorure de baryum, et même par la magnésie, la baryte ou la chaux, malgré la grande masse des dépôts fournis par ces dernières substances.

Pour les générateurs on peut se dispenser de ce traitement des eaux par les oxydes terreux, chaux, baryte, magnésie, comme nous l'avons dit plus haut, et corriger l'eau en y introduisant, au fur et à mesure de l'emploi, une quantité de carbonate de soude proportionnée au sulfate de chaux qu'elles contiennent.

Pour fournir à l'eau cette petite quantité de soude qui en abaissera le titre et les rendra inoffensives, MM. Delhotel et Moride annexent à leur filtre un distributeur automatique. Ce distributeur est un vase de fonte fermé pouvant supporter la pression de la canalisation d'eau, dans lequel on introduit un seau de tôle contenant le carbonate de soude ou tout autre réactif soluble qu'on aura jugé propre à l'épuration de l'eau (ce peut être, si on veut pousser l'épuration plus loin, de l'oxalate de soude, de l'hydrate de baryte, du chlorure de baryum ou un mélange convenablement dosé de ces produits). Grâce à la disposition intérieure du distributeur et à deux vis de réglage on peut dissoudre la quantité de réactif convenable par un courant d'eau réglé. Cette eau, chargée de réactif, se mélange à l'eau brute et le tout passe dans le filtre, la réaction chimique s'opère, les précipités calcaires et les limons de l'eau sont retenus par le sable et l'eau sort claire et inoffensive pour les générateurs. Le léger dépôt pulvérulent qui se formera dans la chaudière (et qu'on ne peut éviter avec aucun système d'épuration, même en théorie), s'en ira facilement en ouvrant de temps en temps les robinets de purge.

Le filtre « Delhotel et Moride » donne des débits d'autant plus élevés que la pression sous laquelle on le fait fonctionner est plus considérable. Le débit varie aussi avec la nature et la quantité des substances en suspension dans l'eau. On peut lui faire donner jusqu'à 3 litres d'eau de Seine clarifiée, par décimètre carré et par minute, sous une pression de 10 mètres.

Avec une pression de 3 mètres seulement, en opérant sur une eau calcaire de titre moyen corrigée par un réactif soluble contenu dans le distributeur, on peut fournir avec différents types de filtres indiqués dans le tableau ci-après les quantités d'eau suivantes :

Diamètre	Surface filtrante	Débit à l'heure	Débit en 24 heures	Puissance en chevaux vapeur	Observations
m.	m²	lit.	lit,		Ces débits qui correspondent sensiblement à 1 litre 200 par décimètre carré peuvent être portés jusqu'à 3 litres dans certains cas, surtout si on dispose d'une pression élevée.
0.30	0.07	500	11.000	20 à 40	
0.50	0.19	1.300	30.000	50 à 100	
1.00	0.78	5.300	125.000	250 à 500	

Les avantages du filtre « Delhotel et Moride » consistent dans la grande quantité d'eau corrigée et clarifiée fournie par des appareils de dimensions restreintes, d'une installation, d'une conduite et d'une surveillance faciles. Contrairement aux substances généralement employées dans les filtres à grand débit : copeaux, laines, tontisses, éponges, le sable qui en constitue la matière filtrante est, nous l'avons dit, imputrescible et inusable et ne nécessite aucun renouvellement ni aucun démontage, le filtre est toujours semblable à lui-même, sans qu'il soit besoin, pour le ramener constamment à son état initial, d'autres manutentions que la simple ouverture de robinets. Sous ces divers rapports ce système réalise un progrès incontestable dans la correction de l'eau destinée à la production de la vapeur.

2. CHAUX

Le rôle de la chaux en savonnerie consiste, en présence des carbonates, à s'emparer avec avidité de leur acide carbonique pour former un hydrate de protoxyde de sodium ou un hydrate de protoxyde de potassium et un carbonate de chaux insoluble qui tombe au fond de la liqueur.

Selon la théorie, un équivalent de chaux (**28**) décompose un équivalent de carbonate de soude (**53**) ou un équivalent de carbonate de potasse (**69**) ; mais, dans la pratique, la chaux n'étant jamais pure, par suite d'une cuisson incomplète ou d'une certaine quantité de pierres, l'on est contraint d'employer une proportion supérieure à celle qu'indique la théorie.

Il a été reconnu, qu'afin d'effectuer la caustication dans les meilleures conditions, on pouvait se baser, pour la quantité de chaux nécessaire, sur le titre pondéral de Gay-Lussac, ou pour cent pur de soude ou de potasse, à l'état d'oxyde, contenu dans le sel qu'on se propose de traiter ; chaque degré du titre pondéral correspondant à un kg., de chaux à employer pour **100** kg., de ce sel.

En chimie, on désigne sous le nom de chaux, le protoxyde de calcium, matière blanche, amorphe, douée d'une saveur caustique et d'une réaction alcaline ayant une densité de **2,3**.

Exposée à l'air, la chaux absorbe l'acide carbonique pour former du carbonate de chaux.

En contact avec une petite quantité d'eau, elle s'en empare avec avidité, dégage une très forte chaleur accompagnée de vapeurs abondantes, augmente de volume, se fendille et finalement se réduit en poudre en formant un hydrate de chaux.

Cet hydrate est appelé *chaux éteinte*, tandis qu'on qualifie de *chaux vive* la chaux anhydre.

A la température de **15°** c., 1 partie de chaux exige **778** parties d'eau pour se dissoudre, tandis qu'à **100°**, **1,270** parties sont nécessaires ; la chaux est donc une des exceptions au principe de solubilité, qui établit qu'un solide est d'autant plus soluble que la température de l'eau est plus élevée.

La présence des alcalis, soude ou potasse, diminue de beaucoup la solubilité de la chaux dans l'eau, solubilité qui, selon M. Pelouze, devient presque nulle.

On ne trouve jamais la chaux pure dans la nature ; elle est combinée avec les acides carbonique, sulfurique, etc,, pour former des marnes et des calcaires ou *pierres à chaux*.

Analyses de marnes

Provenance	Eau combinée	Silice	Alumine	Oxyde de fer	Carbonate de chaux	Carbonate de magnésie	Matières organiques et alcalis
Marne d'Argenteuil.......	5,00	9,90	3,90	»	80,46	»	Traces
— de Belleville........	»	46,03	17,28	5,70	27.64	»	»
— de Viroflay.........	»	37,00	11,00	6,50	55,00	»	»
— de Tournay........	4,50	25,00	14,10	»	55,53	»	Traces

Analyses de calcaires

Provenance	Sable	Argile	Oxyde de fer	Carbonate de chaux	Carbonate de magnésie
Marbre de Carrare............	»	»	»	100,0	»
Pierre à chaux de Vaugirard..	»	1,5	»	98,5	»
— — de Lagneux....	»	0,5	3,9	94,0	1,60
— — de Vichy......	»	»	2,8	87,0	10,00
— — de Calvinc.....	19,64	2,6	»	77,8	»
— — de Villefranche.	»	»	8,8	60,9	30,34

On voit que les calcaires sont plus riches en carbonate de chaux que les marnes, aussi traite-t-on de préférence les calcaires.

On prépare la chaux vive en décomposant par la chaleur le carbonate de chaux naturel dans un four en briques de 3 à 4 mètres de hauteur.

Pour charger ce four, on construit, au-dessous de la grille du foyer, une voûte avec les plus gros fragments de calcaires qui vont ensuite en diminuant de plus en plus jusqu'à l'orifice supérieur du four, de telle façon que les gros soient exposés à une chaleur exceptionnelle. On allume le feu et on l'alimente jusqu'à ce que la totalité du calcaire soit parfaitement calcinée, puis on retire la chaux et on la met dans des barriques hermétiquement fermées afin de la soustraire à l'action de l'acide carbonique de l'air.

La chaux se divise en *chaux grasse* et en *chaux maigre*. La première n'a que très peu de matières étrangères; la seconde, au contraire, en contient de fortes proportions. Voici la composition de chaux provenant des calcaires dont nous avons donné les analyses plus haut :

Provenance	Sable	Argile	Oxyde de fer	Magnésie	Chaux
Marbre de Carrare................	»	»	»	»	100,0
Pierre à chaux de Vaugirard........	»	2,80	»	»	97,2
― ― de Lagneux.........	»	»	6,9	1,5	91,6
― ― de Vichy..........	»	»	5,0	9,0	86,9
― ― de Calviac.........	24,75	2,25	»	»	70,0
― ― de Villefranche......	»	»	13,80	26,2	60,0

Les chaux de Carrare et de Vaugirard sont classées *très grasses* ; celles de Lagneux *grasses* ; celles de Vichy *médiocrement grasses* ; enfin celles de Calviac et de Villefranche *très maigres*.

En savonnerie il ne faut rechercher que les chaux *très grasses* ou *grasses*, qui se distinguent par leur grande légèreté et l'absence totale d'acide carbonique.

Pour constater qu'une chaux répond à ces deux conditions, on la traite par de l'acide chlorhydrique étendu d'eau.

S'il ne se manifeste aucune effervescence, elle est exempte d'acide carbonique, et si elle se délaye totalement, sa pureté est irréprochable. Dans le cas d'un dépôt, on filtre avec soin et, après lavages du filtre, à l'eau distillée, on dessèche le tout, on pèse, puis, en déduisant le poids du filtre, on connaît ainsi la quantité exacte de matières étrangères qui augmentent la densité de la chaux en même temps qu'elles occasionnent une perte réelle pour le consommateur. L'expérience a démontré qu'une bonne chaux grasse, arrosée avec trois ou quatre fois son poids d'eau, doit s'échauffer fortement et se gonfler en donnant une bouillie plus ou moins pâteuse, douce au toucher ; plus est grande l'augmentation de volume que la chaux éprouve au contact de l'eau, ou plus elle *foisonne,* c'est-à-dire plus est grande la quantité de pâte qu'elle donne lorsqu'on l'éteint, plus elle a de valeur.

La teneur en oxyde de calcium (CaO) du lait de chaux s'élève généralement à 20 kg. par hectolitre, on a alors (mais cette proportion varie suivant que les chaux sont plus ou moins grasses), des laits plus ou moins épais et de densité variable pour une même richesse de chaux comme l'on peut en juger par le tableau suivant : .

Densités, des laits de chaux.

Degrés Baumé	Densités	Chaux (CaO) dans 100 kg.	Chaux (CaO) dans 100 litres
10	1,074	10,6	13,3
12	1,091	11,6	15,2
14	1,107	12,7	17,0
16	1,125	13,7	18,9
18	1,142	14,7	20,7
20	1,161	15.7	22,4
22	1,180	16,5	24,0
24	1,199	17,2	25,3
26	1,220	17,8	26,3
28	1,241	18,3	27,0
30	1,262	18,7	27,7

M. J. S. Rigby est l'auteur d'un procédé pour obtenir, avec le carbonate de chaux, résultant de la caustification des alcalis, une pâte à ciment irréprochable qui procure un prix de revient de beaucoup inférieur à celui du ciment de Portland.

Ce procédé a été mis en pratique en Angleterre, dans les vastes usines de Seacombe, de la *Widnes Alkali Company*, et aujourd'hui on y produit environ 50 tonnes de ciment par semaine.

Le mode d'opérer est le suivant :

Après avoir mélangé le carbonate de chaux avec la proportion voulue d'argile et une certaine quantité d'eau, on fait écouler le mélange dans un *lit à sécher,* qui consiste dans une série de tuyaux recouverts de tuiles, et communiquant avec un four ordinaire ; sous l'influence de la chaleur, la masse se dessèche au bout de trois à quatre jours et se présente en blocs.

Pour former le ciment, on décompose le mélange ci-dessus dans des fours, après l'y avoir disposé avec des couches alternatives de coke.

Les fours en usage à la Widnes Alkali Company sont des fours à dôme ordinaire qui contiennent, une fois remplis, 30 tonnes de mélange et fournissent près de 20 tonnes de ciment.

Durant l'opération, qui exige à peu près trois jours, il se produit dans les fours une température excessivement élevée.

Si, lors du déchargement des fours, on trouve des parties non décomposées, on les met de côté pour les traiter dans la fournée suivante.

Le ciment fabriqué avec le carbonate de chaux qui nous occupe est identique à celui qui a pour base le carbonate de chaux provenant de toute autre source.

Notre intention n'est pas d'engager les savonniers à monter chez eux la fabrication du ciment, car ce serait une véritable utopie, nous voulons simplement tâcher de les déterminer à s'entendre entre eux, afin que dans les centres où ils sont en nombre suffisant, ils installent une usine qui convertirait en ciment le carbonate de chaux lequel jusqu'ici a été pour eux la cause de dépenses énormes pour s'en débarrasser.

Payen a reconnu, il y a longtemps, que le carbonate de chaux est précieux pour l'amendement des terres, par l'aliment calcaire qu'il communique aux sables, enfin par l'accélération qu'il détermine dans la composition des engrais azotés.

Les eaux pluviales, empruntant aux sols cultivés le carbonate de chaux et d'autres sels calcaires, permettent aux plantes de puiser dans la terre que ces eaux arrosent, et de déposer dans leurs tissus spéciaux cette espèce de nourriture minérale dont elles décomposent une partie.

C'est là un avantage pour les savonniers des petites villes qui se trouvent dans des pays où le sol est argileux, car si l'on ne leur paie pas le carbonate de chaux, on vient au moins les exonérer du prix d'enlèvement en le prenant chez eux.

3. CHLORURE DE SODIUM

Le chlorure de sodium est très répandu dans la nature. Il existe en grande quantité dans les eaux de la mer et dans de nombreuses sources salées.

On le rencontre aussi à l'état solide dans plusieurs contrées où il forme des mines considérables principalement dans des couches de gypse appartenant aux terrains de sédiment moyen.

A cet état le chlorure de sodium porte le nom de *sel gemme*.

Parfois il est d'un blanc laiteux et en masse fibreuses ; mais souvent il est coloré en gris, en rose ou rougeâtre.

Le chlorure de sodium que l'on retire des eaux de la mer est gris, celui des lacs salés est jaune et rouge.

On trouve dans le chlorure de sodium du chlorure de magnésium, du sulfate de chaux et de magnésie, et des matières argileuses.

Tous ces sels, après raffinage, sont parfaitement blancs.

Le chlorure de sodium NaCL (sel marin, sel de cuisine, sel gemme), est à l'état de pureté, blanc, sans odeur, d'une saveur agréable et caractéristique, sa densité est de 2,13, il est très soluble dans l'eau presqu'autant à froid qu'à chaud.

Solubilité du chlorure de sodium à diverses températures

0°	35,5		60°	37,2
10	35,7		70	37,9
20	36,0	-	80	38,2
30	36,3		90	38,9
40	36,6		100	39,6
50	37,0			

Table indiquant la richesse de solutions de chlorure de sodium d'après leur densité à + 15°.

Densité	Na. CL p. 100	Densité	Na. CL p. 100	Densité	Na. CL p. 100
1,00725	1	1,07335	10	1,14315	19
1,01450	2	1,08097	11	1,15107	20
1,02174	3	1,08859	12	1,15931	21
1,02899	4	1,09622	13	1,16755	22
1,03624	5	1,10384	14	1,17580	23
1,04366	6	1,11146	15	1,18404	24
1,05108	7	1,11938	16	1,19228	25
1,05851	8	1,12730	17	1,20098	26
1,06593	9	1,13523	18	1,20433	26,395

Analyses de chlorure de sodium

	Sel gris	
	Des côtes de Bretagne	De Vic (Alsace-Lorraine)
Chlorure de sodium.......	87,97	90,3
— de magnésium...	1,58	»
Sulfate de chaux..........	1,65	5,0
— de soude..........	»	2,0
— de magnésie.......	0,50	»
Matière argileuse........	0,80	2,0
Eau....................	7,50	0,7

« Ce fut une découverte réelle, dit M. Balard (1), que l'observa-
» tion de celui qui utilisant, sans s'en douter, la faible solubilité des
» sels dans une solution saturée d'un sel de même base, se servit
» du sel marin ou des soudes salées pour précipiter le savon de
» soude et obtenir ainsi ces savons dits : *levés sur gras*, produit
» aussi pur que le serait un sel qui serait cristallisé, ou qu'on ob-
» tiendrait par précipitation, et qui abandonne dans les lessives,
» qu'il surnage, les matières qui lui sont étrangères. »

Nous déplorons qu'au lieu d'être employé à élever d'une façon
déraisonnable le rendement des savons d'empâtage, le chlorure
de sodium ne soit spécialement affecté aux savons levés sur gras.

Les fabricants de savons sont autorisés par les contributions in-
directes à employer du sel dénaturé suivant circulaire de la Direction Générale en date du 7 septembre 1884, n° 405, circulaire ainsi
rédigée :

Dans les usines dont le travail comporte une surveillance permanente, le traitement des agents affectés à cette surveillance est intégralement remboursé par les fabricants ; dans les établissements de moindre importance, où l'application du ré-
gime de la permanence serait onéreux, et dans lesquels l'action du service est inter-
mittente, les frais d'exercice sont réglés à raison de 1 franc par 100 kg. de sel
mis en œuvre , et, emmagasinés à l'arrivée sous la clef des agents de surveillance,
les sels ne sont laissés à la disposition des industriels qu'après avoir subi, en présence des employés, une dénaturation préalable.

Les fabricants de savon sont astreints à faire dissoudre le sel dans une lessive de
soude titrant 16° à l'aréomètre de Baumé, dans la proportion de 4 hectolitres de lessives par 100 kg. de sel, et le produit de cette dissolution ne peut être mis à leur disposition qu'après avoir séjourné *pendant vingt-quatre heures* dans un local dont le
service conserve la clef.

Toutefois ceux auxquels ce mode de dénaturation ne convient pas ont la faculté de
verser directement, dans la pâte de savon en préparation, les sels neufs nécessaires,
pourvu que les agents de surveillance assistent à l'opération et ne se retirent qu'a-
près la dissolution complète du chlorure de sodium.

(1) Rapport sur l'Exposition universelle de Paris en 1855, Savons, page 523.

CHAPITRE V

MATÉRIEL DES SAVONS DE MARSEILLE

Les savonneries marseillaises les mieux installées, sont sans contredit celles de savon blanc cuit. Et cela s'explique en raison de l'extension prise en ces derniers temps par ce genre de savon.

Parmi les usines de savon blanc, dont le matériel est identique à celui du savon marbré, nous donnerons la description de celle de Mme Vve Charles Morel et de celle de M. Baron fils.

Savonnerie Vve Charles Morel. — Cette savonnerie nommée la « Rose-Antonie-Laure » où l'on fabrique les marques de *la Bonne Mère* et *du Sacré Cœur*, comprend sept corps de bâtiments. Deux sont consacrés à la trituration de la soude brute, laquelle est opérée par deux concasseurs à vapeur, nouveau modèle et à la préparation des lessives. Celles-ci se font dans 100 réservoirs en tôle, dits *barquieux*, placés au rez-de-chaussée. Elles s'écoulent dans 34 autres réservoirs, également en tôle, dits *récipients* ; disposés dans de vastes galeries en sous-sol et pouvant contenir 430.000 litres de lessives.

Le service de ce travail préparatoire est fait à l'aide de wagonnets spéciaux circulant autour des barquieux sur deux chemins de fer à voie étroite, ce qui permet de réaliser une importante économie de main-d'œuvre.

Deux autres corps de bâtiment, immenses vaisseaux aux proportions monumentales, contiennent 20 chaudières pour la cuisson de la pâte. Ces chaudières mesurent chacune 3 m. 25 de diamètre intérieur sur 3 m. 50 de profondeur.

La vapeur nécessaire à cette fabrication est fournie par 7 générateurs, d'une puissance de 300 chevaux-vapeur, qui la dispensent, en même temps, à deux machines horizontales, de 16 chevaux de force, actionnant 12 pompes, ainsi qu'aux concasseurs de soude et aux étuves de savons frappés.

Les trois autres corps de bâtiment sont élevés d'un premier étage.

Au rez-de-chaussée, se trouvent 5 jeux de mises de gras ayant 200 mètres carrés de superficie, plus 19 mises de coulage offrant une surface de 1.500 mètres carrés et pouvant recevoir 5.000 pains représentant 100.000 kilogrammes.

Attenant aux salles des mises, sont les magasins d'emballage, auxquelles ils sont reliés par un petit chemin de fer qui y amène les savons coupés en pains.

Dans ces magasins sont installés des monte-charges mécaniques servant à élever aux ateliers de moulage, sis aux étages supérieurs, les savons à ce destinés et à les redescendre une fois moulés et emballés.

Au premier étage de ces trois bâtiments se trouvent les ateliers de moulage, ainsi que les locaux pour l'étuvage et des séchoirs naturels ; leur superficie est de 550 mètres carrés.

Là fonctionnent deux tables mécaniques qui coupent automatiquement et avec une régularité automatique les savons préparés pour être moulés, depuis le petit morceau de 50 grammes jusqu'à celui de 1.000 grammes.

Enfin 12 presses façonnent ensuite ces morceaux de tous calibres et de diverses formes, lesquels sont alors logés dans des caisses de 100 morceaux chaque, prêts à être livrés à la vente.

Savonnerie Baron fils. — La savonnerie de M. Baron fils, dite la « Micheline-Emilie » qui produit le savon marque : « La Tulipe » se compose de trois bâtiments parallèles et contigus, qui ont ensemble 3.200 mètres carrés. Chacun de ces bâtiments forme un parallélogramme de 15 mètres de large sur 70 de long et 10 mètres de hauteur moyenne.

Le premier bâtiment est affecté :

1° Au dépôt de la chaux et à la trituration de la soude brute, trituration se faisant à la vapeur ;

2° A la préparation des lessives, qui se font dans 66 réservoirs en tôle d'une contenance totale de 220.000 litres ; 50 de ces réservoirs, dits *barquieux*, sont au rez-de-chaussée et 16, dits *récipients*, sont dans une galerie au sous-sol ;

3° Au dépôt des résidus ;

4° Au pesage de la chaux, soude, charbon, etc.

Le deuxième bâtiment est occupé :

1° Par 3 générateurs de 45 chevaux vapeur, soit une puissance totale de 135 chevaux ;

2° Par une machine à vapeur de la force de 12 chevaux ;

3° Par 8 pompes actionnées par la machine ;

4° Par une petite machine à vapeur de la force de 4 chevaux actionnant un dynamo ;

5° Par ce dynamo produisant l'électricité servant à l'éclairage de l'usine et des bureaux ;

6° Par un évaporateur rotatif, servant à la concentration des lessives glycérineuses ;

7° Par 8 chaudières de 3 m. 35 c. de diamètre sur 4 m. 75 c. de profondeur, d'une capacité totale de 240.000 litres et servant à la cuisson des savons ;

8° Par une puissante pompe servant au coulage des savons ;

9° Par 4 piles à huiles d'une contenance de 110.000 kg. ;

10° Par la bascule établie pour le pesage des huiles ;

11° Par le bureau du contre-maître ;

12° Par 2 grandes mises à gras (*Caisses en tôle d'une contenance de 16.000 litres, dominant la chaudière et servant au nettoyage des gras*).

La marche des lessives, l'aspiration de l'eau des puits, le coulage des gras et des savons se font au moyen de pompes marchant à la vapeur, ce qui supprime presque entièrement la main-d'œuvre.

Les générateurs produisent la vapeur nécessaire pour actionner les machines, le concasseur, l'évaporateur rotatif, les pompes ; pour tenir constamment en ébullition, à l'aide de serpentins, les chaudières déjà décrites, et alimenter, en outre, les tuyaux de chauffage de 2 étuves.

Au sous-sol de ce bâtiment se trouve une vaste cuve où le jour et l'air pénètrent à profusion.

On y remarque que le fond de chacune des 8 chaudières est complètement à découvert, reposant sur un simple pilier en pierre de taille.

Dans la cave sont aussi les épines, les caisses en tôle nécessaires au coulage des cuites et les bassines pour les recuits.

Le troisième bâtiment est occupé, au rez-de-chaussée :

1° Par les mises de coulage ayant ensemble 600 mètres de superficie et permettant de couler 20.000 pains, soit 40.000 kg. de savon ;

2° Par le magasin servant de dépôt pour le savon fabriqué ; ce magasin est d'une superficie de 225 mètres carrés ;

3° Par une petite étuve ou séchoir créée pour les savons en boîtes ;

4° Par le magasin servant au dépôt des caisses d'emballage, lequel est d'une superficie de 225 mètres carrés.

La partie en amont de ce bâtiment a, comme le n° 1, un premier étage, occupé :

1° Par les mises servant au coulage de savons destinés au moulage (la pâte est refoulée dans ces mises par une puissante pompe installée à cet effet) ;

2° Par une étuve servant de séchoir pour les savons à frapper ;

3° Par une *coupeuse* qui divise les pains en morceaux pour être moulés ;

4° Par 4 presses servant à mouler ces morceaux.

Ajoutons que les huit grandes chaudières et les deux jeux de mises permettent de mouler en deux jours jusqu'à 2,900 pains, soit 58.000 kg. de savon cuit.

(Voir fig. 4 coupe transversale, et fig. 6, coupe longitudinale).

Savonnerie BARON Fils, Usine « La Micheline-Emilie »

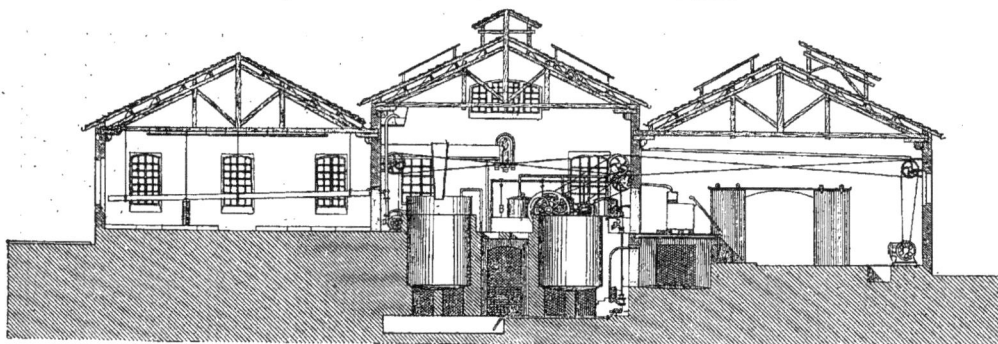

Fig. 4. — Coupe transversale.

Salle des mises.　　Salle des chaudières.　　Salle des barquieux.

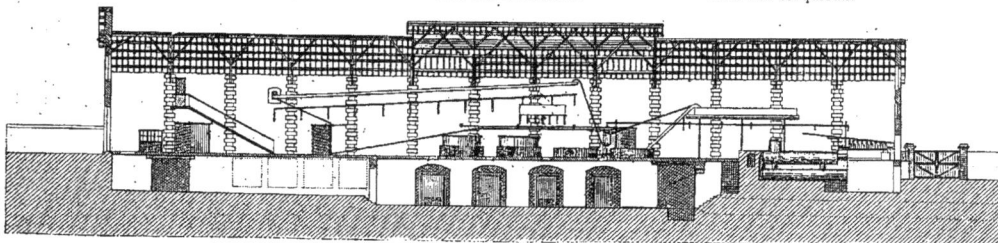

Fig. 5. — Coupe longitudinale.

Bâtiment central.　　Chaudières.　　Générateurs.　　Sous-sol.

Sommaire du matériel. — Le matériel généralement en usage peut être divisé comme suit :

Générateur de vapeur.
Machine à vapeur.
Concasseur de soude brute.
Barquieux.
Caustificateur.
Réservoirs à lessives.
Citernes à huiles.
Pompes.
Chaudières à savon.
Appareil pour la saponification.
Agitateur mécanique.
Mises.
Appareils de découpage.
Séchoirs.
Presses.
Petits ustensiles.

Nous allons examiner chacune de ces parties dans l'ordre énoncé.

GÉNÉRATEUR DE VAPEUR

Le chauffage des chaudières à savon par la vapeur, permet de chauffer avec un seul générateur et, par conséquent, avec le même foyer, plusieurs chaudières à la fois, ce qui procure une notable économie de combustible, de temps et de main-d'œuvre. Indépendamment de son affectation au chauffage des chaudières à savon le générateur produit la vapeur nécessaire à la force motrice des concasseurs de soude, des pompes, etc.

Le générateur système Collet, fig. 6 et 7, est composé de tubes *vaporisateurs* indépendants A, inclinés sur l'horizontale de l'avant à l'arrière, et bouchés à l'une de leurs extrémités *b*. Leur communication s'obtient à l'avant en *a* au moyen de *collecteurs* verticaux en fonte C, qui supportent un récepteur D, disposé de manière que la vapeur puisse y arriver sans soulever la masse liquide. Ces collecteurs verticaux C sont divisés, suivant leur hauteur, en deux compartiments *c*, *c'* par une cloison parallèle à la façade du fourneau.

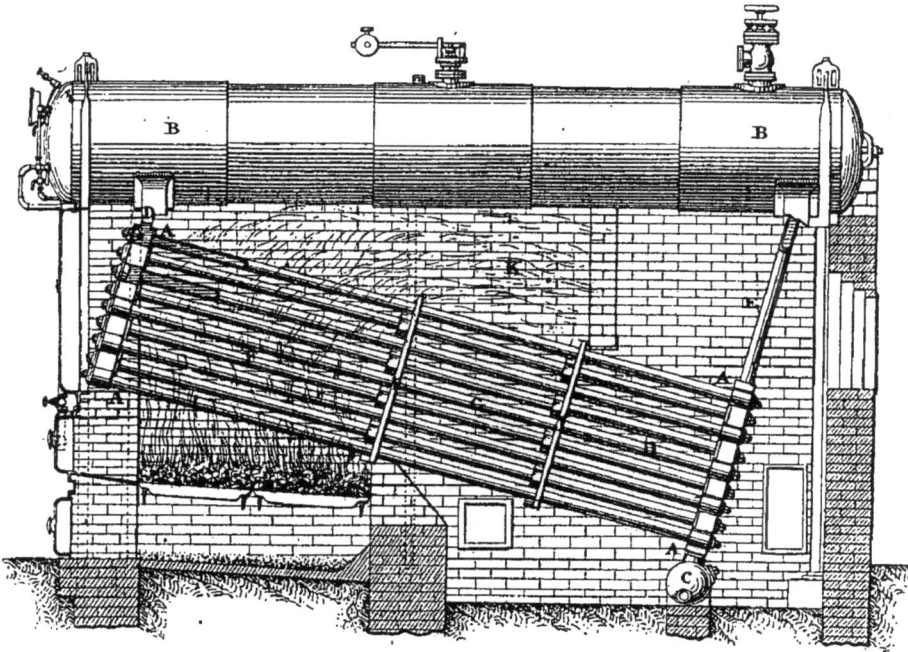

Fig. 6. — Générateur Collet.

Cette cloison est percée de trous, dans lesquels s'ajustent des petits tubes *directeurs* en tôle B, concentriques aux tubes vaporisateurs A. Des boulons tirants *d*, les traversent afin de rendre rigide tout ce système ; enfin des bouchons *e*, formant l'extrémité inférieure des collecteurs, et un autoclave ménagé dans le récepteur, permettent de recueillir tous les dépôts qui se sont formés.

Voici exactement comment fonctionne ce générateur :

L'eau amenée dans la chambre *c* des collecteurs verticaux C, s'introduit dans les petits tubes intérieurs B, remplit les tubes vaporisateurs A, et remonte en se vaporisant, par la chambre *c'* de ces mêmes collecteurs verticaux, jusqu'aux récepteurs D : de là une circulation d'eau et de vapeur.

La prise de vapeur se fait sur une tubulure en fonte en communication avec un sécheur E, qui reçoit la vapeur du récepteur et l'amène complètement sèche au robinet f.

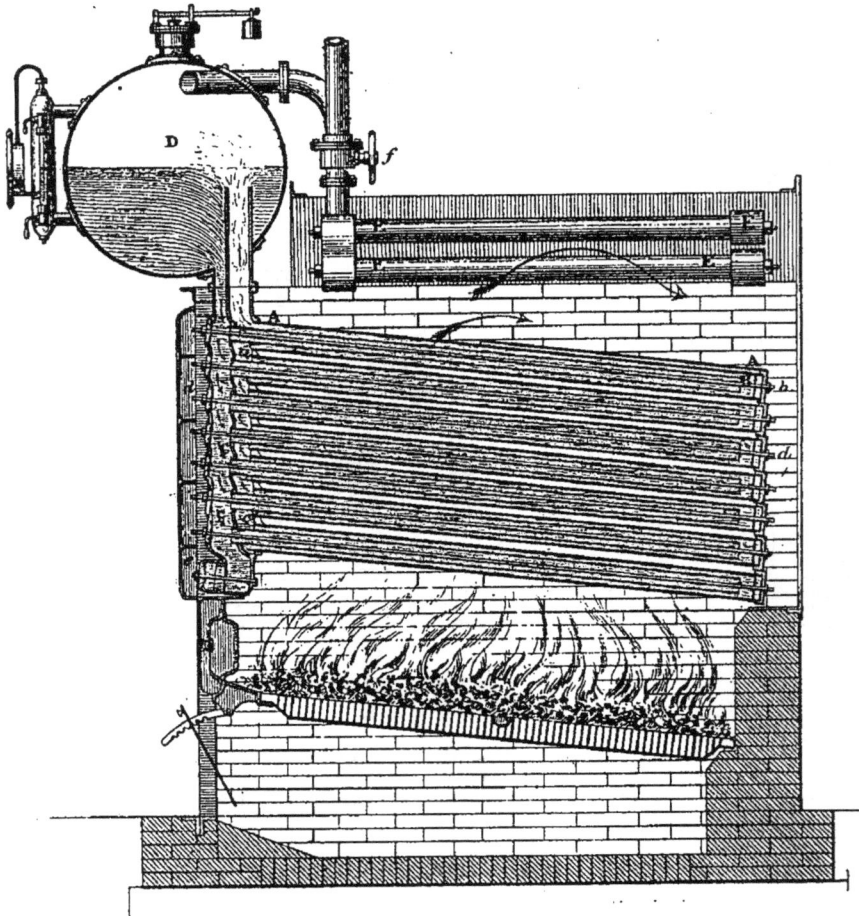

Fig. 7. — Générateur Collet.

MACHINE A VAPEUR

S'il faut, dans les savonneries marseillaises, des générateurs puissants, il n'en est pas de même pour les machines à vapeur ; car celles de **12, 16** et **20** chevaux, dont nous donnons un type fig. **8,** sont très suffisantes. Ces machines doivent toujours être de préfé rence horizontales et posséder des organes aussi peu compliqués que possible afin que l'entretien en soit aisé et la marche facile.

Elles sont pouvues de paliers à coins permettant le rattrapage d'usure dans tous les sens et, comme pour les machines verticales, des précautions spéciales ont été prises pour faciliter le graissage et l'entretien.

Fig. 8. — Machine à vapeur système Fouché.

La disposition de la machine est assez clairement indiquée par le dessin pour qu'il n'y ait pas lieu d'en donner une description.

Dans ce genre de machines, la pompe alimentaire est fixée au bâti et non pas au socle comme dans les machines verticales, de sorte qu'elles peuvent se livrer avec pompe alimentaire mais avec ou sans socle formant réservoir.

Force en chevaux	12	16	20
Diamètre du cylindre	200	220	240
Course du piston	350	400	450
Nombre de tours	120	110	100
Diamètre du volant	1300	1400	1550
Largeur du volant	140	150	175
Emplacement	1300×2464	1455×2738	1554×3155

La puissance indiquée est obtenue avec la pression de 5 kg.

CONCASSEUR DE SOUDE BRUTE

Le concasseur fig. 9 est basé sur le cassage à la volée par des marteaux mobiles articulés. Il se compose d'un bâti proprement dit en fonte ématique aciérée, très résistante, en deux pièces, la partie

Fig. 9. — Concasseur de soude brute, système Weidknecht.

inférieure ou socle et la partie supérieure ou chapeau ; ces pièces au contact sont d'un assemblage parfait, le chapeau est maintenu au bâti, d'un côté par une articulation formant charnière, de l'autre par un boulon articulé. Pour diminuer la surface de frottement de l'arbre, et également pour maintenir le jeu latéral, des vis ou pointes de butées sont disposées à chaque extrémité des paliers et en contact avec des grains trempés ajustés en conséquence dans l'arbre.

L'arbre ainsi maintenu, reçoit en son milieu un manchon ou moyeu sur lequel sont disposés des leviers fixes, ces leviers sont articulés en un point déterminé de leur extrémité, ce qui leur permet de se replier en marche. La mobilité des leviers influe d'une façon considérable sur la force motrice employée, elle fait l'effet de volant.

L'appareil est garni, dans son intérieur et sur toutes les faces, de plaques d'acier de grande dureté ; ces plaques sont dentelées et maintenues aux parois par des boulons.

Le chapeau, ou partie supérieure, est disposé de la même façon sur ses faces latérales ; il possède en outre sur le plafond des garnitures également disposées en saillie et fixées par des boulons ; elles peuvent se changer de côté.

Sur l'arbre, en un endroit du bâti disposé à cet effet, se trouve la poulie de commande, ainsi qu'une vis de distribution placée intérieurement de la trémie.

La matière est introduite dans l'appareil, soit à l'aide de vis sans fin, chaîne à godets ou autres modes, par un côté et à l'axe par la trémie agencée mi-partie sur le bâti, mi-partie sur le chapeau et poussée à proximité des leviers de frappe par la vis de distribution ; arrivée sur le bord, cette matière est tout d'abord brisée par l'effet des leviers, puis désagrégée sur les saillies latérales, où elle décrit une série de spires, jusqu'à ce qu'elle parvienne sur le fond du chapeau où elle se divise complètement et passe ensuite par la grille placée sur le même rayon.

La grosseur du produit est déterminée par la grille de sortie ; cette dernière est de forme toute spéciale et est composée de petites lames en acier très dures entrecroisées.

BARQUIEUX

Les plus anciens barquieux, ou cuves pour la préparation des lessives, sont en maçonnerie, les nouveaux en tôle, fig. 10, nous ne nous occuperons que de ces derniers, dont l'épaisseur de tôle varie de 8 à 10 millimètres, et que renforcent de solides cornières.

On dispose ces barquieux par séries en évitant de les mettre en carré, système qui exige un trop grand emplacement ; et en les faisant reposer sur des petits piliers, on peut ainsi constater de suite les fuites et y remédier.

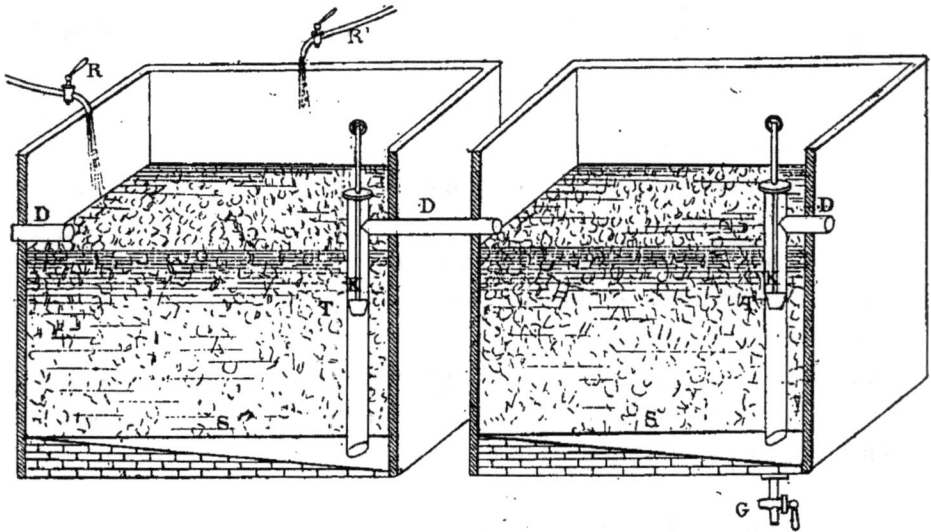

Fig. 10. — Barquieux.

R, robinet amenant l'eau.
R' —　　— les lessives.
TT, tuyaux de siphonage.
DD, —　de conduite des lessives dans le barquieux voisin.

KK, soupapes coniques permettant d'interrompre la circulation des lessives.
SS, doubles fonds perforés.
G, robinet de vidange.

Les dimensions des barquieux sont très variables. On admet généralement que pour lessiver une tonne de soude brute, par jour, une capacité totale de 5 mètres cubes est nécessaire.

Afin de rendre plus facile l'écoulement des eaux, le fond des barquieux est un peu incliné, et à 10 ou 15 centimètres au-dessus existe un double fond en tôle de 10 millimètres, percé de trous d'environ 6 millimètres de diamètre qui sont écartés de centre en centre de 8 à 10 millimètres.

On recouvre ce double fond soit de toiles grossières, de paille ou encore d'une couche de mâchefer de 75 millimètres d'épaisseur tassée avec soin pour réaliser le filtrage le meilleur possible.

Au-dessous des barquieux se trouvent placés, dans un sous-sol, des récipients pour les lessives qu'à l'aide d'une pompe on fait passer de nouveau sur la soude ou qu'on utilise pour une cuite quand le degré est suffisant.

On compte que le travail d'une chaudière immobilise quatre barquieux, série dénommée « mène ».

CAUSTIFICATEUR

L'appareil, dont nous donnons la coupe fig. 11, a été imaginé récemment par M. Lombard pour caustifier la soude brute. Il se compose d'une cuve en tôle semi-sphérique terminée par un rebord

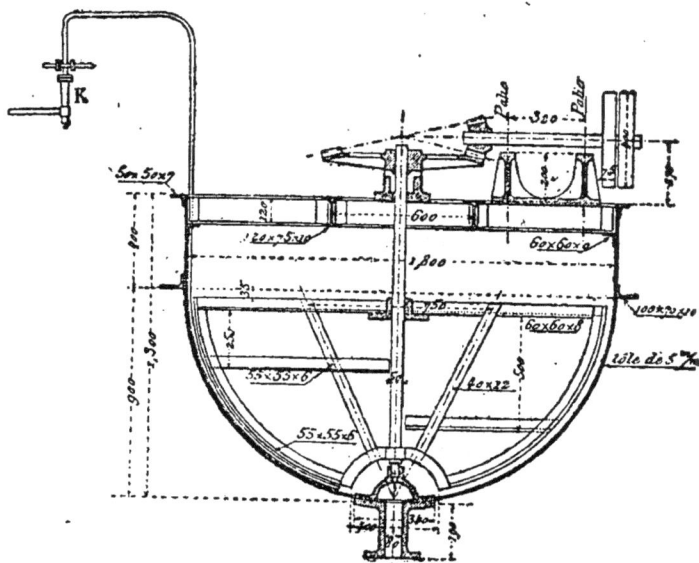

Fig. 11. — Caustificateur Lombard.

circulaire droit, il est entouré sur la circonférence qui fait séparation entre la partie courbe et la partie verticale de la tôle d'une ceinture formée par un fer cornière, lequel permet de supporter l'appareil sur un cadre en bois.

Des fers à T relient les bords supérieurs de la tôle et tout en la consolidant, forment une sorte de plancher sur lequel est fixé le mécanisme.

Celui-ci se compose de deux roues d'angles et d'un arbre moteur avec poulie fixe et poulie folle, la grande roue dentée placée horizontalement, reçoit le mouvement du pignon qui lui-même est actionné par la transmission générale.

La roue tournant horizontalement est fixée à l'extrémité d'un arbre vertical portant des palettes et arcs de fer qui épousent la forme de la cuve. L'arbre vertical repose sur une crapaudine boulonnée sur le fond de l'appareil.

A la partie antérieure du caustificateur est accroché un panier en fer, dans lequel on vient déposer la chaux qui est destinée à la caustification ; ce panier est formé par une série de lames en fer ayant 2 centimètres de largeur et laissant entre elles un écartement d'un centimètre.

Un tuyau en fer amène la vapeur de la chaudière, car il faut pouvoir chauffer le liquide contenu dans le caustificateur ; sur le parcours de ce tuyau se trouve un aspirateur Koerting K, la vapeur, en traversant cet appareil, aspire de l'air qu'elle refoule par l'ouverture de sortie en même temps qu'elle poursuit le même chemin.

A la sortie du Koerting, et lui faisant suite, est fixé un tube en fer qui plonge jusqu'au fond de la cuve du caustificateur, ce tuyau est percé d'un grand nombre de petits trous dans la partie immergée, pour permettre à l'air et à la vapeur de barbotter dans le liquide.

RÉSERVOIRS A LESSIVES

Les lessives une fois caustifiées, soit dans les barquieux mêmes, suivant l'ancien procédé, soit dans un caustificateur quelconque, d'après la nouvelle méthode, sont dirigées ensuite dans des réservoirs en tôle appelés *récipients* en attendant qu'elles soient employées à la saponification.

CITERNES A HUILES

Les citernes destinées dans les savonneries marseillaises à contenir les huiles portent le nom de *piles* ; elles sont construites en maçonnerie avec les plus grands soins, on les dispose sous terre et des
pompes viennent y puiser les huiles pour les conduire dans les
chaudières. Leur capacité est de **200 à 250** hectolitres, rarement
plus.

POMPES

Les pompes ont un rôle très important dans les savonneries marseillaises, elles servent, en effet, à élever les énormes quantités
d'eau, d'huiles et de lessives qui sont consommées chaque jour. La
pompe rotative continue à mouvement de circulation uniforme,
système Greindl, fig. **12 et 13**, se compose d'une double boîte
cylindrique, formant comme les deux cylindres de la pompe.
Ces deux cylindres sont alésés et fermés par deux fonds dressés.
Dans ces cylindres se meuvent deux rouleaux cylindriques faits de
deux palettes et de deux échancrures. Les unes passent dans les
autres sans cesser contact. La pompe ne travaille que dans un sens
ordinairement. Les deux rouleaux tournent ensemble mais en sens
contraire, étant maintenus en exacte correspondance par une
paire d'engrenages égaux à chevrons simples ou multiples calés
sur leurs axes.

Chacune des palettes des rouleaux fait office de pistons et elles
alternent dans les échancrures de forme interne épicycloïdale, ménagées sur toute la longueur des rouleaux suivant une forme traverse convexe présentant aux pistons une épaisseur centrale plus
grande qu'aux extrémités qu'il *importe de dégager*. Les engrenages
rigoureusement calés et rodés, donnent aux rouleaux des positions
invariables et leur impriment une vitesse égale. Ce conditionne-
ment assure le bon fonctionnement réciproque des rouleaux sans
danger de rencontre ni de frottements autres que ceux voulus.

Dans les moments où le passage de l'échancrure interrompt le contact avec la travaillante fixe, la palette opposée l'a reconstituée et quand l'extrémité d'une palette échappe au contact de la périphérie centrale, l'autre palette du rouleau opposé la reconstitue sur la périphérie de l'arbre du premier rouleau. Il y a donc contact constant et séparation absolue entre les chambres d'aspiration et de refoulement. Les contacts ne sont pas rigoureux et ne donnent lieu qu'à des frottements insignifiants. Il y a même un certain jeu entre tous les contacts et l'eau qui s'y glisse sans passer au-delà, calfate en quelque sorte ces lignes de fuite. Les calages des engrenages sont faits de telle sorte que même l'usure de leurs dents ne peut devenir, à moins de besoin de remplacement signalé, une cause de rencontre des deux rouleaux-pistons.

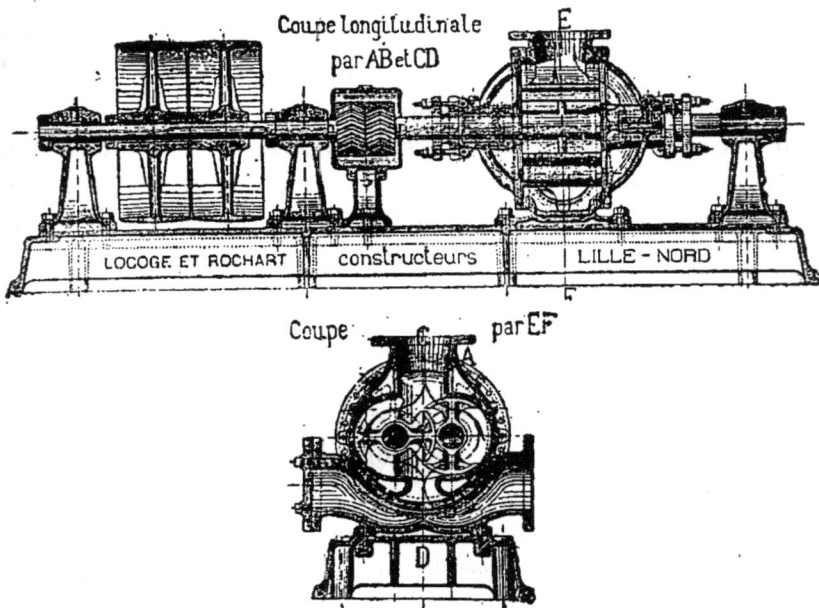

Fig. 12 et 13. — Pompe rotative continue, système Greindl.

Les sections offertes au passage de l'eau, tant du côté de l'aspiration que du côté du refoulement sont telles, que les évacuations des quantités refoulées et les introductions des quantités aspirées font qu'une molécule d'eau traversant l'appareil y conserve une vitesse sensiblement constante et uniforme, ce qui exclut toutes pertes de travail dues à l'inertie. A cet effet, dans les moments où les sections d'afflux ou d'échappement offertes à l'eau entre les organes en mouvement décroissent et tendent à nécessiter une accélération des filets liquides, ceux-ci trouvent par des poches latérales ménagées aux couvercles des issues supplémentaires. C'est cette disposition qui caractérise les *pompes Greindl* et assure l'uniformité de l'eau dans la machine. Les intermittences et les effets d'inertie étant ainsi évités, il s'en suit que pour un même appareil, on peut faire varier dans de sensibles limites la vitesse de rotation, le débit réalisé et le travail dépensé, sans que l'effet utile subisse de trop grandes variations.

CHAUDIÈRES

Les chaudières marseillaises sont chauffées à feu nu ou à la vapeur, et, à part de rares exceptions, sont construites en maçonnerie ; mais les premières possèdent seules un fond en tôle douce ou tôle de Suède. On comprendra aisément que ces chaudières, dont la capacité varie entre 100 et 200 hectolitres, exigent, pour le travail auquel elles sont destinées, une solidité à toute épreuve.

L'intérieur est formé par un double revêtement de briques cimentées qu'entourent de larges bandes de fer.

L'extérieur se compose de matériaux peu conducteurs du calorique.

On les enterre de telle sorte qu'elles ne dépassent le niveau du sol que d'un mètre.

Le chauffage à feu nu est abandonné de plus en plus pour celui à la vapeur qui présente des avantages incontestables d'économie, de temps, de main-d'œuvre, et donne une grande sécurité pour la bonne conduite des opérations, enfin l'entretien des chaudières fonctionnant à la vapeur est beaucoup moins onéreux. Le serpentin pour la circulation de la vapeur doit être en fer de première qualité et d'une épaisseur suffisante pour éviter tout genre d'accidents ; quant à ses dimensions, elles sont en raison de la chaudière (Voir fig. 14 et 15).

Fig. 14. — Coupe d'une chaudière chauffée à la vapeur.

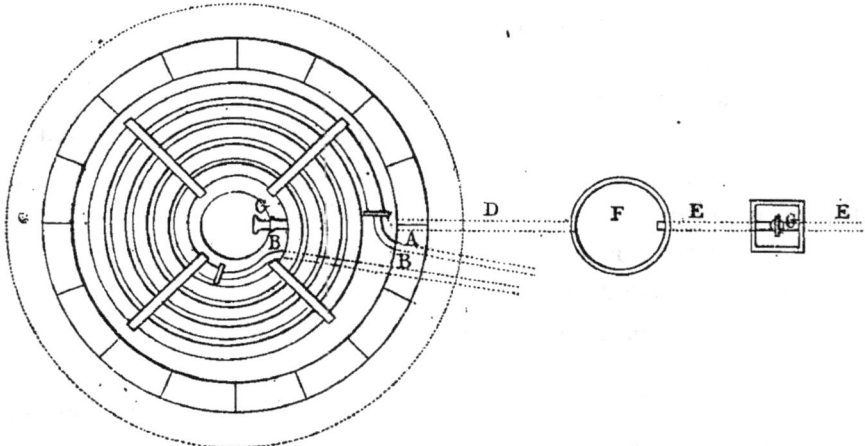

Fig. 15. — Plan de cette chaudière et de son serpentin.

A, entrée de la vapeur.
B, sortie de la vapeur.
C, fermeture du tuyau d'écoulement des lessives.
D, canal pour l'arrivée des lessives et des huiles.

E, tuyau des lessives.
F, ouverture en communication avec la chaudière au-dessus de laquelle on vide les huiles encore en fûts.
G, robinet du tuyau des lessives.

Presque au-dessous de chaque chaudière se trouve un bac dit *Epine*, pour recevoir les lessives usées qui sont rejetées ou prises, suivant leur nature, par une pompe, et conduites dans des réservoirs placés sur une charpente assez élevée d'où elles s'écoulent sur les barquieux.

Les principaux avantages du chauffage à la vapeur sont :

1° Economie de combustible et de main-d'œuvre ;

2° Régularité d'évaporation ;

3° Réduction de la durée des opérations ;

4° Suppression des coups de feu ;

5° Sécurité de ne jamais brûler la pâte savonneuse.

Frappé des nombreux et terribles accidents qui arrivent aux ouvriers chargés du madrage ou de la liquidation, d'Arcet inventa un appareil de sauvetage excessivement pratique qui est malheureusement fort peu en usage, soit par négligence des chefs de fabriques, soit par incurie des ouvriers (fig. 16).

Au-dessus du madrier placé en travers de la chaudière, et sur lequel se tient un ouvrier avec son râble, on établit, dans la charpente, une barre de fer avec galet de cuivre, glissant librement sur cette barre et portant une corde munie à sa partie inférieure d'un fort crochet à ressort qui maintient une ceinture exactement semblable à celle des pompiers. L'ouvrier avec cette ceinture, bien bouclée autour de la taille, est préservé d'une chute toujours mortelle s'il vient à glisser.

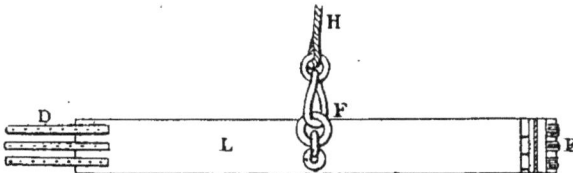

Fig. 16. — Ceinture de d'Arcet.

L, ceinture.   D, lanières se fixant dans les bouches E.
F, crochet à ressort fixé à la corde H.

APPAREIL POUR LA SAPONIFICATION

M. Eydoux s'est fait breveter il y a quelque temps pour un appareil ayant pour but d'accélérer la saponification des matières grasses.

Il se compose d'un cylindre horizontal au centre duquel tourne un arbre sur lequel sont disposés des godets, dont les dimensions diminuent de la circonférence au centre, et qui sont placés en hélice autour de l'arbre.

Ces godets en tournant d'un mouvement continu et lent dans la masse en traitement maintiennent constamment les lessives en contact avec les huiles ou corps gras quelconques à saponifier.

Pour rendre l'action plus efficace, on peut diviser les godets par des cloisons séparatrices transversales qui diminuent les masses en contact dans chaque godet et constituent des chicanes qui remuent les matières. Ces matières sont chargées par une trémie pourvue d'un robinet qui forme soupape de sûreté. L'appareil est chauffé soit extérieurement, soit au moyen d'un serpentin intérieur.

AGITATEUR MÉCANIQUE

M. Ferrier est l'inventeur d'un agitateur mécanique dont voici la description :

Cet agitateur est destiné à remplacer les spatules, rables et moulinets employés jusqu'à ce jour comme agitateurs ; il comprend :
1° Une claie en bois et métal formée de madriers largement espacés, dont la forme varie suivant la disposition du fond de la chaudière ; au centre de cette tige, et perpendiculairement à sa surface, est fixée une forte tige de fer terminée à son extrémité libre par une suspension à pivot surmontée d'un anneau.

La claie peut se mouvoir verticalement à travers la pâte savonneuse ; elle est guidée dans le bas par les parois mêmes de la chaudière et dans le haut par un manchon en fonte ou en fer fixé sur une console ou une traverse au-dessus de la chaudière et dans lequel vient glisser la tige conductrice sus-mentionnée.

2° Un treuil spécial sur lequel vient s'enrouler une chaîne passant par des poulies de renvoi et venant se fixer à l'anneau de la tige conductrice de manière à imprimer à l'agitateur le mouvement alternatif qu'on veut lui communiquer. Le treuil se compose d'un arbre portant deux poulies (une folle, l'autre fixe) et d'un petit tambour étroit ayant une gorge profonde dans laquelle les enroulements de la chaîne se superposent et forment une spire.

3° Un déclenchement automatique pour donner à la spire un mouvement alternatif. Une sorte de nœud en fonte est placé en un point spécial de la chaîne ; à la fin de chaque mouvement de bas en haut ou de haut en bas le nœud vient heurter les butoirs qui, à l'aide d'un mécanisme particulier, agissent sur la fourchette qui gouverne la courroie motrice. Ce mécanisme se compose d'une tige mobile verticale coulissant dans des supports à douille et placée parallèlement à la chaîne et très près de celle-ci : elle porte deux butoirs dont l'extrémité forme un anneau ou coulant à travers lequel passe la chaîne : le nœud sus-indiqué est arrêté par ces coulants et il s'en suit que la tige est entraînée avec la chaîne lorsque le nœud rencontre un des butoirs, une articulation relie la tige à une fourchette ordinaire agissant sur la courroie, le mouvement de cette tige produit donc un renversement de mouvement sur le treuil ; la chaîne s'enroule et se déroule alternativement à chaque mouvement imprimé à la tige, et l'agitateur monte en suivant le mouvement de la chaîne.

Pour faire varier l'amplitude du mouvement de l'agitateur et régler la course des palettes ou de la claie, d'après la hauteur de la pâte savonneuse dans la chaudière, l'un des butoirs est fixe, c'est celui qui agit au moment où la claie de l'agitateur touche le fond de la chaudière ; l'autre est mobile, c'est un simple curseur arrêté par un linguet sur les crans que présente la tige ; on peut donc l'éloigner plus ou moins du premier et par cela même augmenter ou diminuer la course de l'agitateur.

4° Des palettes ou ailerons en fer sont placés sur un ou plusieurs des madriers composant la claie ; ces ailerons sont fixés par des charnières et, sous la pression de la pâte, peuvent s'incliner et prendre une position oblique, ce qui détermine une légère poussée dans le sens horizontal et, dans l'appareil, un mouvement giratoire indispensable pour que les madriers qui composent la claie se déplacent et viennent agiter successivement toute la partie de la masse savonneuse.

MISES

Ce sont des récipients à sections rectangulaires où l'on coule le savon à sa sortie des chaudières afin qu'il se refroidisse et opère sa prise en masse solide. Les mises affectées aux savons marbrés sont en maçonnerie et ont une hauteur de 70 à 80 cm., tandis que celles destinées aux savons blancs consistent en de vastes cadres en bois de sapin n'ayant que 15 à 20 cm. de hauteur, que l'on place dans des endroits carrelés.

La construction des mises en maçonnerie exige certains soins.

Le sol sur lequel on désire les placer étant nivelé d'une façon irréprochable. on établit tout d'abord une plate-forme de 15 à 20 centimètres d'épaisseur, composée de béton d'une étendue supérieure à celle qui sera occupée par la mise. Ceci fait, on élève des murs en briques d'une épaisseur de 22 à 33 centimètres et d'une hauteur de 60 à 70 centimètres selon l'importance de la mise.

Sur l'un des côtés, une ouverture ayant été ménagée, on y place une espèce de cadre pour enlever le savon une fois qu'il a été divisé en gros pains.

Il est de toute nécessité de maçonner les briques avec du ciment mélangé avec le tiers de son poids de sable fin et d'en mettre un enduit de 2 à 3 centimètres d'épaisseur à l'intérieur des mises.

Le fond, formé de carreaux d'assez grande dimension, ou d'un dallage en granit, à joints parfaits, doit reposer également sur une couche de ciment et avoir une légère inclinaison vers l'ouverture ménagée sur l'un des côtés de la mise, pour permettre l'écoulement de la lessive.

Pour les mises reservées aux savons blancs, avant de les remplir, il faut étendre à la partie inférieure 2 à 3 centimètres de carbonate de chaux en poudre bien pressée, pour éviter l'adhérence de la pâte savonneuse. Nous nous en occuperons plus spécialement en étudiant le matériel des savons autres que ceux de Marseille.

APPAREILS DE DÉCOUPAGE

La division du savon après complète solidification est opérée dans les bassins de maçonnerie, où il a été coulé, à l'aide d'un couteau fig. 17, une fois que la surface supérieure de la masse de savon a été unie avec un râcloir à deux arêtes.

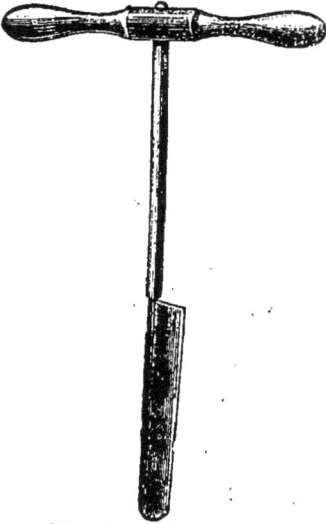

Fig. 17. — Couteau.   Fig. 18. — Tirant.   Fig. 19. — Bêche.

Ce couteau est introduit dans la mise, près de l'une des parois, le tranchant en avant et le dos maintenu dans le creux *a* d'un tirant en fer fig. 18 muni de deux chaînes *b b*. Un ouvrier appuie un pied contre le fer, prend à deux mains le manche du couteau et veille à ce qu'il suive exactement les divisions tracées sur le savon, tandis que deux autres ouvriers, en tirant sur une corde attachée aux deux chaînes, font avancer le couteau. Les blocs sont enlevés au moyen d'une bêche, fig. 19.

Pour réduire. les dimensions de ces blocs, on se sert de fils métalliques; les plus estimés sont ceux d'acier, qu'on fait passer entre des cadres en bois lesquels sont proportionnés aux pains qu'on désire obtenir.

Le cabestan de M. Rost, fig. 20, peut également diviser les forts blocs de savon à l'aide d'un fil d'acier qui forme nœud coulant, et dont une extrémité est retenue par un ressort, tandis que l'autre s'enroule sur une bobine au moyen d'un engrenage.

Fig. 20. — Cabestan Rost pour diviser les blocs de savon.

Deux fortes aiguilles fixent, à l'endroit voulu, cet appareil qui permet à un seul ouvrier de travailler dans les meilleures conditions.

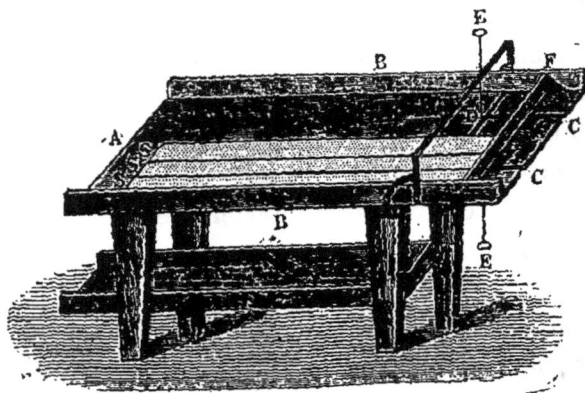

Fig. 21. — Table de division ordinaire.

La table fig. 21 sert pour le découpage en barres, comme pour celui en morceaux. Elle se compose d'une plaque A, munie de deux

guides latéraux B B et d'une rainure transversale D, garnie de tôle ;
deux autres rainures longitudinales C C permettent de faire varier,
à volonté, la distance à la rainure D de la tringle F, qu'on peut
fixer par des écrous. Cette tringle étant amenée dans la position
qu'elle doit avoir, d'après la grosseur des morceaux de savons qu'on
désire obtenir, on serre les écrous et l'on fait glisser les barres ou
les plaques de savon SSS jusqu'à ce qu'elles viennent heurter
contre elle ; on saisit les deux extrémités EE du fil à découper et on le fait avancer, en le maintenant sans cesse appliqué
contre la rainure D et le guide supérieur. Lorsqu'il est arrivé à la
fin de sa course, on enlève les morceaux coupés, on fait de nouveau
glisser les barres de savon qu'on découpe comme la première fois
et ainsi de suite.

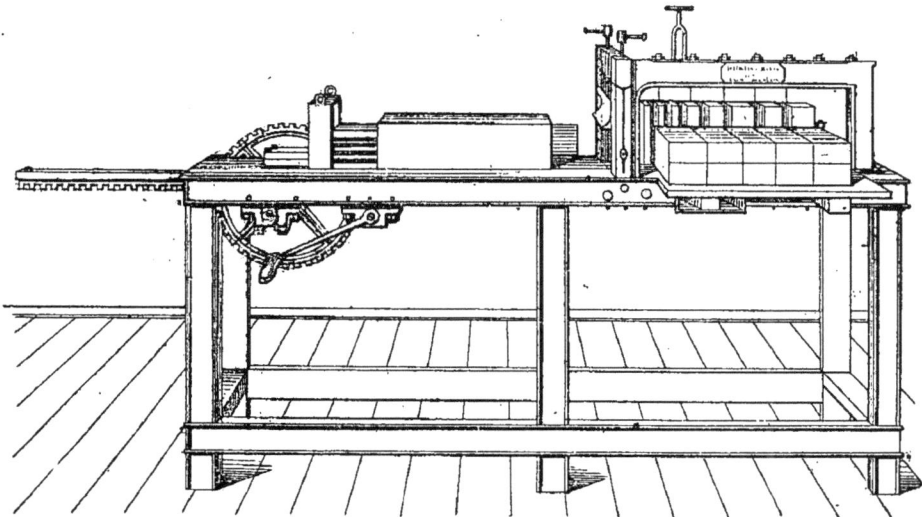

Fig. 22. — Coupeuse automatique Arnaud.

La table de division fig. 22 dite : « coupeuse automatique Arnaud »
très employée à Marseille, se recommande par la rapidité avec laquelle elle découpe les morceaux de savon ainsi que l'exactitude
qu'elle donne à chacun d'eux.

Tableau indiquant les dimensions, le poids et le nombre de morceaux de savons que la découpeuse automatique Arnaud peut produire

Poids des morceaux	Dimensions des morceaux frappés	Epaisseur des morceaux	Largeur des pains	Longueur des pains	Nombre de morceaux par pains	Poids approximatifs des pains	Nombre de morceaux coupés par heure
gr.	mill.	mill.	mill.	mill.		kil.	
100	55-78	150	390	490	270	29	25.000
100	48-78	145	390	510	275	29	25.000
200	68	140	410	470	126	27	12.000
400	80	140	400	480	60	26	5.700
500	80	170	400	480	60	32	5.700
400	88	125	360	440	40	18	3.800
500	88	150	360	440	40	22	3.800
750	100	170	403	500	40	32	3.800
1000	100	120	403	500	20	22	2.000

SÉCHOIRS

Désignés à Marseille sous le nom d'*essuyants*, les séchoirs sont généralement à air libre, une température humide n'étant guère à redouter dans cette région. Ils sont exclusivement affectés aux savons blancs, en barres ou en morceaux, qu'on y transporte sitôt après le découpage, afin qu'ils se débarrassent de l'eau en excès, acquièrent de la fermeté et puissent être marqués facilement.

Les séchoirs doivent se trouver dans un courant d'air sec et vif ; s'il en était autrement et que l'air fût saturé d'humidité, la dessiccation se trouverait naturellement très lente ou même nulle.

Les barres ou morceaux de savon sont disposés sur des claies, placées les unes au-dessus des autres, avec un écartement de 26 à 30 centimètres ; cet agencement accélère de beaucoup le séchage.

Pour plus de détails, consulter le chapitre qui est consacré au matériel des savons durs ordinaires.

Les savons en pains (sous cette forme, Marseille ne livre que des savons blancs) sont soumis, à la sortie des séchoirs, à l'action d'une presse, munie d'une matrice en bronze, qui imprime, sur les faces des pains, des empreintes en creux ou en relief, initiales, marques de fabrique ou désignation de qualité.

PRESSES

Les presses à vis, manœuvrées à bras, sont surtout employées ; elles exigent peu de place et fournissent une bonne application de la force.

La presse avec moule à verges, fig. 23, comprend : un support en bois de hêtre, une cage à double montant, une traverse coulissante entre les deux montants, qui se trouve fixée à une vis à spirale précipitée, laquelle vient pivoter dans l'intérieur de la traverse maintenue par une gorge à vis et deux goupilles fixées dans le col de la traverse.

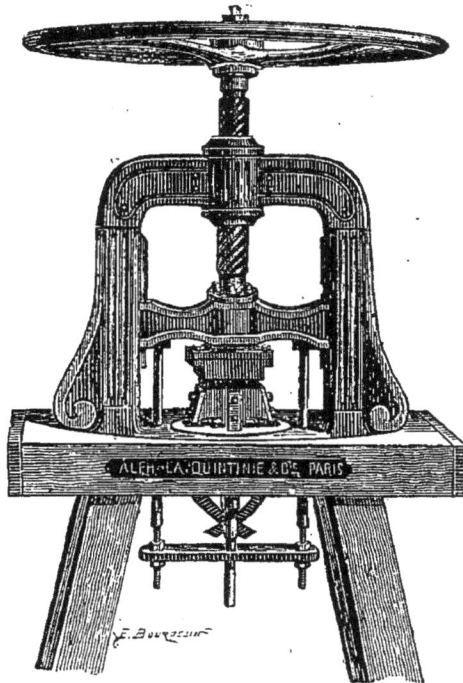

Fig. 23. — Presse Baudoux avec moules à verges.

Une traverse collier mobile en fer, placée au-dessous du volant, porte à chaque extrémité deux tringles qui viennent se fixer à la traverse du bas qui est munie d'un trou taraudé dans lequel s'articulent et manœuvrent les verges du moule qui est placé sur le plateau cage de la presse. Le volant actionne le tout.

Avec un moule d'un carré déterminé, on peut frapper sur les six faces, des pains de savons de 300 à 500 grammes, en ayant soin de régler les plaques de bronze de dessus et de dessous, avec des feuilles de tôle de diverses épaisseurs. Le cadre en fer vient emboîter les 4 parties du moule au moment précis où a lieu la pression.

 - Le fonctionnement de cette presse est fort simple. On frappe ordinairement à la volée ; c'est-à-dire que l'ouvrier tenant le volant de la main gauche, et le morceau de savon de la main droite, place rapidement ce morceau dans le moule ouvert, laisse ensuite échapper le volant qui souvent suffit par son poids, joint à celui de la vis qu'il commande, pour déterminer un estampage irréprochable et, tandis que le trajet ascensionnel de la vis s'opère ensuite de bas en haut, le même ouvrier enlève, avec la main gauche, le morceau frappé et le remplace, avec la main droite, par un morceau à frapper, sans aucun arrêt, on ne voit que le moule s'ouvrir et se refermer alternativement.

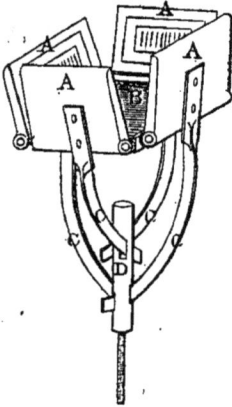

Fig. 24. — Moule à verges.

Dans ces conditions, avec un peu de pratique, on peut passer à la presse 400 à 500 morceaux de savon à l'heure.

Entièrement en bronze, le moule à verges fig. 24 se compose de 4 panneaux AAAA, montés sur un fond-cadre B, avec articulations.

Chacun des panneaux est pourvu d'une verge C, fonctionnant dans le piston D, mû par le mouvement ascensionnel de la presse, qui en montant développe les 4 panneaux, et en descendant les referme. La partie supérieure de ce moule se trouve à l'extrémité de la vis de la presse.

La presse à plateau tournant, fig. 25, se compose essentiellement :

1° D'un bâti et d'un arbre horizontal sur lequel sont montées trois cames (cet arbre reçoit son mouvement par engrenages).

2° D'une traverse mobile sur laquelle s'articulent quatre biellettes auxquelles se rattachent quatre parties mobiles formant les quatre côtés du moule ; ces portières tournent autour d'axes fixés à une traverse fixe inférieure.

3° D'un plateau tournant actionné par une des cames et un mouvement à sonnettes.

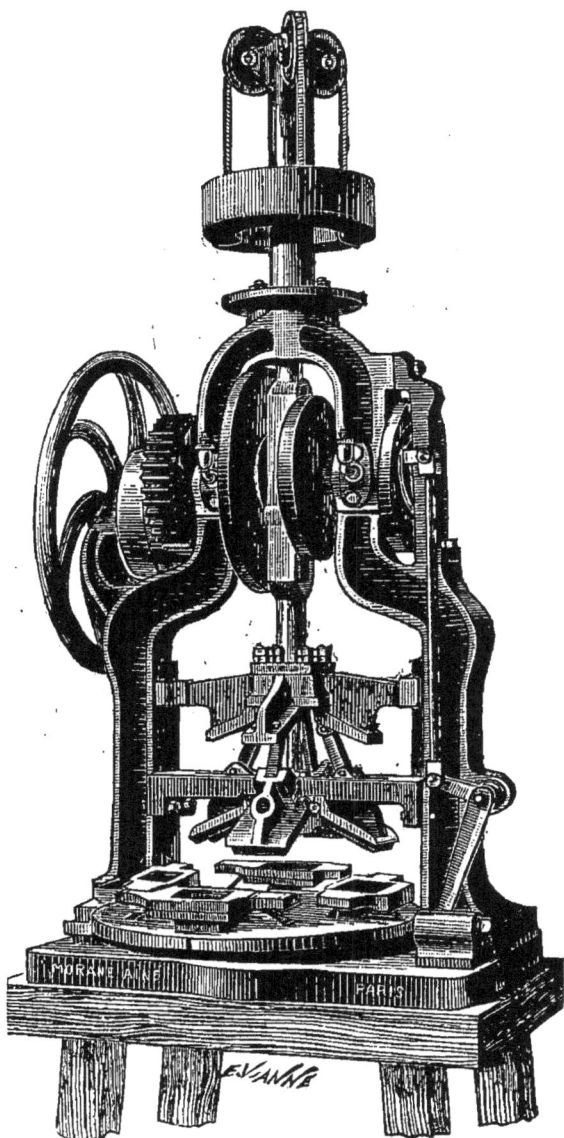

Fig. 25. — Presse à plateau tournant (système Morane aîné).

La première came fait descendre la traverse mobile et par suite ferme les portières ; cette opération finie, la deuxième came fait descendre une tige intérieure sur laquelle est montée la partie supérieure du moule, et vient ainsi achever la frappe du savon commencée par l'opération précédente. Les mouvements inverses se produisent et le plateau tourne.

Ce n'est que depuis peu de temps qu'on se sert de presses à vapeur qui, tout en évitant à l'ouvrier de la fatigue et empêchant une détérioration des moules donnent aux savons un meilleur aspect que ceux qui ont été frappés avec des presses à bras.

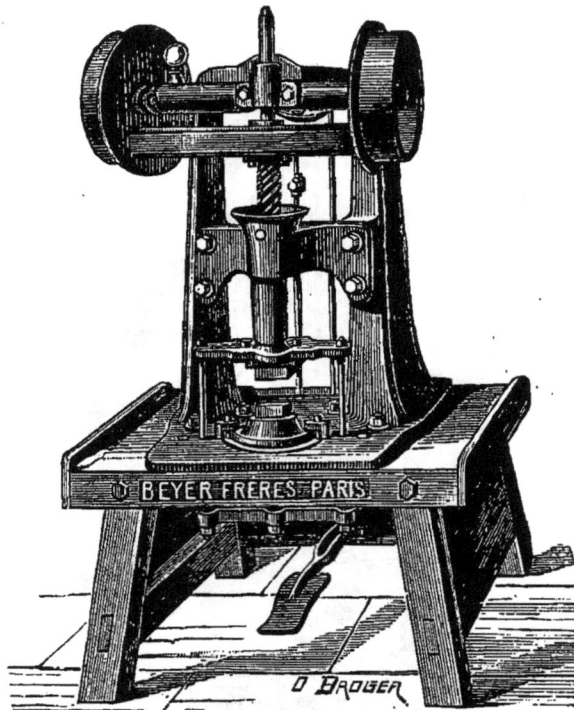

Fig. 26. — Presse à vapeur, Boyer frères.

La presse à vapeur fig. 26 est composée d'un bâti à double col de cygne, dégageant le devant de l'appareil, de manière à laisser place à un second massif formant support à long guide pour le jeu du piston commandé lui-même par une forte vis à filets rapides, également guidée à sa partie supérieure et ne pouvant dévier de la perpendiculaire. Entre les deux guides, un volant solidement maintenu, est mis en rotation alternativement par deux plateaux à friction pour opérer la montée et la descente.

Une pédale amène le contact du plateau qui détermine la descente accélérée du piston, par conséquent le coup de presse.

Un débrayage automatique renverse le mouvement, fait remonter instantanément le piston à son point de départ, et chasse du moule le pain de savon façonné et marqué, avec une exactitude parfaite.

Le piston reste au point d'arrêt jusqu'à ce que l'ouvrier fasse de nouveau fonctionner la pédale.

PETITS USTENSILES

Fig. 27. — Cornue pour lessives.

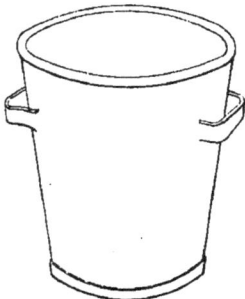

Fig. 28. — Cornue pour marc de soude.

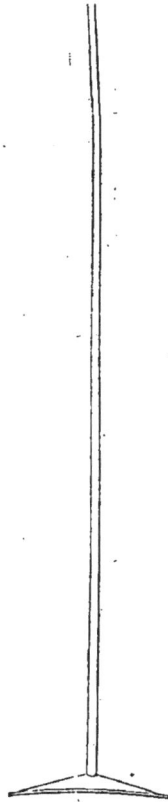

Fig. 29. — Râble.

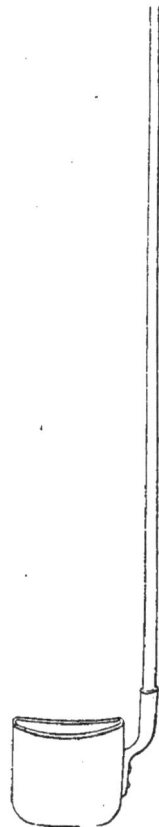

Fig. 30. — Pouadou.

Parmi les petits ustensiles se trouvent : des *cornues*, ou seaux pour les lessives et le marc de soude ; des *râbles*, instruments formés d'une petite pièce de bois fixée, en son centre, à l'extrémité d'un long manche et servant à l'opération du relargage ; enfin des *pouadous* ou poches nécessaires au levage des cuites (fig. 27, 28, 29 et 30).

CHAPITRE VI

PRINCIPES SUR LES LESSIVES EN GÉNÉRAL. PRÉPARATION DES LESSIVES A MARSEILLE

1. PRINCIPES SUR LES LESSIVES EN GÉNÉRAL

Avant de nous occuper de la préparation des lessives destinées aux savons de Marseille, il convient que nous examinions les principes de la préparation des lessives en général, base essentielle de toute bonne fabrication, qu'il s'agisse de produire des savons durs ou des savons mous.

On eutend en savonnerie, par *lessive*, une solution carbonatée ou caustique de soude ou de potasse.

La lessive carbonatée est obtenue par dissolution ; la lessive caustique provient ordinairement de la décomposition, par la chaux, du carbonate sodique ou potassique en solution étendue, ou quelquefois d'une simple dissolution, quand le savonnier achète l'un ou l'autre alcali à l'état d'hydrate coulé en masse compacte.

Le rôle de la chaux, en présence des carbonates, est de s'emparer avec avidité de leur acide carbonique pour former un hydrate de protoxyde de sodium ou un hydrate de protoxyde de potassium et un carbonate de chaux insoluble qui tombe au fond de la liqueur.

Selon la théorie, un équivalent de chaux (28) décompose un équivalent de carbonate de soude (53) ou un équivalent de carbonate de potasse (69) ; mais, dans la pratique, la chaux n'étant jamais pure, par suite d'une cuisson incomplète ou d'une certaine quanti té de pierres, l'on est contraint d'employer une proportion supérieure à celle qu'indique la théorie.

Il a été reconnu qu'afin d'effectuer la caustification dans les meilleures conditions, on pouvait se baser, pour la quantité de chaux nécessaire, sur le titre pondéral de Gay-Lussac, ou pour cent pur de soude ou de potasse, à l'état d'oxyde, contenu dans le sel qu'on se propose de traiter ; chaque degré du titre pondéral correspondant à un kg. de chaux à employer pour 100 kg. de ce sel.

La conversion des degrés ordinaires (Descroizilles) en degrés pondéraux (Gay-Lussac) a lieu en les multipliant par 0,633, s'il s'agit de soude et par 0,961 s'il s'agit de potasse.

Il est essentiel de ne caustifier que des lessives carbonatées n'excédant pas une densité de 1,075 ou 10° Baumé ; car si elles sont d'un titre supérieur, la totalité du carbonate en dissolution n'est pas caustifiée. Descroizilles a démontré qu'il n'était possible d'avoir une lessive totalement caustique que dans le cas où la proportion d'eau est de 7 parties pour 1 de carbonate de soude ou de potasse, soit 14,28 p. 100 en poids ; car lorsqu'il y a moins d'eau une partie du carbonate reste toujours indécomposée.

En résumé la caustification est une opération qui consiste simplement à décomposer par la chaux, ou protoxyde de calcium (CaO), un carbonate sodique ou potassique, soit à l'état brut, soit à l'état raffiné.

En présence de ces carbonates en dissolution dans l'eau, la chaux s'empare avec avidité de leur acide carbonique (CO^2) pour former un hydrate de protoxyde de sodium (NaO,HO) ou un hydrate de protoxyde de potassium (KO, HO) et un carbonate de chaux insoluble (CaO, CO^2).

Voici les réactions :

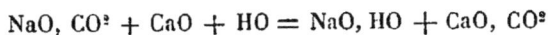

$$NaO, CO^2 + CaO + HO = NaO, HO + CaO, CO^2$$

ou

$$KO, CO^2 + CaO + HO = KO. HO + CaO, CO^2$$

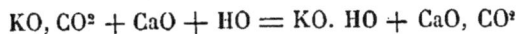

On s'assure de la causticité d'une lessive en y versant, dans une petite quantité filtrée, un peu d'acide chlorhydrique étendu d'eau. Si la lessive est entièrement caustique, aucune effervescence ne se produit ; dans le cas contraire, cette effervescence est d'autant plus vive qu'il existe dans la lessive davantage de carbonate de soude ou de potasse indécomposé.

Il se forme du chlorure de sodium ou de potassium et se dégage de l'acide carbonique.

Nous ne sommes plus au temps où les contre-maîtres savonniers, pour juger d'une lessive, s'en rapportaient à leur instinct ou se servaient d'un œuf qui s'enfonçait plus ou moins suivant la densité de la lessive ; maintenant on fait usage d'un petit instrument qui porte le nom d'*Aréomètre Baumé*.

L'aréomètre Baumé est formé d'un tube de verre cylindrique portant, à sa partie inférieure, une boule ou un renflement qui contient du lest (mercure ou grenaille de plomb) afin que, plongé dans un liquide, il présente une grande stabilité d'équilibre. La graduation tracée sur une bande de papier fixée dans l'intérieur du tube est la suivante :

L'aréomètre est d'abord lesté de manière à ce que, plongé dans l'eau, il affleure vers la partie supérieure.

On marque 0 au point d'affleurement, on fait ensuite une dissolution de 15 parties de sel marin desséché dans 85 parties d'eau, dissolution dont le poids spécifique, à la température de $12°5$ est de 1,116 et dans laquelle, par suite, le même aréomètre s'enfonce moins que dans l'eau pure. On marque 15 au niveau d'affleurement.

L'intervalle de 0 à 15 est divisé en 15 parties d'égale longueur et les divisions sont prolongées jusqu'à la naissance du renflement inférieur.

On croit généralement qu'il suffit de plonger l'aréomètre dans la solution à examiner et de lire à peu près les degrés qu'il indique, puis, lorsqu'ils correspondent à ceux qui semblent nécessaires ,d'utiliser la lessive ; ce mode d'opérer est une source d'erreurs.

Il est indispensable :

1° De ne considérer comme véritable point d'affleurement que le prolongement idéal de la surface du liquide et non le sommet de la courbe que la capillarité détermine contre les parois de la tige ;

2° De ne pas oublier que les degrés fournis par l'aréomètre Baumé n'étant vrais que si l'on expérimente à une température identique à celle qui a servi à sa graduation $(12°,5)$, il est indispensable de faire la correction des degrés constatés à l'aréomètre suivant la température indiquée par le thermomètre.

En 1873, un groupe de stéariniers français, désireux de mettre fin à des discordances, qui, pour la livraison de leurs glycérines, donnaient lieu à des difficultés incessantes, prièrent M. Berthelot, membre de l'Institut, de bien vouloir se charger de la vérification de l'aréomètre de Baumé.

Ce savant, ayant accueilli cette demande, s'adjoignit, pour faire ce travail, M. Coulier, pharmacien en chef de l'armée, et M. d'Alméida, professeur de physique au lycée Henri IV, et ces messieurs dressèrent une table pour indiquer le rapport qui doit exister, selon la définition fournie par Baumé, du 15ᵉ degré de son pèse-sel, entre les densités et les indications de l'aréomètre. Mais cette restitution, ainsi qu'on peut en juger d'après la table suivante, s'écarte notablement de l'instrument primitif et présente, en outre, le grave défaut d'être en opposition avec les usages reçus dans l'industrie et le commerce des gros produits chimiques. Ce nouvel aréomètre ne s'est pas répandu et il disparaîtra complètement peu à peu, car il crée une confusion regrettable.

Table indiquant les différences qui résultent du travail de restitution fait par MM. Berthelot, Coulier et d'Almeida par rapport aux densités attribuées antérieurement aux degrés de l'aréomètre de Baumé.

Degrés	Densités selon l'aréomètre Baumé	Densités selon sa restitution par MM. B. C. et d'A.	Différences par litre
0	1,000	0,999	0,001
1	1,007	1,005	0,002
2	1,014	1,012	0,002
3	1,022	1,019	0,003
4	1,029	1,026	0,003
5	1,037	1,033	0,004
6	1,045	1,040	0,005
7	1,052	1,047	0,005
8	1,060	1,055	0,005
9	1,067	1,063	0,004
10	1,075	1,070	0,005
11	1,083	1,078	0,005
12	1,091	1,086	0,005
13	1,100	1,094	0,006
14	1,108	1,102	0,006
15	1,116	1,110	0,006
16	1,125	1,119	0,006
17	1,134	1,127	0,006
18	1,142	1,136	0,006

Degrès	Densités selon l'aréomètre Baumé	Densités selon sa restitution par MM. B. C. et d'A.	Différences par litre
19	1,152	1,145	0,007
20	1,162	1,154	0,008
21	1,171	1,163	0,008
22	1,180	1,172	0,008
23	1,190	1,181	0,009
24	1,200	1,191	0,009
25	1,210	1,200	0,010
26	1,220	1,210	0,010
27	1,231	1,220	0,011
28	1,241	1,230	0,011
29	1,252	1,240	0,012
30	1,263	1,251	0,012
31	1,274	1,262	0,012
32	1,285	1,272	0,013
33	1,297	1,283	0,014
34	1,308	1,295	0,013
35	1,320	1,306	0,014
36	1,332	1,318	0.014
37	1,345	1,330	0,015
38	1-357	1,342	0,015
39	1,370	1,354	0,016
40	1,383	1.366	0,017
41	1,397	1,379	0,018
42	1,410	1,392	0,018
43	1,424	1,405	0,019
44	1,438	1,418	0,020
45	1,453	1,432	0,021
46	1,468	1,446	0,022
47	1,483	1,460	0,023
48	1,498	1,475	0,023
49	1,514	1,490	0,024
50	1,530	1,505	0,025
51	1,546	1,520	0,026
52	1,563	1,536	0,027
53	1,580	1,552	0,028
54	1,597	1,569	0,028
55	1,615	1,586	0,029
56	1,634	1,603	0,031
57	1,652	1,620	0,032
58	1,672	1,638	0,034
59	1,691	1,656	0,035
60	1,711	1,675	0,036
61	1,732	1,694	0,038
62	1,753	1,714	0,039
63	1,774	1,734	0,040
64	1,796	1,754	0,042
65	1,819	1,775	0,044
66	1,842	1,797	0,045
67	1,866	1,819	0,047
68	1,891	1,841	0,050
69	1,916	1,665	0,051
70	1,942	1,889	0,053

L'aréomètre Baumé n'indiquant que la densité, nous ne saurions trop recommander aux savonniers de procéder à un essai alcalimétrique des lessives (Voir le Chapitre III : Alcalis et essais des alcalis).

2. PRÉPARATION DES LESSIVES A MARSEILLE

Ancienne Méthode

Lessive de soude douce. — La lixiviation et la caustification de la soude brute, dite « soude douce », s'opèrent en même temps. A cet effet, la soude ayant été divisée en fragments, afin de favoriser ses points de contact avec l'eau, on la mélange avec de la chaux dans la proportion de 30 p. 100 du poids de la soude.

La chaux à ce moment doit être pulvérulente, aspect qu'on obtient en l'aspergeant, peu à peu, de minces filets d'eau et qui est occasionné par sa transformation en chaux éteinte.

Ceci fait, on procède au chargement des barquieux en faisant reposer sur leur double fond recouvert de toiles, de paille ou de mâchefer, les plus gros fragments de soude et ayant soin de laisser vide le tiers des barquieux, qui est destiné à recevoir l'eau.

De tous les procédés de lixiviation, le plus pratique est dû à un industriel anglais, M. Shanks, et connu sous le nom de *lessivage méthodique*. Il est basé sur le fait que les solutions deviennent plus denses à mesure qu'elles sont plus chargées ainsi que plus concentrées, et qu'une colonne d'une solution faible, d'une certaine hauteur, est contrebalancée par une colonne plus courte, d'une solution plus dense.

On comprendra aisément que l'eau mise sur les barquieux, tout en effectuant la dissolution des matières solubles de la soude douce, et transformant le carbonate de soude en soude caustique, grâce à la présence de la chaux qui devient du carbonate de chaux ; cette eau s'abaisse successivement de barquieu en barquieu, depuis le premier qui la reçoit pure, jusqu'au dernier d'où elle sort saturée de soude caustique et autres matières solubles, telles que sel marin, sulfate, etc., et cela sans qu'un plan incliné soit nécessaire ; car les niveaux de leurs eaux figurent un véritable plan incliné qui augmentera d'intensité suivant la densité des solutions dans les divers barquieux.

Cette concentration du liquide, en traversant les barquieux donne une déclivité de 0 m. 30 à 0 m. 45 du premier au dernier barquieu. Toutefois, nous devons faire remarquer que cette pente serait inutile, si son point, maximum et minimum, ne pouvait être modifié au profit de deux barquieux quelconques appartenant à la série en jeu.

Pour atteindre ce but, les barquieux communiquent entre eux par des tuyaux continus qui permettent au liquide de circuler sans interruption. Deux d'entre eux, placés côte à côte, servent à l'entrée et à la sortie du liquide :

Afin de compléter ces renseignements, nous empruntons ce qui suit à un travail de M. E. Kopp :

« Les barquieux étant alternativement vidés et remplis, celui qu'on a chargé en dernier lieu, et qui contient par conséquent la matière la plus riche, est aussi celui dans lequel le liquide, saturé le plus complètement, devient le plus dense et reste au niveau le plus bas ; en conséquence, ce barquieu sera, jusqu'à nouvel ordre, celui de sortie, d'où l'on fait découler la solution saturée.

« D'un autre côté, le barquieu, qui au même moment renferme la matière la plus épuisée, est nécessairement celui qui contient la liqueur la plus faible et qui, pour cette raison, possède le niveau d'eau le plus élevé. Ce barquieu forme, par conséquent, le sommet de la déclivité et est le barquieu d'entrée pour l'eau pure.

« Les barquieux intermédiaires renferment des solutions de saturation et de densités intermédiaires lesquelles se maintiennent à des niveaux correspondants et constituent une pente uniforme entre les deux cuves extrêmes de cette espèce de plan incliné.

« Lorsque la charge dans la cuve d'entrée qui reçoit l'eau parfaitement pure est complètement épuisée, on la laisse égoutter, puis on l'enlève et on remplit le barquieu de nouvelle matière à lessiver ; alors, en ouvrant une série de robinets, on transforme ce barquieu en barquieu de sortie dont la liqueur saturée s'écoule dans un réservoir placé au-dessous. Après avoir été le point le plus élevé de la déclivité, ce barquieu fraîchement rempli en devient subitement l'extrémité inférieure.

« On dirige en même temps le courant d'eau pure dans le barquieu le plus voisin, c'est-à-dire dans celui qui contient alors la charge à peu près épuisée ; ce barquieu se trouve donc à son tour le premier et le plus élevé de la série ; celui contenant la solution la plus faible présente la colonne de liquide la plus haute. Une charge après l'autre étant ainsi épuisée, chaque barquieu, à son tour, est vidé et rempli ; et, de cette manière, chacun d'eux occupe successivement le point le plus élevé, puis tous les points intermédiaires de la déclivité et enfin le point le plus bas. »

Les barquieux gardent le liquide environ vingt-quatre heures ; au bout de ce temps, on procède au soutirage de la lessive, qui se rend dans un réservoir, et on opère des lixiviations pour l'épuisement aussi complet que possible de la charge de ces barquieux.

La première lessive dite *forte* = 22 à 26° B.
— 2me — *moyenne* = 12 à 16° —
— 3me — *faible* = 6 à 10° —

Les autres, des degrés inférieurs qui vont toujours en diminuant et exigent un temps beaucoup plus long dans les barquieux.

On n'emploie pas ces diverses lessives telles quelles, mais on les mélange, afin d'en obtenir à 8°, 10°, 12°, 14° Bé. suivant la nature des huiles qui doivent être traitées, et l'excédent des petites lessives sert à commencer la lixiviation de barquieux nouvellement chargés.

Ces lessives à 8°, 10°, 12°, 14° Bé. sont affectées à l'empâtage.

Composition d'une lessive à 14° Bé. :

Soude caustique	35,31
Carbonate de soude	22,68
Sulfure de sodium	11,64
Chlorure de sodium	1,57
Sulfate de soude	7,91
Sulfite et hyposulfite de soude	8,25
Eau	912,64
	1,000,00

(Ch. Roux).

M. E. Kopp s'est livré à une étude très approfondie sur l'utilisation et la dénaturation des résidus de *marc*, ou charrée de soude.

Il a fait remarquer que cette matière insoluble, si encombrante en savonnerie, est égale comme poids, à peu près, à celui de la soude brute, car, quoique cette soude renferme, en moyenne, 40 p. 100 de carbonate qui sont enlevés par le lessivage, la charrée reste, à son tour, imprégnée d'eau dont la quantité peut s'élever de 30 à 40 p. 100.

Dans les terrains où l'on dépose la charrée, il s'écoule un liquide jaunâtre fortement alcalin, chargé de sulfures, aussi dangereux pour les végétaux que pour les animaux. Si ce liquide tombe dans un cours d'eau, il le vicie très rapidement.

En disposant autour d'un amas de charrée, un fossé bien étanche pour recevoir et conserver le liquide de drainage, il peut être employé à la décomposition et dénaturation des résidus de la préparation du chlore ainsi qu'à la fabrication d'hyposulfite de soude.

Un amas de charrée constitue un véritable appareil d'extraction et de concentration du soufre dont il renferme de 12 à 20 p. 100 ; après oxydation parfaite et transformation en carbonate et sulfate de chaux, ce composé solidifié peut servir à l'amendement des terres humides, acides, argileuses ou sablonneuses.

Lessive de soude alcalino-salée. — L'utilité de cette lessive se fait principalement sentir pour la cuisson. Elle donne au savon une dureté et une consistance qu'il ne pourrait acquérir avec une lessive de soude douce parce qu'elle est trop pure.

La lessive de soude alcalino-salée est le plus souvent préparée d'après ces proportions :

Soude douce	80 parties
Soude douce renfermant 30 40 p. 100 de sel marin .	20 —
	100 —

Quant à la chaux, il n'en faut que 20 à 25 parties pour 100 de ce mélange.

Dumas a conseillé d'employer de préférence :

Soude douce	87 parties
Sel marin	13 —
	100 —

et 33 p. 100 de chaux, toujours éteinte.

Cependant les fabricants délaissent son procédé, estimant que les savons marbrés qui proviennent du lessivage de la soude alcalino-salée, c'est-à-dire de la combinaison du sel marin à la soude douce en fusion, fournissent une marbrure plus satisfaisante.

La lixiviation de la soude alcalino-salée ainsi que sa caustification, sont effectuées avec des lessives de *recuit* de différentes sortes qui mélangées accusent 20 à 22° Bé.

Par lessives de recuit, on entend des lessives provenant, soit de la cuisson, soit du relargage de la pâte savonneuse.

Celles-ci, une fois réunies dans des bacs placés au-dessous de chaque chaudière, sont élevées par une pompe dans des réservoirs dominant les barquieux d'où, après refroidissement complet, on les dirige sur tel ou tel barquieu afin de les revivifier et de récupérer l'alcali perdu.

Ce mode d'opérer est excessivement pratique, car il permet de se servir, presque sans cesse, des mêmes lessives dans des conditions économiques ne laissant rien à désirer.

Le traitement des lessives de recuit, qui n'a pas varié depuis de longues années, occupe dans la fabrication des savons marseillais une trop large part pour que nous ne cherchions pas à l'expliquer en le résumant.

Supposons, dans une savonnerie en marche, une série de quatre barquieux appelée *mène*. Après avoir tout d'abord lessivé avec de l'eau pure le barquieu le plus ancien, c'est-à-dire le plus épuisé et avoir recueilli une lessive de 10 ou 12° Bé, qu'on met en réserve pour la levée des cuites de savon marbré, on fait arriver sur le barquieu suivant qui est moins épuisé de la lessive de *recuit*. Celle-ci le traverse et s'écoule à 23° Bé environ, sous le nom de *recuit passé* pour se rendre dans le troisième barquieu, encore plus riche, d'où elle sort, sous la désignation d'*avance* en ayant 24 à 26° Bé. Enfin le quatrième barquieu, qui contient un chargement entièrement neuf, fournit avec cette *avance* deux portions de lessive qu'on a soin de recueillir à part. La première dite *bonne première*, de 28 à 29° Bé, sert pour les derniers services de la coction, jusqu'à entière saturation de la pâte de savon ; la seconde dite *bonne deuxième*, de 26 à 27° Bé, est affectée aux premiers services qui suivent le relargage. Voici la composition de ces lessives :

	Bonne première à 28° Bé	Bonne seconde à 26° Bé	Avance à 25° Bé	Recuit à 23° Bé
Soude caustique....................	40,50	32,90	31,60	24,00
Carbonate de soude.................	26,00	21,63	17,30	12,90
Sulfure de sodium..................	17,00	17,10	16,90	13,50
Sulfate de soude...................	34,50	32,50	28,40	22,70
Sulfite et hyposulfite de soude.......	48,90	46,10	40,20	32,10
Chlorure de sodium.................	100,00	98,00	97,00	61,00
Matières organiques................	82,00	85,00	95,00	115,00
Eau.	651,10	666,77	673,60	718,80
(H. Arnavon.)	1,000,00	1,000,00	1,000,00	1,000,00

Nouvelle méthode

Procédé Lombard. — Il a pour but d'opérer dans les conditions les plus rationnelles, le *lessivage*. la *caustification* et la *désulfuration* de la **soude brute**, de façon à profiter, mieux qu'on ne l'a fait jusqu'ici, des avantages de cette soude (1), tout en donnant, autant que possible, à la lessive retirée de ce produit, les qualités que possède la lessive provenant de la soude à l'ammoniaque.

(1) M. Lombard, dans un travail qui a été publié dans notre « Annuaire de la Savonnerie et de la Parfumerie » (1893-1894) s'exprime ainsi :

« Avec la soude Leblanc, la savonnerie a dans ses lessives une certaine quantité « de sels tels que sulfate, sulfite et hyposulfite de soude qui élèvent le degré Baumé « de la lessive, sans en augmenter la causticité. Or, avec des lessives dont la densité « est due à la présence de sels inertes, on peut faire la cuisson de la pâte de savon « à une température plus élevée que si celle-ci baigne dans une lessive dont le degré « assez faible est obtenu seulement par la présence du chlorure de sodium ou de la « soude caustique. Le savon fabriqué à une température élevée est mieux cuit, « la pâte est plus souple, il ne se déforme pas et il donne un rendement plus « élevé. »

On arrive à la solution de ce problème en opérant de la manière suivante ;

Lessiver la soude Leblanc, sans addition de chaux, ce qui permet de l'épuiser d'une manière presque complète. Désulfurer cette lessive et la caustifier ensuite, ce qui demande beaucoup moins de chaux que par l'ancien procédé. Concentrer les lessives si c'est nécessaire. La proportion assez forte de soude caustique contenue dans la soude Leblanc permet de caustifier à un degré plus élevé qu'on ne peut le faire avec le carbonate de soude à l'ammoniaque.

Lessivage. — Le principe du lessivage méthodique est de faire passer la lessive la moins riche, sur la soude la plus épuisée, sans faire subir à celle-ci le moindre déplacement, lui conserver par suite toute sa porosité, permettre au liquide de traverser la masse dans toutes ses parties et d'enlever tous les corps solubles avec le minimum de lavages. L'appareil dans lequel l'opération s'effectue se compose de six barquieux en tôle, de dimensions variables, placés à côté les uns des autres, fig. 31.

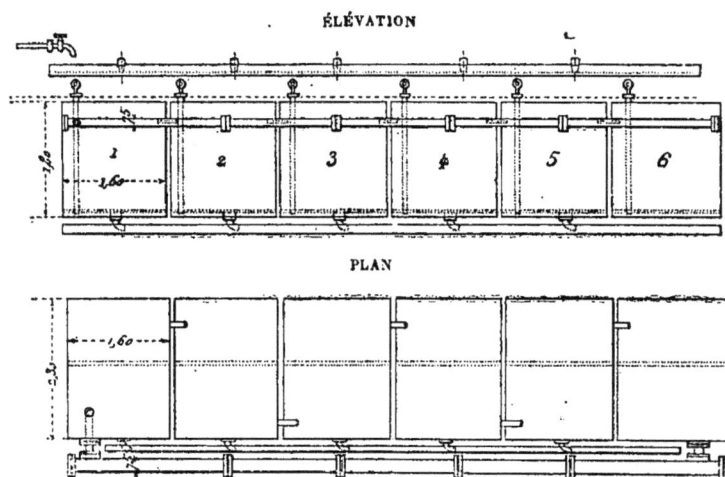

Fig. 31. — Barquieux.

Les barquieux peuvent être des caisses indépendantes les unes des autres ou une seule caisse à plusieurs compartiments que des cloisons en tôle séparent : Les barquieux ont un double fond formé par des plaques de tôle de 0 m. 50 percées de trous de 3 millimè-tres de diamètre. Ces plaques sont juxtaposées, elles reposent sur les fonds de chaque barquieux par des taquets rivés, qui maintien-nent les plaques à 0 m. 12 du fond des barquieux.

Dans le double fond pénètre un tube en fonte de diamètre varia-ble, suivant la grandeur des barquieux. Ce tube fig. 32 formant si-phon est ouvert à ses deux extrémités, sa hauteur est plus élevée de quelques centimètres que celle du barquieu. A la par-tie supérieure le tube possède un ajutage qui traverse non seulement la tôle du barquieu auquel il appar-tient, mais encore celle du bac voisin. L'ajutage dé-bouche dans ce dernier à 0 m. 30 du bord supérieur. Le tube en fonte est destiné à mettre en communica-tion les deux barquieux. Il suffit pour cela de soulever un tampon double de caoutchouc qui, à l'intérieur, ferme le tube un peu au dessous de l'ajutage.

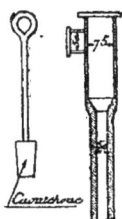

Fig. 32.
Tube-siphon.

Les deux barquieux placés aux extrémités de la rangée, les nᵒˢ 1 et 6 sont reliés entre eux par un tube en fonte, lequel reçoit le liquide du siphon placé dans le barquieu nᵒ 1 et le conduit dans le barquieu nᵒ 6.

Chaque barquieu devant recevoir à tour de rôle de l'eau pure, une dalle (canal en bois) est placée au-dessus de la rangée des bar-quieux, elle est percée dans le fond d'autant de trous qu'il y a de bacs, chaque trou se trouve dans l'axe vertical du barquieu à ali-menter, il est bouché par un tampon en bois qu'il suffit de soulever pour produire l'écoulement de l'eau, là où c'est nécessaire.

Dans le bas des barquieux, sous le fond même, ou en face de l'es-pace vide laissé entre le fond et le double fond, la tôle est percée afin de laisser passer un ou deux robinets de vidange, pour la sor-tie de lessive.

Nous avons dit que les dimensions des barquieux sont très varia-bles. En effet, leur contenance varie suivant les usines, de 3 à 15 mètres cubes.

Quoiqu'il soit avantageux d'avoir des barquieux de grandes di-mensions ceux qui existent dans les savonneries peuvent être parfaitement utilisés. Il suffit de les accoupler comme nous venons de le voir à l'aide de siphons et de leur mettre des doubles fonds, ce qui n'est pas un travail considérable.

Pour le chargement d'un barquieu on dispose sur le double fond, la soude par couches régulières, en ayant soin de placer les gros morceaux dans le bas et en diminuant de grosseur jusqu'au haut. La surface de la dernière couche doit être 0 m. 40 au-dessous du bord supérieur de la cuve.

Pour que le travail soit méthodique, il faut qu'il y ait graduation dans le degré d'épuisemeut de la soude, contenue dans les différents barquieux.

Par exemple : admettons que le n° 1 vienne de recevoir de la soude fraîche, le n° 6 aura sa soude complètement lessivée, transformée en charrée et prête à être enlevée. La soude du n° 5 presque entièrement privée de son alcali n'aura plus qu'un lavage à l'eau à subir, c'est pourquoi le barquieu n° 5 recevra de l'eau pure à la température de 25° à 30° C, amenée par la dalle supérieure.

Il a été dit que la soude, après avoir été chargée dans un barquieu, ne subissait aucun déplacement pendant tout le temps de l'opération. La conséquence de cette disposition est que le chargement se maintient dans son état primitif, sans tassement sensible, le liquide versé à la surface filtre à travers la masse, en dissolvant les sels solubles, qu'il entraîne avec lui.

Les différentes couches du liquide ont peu de tendance à se mélanger et elles arrivent au fond du bac dans l'ordre de leur densité, celle-ci augmentant au fur et à mesure que le liquide descend. Arrivée au bas, la lessive passe par les trous du double fond et se rassemble dans l'espace libre ménagé à cet effet.

Pour éviter la formation du sulfure de sodium pendant le lessivage, la soude dans les barquieux ne doit pas se trouver à découvert, c'est-à-dire au contact de l'air, il faut qu'elle baigne complètement dans le liquide, ce qui nécessite forcément un arrêt dans les communications.

Le soutirage se faisant toujours du barquieu chargé de soude fraîche, après une immersion plus ou moins longue suivant la marche du travail, la lessive passe d'un barquieu dans l'autre, de telle sorte que le liquide recouvre la soude dans tous les bacs, lesquels restent constamment remplis.

Pour que le mouvement de passage de la cuve d'un barquieu dans le suivant puisse s'effectuer, deux conditions doivent être remplies.

D'abord la communication entre deux barquieux voisins doit être établie par l'enlèvement du tampon obturateur du tube siphon ; ensuite, le liquide qui remplit le tube siphon d'un barquieu doit être chassé par une pression suffisante, pour qu'il puisse s'écouler par l'ajutage et se répandre à la surface de la soude du barquieu suivant qu'il devra lessiver.

Or nous avons vu que le liquide renfermé entre les deux fonds d'un barquieu était plus dense que celui qui remplissait ce barquieu, cependant comme c'est ce dernier liquide qui par sa pression doit produire l'ascension de la lessive dans le tube et son écoulement par l'ajutage, il faut que la différence de densité des deux liquides soit compensée par la différence des hauteurs. C'est ce qui a lieu en effet, la surface de la couche liquide dans les barquieux sera tenue plus élevée de dix centimètres au moins, que le bord de l'ajutage du siphon par lequel l'écoulement doit se faire.

Reprenons la marche de l'opération, l'eau pure après son passage à travers la soude du barquieu n° 5 passera sur la soude contenue dans le barquieu n° 4, celui-ci ayant été mis en communication avec le n° 3, qui communique à son tour avec le n° 2, finalement la lessive arrivera sur le n° 1 chargé de soude fraîche.

Après son passage sur cette soude, la lessive se rassemblera dans le double fond du barquieu n° 1, sa densité sera alors de 25 à 26° Bé, elle sera soutirée et envoyée aux bassins de décantation.

En suivant la marche de la lessive, on voit que la soude subit dans chaque barquieu, cinq à six lavages, aussi est-elle complètement épuisée, quand elle a été lavée une dernière fois à l'eau pure.

Les boues ou charrées restant dans les barquieux sont enlevées après le lavage à l'eau et remplacées par la soude fraîche, on peut évaluer la matière insoluble restant dans les barquieux, après le dernier lessivage à l'eau. comme atteignant 58 à 60 0/0 de la soude traitée.

Passons maintenant à la façon de conduire le lessivage. Les corps ayant un rôle utile ou nuisible dissous par l'eau dans son passage à travers la soude sont : le carbonate de soude, la soude caustique et le sulfure de sodium. Ces deux derniers corps n'existent pas tout formés dans la soude brute, ils prennent naissance pendant l'opération du lessivage. En effet, nous avons vu que la soude brute contenait une proportion assez forte de chaux caustique, c'est l'action de cette dernière sur le carbonate en dissolution qui produit la soude caustique, quant au sulfure de sodium entraîné dans la lessive il est dû surtout, à la manière dont le lessivage est effectué.

Des expériences faites par M. Kolb il résulte que le lessivage doit être fait rapidement, avec la quantité d'eau juste suffisante pour bien épuiser la soude et à une température ne dépassant pas 40° C.

Les lessives sont soutirées quand elles marquent 23 à 25° Bé ; elles sont envoyées dans des bassins qui servent à la fois à les emmagasiner et à les clarifier par la décantation.

La composition de ces lessives est la suivante en grammes par litre.

Carbonate de soude	165,10
Soude caustique	56,20
Chlorure de sodium	6,30
Sulfure de sodium	3.60
Sulfite de soude	0,10
Hyposulfite de soude.	0,45
Sulfate de soude	11,30
	243,05

En examinant la composition de la lessive on voit que pour la rendre apte à la fabrication du savon, deux opérations restent à effectuer : 1° transformer le carbonate en soude caustique ; 2° faire disparaître le sulfure de sodium qui donne de la coloration et de l'odeur au savon et qui est une cause de nombreuses difficultés dans l'extraction de la glycérine.

Ces deux opérations se font en même temps dans l'appareil qui a été décrit dans le chapitre ayant pour titre « Matériel des savons de Marseille, » sous le nom de *Caustificateur Lombard.*

Caustification et désulfuration. — La lessive provenant du barquieu chargé de soude fraîche titre, avons-nous dit, 23-25° Bé, après
son repos dans les bassins réservoirs, on l'envoie au caustificateur.

Mais son degré Baumé est trop élevé pour pouvoir la caustifier
, directement, il faut lui ajouter de l'eau pour qu'elle ne titre plus
que 18 à 20° Bé ; cette addition d'eau se fait dans le caustificateur même ou dans la conduite d'amenée. Lorsque la charge du
caustificateur avec la lessive au degré voulu est achevée, on met
dans le panier la chaux en pierres nécessaire pour la caustification.
Cette quantité de chaux est de 10 kg., environ par 100 litres de lessive.

Aussitôt après on donne le mouvement à un arbre à palettes,
des vagues se produisent qui projettent l'eau sur la chaux en pierres
contenue dans le panier, enfin cette chaux s'éteint en dégageant de
la chaleur qui élève la température de la lessive, elle se délite, et
la partie poussiéreuse passe à travers les vides laissés par les lames
de fer ; les incuits et les cailloux restent dans le panier. Quand la
chaux est bien mélangée avec la lessive et a formé un bouillon
clair, on fait arriver la vapeur, laquelle, en passant dans un appareil Koerting, entraine l'air destiné à la désulfuration de la lessive.

L'opération dure une heure et demie environ, la température du
liquide a atteint alors 90° à 95° C, le sulfure de sodium est complètement transformé en sulfate de soude, ce dont il est facile de s'assurer en trempant un papier d'acétate de plomb, enfin la lessive ne
donne plus avec les acides qu'une faible effervescence, parce qu'elle
ne contient plus qu'une petite proportion de carbonate de soude,
qu'on ne peut pas faire disparaître entièrement.

Dès que l'ouvrier reconnaît que l'opération est terminée, il arrête
la vapeur et le mouvement des palettes, puis il ouvre le robinet
placé sous le caustificateur et il envoie le contenu de l'appareil dans
des bacs où se fait la décantation.

Après un repos suffisant, on soutire toute la lessive claire qui
marque alors 16 à 18° Bé, la boue s'accumule au fond du bac.

Le liquide est prêt à être employé directement à la saponification, mais si on le trouve d'un degré insuffisamment élevé on le
concentre dans des poêles ou dans des appareils spéciaux.

La boue de chaux qui reste au fond des bacs après la décantation de la lessive claire, contient beaucoup d'alcali qu'il faut récupérer par un ou deux lavages. Ceux-ci se font par addition d'eau chaude, bouillage énergique, repos et séparation des petites lessives.

Les petites lessives caustiques reçoivent leur destination dans le travail de la savonnerie ou bien elles entrent dans le lessivage à la place de l'eau, pour faire la dissolution.

Il est facile de se rendre compte, par l'exposé qui précède, que la savonnerie avec la soude Leblanc, ne pésente aucune difficulté, le prix actuel de cette soude est assez bas pour permettre d'obtenir l'alcali caustique dans de bonnes conditions. Enfin de l'avis des savonniers les plus expérimentés, c'est l'alcali sous cette forme qui permet de fabriquer le savon avec les qualités qui ont rendu universelle l'ancienne réputation du savon de Marseille, tout en obtenant un rendement plus élevé pour une même quantité d'huile.

Dans le chapitre traitant de la préparation des lessives destinées à la fabrication des savons durs ordinaires, nous nous occupons des lessives de sels de soude caustiques et carbonatés, ainsi que des lessives obtenues par dissolution de la soude caustique livrée sous forme solide à la savonnerie par les usines de produits chimiques.

CHAPITRE VII

FABRICATION DES SAVONS DE MARSEILLE

Les savons que produit Marseille doivent, en réalité, être divisés seulement en deux catégories :

Savons marbrés : bleu pâle et bleu vif.

Savons blancs : ordinaires et mousseux.

1. SAVONS MARBRÉS, BLEU PALE ET BLEU VIF

L'un et l'autre possèdent une composition identique et résultent d'opérations similaires ; ils ne diffèrent entre eux que par la nature de la marbrure.

Celle-ci a pour base, dans le savon bleu pâle, comme dans le savon bleu vif, le sulfate de fer ; mais dans le second, outre que ce produit existe en plus forte quantité, on emploie concurremment du peroxyde de fer (oxyde rouge de fer d'Angleterre) qui donne un ton rougeâtre.

La préparation des lessives à part, les savons marbrés, exigent sept opérations : empâtage — relargage — cuisson — madrage — coulage — coupage — et trempage.

Empâtage. — Les savons marbrés de Marseille se composent généralement de mélanges :

d'huile d'olive de 2me pression « *ressence* » ;

—   —   dite « à fabrique » ;

— de sésame ;

— d'arachide ;

— de palmiste ;

Les huiles de sésame et d'arachide sont celles qui dominent.

On commence par faire couler, en chaudière, une quantité de lessive de soude douce bien caustique à 10° Bé. (Densité : 1.075), correspondante environ à celle des corps gras (1), on chauffe cette lessive jusqu'à l'ébullition, puis on y verse, peu à peu, le mélange d'huiles, en agitant constamment avec un râble. Cette agitation est de toute nécessité ; d'une part, elle augmente les points de contact des corps gras avec la lessives, d'autre part, elle répartit uniformément la chaleur : deux causes d'un rapide et parfait empâtage. Au bout de peu de temps la masse en chaudière monte en bouillons qui vont sans cesse grossissant, et il apparait une mousse légère et blanchâtre. A ce moment il faut modérer l'action du feu ou de la vapeur afin d'éviter un débordement.

Résumons les règles admises comme présidant à l'empâtage :

1° L'huile au contact d'une lessive de soude caustique s'y combine de suite, sans exiger une grande chaleur ;

2° Le savon est insoluble dans la lessive forte, soluble dans la lessive faible, plus soluble encore dans l'eau chaude ;

3° L'eau savonneuse agitée avec l'huile la divise en gouttelettes très fines qui restent en suspension ; leur ténuité est telle qu'elles sont presque invisibles et que la masse semble homogène : cette transformation, due à un phénomène physique, occasionne un certain épaississement : c'est l'*émulsion*.

Lorsque la masse savonneuse, sous l'influence d'une ébullition soutenue durant plusieurs heures, s'épaissit, on l'abreuve de temps à autre de lessive de soude douce plus forte que la première, c'est-à-dire marquant, à peu près, 15° Bé. (Densité 1,116)) et l'on brasse aussi uniformément que possible avec un râble.

Cette nouvelle lessive convertit l'espèce de savon qui existait en véritable savon.

Si la chaudière est chauffée à feu nu il faut :

1° Asperger la masse avec la lessive et non la jeter brusquement en un seul point, ce qui occasionnerait un coup de feu au fond de tôle de la chaudière ;

---

(1) Pour 1000 kg., d'huiles il faut à peu près 750 litres de lessives.

2° Veiller sans cesse afin d'empêcher le savon de brûler, ce dont on s'aperçoit lorsqu'il se dégage des bouffées de fumée qui crèvent la pâte et que des croûtent montent à la surface.

On cesse l'introduction de la lessive dès que le savon est entièrement lié. Sous l'action de la lessive et de l'échappement continuel de la vapeur d'eau, la masse savonneuse va toujours en se resserrant, se fonce et devient roussâtre ; c'est le moment propice pour provoquer la réaction qui devra, plus tard, déterminer la marbrure.

A cet effet on dissout dans de l'eau chaude du sulfate de fer (couperose verte) et on en arrose la pâte ; ce sel concourt, avec les sulfures des lessives employées, à la rendre gris verdâtre, puis noire après brassage, nuance due à la présence de savons à bases d'alumine et de fer dont la formation est provoquée par le sulfate de fer.

En traitant, par exemple, 5,000 kg., d'huiles 5 kg., de sulfate de fer suffisent pour le savon marbré bleu pâle tandis que 10 kg., sont nécessaires s'il s'agit de savon marbré bleu vif, qui exige en outre 8 kg., de peroxyde de fer (oxyde rouge de fer ou rouge d'Angleterre) délayés dans de l'eau chaude.

Cette couleur fournit le manteau rouge qui apparaît à la surface des barres de savon qui sont restées quelque temps à l'air.

A la rigueur on pourrait arrêter l'empâtage après la coloration de la pâte ; cependant comme elle est imparfaitement saturée d'alcali, nous conseillons d'y ajouter une petite quantité de lessive de soude douce à **23,25°** Bé. (Densité **1,190** à **1,210**) de brasser et de faire un peu bouillir. Interrompre ensuite la vapeur ou mettre le feu à bas et laisser reposer la chaudière au moins douze heures.

En examinant la nature du savon on constate qu'il n'a pas encore tout l'alcali indispensable, car sa solubilité laisse beaucoup à désirer. Voici, du reste, sa composition :

Corps gras..............	51,15
Soude combinée,.........	2,50
Sels divers.............	0,18
Matières organiques.....	0,17
Eau....................	46,00
	100,00

(Ch. Roux),

Relargage. — Le relargage consiste à purger la pâte savonneuse de l'eau en excès chargée de sels étrangers, de glycérine, etc., et à rendre le savon apte à recevoir une nouvelle portion de lessive qui lui apportera le complément de l'alcali absolument nécessaire.

Les lessives alcalino-salées de recuit, des mises, ou de trempage, grâce au sel marin qu'elles contiennent, jouissent de la propriété de séparer le savon des solutions pauvres en alcali.

Le relargage est effectué en versant simplement en chaudière une lessive alcalino-salée, provenant d'une des sources que nous avons indiquées plus haut, après avoir pris la précaution de la clarifier par filtrage sur de vieux marcs de soude épuisés.

Si la lessive est très concentrée, le relargage se trouve de beaucoup accéléré ; son degré aréométrique varie de **22 à 25° Bé**.

Pendant que des ouvriers projettent en chaudière la lessive alcalino-salée, un ou deux autres, montés sur un madrier placé en travers de la chaudière, agitent avec un râble la pâte de *bas en haut* en ligne droite, afin de répartir la lessive aussi uniformément que possible. Sous l'influence de celle-ci et de la chaleur, la pâte apparaît bientôt en grumeaux qui viennent peu à peu se réunir à la surface, tandis qu'au dessous se trouve la partie liquide chargée de toutes les impuretés laquelle, une fois refroidie, doit marquer, si l'opération a été bien conduite, près de **18° Bé**. (Densité 1,142). Ces degrés étant indispensables, il faut ajouter de la lessive jusqu'à ce qu'ils soient atteints. Abandonner ensuite la chaudière à un repos de plusieurs heures, après avoir étouffé le feu, de telle sorte que les grumeaux de savon se débarrassent totalement du liquide et flottent en couches épaisses.

La dernière phase de relargage porte le nom d'*épinage* qui dérive d'*épine*, tuyau placé à quelques centimètres du fond de la chaudière servant à soutirer la partie liquide ; celle-ci coule dans un réservoir d'où on la dirige sur des barquieux pour sa revification.

La composition de la pâte restée en chaudière correspond à :

Corps gras..............	63,70
Soude combinée.........	4,15
Carbonate de soude......	0,35
Sels divers..............	1,20
Matières organiques.....	2,10
Eau....................	28,50
(Ch. Roux).	100,00

Cuisson. — Le savon, épuré autant que possible par l'épinage, est en état de s'emparer aisément à nouveau d'alcali caustique sous l'action d'une ébullition soutenue.

La cuisson ou coction complète la saponification ; elle donne à la pâte de la fermeté, de la densité, de la solubilité, enfin la débarrasse de son odeur désagréable et lui assure une saine conservation.

« Quelques auteurs ont avancé, dit Robiquet, que l'empâtage étant achevé, la saponification l'était également. Rien ne justifierait, dans cette supposition, la quantité considérable d'alcali qu'on est obligé d'ajouter avant d'obtenir le savon parfait. On ne doit donc considérer l'empâtage que comme un commencement ou un premier degré de combinaison, et l'opération suivante, la coction, comme destinée à la transformation de l'huile en acides gras à l'aide de la réaction alcaline, et pour fournir tout l'alcali nécessaire à la saturation de ces acides, à mesure qu'ils se développent. »

On effectue la cuisson des savons marbrés par une série de *services*.

Un service consiste à verser sur la pâte des lessives alcalino-salées de différents degrés, provenant de la lixiviation, par les *recuits*, d'un mélange de soude douce et de soude alcalino-salée bien caustifiées.

Le nombre des services dépend de l'état des lessives et de l'importance de la cuite ; ordinairement il varie de trois jusqu'à huit et dix services, durant lesquels le grain de la pâte insoluble dans les lessives caustiques, salées et concentrées, se resserre au fur et à mesure qu'elles se succèdent en abandonnant de l'eau par suite de son affinité pour l'alcali caustique.

Le premier service exige une lessive (*recuit passé*)	à 24° B	(Densité 1,200)
— 2e — — (*bonne seconde*)	à 26° —	(— 1,220)
Aux deux suivants, il faut — (*bonne première*)	à 28° —	(— 1,241)

Lors du premier service, sitôt après l'introduction de la lessive de *recuit passé*, on brasse, durant une demi-heure, la masse en chaudière dont la température doit être de 75° centigrades environ, puis, au bout de trois ou quatre heures de repos, on soutire la partie liquide.

Pour le second, on fait bouillir huit à dix heures avec la lessive *bonne seconde* et on opère comme précédemment.

Quant aux autres services, avec la lessive *bonne première*, ils demandent une ébullition encore d'une plus longue durée.

La méthode de cuisson n'a pas varié depuis l'époque où Baudoin, fabricant de savon à Marseille, publia, en 1795, son *Traité théorique de l'art du savonnier*. Voici du reste comment il s'exprime sur ce point important :

« Lorsque l'empâtage, dit-il, est porté au point de perfection nécessaire, la coction est plus aisée et plus prompte, par conséquent moins coûteuse, but auquel tous les soins doivent tendre dans une fabrication.

« La pâte étant purgée autant qu'elle peut l'être par le *relargage* ; si cette opération à froid la détachait entièrement de son excès d'humidité, on pourrait de suite se servir des lessives fortes, pour accélérer sa coction ; mais comme elle reste encore liée par surabondance dans une partie de cette lessive faible, on sacrifierait au moins la moitié de son effet, si on les préférait aux moins fortes. On garde les premières, secondes et troisièmes pour les services subséquents, afin d'en retirer tout l'effet que leur concentration et leur causticité procurent, et on commence à se servir des inférieures, qui, dans quelques services, achèvent de purger entièrement la pâte, et commencent néanmoins à la cuire.

« Amenée à cette état, la pâte se saisit, avec une sorte d'avidité, des lessives caustiques, dont on l'alimente par services de 100 à 120 cornues l'un, et qu'on répète jusqu'à cessation de besoin.

« On s'aperçoit du besoin de renouveler les services, lorsque par la gustation, on ne sent plus de piquant caustique, ce qui indique que la pâte ne peut enlever plus de sel à la lessive qu'elle ne l'a déjà fait ; car, je rappelle qu'il s'établit toujours une espèce d'équilibre entre la saturation de la pâte et celle de la lessive, conformément aux lois de la statique chimique. Dans le commencement la pâte étant peu saturée, on enlève plus que lorsqu'elle en est plus nourrie ; mais c'est de l'alcali caustique dont elle se saisit plus avidement. C'est pourquoi la chaux n'est jamais superflue aux barquieux.

« On jugera aisément que si la pâte ne se saisit que d'une quantité relative des sels contenus dans la lessive, c'est que ceux-ci, ayant plus d'affinité avec l'eau qu'avec l'huile, la quantité qui s'en détache ne peut être que partielle.

« Quand la lessive n'a plus de piquant, ce qu'on exprime en disant qu'elle a *mangé*, ou quand on juge qu'elle aura bientôt abandonné à la pâte tout ce qu'elle peut rendre, on cesse le feu, auquel on doit donner la plus grande vigueur possible pendant la durée de la coction, parce qu'alors sa violence ne peut jamais nuire, et on laisse reposer la pâte une demi-heure, ou même plus, afin que toute la lessive, qui y est suspendue par la force de l'ébullition, se précipite en entier et n'affaiblisse pas la nouvelle qu'on doit lui substituer. Après cette pause, dont on se dispense quand la presse du travail l'exige, on épine et on rétablit le feu en même temps que le service.

« On est en usage, dans les fabriques, de *retomber* la cuite, c'est-à-dire, de la transvaser d'une chaudière à l'autre une ou deux fois, quand on le peut, dans la durée de la coction. C'est une excellente méthode qui accélère la coction, quoiqu'elle paraisse la retarder, parce qu'en retombant la pâte, elle se trouve dans une lessive neuve au lieu qu'en la laissant dans la même chaudière, la lessive des précédents services qui reste au fond, en dessous de l'épine et qui a perdu sa qualité, nuit considérablement à l'effet de nouveau service. »

Donnons maintenant les indices qui annoncent une cuisson parfaite :

La pâte granulée est presque exempte d'écume et a perdu son odeur désagréable ; en pressant entre les doigts les grains de savon encore chauds, ils forment des écailles minces, dures et sèches, qui, par un frottement prolongé, se réduisent en poudre ; enfin la lessive, malgré la longueur de l'ébullition, est alcaline et caustique.

Composition de la pâte après la cuisson

Corps gras...............	60,00
Soude combinée.........	7,10
Carbonate de soude.....	0,85
Sels divers...............	3,80
Matières organiques.....	3,75
Eau....................	25,00
	100,00

(Ch. Roux).

Madrage. — La cuisson effectuée, la pâte qui présente une couleur bleu grisâtre, se trouve, il est vrai, dans un état de combinaison assez satisfaisant, mais il reste à favoriser l'union de ses grains et à disséminer dans leur masse les savons d'alumine et de fer qui devront produire la marbrure ; telle est la raison du madrage, dit aussi *levée de cuite*.

Pour réaliser cette importante opération, dont la mauvaise conduite est désastreuse pour le fabricant, on se sert de lessives usées à 6 ou 8° Bé (Densité 1,045 à 1,060), de manière à conserver le nerf de la pâte.

Deux ouvriers, debouts sur un madrier traversant le centre de la chaudière, enfoncent brusquement des râbles dans la masse savonneuse qui est à une température de 65° centigrades environ et les en retirent de même, tandis qu'un troisième verse peu à peu des petites lessives.

Par ce traitement, qui nécessite un temps proportionné à l'importance de la cuite, les grains se gonflent et ont une tendance à s'attacher les uns aux autres. La partie liquide dans laquelle baignent ces grains doit marquer à la fin du madrage 16 à 18° Bé (Densité 1,125 à 1,142) et répondre à peu près à la composition suivante :

	A 17° Bé 5	A 18° Bé 5
Soude caustique......................	13,90	8,80
Carbonate de soude...................	23,80	30,20
Sulfure de sodium.,...	2,00	3,20
Sulfite et hyposulfite de soude........	11,90	17,70
Sulfate de soude.....................	21,90	29,20
Chlorure de sodium.	68,80	75,00
Eau..............	858,50	835,90
(H. Arnavon).	1,000,00	1,000,00

Coulage. — Quand le savon en chaudière répond aux conditions énumérées plus haut, et que ses grains flasques et volumineux, inhérents au toucher, et d'un bleu grisâtre montrent que l'eau normale de composition est absorbée, on procède au coulage en mises avec des *pouadous* (espèce de godets munis d'un long manche). Une température de 55 à 60° centigrades· est très favorable à la levée de cuite. Le savon une fois en mises, la lessive s'en sépare lentement et se rassemble à la partie inférieure par une ouverture ménagée à cet effet, pour se rendre dans un réservoir.

On laisse ordinairement le savon en mises huit à dix jours suivant la saison. En même temps que le refroidissement s'effectue, la marbrure se produit en petites veines de savons métalliques qui se répartissent très inégalement. La masse devient alors marbrée bleu pâle, si l'on a employé du sulfate de fer seul ; marbrée bleu vif, si elle contient en plus du peroxyde de fer.

Cette marbrure bleu pâle ou bleu vif ne se conserve qu'à l'intérieur, il s'en suit que les morceaux de savon sont blancs à leur surface ; cette couche, qui est très légère, porte le nom de *manteau*.

Un madrage insuffisant et un refroidissement trop brusque donnent au savon un aspect granitique.

Coupage. — Avant d'exécuter le coupage du savon en mises, on lisse sa surface, toujours raboteuse et inégale, avec un racloir, puis un ouvrier muni d'une règle et d'un poinçon, trace des lignes dans la longueur et la largeur afin de déterminer de quelle façon le coupage devra être conduit. Ceci fait, on enfonce sur l'un des côtés de la mise un fort couteau, le tranchant en avant et le dos engagé dans le creux d'une pièce de fer à deux branches ayant une chaîne à chacune de ses extrémités. Trois hommes sont indispensables pour ce travail. L'un maintient le manche du couteau afin qu'il suive exactement les lignes tracées, tandis que les deux autres le font avancer en tirant sur une corde fixée aux chaînes dont nous venons de parler. Les pains qu'on obtient ainsi ont la forme d'un parallélogramme de 0 m. 50 de long et de 0 m. 32 de large. Pour les diviser en barres on se sert ordinairement de cadres en bois et d'une *tirette* en fil de laiton.

Trempage. — Le savon marbré découpé en barres n'est jamais livré immédiatement à la consommation ; il doit subir un traitement complémentaire dit *trempage*, consistant à immerger ces barres, douze à quinze jours, dans une lessive alcalino-salée de *recuit* à 23, 25° Bé (Densité 1,190 à 1,210) bien filtrée sur les barquieux.

Composition d'une lessive de trempage à 24° Bé.

Soude caustique	8,01
Carbonate de soude	14,04
Sulfure de sodium	8,26
Chlorure de sodium	105,00
Sulfate de soude	37,55
Sulfate et hyposulfite de soude	25,42
Matières organiques	105,62
Eau	696,40
	1,000,00

(Ch. Roux).

L'effet de cette lessive est de resserrer les pores du savon, de le rendre par suite plus ferme et plus dense et même de prévenir un déchet futur, en conservant à la pâte son hydratation normale.

L'idée du trempage appartient à Baudoin ; mais au lieu d'une lessive alcalino-salée il préconisait une simple dissolution de chlorure de sodium.

« Un marchand-débitant, nous apprend-il, se plaignant du déchet que faisaient les morceaux de savon madré, dans sa boutique, je lui conseillai d'en étaler pour montre le moins qu'il pourrait, et de mettre le restant dans des baquets d'eau imprégnée de sel commun. Ce moyen d'entretenir le poids s'est répandu, et chaque débitant en use non sans avantage. »

Composition des savons marbrés bleu pâle et bleu vif.

	Bleu pâle	Bleu vif
Eau	35,00	34,00
Acides gras	54,50	54,60
Soude	6,30	6,60
Sulfate, chlorure et autres sels solubles	2,00	2,50
Matières insolubles (fer, chaux et charbon)	0,20	0,30
Glycérine et autres matières non saponifiables	2,00	2,00
(H. Arnavon).	100,00	100,00

2. SAVONS BLANCS ORDINAIRES ET MOUSSEUX

Voici comment Baudoin juge le savon blanc ordinaire : « Le savon blanc est le plus parfait de tous les savons, vraisemblablement le seul qui se fabriquait dans les premiers temps de son invention. Le marbré n'est qu'une modification ; c'est la qualité la plus connue et celle dont il s'en fabrique partout. Fabriqué dans son intégrité, il a l'avantage inestimable de servir au décrûment de la soie grège, et à beaucoup d'autres emplois; auxquels le madré nuirait, à cause de son acrimonie; mais c'est sur cette qualité que la mauvaise foi exerce la fraude, parce que c'est la seule qui en puisse seconder l'insatiable cupidité. »

L'huile d'olive était jadis la seule employée à la fabrication du savon blanc ordinaire ; maintenant, elle est presque toujours alliée à une très forte proportion d'huile d'arachide.

Le savon blanc mousseux se distingue du précédent en ce qu'il ne renferme pas trace d'huile d'olive; mais des huiles d'arachide, de coton, de coprah, de palmiste et de coco ; ces trois dernières lui communiquent la propriété de mousser abondamment.

En dehors de la préparation des lessives, les savons blancs dont il s'agit exigent sept opérations : empâtage, relargage, cuisson, liquidation, coulage, coupage et séchage.

Empâtage et relargage. — Ces deux opérations s'effectuent comme pour les savons marbrés.

Cuisson. — La cuisson des savons, ordinaires et mousseux, est conduite de la même façon que celle des savons marbrés et les services sont aussi nombreux ; seulement ils ont lieu non plus avec des lessives provenant de la lixiviation par les *recuits* d'un mélange de soude douce et de soude alcalino-salée qu'on caustifie, mais avec des lessives neuves de soude douce ou soude artificielle brute, qui renferment le moins de sulfures possible, afin de diminuer les inconvénients de coloration de la pâte.

Le 1ᵉʳ service comporte une lessive à 22° Bᵉ (Dᵗᵉ 1,180).

Le 2°   —   —   24° — (— 1,200).

Aux suivants, il faut une lessive à 26° — (— 1,220).

Liquidation. — Cette expression s'applique uniquement aux savons blancs, ordinaires et mousseux ; elle remplace le *madrage* ou *levée de cuite* des savons marbrés bleu pâle et bleu vif, qui n'est qu'une demi-liquidation.

« La liquidation a pour but, a écrit d'Arcet, de ramollir le grain du savon, d'y introduire jusqu'à 55 centièmes d'eau, au lieu des 16 centièmes que la coction y avait laissés, de rendre la pâte presque liquide, et de favoriser ainsi, pendant le refroidissement du savon *dans la mise*, la précipitation de tous les corps étrangers que ses grains pouvaient contenir, ce qui contribue à blanchir cette espèce de savon et à lui donner beaucoup d'homogénéité et un grand degré de pureté. »

Dumas, s'appuyant sur les travaux de Poutet, s'exprime ainsi :

« Pour effectuer la liquidation du savon blanc, on augmente le feu pour bien chauffer la pâte qui, dès ce moment, ne bout plus. Mais il se fait un travail dans l'intérieur de la masse ; celle-ci s'éclaircit parfaitement par le concours de la chaleur et de l'humidité ; elle se dépouille peu à peu des parties colorées qui se précipitent vers le fond ; cette opération est activée par de petites doses de lessives qu'on ajoute de temps en temps. On reconnaît que la pâte est purgée quand le liquide, que le râble amène à la surface, au lieu d'être clair et fluide, commence à prendre une teinte noire et à devenir visqueux. Cet indice annonce que la pâte est suffisamment homogène et la teinte noire du dépôt ramené, prouve que le savon alumino-ferrugineux s'est précipité.

« A cette époque, on continue d'agiter la pâte pendant une heure ou deux, et l'on entretient un feu modéré. Au bout de ce temps, on cesse de chauffer et d'agiter, on laisse reposer la pâte pendant trente ou trente-six heures, afin que le savon alumineux ferrugineux se précipite le mieux possible, au fond de la chaudière, et que le produit blanc qu'on se propose d'obtenir soit plus abondant et de plus belle qualité. »

M. Jules Roux est encore plus précis ; voici comment il explique la liquidation du savon blanc :

« Lorsque, par des additions de lessives faibles, on fait descendre à 10° Bé (D^{té} 1,075) le titre de la lessive qui imprègne la pâte, la marbrure ne peut se produire, parce que la portion dissoute tombe au fond de la chaudière, entraînant avec elle toutes les matières étrangères colorantes et constitue ce qu'on appelle le *gras*.

« Le restant de la pâte, ainsi purgé, n'est ni soluble ni miscible avec le gras, et c'est une erreur de croire que la précipitation des parties colorantes soit déterminée par dilution du savon dans l'eau. Tant que la lessive, sur laquelle nage le savon, n'est pas trop affaiblie, l'hydratation de la pâte ne varie que dans d'étroites limites (31 à 33 p. 100), et si l'on tente de l'augmenter par des affusions d'eau, bien loin de déposer le peu de sulfure de fer qui le colore, la lessive *envisque* le savon, c'est-à-dire le convertit en une masse gélatineuse qui ne laisserait pas même précipiter des grains de sable.

« Les phénomènes que présente le savon en passant par les trois états de *savon liquidé, savon dissous* ou *gras, savon envisqué*, sont tous distincts et bien caractérisés.

« Le savon passe de l'un à l'autre sans transition et non pas graduellement, ce qui exclut la possibilité de laisser involontairement plus ou moins d'eau dans le savon blanc fait d'après le procédé marseillais.

« Ce mode de fabrication indique le but qu'on a voulu atteindre, c'est-à-dire la réalisation d'un produit franc et loyal, dégagé même des impuretés inhérentes aux matières employées et sans possibilité de fraude, autrement que par la volonté expresse du fabricant.

« Il n'y a pas d'excuses à chercher dans l'insuccès du procédé. Celui-ci n'en comporte pas. Si le savon blanc a été liquidé et levé sur son gras, il ne contiendra invariablement que son eau de composition normale, soit 32 à 33 p. 100, et pour lui faire absorber un excédent d'eau, il faut, une fois l'opération terminée, transvaser la pâte dans une autre chaudière, et par des manipulations entièrement étrangères au procédé, la surcharger de cet excédent. »

Nous avons tenu à citer MM. d'Arcet, Dumas et Roux, l'opération de la liquidation du savon blanc étant excessivement délicate, de l'aveu même de fabricants très expérimentés ; occupons-nous maintenant des détails pratiques reconnus les meilleurs.

Le savon une fois débarrassé, aussi complètement que possible, des lessives nécessitées par sa cuisson, un ouvrier le divise avec un râble, tandis qu'un autre verse peu à peu de la petite lessive de soude douce aux endroits où la pâte s'entr'ouvre. Bientôt, sous l'action d'une ébullition modérée, sous celle également de la lessive faible et d'un brassage long et énergique, les grains du savon se dilatent, s'aplatissent et abandonnent l'excès d'alcali qu'ils avaient retenu jusqu'alors. Néanmoins, ils restent séparés de la partie liquide en formant entre eux une masse homogène épaisse. A ce moment, on arrête le feu ou la vapeur et on laisse la chaudière en repos, afin que la partie liquide se réunisse au fond.

Il a été reconnu, qu'au lieu de soutirer la lessive, il était préférable de transvaser la pâte dans une autre chaudière bien nettoyée, ce qui permet de l'avoir dans un état de pureté de beaucoup supérieure, car on isole ainsi le savon de la portion de lessive qui reste toujours dans la chaudière au-dessous du tuyau d'écoulement (*épine*) et des dépôts terreux qui se sont formés durant la cuisson.

Dans la seconde phase de la liquidation, l'essentiel est d'abaisser, par de l'eau pure, la lessive encore retenue par la pâte, à 6 ou 8° Bé (Dté 1,045 à 1,060) au minimum, de telle sorte qu'on dissolve le *gras*.

Par *gras*, on entend un composé noirâtre et gélatineux de toutes les matières grasses et autres, d'une densité supérieure à celle du savon, qui se précipitent ensuite.

Pour atteindre ce résultat, on verse l'eau pure suivant la méthode indiquée pour la lessive précédente, en réglant le chauffage pour n'avoir qu'une légère ébullition.

Il est excessivement important de n'abreuver la pâte que par petites portions d'eau pour éviter son *engraissement*, c'est-à-dire empêcher qu'elle ne devienne visqueuse ; la pâte doit être au contraire *ouverte*, terme de métier qui signifie détachée de la partie liquide, et cela jusqu'à sa complète épuration.

La liquidation avançant, la masse passe à l'état de gelée transparente, épaisse, susceptible de devenir lisse par le refroidissement et sans adhérence avec le fond de la chaudière, quoique très près de s'y attacher.

On laisse alors le feu s'éteindre, on intercepte la vapeur, et on couvre la chaudière de manière qu'elle se refroidisse le plus lentement possible.

Durant ce repos, qui est de vingt à trente heures, la pâte se dépouille de toutes ses impuretés; aussi remarque-t-on en chaudière, trois couches très différentes. La première, occupant la surface, est constituée par une écume de 3 à 4 centimètres ; la seconde, qui vient immédiatement au-dessous, par le savon blanc purifié ; enfin la couche inférieure est formée de *gras* qu'on utilise à la fabrication de savons communs.

Coulage. — Après avoir tout d'abord enlevé avec précaution l'écume qu'on met à part pour la faire passer dans d'autres cuites, le savon, dès qu'il apparaît fluide et d'une belle nuance jaune doré, est puisé avec le *pouadou* et versé dans des cornues en tôle pour son transport en mises.

Celles-ci, formées par un simple cadre en bois, doivent avoir leur fond recouvert d'une épaisseur de 2 à 3 centimètres de chaux pulvérisée, destinée à empêcher l'adhérence du savon. Sur cette chaux on étend toujours une ou plusieurs fortes feuilles de papier pour parer à son déplacement.

Le savon est ordinairement assez liquide pour se niveler de lui-même ; et s'il se forme une pellicule, on l'enfonce dans la pâte où elle se fond de suite.

Dès qu'on approche du fond de la chaudière, il faut redoubler d'attention pour ne pas mélanger le savon au *gras* ; mais, avec une certaine habitude, on évite toujours cet inconvénient.

Coupage. — Deux à trois jours suffisent pour la solidification du savon blanc en mises. Au bout de ce temps, on procède à son battage et à son lissage avec de larges pilons. Par suite, il augmente de densité et gagne beaucoup d'apparence, cependant, comme il n'est pas assez ferme, on attend plusieurs jours pour le diviser.

La division à laquelle on soumet les blocs renfermés dans les mises, est opérée suivant les mêmes procédés que pour le savon marbré; seulement, au lieu d'obtenir des pains de 80 kg., ce sont des briques de 20 kg., environ, qu'on divise souvent en petits morceaux rectangulaires de 500 gr., et moins.

Séchage. — A l'inverse du savon marbré, le savon blanc au lieu de subir le *trempage* est placé dans des séchoirs (*essuyants*) où il se durcit, se blanchit et acquiert l'aspect marchand.

Le séchage terminé, avant de procéder à l'emballage en caisses (*tambours*), on appose sur chaque brique ou morceau une marque de fabrique.

Composition de savons blancs ordinaires et mousseux.

	Savons blancs ordinaires		Savon blanc mousseux
	Huile d'olive seule	Huile d'olive et huile d'arachide	Huiles d'arachide, de coton, de coprah, de palmiste et de coco
Eau....................	33,60	33,20	30,00
Acides gras...........	59,46	59,00	61,90
Soude................	6,68	6,80	7,42
Sels divers solubles....	0,42	1,00	0,68
(H.. Arnavon).	100,00	100,00	100,00

CHAPITRE VIII

MATÉRIEL DES SAVONS DURS ORDINAIRES

Voici le détail du matériel d'une fabrique de savons durs ordinaires :

Un générateur de vapeur.

Une machine à vapeur.

Un bac pour la préparation des lessives.

Des réservoirs à lessives.

Un aspirateur d'air pour le blanchiment de l'huile de palme.

Des chaudières pour la saponification.

Un cylindre mélangeur-agitateur pour savons d'empâtage.

Des pompes à huiles, lessives et savons.

Des mises à savon.

Des appareils de découpage.

Des séchoirs à l'air libre ou à l'air chaud.

Des presses pour mouler les pains de savon.

Un appareil pour la refonte des déchets de savon.

GÉNÉRATEUR DE VAPEUR

Le générateur de vapeur fournit, non seulement la vapeur destinée à la saponification, mais encore celle qui est nécessaire pour la préparation des lessives, le chauffage des séchoirs et pour actionner la machine produisant la force motrice.

Le générateur système de Naeyer, fig. 33, se compose d'un nombre plus ou moins grand de *tubes bouilleurs* en fer laminé et disposés en quinconce.

Les tubes sont accouplés au moyen de *boîtes* en fonte, ou en acier fondu ; l'assemblage de deux tubes forme un *élément*, et la superposition d'un certain nombre d'éléments constitue une *série;* dont le nombre plus ou moins grand dépend de l'importance de la chaudière.

Fig. 33. — Générateur de Naeyer.

Les éléments sont reliés entre eux au moyen de communications et de bagues en fer à joints précis, et à emboîtement conique.

Tout le système est incliné de l'avant à l'arrière, de manière à faciliter l'évacuation de la vapeur. Chaque tube reçoit l'eau par sa partie inférieure et laisse dégager la vapeur par l'extrémité la plus élevée. Cette vapeur se rend directement, de chaque tuyau, dans un collecteur placé transversalement à la partie supérieure, et à l'avant du faisceau tubulaire. De ce collecteur, la vapeur se rend par une tubulure à large section et à joint conique, dans un réser- voir cylindrique qui domine la chaudière. Celui-ci communique à l'arrière par des tuyaux de fort diamètre avec un *collecteur d'ali-mentation* semblable à celui de la vapeur et placé au bas de la chaudière.

Ce collecteur d'alimentation porte à l'une des extrémités un ro-binet de purge.

Les tubes sont disposés en quinconce, de façon à diviser en couches minces les produits de la combustion. Des plaques en fonte placées entre les tubes et formant chicanes, forcent les gaz chauds à lécher toute la surface du faisceau tubulaire avant d'ar-river à la cheminée.

MACHINE A VAPEUR

La machine à vapeur sert à faire mouvoir les pompes, ainsi que les agitateurs-mélangeurs pour la préparation des lessives et sou-vent celle du savon.

Fig. 34. — Machine à vapeur Hermann-Lachapelle.

Le mécanisme de la machine, fig. 34, est fixé sur un socle ou bâti en fonte, d'une seule pièce, ce qui a l'avantage :

D'établir une solidarité parfaite entre toutes les pièces.

D'apporter et de conserver dans l'ajustage la plus grande pré-cision.

D'épargner tous frais d'installation.

De rendre le service et l'entretien aisés.

De prendre peu de place.

On peut déplacer la machine au besoin, et la transporter tout d'une pièce.

L'arbre à manivelle repose sur deux paliers venus de fonte avec le bâti, ce qui permet au mécanisme de fonctionner avec régularité, quel que soit le tassement de la fondation.

Le cylindre est à enveloppe et à circulation de vapeur, l'ajustage hermétique du piston est assuré par une large bague brisée ou segment composé de deux anneaux concentriques agissant par leur élasticité naturelle.

Cette machine est pourvue d'un régulateur système d'Andrade. Ce régulateur est à force centrifuge, et se rapproche autant que possible de l'isochronisme parfait ; c'est-à-dire qu'il assure à la machine toujours la même vitesse, quel que soit le travail résistant. A partir de 15 chevaux, la distribution est à détente variable par le régulateur, ce qui permet de régler la puissance et la dépense en vapeur suivant l'effet qu'on veut obtenir.

Les bielles ont une grande longueur. Les articulations sont à rotule, ce qui joint à une grande solidité l'avantage d'amoindrir les frottements et de rendre l'usure presque nulle. Toutes les parties en sont cémentées et trempées. Les serrages sont opérés par un système particulier et se règlent à la clef.

La pompe d'alimentation, entièrement en bronze, est très simple et fonctionne avec une grande régularité.

Un réchauffeur se trouve placé dans l'intérieur du bâti. Ce réchauffeur, composé de tubes autour desquels circule la vapeur d'échappement, permet de chauffer l'eau d'alimentation avant son introduction dans la chaudière, on réalise ainsi une économie de combustible et on assure la régularité de la pression.

BAC POUR LA PRÉPARATION DES LESSIVES CAUSTIQUES

L'appareil dont nous donnons un croquis fig. 35, a une capacité de 3,800 litres, il permet de caustifier à la fois 500 kg., de carbonate de soude.

Grâce à son système tout particulier de mélangeur, qui tient constamment la chaux en suspension, la décarbonatation de l'alcali est effectuée dans des conditions irréprochables.

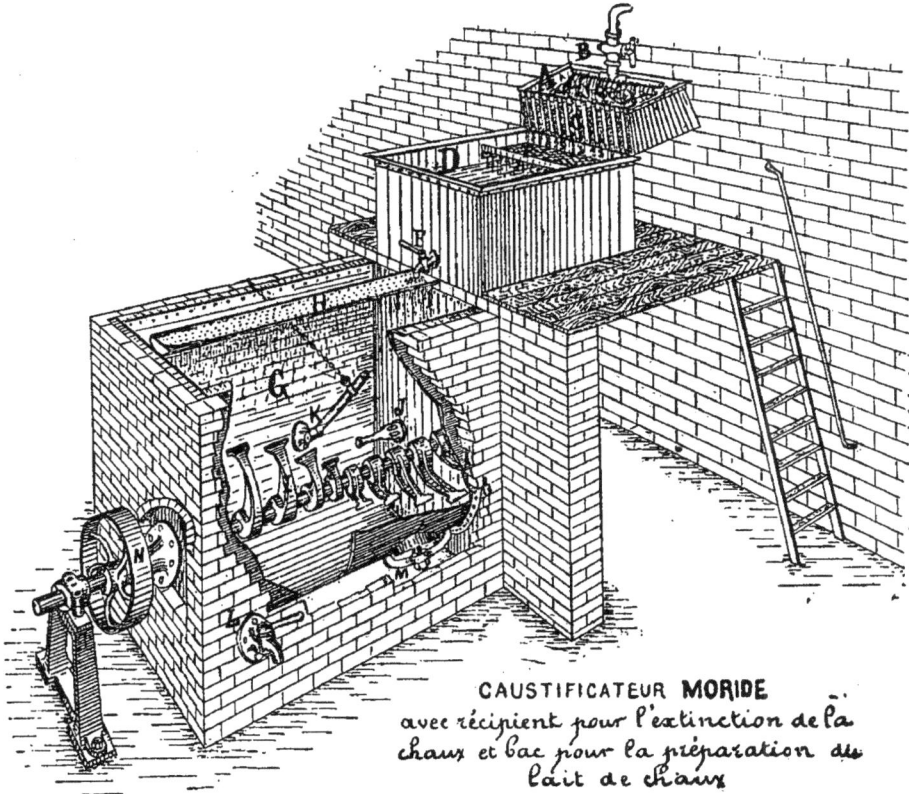

CAUSTIFICATEUR **MORIDE**
avec récipient pour l'extinction de la
chaux et bac pour la préparation du
lait de chaux

Fig. 35. — Bac pour la préparation des lessives caustiques.

LÉGENDE :

A, Récipient incliné pour l'extinction de la chaux, puis sa conversion à l'état d'hydrate pâteux ; il est surmonté du robinet *B* pour amener l'eau nécessaire et muni à sa partie antérieure d'une grille *C*, destinée à retenir la pierraille contenue dans la chaux.

D, Bac rectangulaire pour la préparation du lait de chaux. Du côté où arrive la chaux en pâte, il possède un tamis *E*, en fil de fer, qui doit empêcher le passage des dernières matières insolubles. Un robinet *F* permet l'écoulement du lait de chaux.

G, Bac à caustifier hémi-cylindrique, dit « Caustificateur Moride. »
Il comprend :

H, Une gouttière pour la répartition uniforme du lait de chaux dans le bac à caustifier ;

I, Un mélangeur à axe horizontal, qui permet de tenir constamment la chaux en suspension ;

JJ, Deux barbotteurs-agitateurs à vapeur sans bruit, pour échauffer le liquide et compléter l'action du mélangeur ;

K, Un décanteur à genouillère pour élimination de la lessive caustique une fois clarifiée ;

L, Robinet pour l'évacuation de la lessive chargée de carbonate de chaux et son introduction dans un filtre-presse ;

M, Soupape de vidange afin de nettoyer la partie inférieure du bac à caustifier ;

N, Commande pour imprimer le mouvement de rotation au mélangeur.

10

RÉSERVOIRS A LESSIVES

Une savonnerie de moyenne importance exige 10 réservoirs de 1,200 à 1,500 litres, ayant une épaisseur de tôle de 4 millimètres et renforcés aux angles par de fortes cornières.

Fig. 36. — Réservoir à lessives.

Ces réservoirs, dont nous donnons un type fig. 36, ne doivent jamais être posés à plat sur le sol ; mais placés sur deux petits briquetages ou des traverses en bois goudronné, afin que l'air circulant librement à leur partie inférieure empêche toute détérioration.

ASPIRATEUR D'AIR POUR LE BLANCHIMENT DE L'HUILE DE PALME

Cet appareil fig. 37 consiste en un aspirateur d'air ou de gaz qui a son application lorsqu'on désire barboter des liquides par de l'air ou bien quand on veut, en les faisant passer à travers des liquides, déterminer l'absorption de certains gaz qui ne doivent pas être avant mis en contact avec la vapeur, ce qui, par conséquent, exclut l'emploi d'appareils à comprimer l'air.

Le tuyau *g*, d'une longueur quelconque, met l'aspirateur *c* en communication avec le récipient hermétiquement fermé qui contient le liquide à traiter.

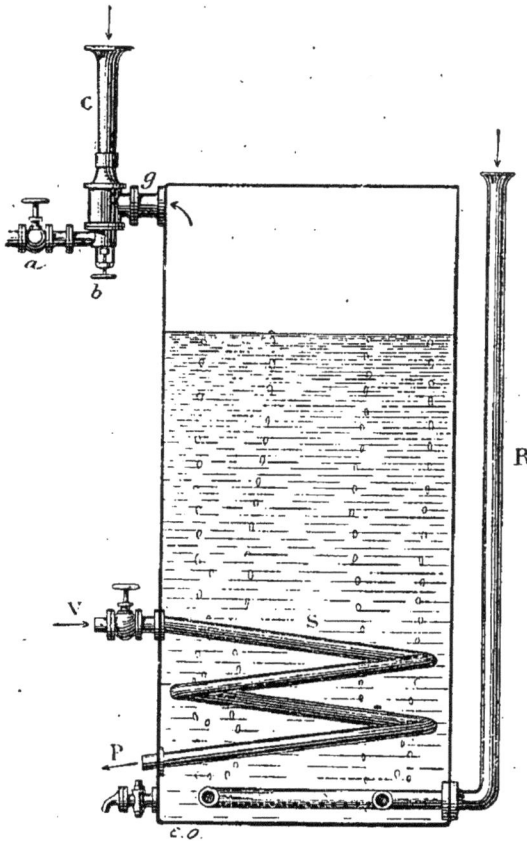

Fig. 37. — Aspirateur d'air pour le blanchiment de l'huile de palme.
Système Koerting frères.

LÉGENDE :

R. Tuyau à air.
c. Aspirateur.
b. Aiguille de l'aspirateur.
a. Valve de prise de vapeur de l'aspirateur.

S. Serpentin à vapeur.
V. Entrée de la vapeur.
P. Purge de vapeur.

En ouvrant la valve de vapeur on crée le vide, et l'air entrainé dans le tuyau R est aspiré à travers le liquide.

Depuis quelque temps cet aspirateur d'air à jet de vapeur est employé dans les savonneries pour le blanchiment de l'huile de palme.

Pour obtenir un bon résultat, il faut chauffer l'huile à la température de 100° C., au moyen d'un serpentin de vapeur S, et ne commencer l'aspiration de l'air qu'une fois que cette température est atteinte. Cette température doit être maintenue pendant toute la durée de l'opération qui est d'environ 2 heures.

CHAUDIÈRES

Depuis longtemps on a substitué aux chaudières en fonte les chaudières en tôle, qui coûtent beaucoup moins cher et, en cas d'accident, peuvent être facilement réparées.

Leur capacité varie de 10 jusqu'à 100 hectolitres. L'Angleterre et l'Amérique possèdent les plus grandes chaudières qui, toutes choses égales d'ailleurs, nécessitent moins de dépenses de main-d'œuvre, de combustible, etc.

On détermine la capacité d'une chaudière suivant l'importance présumée de la fabrication, en ayant bien soin d'observer que la saponification de 100 kg., de corps gras exige une capacité de trois à quatre hectolitres.

Division des chaudières à savons.

Chaudières ouvertes
- à feu nu
- à vapeur indirecte
  - par double fond (système ordinaire
  - par serpentin (système Morfit.

Chaudière fermée à vapeur indirecte surchauffée (autoclave).

Chaudière ouverte à feu nu. — Parmi toutes les chaudières affectées à l'industrie des savons, celle à feu nu, fig. 38, se rencontre le plus souvent, soit parce que les fabricants ne disposent pas de générateur, soit parce qu'ils la préfèrent.

L'essentiel consiste avec cette chaudière à économiser le plus de combustible possible par une bonne disposition de carneaux, toutefois ceux-ci ne doivent exister qu'à la partie inférieure de la chaudière.

Fig. 38. — Chaudière ouverte à feu nu.

Chaudière ouverte à vapeur indirecte par double fond. — Cette chaudière (fig. 39) est peu recommandable, car la transmission de la chaleur se produisant surtout sur les parois latérales de la chaudière, le chauffage est trop actif sur ces parois et ne l'est pas suffisamment à la partie inférieure.

Chaudière ouverte à vapeur indirecte par serpentin (système ordinaire). — Ce type de chaudière, fig. 40, est le plus en usage, car il permet de chauffer la masse savonneuse dans les meilleures conditions, tout en permettant de réaliser une sérieuse économie de combustible sur la chaudière précédente.

Chaudière ouverte à vapeur indirecte par serpentin (système Morfit). — Cette chaudière A, fig. 41, est traversée, en son milieu, par un tuyau vertical mobile B, sur lequel viennent se brancher, en quatre points, les tuyaux CC, plusieurs fois recour-

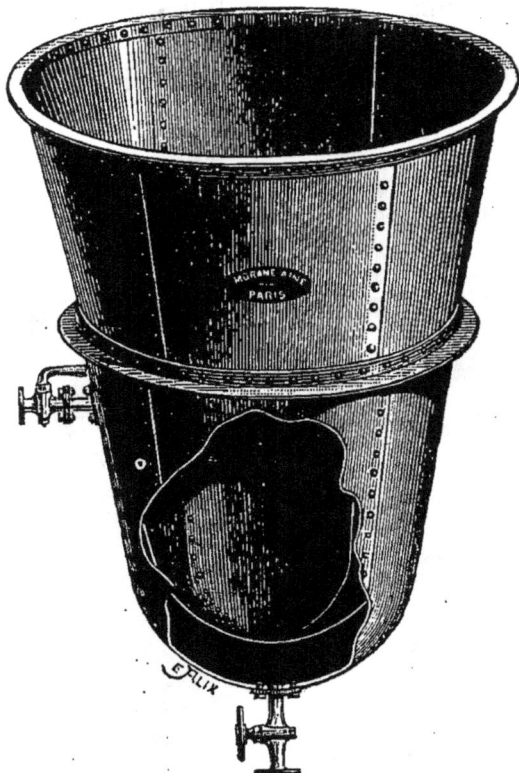

Fig. 39. — Chaudière ouverte à vapeur indirecte par double fond.

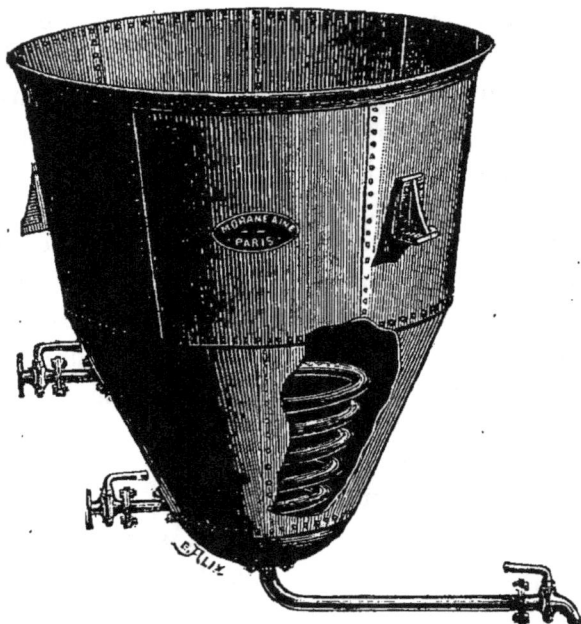

Fig. 40. — Chaudière ouverte à vapeur indirecte par serpentin.

bés, de manière à former serpentin. En dehors des branchements, ces tuyaux sont reliés au tuyau principal, en un certain nombre

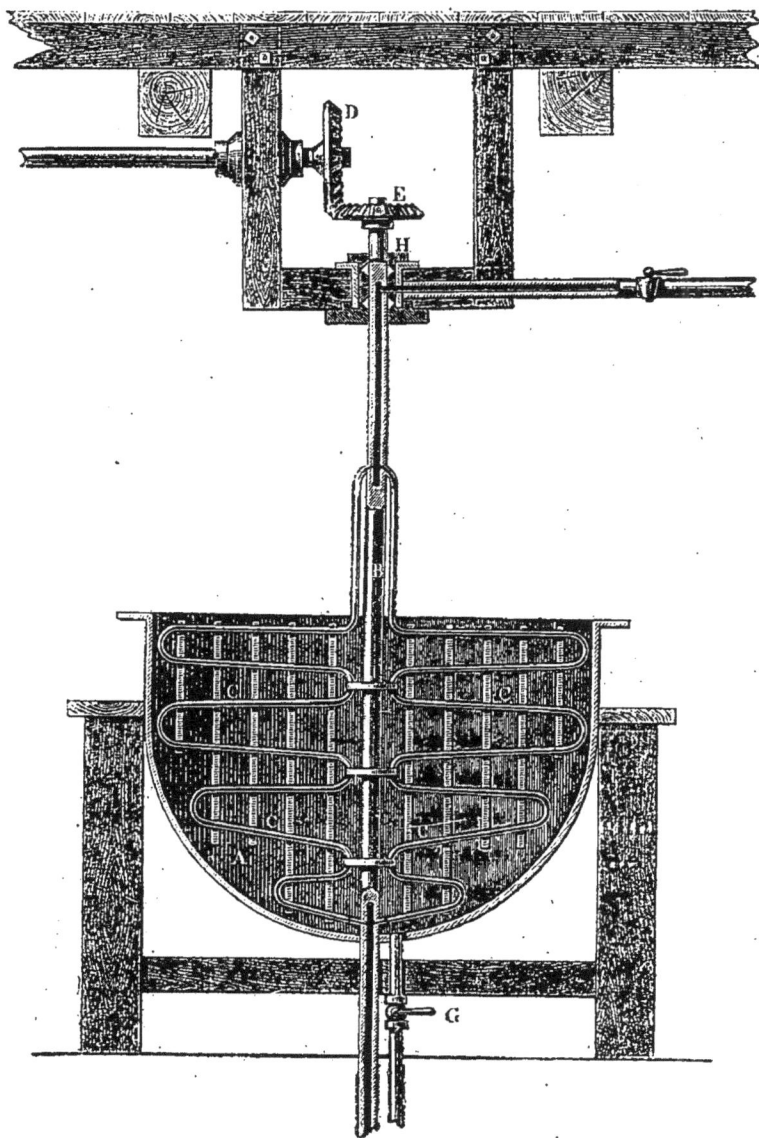

Fig. 41. — Chaudière ouverte à vapeur indirecte par serpentin. Système Morfit.

de points, et les diverses parties coudées sont assujetties par une série de bandes verticales, destinées à donner à l'ensemble une-rigidité convenable et à former une surface suffisante pour l'agitation du mélange. Le tuyau B est animé, autour de son axe, d'un mouvement de rotation, qui lui est fourni à l'aide des deux roues coniques D et E. Dans ce mouvement, il est maintenu par deux paliers, à double presse-étoupes, dont un seul, celui de la partie supérieure H, est représenté sur la figure ; dans ce palier, entre les deux presse-étoupes, est encastrée l'extrémité d'un tuyau fixe F, qui amène la vapeur, pour passer d'abord dans le tuyau B, qui est percé, à cet effet, d'une ouverture latérale, et, de là, dans les tuyaux CC du serpentin. L'eau de condensation qui se forme peut s'écouler par un robinet, fixé à la partie inférieure du tuyau B ; en ouvrant plus ou moins ce robinet, on arrive à établir, dans le serpentin, un courant de vapeur plus ou moins fort. Un tuyau T, placé à la partie inférieure de la chaudière et muni d'un robinet G, permet de retirer la lessive ou le savon.

Une telle installation accélère de beaucoup la fabrication, il est vrai, mais entraîne à de fréquentes réparations.

Chaudière fermée à vapeur indirecte surchauffée (autoclave). — La chaudière fermée à vapeur indirecte surchauffée dite « appareil autoclave, » fig. 42, est employée depuis fort longtemps en Angleterre et en Amérique, pour la fabrication prompte et économique des savons d'empâtage à chaud en opérant à une pression de deux à trois atmosphères.

Cette chaudière possède une double enveloppe où circule de la vapeur d'eau surchauffée.

Cette vapeur est obtenue à l'aide d'un serpentin qui repose en différents points sur de petites murettes en briques réfractaires. Lorsqu'il est chauffé directement par un foyer au charbon de terre, il convient de le placer au-dessus de la grille, à une hauteur qui ne doit pas être inférieure à 0 m. 55 et qui peut arriver jusqu'à 1 mètre. On peut aussi, afin de protéger le serpentin contre une action trop violente de la flamme, le faire reposer sur une petite voûte en briques réfractaires, établie au-dessus du foyer et percée d'un certain nombre d'ouvertures.

La vapeur, avant d'entrer dans le serpentin, traverse une caissette

en tôle où elle abandonne l'eau qui est condensée à la sortie du générateur.

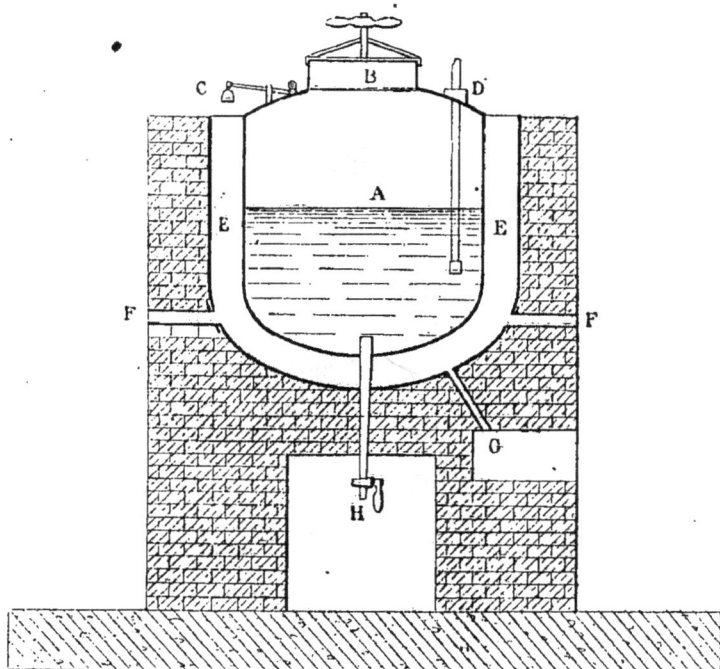

Fig. 42. — Chaudière fermée à vapeur indirecte surchauffée (Autoclave).

A, chaudière autoclave en tôle pour la
   saponification.
B, obturateur fermant le trou d'homme
   par lequel on introduit les matières
   premières.
C, soupape de sûreté.
D, tube plongeur destiné à recevoir un
   thermomètre afin qu'on puisse
   constater la température du savon
   durant l'opération.

EE, espace pour la circulation de la
   vapeur surchauffée.
FF, tuyaux amenant la vapeur.
G, tube pour l'écoulement de l'eau de
   condensation.
H, robinet de vidange du savon.
I, fondement en béton.

CYLINDRE MÉLANGEUR-AGITATEUR POUR SAVONS D'EMPATAGE

La fabrication des savons d'empâtage présente avec le cylindre
mélangeur-agitateur, fig. 43, 44, 45, de nombreux avantages, surtout dans les petites usines où la main-d'œuvre augmente presque
toujours le prix de revient dans une proportion beaucoup trop
grande.

Les industriels, grâce à ce cylindre mélangeur-agitateur, d'un usage régulier dans la plupart des savonneries de l'Amérique du Nord, trouvent le moyen certain d'obtenir très économiquement des produits irréprochables sous tous les points.

Fig. 43. — Cylindre mélangeur-agitateur à vapeur Strunz, pour savons d'empâtage.

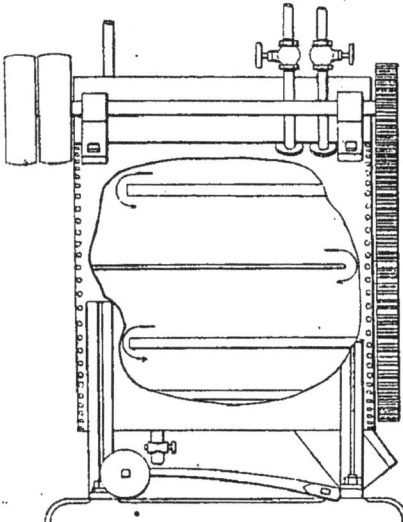

Fig. 44. — Vue du cylindre intérieur et de la circulation de la vapeur.

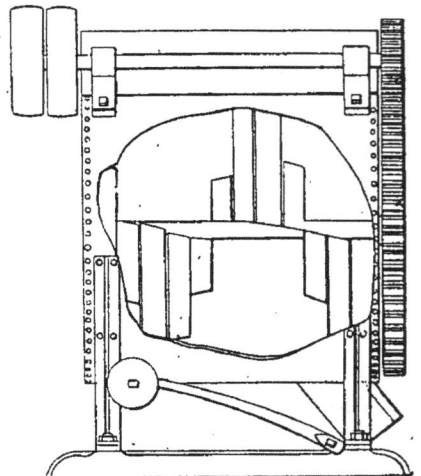

Fig. 45. — Vue de la disposition de l'agitateur.

Ce ne sont pas seulement des savons d'empâtage qu'on peut travailler à l'aide du système Strunz, mais encore les savons de relargage, pour mélanger des pâtes de nature différente. La liaison se fait alors avec une extrême rapidité.

POMPES

Ce sont des appareils trop connus pour que nous entrions dans des détails à leur sujet : aussi nous bornerons-nous à décrire un seul système fig. 46.

Fig. 46. — Pompe rotative à vapeur, Hersey frères.

Dans les grandes savonneries, ce genre de pompe est indispensable. Aux États-Unis, elle est montée dans presque toutes les usines réellement importantes et sert aussi bien pour les huiles et les lessives que pour transporter le savon en mises.

Les liquides aspirés au maximum de profondeur, peuvent être refoulés d'une façon continue à des hauteurs ou à des distances quelconques. Deux palettes font le service de piston et rendent le fonctionnement de cette pompe parfait. Si la manivelle tourne comme l'indique la flèche du dessin, l'afflux se fait par la bouche S et l'échappement par la bouche opposée : si, au contraire, la manivelle tourne en sens inverse, la bouche S expulse le liquide par la bouche inverse.

L'installation est des plus simples ; la vitesse étant assez restreinte, l'appareil n'est nullement sujet à se déranger et il n'en-

traîne pas l'établissement de transmissions intermédiaires et com-
pliquées. La sécurité de la marche est absolue ; de plus, grâce à
la simplicité du système, le prix d'achat est très réduit si on le
compare à celui des pompes à pistons et si l'on tient compte de l'é-
conomie énorme de force réalisée par rapport aux pompes des autres
genres.

MISES

Il y a quelques années les mises en bois étaient les seules en
usage, actuellement on accorde la préférence aux mises en tôle,
l'essentiel c'est que les unes comme les autres, soient faciles à
monter et à démonter tout en étant bien étanches.

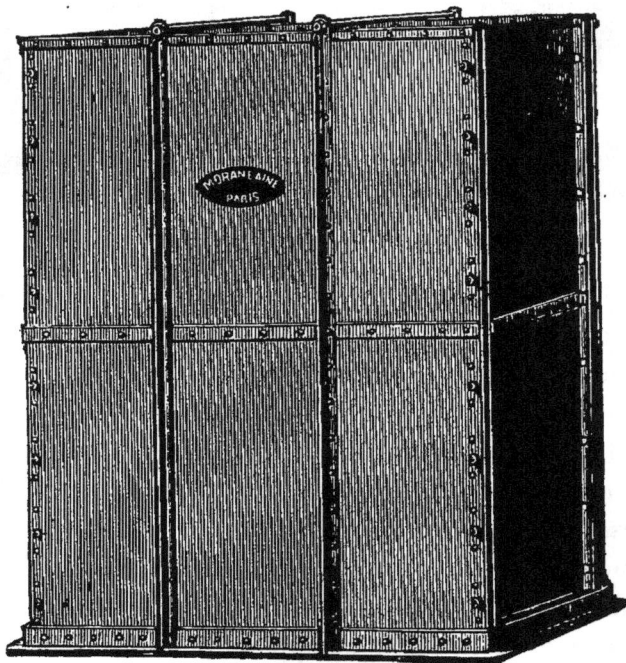

Fig. 47. — Mise en tôle nue Morane aîné.

Les mises en bois sont le plus souvent construites en sapin du
Nord qui a l'avantage d'être à bas prix.

Sur le fond qui est tantôt simple, tantôt double existent des rainures dans lesquelles s'emboîtent les quatre côtés. Les grands côtés sont assujettis, à leurs extrémités, par des pièces en dehors et en deux points intermédiaires par des pièces semblables. Les petits côtés sont maintenus par des pièces de renforcement intérieur. Quand les parois verticales ont été placées dans leurs rainures, on introduit des tiges de fer par les trous réservés dans les parties saillantes des faces longitudinales et à l'aide d'écrous, on serre les côtés. Le savon à l'état liquide, pouvant occasionner une détérioration du bois, on double l'intérieur de ces mises avec de minces feuilles de tôle.

Fig. 48. — Mise en tôle entourée de matelas Morane aîné.

Les mises en tôle, fig. 47, sont excessivement solides ; toute perte de savon est impossible, même après un long usage. Elles occupent moins d'espace que les mises en bois, sont plus légères et très faciles à transporter. Le montage s'effectue rapidement et sans la moindre difficulté. Le savon, après refroidissement, n'adhère pas aux parois. Le savonnier gagne beaucoup de temps en employant

les mises en tôle et il en faut un nombre moins grand que de celles
en bois. Une seule mise à double fond rend le service de deux
mises, le bloc de savon reste, après démontage des parois, sur son
fond et les parois sont jointes au second fond.

Comme le savon se refroidit très vite dans ces mises, ce qui est
un inconvénient pour certaines sortes de savon, on les entoure de
matelas, fig. 48, qui conservent parfaitement la chaleur pendant
assez longtemps. Chaque mise se compose de cinq parties mobiles
(4 côtés et le fond), en tôle de 4 mm. 1/2 d'épaisseur renforcées
par des pièces de fer afin d'empêcher une déformation.

Le fond repose sur une forte planche portée par 4 barres en bois.
Les côtés et le fond sont fixés ensemble par des vis à écrou, et des
rainures rendent ces mises complètement étanches.

On monte souvent les mises sur roues de façon à pouvoir les
transporter d'un endroit à un autre.

APPAREILS DE DÉCOUPAGE

Ils sont susceptibles d'une grande variété, mais dans tous, sans
exception, la simplicité doit s'allier à la solidité.

Le petit appareil, fig. 49, qui n'est utilisé que dans les savonneries de peu d'importance, est formé par trois planchettes en bois dur
$a'aa''$, réunies à angle droit. Au-dessus de la planchette a est placée une forte courroie en cuir b, assujettie à ses deux bouts et laissant assez d'espace pour passer la main entre elle et la planchette,
afin de conduire ainsi avec davantage de sûreté l'appareil dans sa
marche. Les deux planchettes de côté $a'a'$ portent, en leur milieu,
deux plaques de tôle d,d, munies chacune d'une série de trous, en
ligne droite, qui se correspondent ; au-dessous de cette ligne de
trous et à l'extérieur est placée une tringle e ; en faisant passer un
fil de métal par deux trous correspondants, l'épaisseur de la barre,
que donnera ce fil, sera mesurée par la distance des trous à la planchette a, on a donc le moyen de varier l'épaisseur. Le fil, une fois
passé dans les trous, est enroulé autour des tringles ee et solidement
tendu et maintenu au moyen d'écrous ff. Alors, on engage l'appa-

reil sur le bloc de savon, puis on l'avance peu à peu. Le fil métallique en rencontrant le bloc découpe une barre d'une épaisseur égale
à la distance entre le fil et la surface de la planchette.

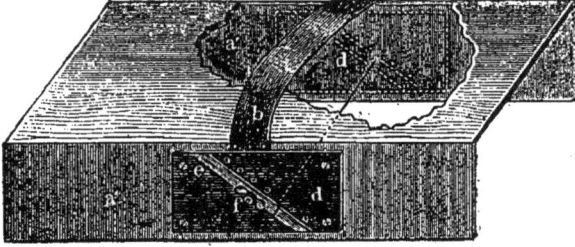

Fig. 49. — Découpoir à poignée.

Munie de deux cadres mobiles en bois portant des fils d'acier
qu'on peut placer et déplacer à volonté, la table de division, fig. 50,
permet d'avoir aisément et rapidement des morceaux de savon de
toutes dimensions.

Fig. 50. — Table de division Krull.

Les fils d'acier sont fixés verticalement sur les cadres renforcés
de pièces en fer qui ont, à leurs parties supérieures et inférieures,
des rainures dans lesquelles glissent des vis à tête ronde pour main-

tenir les fils d'acier ; de plus, des ressorts empêchent ces fils de se
briser ainsi que les vis de se retourner.

Près des rainures se trouve placée une règle avec divisions indiquant les endroits où il faut fixer les fils pour avoir des briques de
savon de diverses dimensions.

SÉCHOIRS

On en distingue deux sortes : les séchoirs à l'air libre, les séchoirs
à l'air chaud.

Les uns, comme les autres, ont pour but d'enlever aux savons l'humidité qu'ils renferment en excès et de leur faire ainsi
acquérir l'aspect marchand ; nous devons ajouter que les savons
qui ne seraient pas séchés ne pourraient être soumis dans de bonnes conditions à l'action de la presse, c'est-à-dire estampés.

Dans le Midi, les séchoirs à l'air libre sont surtout employés.
Leur installation est insignifiante ; elle n'exige, en effet, que des
claies en bois superposées qui reçoivent les barres ou les morceaux de savon. Plus le courant d'air est vif, plus le séchage est
rapide.

Les séchoirs à l'air chaud, en usage dans les pays tempérés et
septentrionaux, peuvent être chauffés au moyen de poëles ou mieux
de calorifères, ou avec la chaleur perdue des fourneaux des chaudières, ou encore à la vapeur. Un point essentiel, sur lequel on ne
saurait trop appeler l'attention, c'est qu'il est indispensable de procurer à ces séchoirs un courant d'air suffisant pour en renouveler
l'atmosphère au fur et à mesure qu'elle se sature de l'humidité
dont se débarrassent les savons ; car, sans cette précaution, il n'y a
pas de rapide dessiccation ; on enlève seulement aux savons la
quantité d'eau justement suffisante pour saturer l'air à la température obtenue.

Pour que la ventilation se produise de la manière la plus efficace,
elle doit être conduite de façon qu'il n'arrive pas un excès d'air, qui
entraînerait en pure perte une portion de chaleur.

A cet effet, il est bon de placer à la partie inférieure des ouvertures destinées à l'introduction de l'air, et de disposer, à la partie supérieure, celles qui lui donneraient issue ; par ce moyen l'air sort à peu près saturé d'humidité, et l'action des séchoirs est aussi complète que possible ; ces ouvertures doivent pouvoir être réglées à volonté par des registres. Dans différents cas, une installation de ventilateurs est susceptible de fournir d'excellents résultats, mais cette installation présente des difficultés sérieuses.

La température doit être de 23 à 25° centigrades. Afin que les séchoirs la conservent autant que possible, sans variation, les parois doivent être épaisses et peu conductrices de la chaleur.

On peut également rendre les parois capables de retenir encore beaucoup mieux le calorique en construisant deux cloisons entre lesquelles on renferme une couche d'air, comme dans les *cloisons sourdes* ; mais il faut que cette couche d'air y soit exactement renfermée ; sans cela elle deviendrait une cause de perte, au lieu d'un moyen de conservation de la chaleur, parce qu'il s'y produirait un courant qui en enlèverait une quantité proportionnelle à sa rapidité.

Nous avons dit plus haut qu'il était préférable de remplacer les poêles par des calorifères. Avec le chauffage par des poêles, la dessiccation s'opère irrégulièrement et d'une façon inégale ; de plus, la fumée qui se produit lors de l'allumage, a l'inconvénient de tacher les savons. Toutes les fois qu'on pourra construire les séchoirs à proximité d'un fourneau, la chaleur perdue de celui-ci devra naturellement être employée pour les chauffer.

Fig. 51. — Tuyau à ailettes, système Koerting frères.

Indépendamment des calorifères, existe le chauffage par la vapeur à l'aide de tuyaux à ailettes. Ces tuyaux, dont nous donnons un modèle fig. 51, sont entièrement en fonte avec disques circulaires venus de fonte ; ce qui permet d'avoir une plus grande quantité de chaleur qu'avec des ailettes en tôle, enfin les diamètres des tuyaux et des ailettes sont spécialement proportionnés pour obtenir le maximum de surface de chauffe avec le minimum de dépense possible.

PRESSES

Les presses destinées au moulage des savons sont généralement manœuvrées à bras ; on commence depuis peu à employer des presses à vapeur, mais ce n'est que dans des savonneries d'une réelle importance, nous décrirons donc deux modèles de presses à bras et un de presse à vapeur.

Fig. 52. — Presse Morane aîné, avec moule à verges.

La presse, fig. 52, comporte un moule à verges, fig. 53. Lorsque la vis est en haut de sa course, le moule à verges est entièrement ouvert, à mesure que la vis redescend, elle agit par l'intermédiaire de deux tiges et d'une traverse sur un piston.

Dans la tête du piston coulissent les verges qui opèrent la fermeture des quatre côtés du moule. Une bague de fer fixée à l'extrémité de la vis et dont les bords intérieurs sont taillés en biseau, complète l'action du piston en fermant hermétiquement le moule et comprimant du même coup les faces de la partie supérieure et de la partie inférieure du pain de savon.

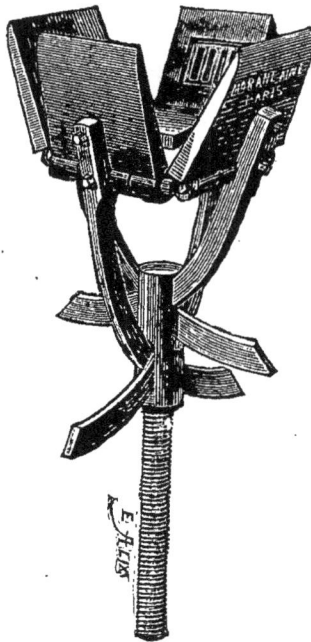

Fig. 53. — Moule à verges.

Dans la presse avec moule à charnières, fig. 54, le balancier qui donne la pression commande une forte vis à filets carrés afin que le frottement y soit réduit au minimum.

L'une des moitiés du moule est liée d'une manière invariable avec la partie mobile de la presse, tandis que l'autre moitié se trouve encastrée dans la table, de telle façon que les rebords des deux moitiés viennent se recouvrir exactement, lorsque la partie mobile de la presse descend.

Le moule à charnières que représente la fig. 55, est entièrement en bronze.

Il s'ouvre et se referme par un mouvement automatique des quatre côtés à la fois et frappe sur les six faces dont une est fixée à l'inférieure ; la supérieure descend avec la partie mobile de la presse.

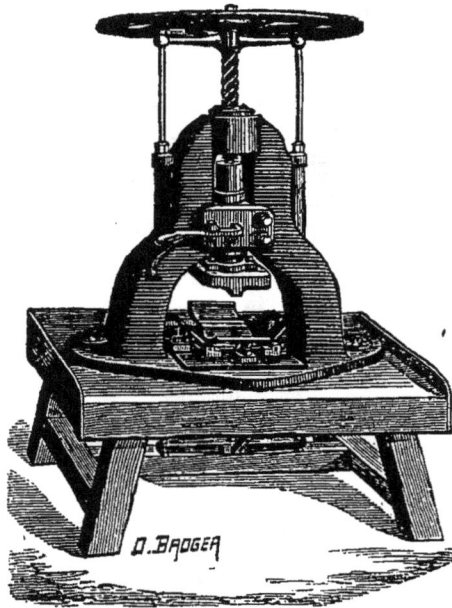

Fig. 54. — Presse Beyer frères, avec moule à charnières.

Suivant les dimensions de ce moule, on obtient des morceaux depuis 100 jusqu'à 500 grammes.

Fig. 55. — Moule à charnières.

La presse à vapeur fig. 56, est en usage dans beaucoup de savonneries américaines. Son fonctionnement est très simple ; une légère pression du pied sur la pédale remplit le cylindre de vapeur et fait descendre avec une extrême rapidité la matrice sur le pain de savon ; puis celui-ci est retiré par le retour instantané du levier en arrière.

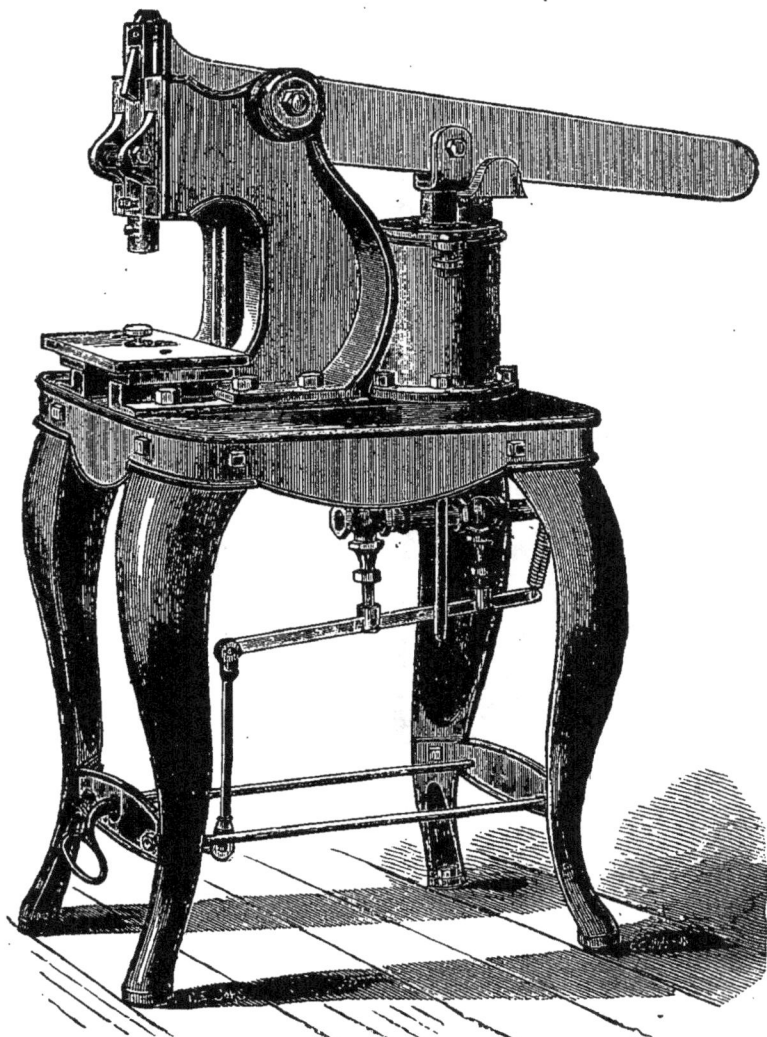

Fig. 56. — Presse à vapeur Hersey frères.

Un enfant intelligent peut aisément manœuvrer cette presse et en très peu de temps, parvenir à marquer **2.000** pains à l'heure.

Avec une presse à vapeur les savons ont un meilleur aspect et sont plus denses que quand ils sont frappés suivant l'ancienne méthode, enfin la dépense de vapeur est insignifiante.

Les savons destinés à être livrés en barres sont marqués à l'aide d'une plaque en bronze sur laquelle on donne un coup de maillet.

APPAREIL POUR LA REFONTE DES DÉCHETS DE SAVONS

Cet appareil, fig. 57, qui est très employé aux États-Unis, rend de grands services pour la refonte des déchets de savons.

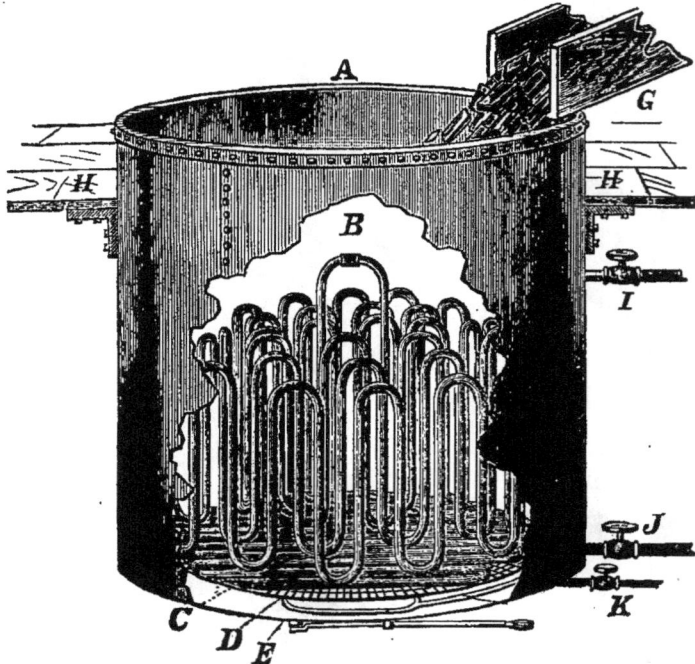

Fig. 57. — Appareil pour la refonte des déchets de savons; système Witaker.

Il se compose de :

Une enveloppe en tôle A.

Des serpentins verticaux B.

Des serpentins horizontaux C.

Un grillage sur lequel repose le savon D.

Un robinet de vidange E.

Une conduite G pour recevoir les déchets de savons.

Des cornières destinées à supporter l'appareil H.

Un robinet d'arrivée de vapeur I.

Un robinet d'échappement de vapeur J.

Un robinet d'entrée de vapeur directe K.

CHAPITRE IX

PRÉPARATION DES LESSIVES.
DES SAVONS DURS ORDINAIRES.

Caustification de sels de soude caustiqùe et carbonaté. — Le sel de soude ayant 15 à 20° de causticité (10 à 13 p. 100 d'oxyde de sodium, NaO), connu sous le nom de « sel marseillais », et livré à la savonnerie comme ayant un titre total de 80/85 p. 100 Descroizilles, titre qui correspond à 86,48/91,88 p. 100 de carbonate de soude, pur et sec (l'oxyde de sodium étant compté comme carbonate), a été longtemps seul employé pour les savons ordinaires, les lessives marseillaises mises à part.

Mais depuis quelques années, on a substitué le sel de soude carbonaté à l'ammoniaque.

Le sel de soude carbonaté est du reste incontestablement le plus avantageux. Par son titre de 90/92° Descroizilles, il accuse 97,34/99,51 p. 100 de carbonate de soude pur et sec, et son prix est de beaucoup inférieur à celui du sel caustique, double motif qui légitime la préférence dont il bénéficie. De plus le sel carbonaté jouit du privilège de se présenter en poudre d'une blancheur immaculée, aussi fournit-il des solutions d'une limpidité sans égale,

On objectait au début que ce sel exige dans l'opération de la caustification une plus forte proportion de chaux que le sel caustique, puisque la totalité de son alcali est à l'état carbonaté. Rien n'est plus logique ; mais aussi, rien n'est plus spécieux, quant au résultat final ; car le savonnier n'est nullement dispensé pour cela de la caustification du sel caustique, la main-d'œuvre est la même, les frais généraux identiques, il n'y a qu'une insignifiante économie de chaux comparativement au sel carbonaté,

Quant au reproche qui a été fait à ce dernier sel de ne pouvoir convenir à la saponification des corps gras avides de sels neutres, il est également sans valeur ; quoi de plus facile en effet, que d'ajouter dans les lessives des chlorures et des sulfates, si l'on en a besoin.

La caustification des sels, caustique ou carbonaté, a lieu de la même façon pour l'un comme pour l'autre ; toutefois, si le premier sel a une richesse équivalente en carbonate de soude à 86,48/91,88, dont 10/13 p. 100 de soude caustique, il faudra diminuer la chaux dans cette proportion.

Le titre pondéral de Gay-Lussac qui indique la proportion d'alcali pur à l'état d'oxyde anhydre peut servir de base pour déterminer la quantité de chaux nécessaire à une caustification parfaite et, dans le cas où l'on ignorerait la quantité exacte de soude caustique contenue dans le sel à caustifier, un simple essai alcalimétrique renseignerait de suite sur ce point.

Pour convertir les degrés Descroizilles en degrés Gay-Lussac, il suffit de les multiplier par 0,623 ; on met alors 1 kg., de chaux par chaque degré Gay-Lussac ou pondéral trouvé.

Exemple :

100 kg., de sel de soude caustique à 80° Descroizilles d'alcali total — 10° d'alcali caustique = 70° d'alcali carbonaté qui × 0,633 = 44°310 Gay-Lussac exigeront 44 kg., 310 gr., de chaux.

100 kg., de sel de soude carbonaté à 90° Descroizilles d'alcali total carbonaté, × 0,633 = 56°970 Gay-Lussac exigeront 56 kg., 970 gr., de chaux.

Les proportions de chaux que nous indiquons s'entendent pour une chaux vive de bonne qualité : il est donc tout naturel que si ce produit a été imparfaitement cuit, ou s'il renferme des matières étrangères siliceuses il faudra en employer un poids supérieur ; aussi chaque savonnier doit-il s'assurer tout d'abord de la valeur réelle de la chaux qui lui est livrée, et rechercher une chaux grasse dont le caractère distinctif est la grande légèreté.

Le procédé de décarbonatation que nous conseillons comprend :

A. Préparation d'un lait de chaux.

B. Dissolution du carbonate de soude.

C. Introduction du lait de chaux dans la liqueur carbonatée.

D. Elimination de la lessive caustique du carbonate de chaux.

A. *Préparation du lait de chaux.* — Au lieu d'introduire dans la dissolution carbonatée la chaux vive en *pierres*, il est de beaucoup préférable de l'amener préalablement à l'état de lait de chaux. D'une part, on parvient à une décomposition plus satisfaisante du carbonate alcalin et le carbonate de chaux devenant grenu et lourd se dépose avec davantage de rapidité ; d'autre part on évite d'introduire dans la dissolution de carbonate de soude des matières insolubles (pierraille et sable) qui s'y trouvent toujours, enfin les projections qui se produisent quand on met la chaux en pierres dans le bac sans prendre des précautions sont évitées.

La chaux vive, avant de former un lait, doit être éteinte. A cet effet, après l'avoir disposée sur une épaisseur de 15 centimètres environ dans un récipient en tôle légèrement incliné muni à sa partie antérieure d'une grille, on l'asperge avec de l'eau froide.

Sous l'action de l'eau la chaux ne tarde pas à s'échauffer à un tel point qu'elle rejette à l'état de vapeur une partie de l'eau qu'elle absorbe ; bientôt ensuite elle se fendille et au bout de quelques heures elle se délite et se transforme en poudre.

Durant cette opération on doit retourner souvent la chaux et s'appliquer à ne verser l'eau nécessaire qu'en faible excès et au fur et à mesure que l'hydratation s'effectue. Lorsque toute l'eau employée semble avoir été chassée, la chaux étant pulvérulente porte le nom d' « hydrate de chaux » ou « chaux éteinte » ; or, comme pour arriver à cet état elle a exigé environ les trois quarts de son poids d'eau, on a 130 à 135 kg. de chaux hydratée en poudre.

Par de nouvelles additions cet hydrate pulvérulent devient un hydrate en pâte fluide qui prend graduellement davantage de consistance par l'extinction ou hydratation des dernières particules de chaux, enfin en mettant assez d'eau pour délayer cette pâte et l'amener à l'état liquide on obtient le lait de chaux propre à la caustification.

B. *Dissolution du carbonate de soude.* — Dans un bac hémicylindrique chauffé à feu nu ou à la vapeur (nous avons dit, déjà plusieurs fois dans cet ouvrage, combien la vapeur est préférable), on introduit la quantité d'eau jugée convenable et, pendant que celle-ci chauffe, on met, par pelletées, la proportion de carbonate de soude au fur et à mesure que la dissolution s'opère. Lorsque ce sel est parfaitement fondu, ce qui a lieu quand la température de l'eau a atteint 80° C., on modère l'action du feu ou de la vapeur.

Il est essentiel de ne procéder à la caustification que sur des dissolutions carbonatées n'ayant pas une densité supérieure à 1,075, soit 10° Baumé. Presque tous les savonniers nous objectent, quand nous leur en donnons le conseil : que cette méthode serait trop onéreuse pour eux et qu'ils ont du reste besoin, la plupart du temps, de lessives caustiques avec une certaine proportion de carbonate.

A cette objection nous répondons que quand on prépare une lessive caustique, le but qui prime tout, c'est d'arriver à une décarbonatation aussi complète que possible, de façon à recueillir une dissolution à son maximum de richesse en oxyde alcalin, et ce résultat est atteint, sans surcroît de dépenses en main-d'œuvre, charbon, etc., etc.

Quant aux savons qui exigent dans les lessives une certaine proportion de carbonate, rien ne sera plus aisé que d'en ajouter en en calculant mieux la teneur voulue.

Nous ne saurions trop insister en cette circonstance et remémorer, pour donner plus de poids à notre assertion, que tous les fabricants de produits chimiques, sachant par expérience qu'en caustifiant à 15° Baumé (1,114 de densité) on ne caustifie guère que 92 0/0 de carbonate, se gardent bien d'effectuer la décarbonatation au-dessus de 10° Baumé (1,075 de densité), et cependant ces industriels qui font marcher de front la théorie et la pratique ont, une fois la caustification achevée, à évaporer une lessive jusqu'à consistance sirupeuse, travail excessif auprès de celui du savonnier qui se borne à caustifier ses lessives.

En ce qui concerne le peu d'élévation de degrés de la lessive obtenue, selon la méthode que nous décrivons, les savonniers ont le choix, pour l'amener à marquer à l'aréomètre les degrés qu'ils désirent : entre l'emploi de la soude caustique en masse solide et la concentration, opération qui est la plus avantageuse.

C. *Introduction du lait de chaux dans la liqueur carbonatée.* —

La dissolution du carbonate de soude étant effectuée d'une façon complète, et le nombre de degrés Baumé voulus étant atteint, on commence à verser dans le bac le lait de chaux nécessaire à la caustification. A ce moment on doit entretenir dans le liquide une agitation constante qui doit être continuée même 3 à 4 heures après l'ébullition d'une demi-heure qui a lieu une fois que tout le lait de chaux a été mis dans la solution de carbonate de soude. Nous avons reconnu que la décarbonatation des alcalis, en général, s'opère surtout durant ce travail mécanique qui, en empêchant la chaux de tomber au fond du bac, la maintient, sans cesse, en suspension au sein de la liqueur et permet, par suite, à ses molécules de réagir, sur le carbonate alcalin qu'il s'agit de convertir en oxyde. La caustification est donc plutôt un phénomène dû au contact qu'à la chaleur.

Nous ne devons pas négliger de prévenir les savonniers que si nous indiquons une demi-heure comme limite d'ébullition de la lessive, après l'introduction du lait de chaux dans le bac ; c'est que la caustification est la même exactement après ce court laps de temps qu'après 5 à 6 heures d'ébullition ; c'est du reste un fait reconnu de tous les chimistes industriels.

D. *Elimination de la lessive caustique du carbonate de chaux.* — Dès que la caustification semble terminée, on essaie un échantillon de la lessive claire, avec quelques gouttes d'acide chlorhydrique ou acétique, l'opération est à point s'il ne se manifeste aucune effervescence.

Cessant alors de chauffer, on abandonne le bac au repos jusqu'à ce que le carbonate de chaux s'étant déposé, la lessive de soude caustique apparaisse limpide. On coule alors cette lessive dans un réservoir à l'aide d'un siphon ou d'un tuyau décanteur à genouillère.

Lorsqu'on a enlevé toute la partie de lessive claire, on effectue une série de lavages successifs pour débarrasser le carbonate de chaux de la totalité de l'alcali.

Pour obtenir de bons résultats, il est nécessaire d'employer pour chacun des lavages, de l'eau chaude à 75 ou 80° C. et de mettre en marche l'agitateur, ainsi que nous l'avons recommandé lors de l'introduction du lait de chaux dans la solution de carbonate de soude.

Par ces lavages consécutifs, on a des lessives qui vont toujours en s'affaiblissant et dont la dernière ne doit marquer que 1° Bé.

Les lessives trop faibles pour servir à la saponification sont concentrées ou affectées à une opération suivante.

Il y a quelques années nous avons fait de nombreux efforts pour amener les savonniers à employer le filtre-presse à l'élimination de la lessive caustique du carbonate de chaux.

Grâce à cet appareil, que nous avons dû modifier pour obtenir ce résultat, l'on peut recueillir la totalité de la lessive, sitôt après la caustification, c'est-à-dire sans attendre au lendemain pour la décanter ; il suffit d'effectuer une pression qui produit un filtrage instantané.

Sous l'influence de cette pression, la lessive traverse des serviettes d'un tissu spécial et s'échappe *très claire*, tandis que le carbonate de chaux se dépose par couches successives entre des plateaux formant des chambres intérieures. On élimine ensuite les moindres traces d'alcali par un lavage dans le filtre-presse avec une quantité d'eau insignifiante jusqu'à ce que le liquide marque 0° à l'aréomètre Baumé.

Les avantages de ce mode d'opérer sur la méthode actuellement en usage sont considérables, car il permet d'éviter toute perte d'alcali, supprime les longs et coûteux lavages, qui fournissent une série de lessives de plus en plus étendues exigeant toujours de nombreux réservoirs ; enfin le carbonate de chaux, converti à l'état de tourteaux à peu près secs, est alors d'un transport facile et économique.

Caustification dans le vide. — M. Herbert a fait breveter un procédé pour caustifier dans le vide les lessives de carbonates alcalins.

Ce procédé consiste à traiter les solutions de carbonate de soude ou de potasse dans un appareil spécial d'où l'on a expulsé l'air, en présence d'hydrate de chaux à une température convenable. Quand la décarbonatation de l'alcali est opérée, on filtre la lessive caustique, toujours sous l'action du vide, et on s'occupe de laver le carbonate de chaux obtenu avec de la vapeur d'eau à haute pression, de telle façon qu'on puisse arriver à en éliminer la lessive caustique qu'il retient avec une quantité de liquide aussi faible que possible. Voici, du reste, quelques détails sur la méthode que nous venons d'indiquer.

Après avoir dissous dans un bac ordinaire le carbonate de soude ou de potasse, on y met la quantité de chaux propre à la caustification. On transvase ensuite la masse totale dans un appareil clos hermétiquement d'où l'on enlève l'air à l'aide d'une trompe à eau ou à vapeur et, en faisant fonctionner un agitateur à palettes, on tient en suspension la chaux afin d'éviter son dépôt et en même temps favoriser sa combinaison avec l'acide carbonique qu'elle enlève au carbonate alcalin en traitement.

Dès qu'on juge que la caustification est terminée, on aspire la lessive dans un filtre fermé et de telle sorte que le carbonate de chaux soit très uniformément réparti sur la surface filtrante. Afin de recueillir la totalité de la lessive on se sert de vapeur à haute pression et on arrive à ne laisser dans le carbonate de chaux aucune trace d'alcali.

Lessive de soude caustique. — Nous venons de voir que la préparation des lessives, par les sels de soude, caustique ou carbonaté, entraîne à une certaine main-d'œuvre ; c'est pour ce motif qu'un grand nombre de savonniers achètent de l'hydrate de soude fondu. Le matériel nécessité par les eaux de lavage du carbonate de chaux se trouve ainsi supprimé et on a le double avantage de ne préparer que juste la quantité de lessives dont on a besoin et à n'importe quel degré.

Pour les fabricants qui tiennent à caustifier des sels de soude, en raison de l'économie que le sel carbonaté par le procédé au bicarbonate d'ammoniaque leur permet de réaliser, la soude caustique en masse est aussi d'un concours très précieux pour remonter les lessives faibles et dispenser par suite de la concentration.

Au début de la fabrication de la soude caustique on employait presque exclusivement à la préparation des lessives, par simple dissolution, la soude caustique crème 60/62 p. 100 d'oxyde de sodium anhydre, d'une couleur jaunàtre, puis, comme sa solution exigeait un assez long repos avant de pouvoir être utilisée, on lui a substitué la soude caustique blanche, d'une richesse identique, qui fournit sur-le-champ des lessives plus limpides. Quant à la qualité 70/72 p. 100, qui se distingue des précédentes par une cristallisation en lamelles brillantes, elle est maintenant la plus recherchée, en attendant qu'on la remplace par la qualité à 75/76 p. 100.

Pour toutes les lessives caustiques qui ne sont pas destinées à être employées immédiatement, il est de bonne précaution de les conserver dans des réservoirs en tôle, à fermeture hermétique, afin d'éviter l'action de l'acide carbonique de l'air.

Nous nous expliquons difficilement que d'importants fabricants de savons durs préfèrent acheter de l'hydrate de soude fondu plutôt que d'opérer eux-mêmes la décarbonation du sel de soude.

Deux exceptions seulement doivent être faites ; c'est si les savonniers se trouvent dans des contrées où la chaux est à un prix élevé ou si leurs débouchés ne comportent qu'une faible production et que par suite les frais généraux qu'ils ont à subir les empêchent d'installer le matériel propre à la caustification.

Pour des consommateurs sérieux, n'est-il pas, en effet, irrationnel au plus haut point de vouloir s'éviter la caustification.

Comment agit le fabricant de produits chimiques ? Il part souvent des mêmes matières premières que tout savonnier peut se procurer, dans bien des cas, à d'aussi bonnes conditions que lui. Puis il caustifie, suivant des règles précises, nous le reconnaissons, et avec une installation plus rationnelle que dans la plupart des savonneries, nous ne le dissimulons pas aussi.

La caustification terminée comment opère ce fabricant de produits chimiques ?

La dissolution de soude caustique étant à un point de concentration plus ou moins haut : pour avoir cette soude à l'état solide il lui faut effectuer une concentration de cette dissolution jusqu'à ce que celle-ci ait atteint une consistance telle que la prise en masse puisse se produire par refroidissement.

C'est en raison de cette phase de solidification que le fabricant de produits chimiques est dans un état d'infériorité notoire vis-à-vis du savonnier.

La concentration de la dissolution caustique jusqu'au point utile pour amener sa solidification, nécessite, en effet, d'une part, une chaudière fort coûteuse qui se détériore rapidement, d'autre part elle entraîne à une consommation de charbon relativement considérable, enfin, exige une surveillance incessante et de longue durée.

Au contraire, le savonnier, tout en procédant d'une façon aussi économique que le fabricant de produits chimiques, a sur cet industriel l'immense avantage de pouvoir employer cette lessive immédiatement sans être grevé des frais supplémentaires si onéreux que nécessitent la solidification de l'alcali qui du reste dans aucun emploi ne peut être employé qu'après dissolution.

Ce sont ces frais qui expliquent que le fabricant de produits chimiques est contraint de demander un prix relativement très élevé pour la soude caustique.

La lessive préparée en savonnerie avec ce produit, est la plus aisée à obtenir ; mais elle est également la moins bonne, si l'on néglige la précaution d'y ajouter du sel de soude carbonaté.

Nous conseillons d'employer par 100 kg., de soude caustique, à 70/72 0/0 d'oxyde de sodium (NaO) : 35 à 40 kg., de sel de soude carbonaté à 90/92° Descroizilles, soit environ 80 à 100 kg., de ce sel pour un cylindre de 250 kg., de soude caustique.

Voici maintenant la méthode que nous engageons à suivre : Dans un bac quelconque l'on fait fondre, tout d'abord à chaud, le soir de préférence, la quantité voulue de sel de soude carbonaté, puis cessant de chauffer, on descend dans ce bac le cylindre de soude caustique, dont la tôle a été préalablement criblée de trous pratiqués à l'aide d'un poinçon et on suspend ce cylindre au sein de la masse liquide.

Par suite de cette disposition la fonte de la soude caustique s'opère presque en totalité durant la nuit et il ne reste plus, le matin, qu'à donner un peu de chaleur au bac pour dissoudre les dernières parties du cylindre. On laisse refroidir puis l'on met la lessive en réservoirs.

Dans beaucoup de savonneries on a la mauvaise habitude de concasser la soude caustique pour la faire fondre, nous blâmons d'autant plus cet usage qu'en dehors de la main-d'œuvre onéreuse qu'elle entraine, il en résulte souvent des accidents.

CHAPITRE X

SAVONS SUIVANT LA MÉTHODE MARSEILLAISE ET SAVONS LEVÉS SUR LESSIVE EN UNE SEULE OPERATION

---

1. SAVONS SUIVANT LA MÉTHODE MARSEILLAISE.

Ce sont principalement les savonneries de l'intérieur de la France et celles de l'étranger qui produisent ces savons qu'on appelle souvent : « savons unicolores ».

L'acide oléique forme la base de cette fabrication qui a pris une extension considérable depuis trente ans. Quant aux lessives, elles doivent être préparées avec du sel de soude carbonaté 90/92° Descroizilles et de la soude caustique en masse à haut titre.

Le rendement est pour le savon d'acide oléique de 160 et pour le suif de 170 0/0.

Savon d'acide oléique.

La stéarinerie livre deux qualités d'acide oléique : l'une provenant de la saponification du suif par la chaux et la décomposition de ce savon calcaire à l'aide de l'acide sulfurique, l'autre résultant de la saponification du suif par l'acide sulfurique suivie d'une distillation. Le premier est dit : acide oléique de *saponification*, le second est désigné sous le nom d'acide oléique de *distillation*.

L'acide oléique de saponification fournit presque toujours un savon ferme, homogène, presque blanc et d'une odeur très faible.

L'acide oléique de distillation non seulement ne jouit d'aucune de ces propriétés ; mais encore le savon qui en provient laisse à désirer sous bien d'autres rapports et particulièrement au point de

12

vue du rendement. Le seul moyen pour atténuer les défauts de cet acide consiste à le saponifier mélangé avec des suifs ou des graisses d'os.

Nous ne nous occuperons donc que du savon obtenu avec l'acide oléique de qualité supérieure, qui est en réalité un simple mélange de plusieurs éléments : des acides gras : palmitique et stéarique, en petite quantité, de l'acide oléique pur, en forte proportion, avec les produits de décomposition de cet acide, et enfin d'autres substances organiques qui se trouvaient unies aux suifs traités par les stéariniers.

On conçoit qu'une telle matière doive se saponifier avec une facilité exceptionnelle, car il ne s'agit réellement que de combiner avec une base des acides gras qui se trouvent isolés.

Empâtage. — Cette opération primordiale, toujours la plus importante, exige en particulier, pour l'acide oléique, brut ou décoloré, une lessive très concentrée qu'on prépare en mélangeant, par moitié, une lessive neuve à 25° Bé (Dté 1,210), avec une lessive de recuit filtrée de même richesse. La présence, dans ce mélange de lessives, d'une notable partie de soude à l'état de carbonate ne peut entraîner à aucune conséquence fâcheuse ; car l'acide oléique jouit de la propriété remarquable de réagir sur le carbonate de soude en dégageant l'acide carbonique et de se combiner avec la soude caustique qui se produit ainsi.

Admettons que nous ayons à saponifier, par exemple, 2,000 kg., d'acide oléique. On met au début en chaudière la totalité de cet acide, puis on chauffe doucement. Lorsqu'il s'est liquéfié on l'abreuve de 200 kg., de lessive en brassant énergiquement.

Tout d'abord, l'acide oléique ne donne pas lieu à une émulsion comme les huiles, il forme par son contact avec la lessive une masse spongieuse ; ensuite, sous l'action de la vapeur qui s'élève peu à peu, et au fur et à mesure que la combinaison s'accentue, la pâte devient homogène et fluide. On force le feu et, quand l'ébullition se manifeste, on verse en chaudière, par fractions, 700 kg., de lessive semblable à la première.

Bientôt apparaît une écume abondante qui ne se dissipe qu'au moment où l'opération approche de son terme ; la pâte alors s'abaisse, acquiert de la densité et flotte sur la lessive dont elle a absorbé l'alcali.

A ce moment le feu est arrêté et après avoir couvert la chaudière le mieux possible, afin qu'elle ne se refroidisse que très lentement, on l'abandonne à un repos suffisant, pour permettre à la lessive usée et concentrée de se réunir à la partie inférieure. Dès que l'on juge cette séparation réalisée, on procède, à l'aide d'un robinet de vidange, au soutirage de la lessive qui marque 18° Bé (Dté 1,142) et se trouve réduite de moitié environ. La durée de l'empâtage est de 10 à 12 heures.

On a remarqué qu'entre la lessive et le savon il se trouve une couche de matière sirupeuse, qui, par le refroidissement, passe à l'état de gelée. Cette matière, qui ne contient pas moins de 70 0/0 d'eau, se compose d'une partie de véritable savon avec 6 0/0 d'acides gras, d'une petite quantité d'oléate de fer verdâtre, d'oxyoléate de soude, de sébate de soude, des combinaisons de cette dernière base avec les produits colorés, fournis par l'oxydation de l'acide oléique au contact de l'air, de la substance noirâtre dont nous avons parlé et, enfin, de carbonate de soude.

Cuisson. — La pâte restée en chaudière n'ayant pas encore la proportion d'alcali caustique qui lui est indispensable pour fournir un savon d'aspect consistant, la cuisson a pour but de lui donner ce complément d'alcali et de la concentrer, par l'évaporation, au moyen de deux changements successifs de lessive appelés « services. »

1er *service.* — Sitôt le feu rallumé on fait couler dans la chaudière 800 kg., de lessive neuve à 25° Bé et on chauffe lentement, puis, une fois que l'ébullition se manifeste, on la règle avec attention et on agite souvent pour empêcher que le savon ne vienne à brûler.

En opérant ainsi, la pâte se présente en grains mal définis, flasques, volumineux, qui nagent dans la lessive, état des plus propices à sa saturation progressive d'alcali.

Quand elle a été soumise à une ébullition de 5 à 6 heures, on active le feu et de temps en temps on verse de la lessive de recuit filtrée, ayant 25° Bé jusqu'à concurrence de 600 kg., à peu près. Grâce aux sels neutres dont cette lessive est chargée, la masse se modifie, les grains savonneux deviennent onctueux, ils prennent du corps et se détachent davantage de la lessive.

Au bout de 10 à 12 heures, lorsque la lessive a été totalement débarrassée de son alcali, ce dont il est facile de s'assurer par sa saveur, on éteint le feu et on laisse reposer pour éliminer la partie liquide.

2° *service*. — Cette seconde phase de la cuisson, d'une durée analogue à la précédente, et qui apporte définitivement à la constitution de la pâte la portion d'alcali lui faisant encore défaut, nécessite 600 kg., environ de lessive neuve à 28 ou 30° Bé (Dté 1,244 à 1,263).

Après l'introduction en chaudière de la lessive, on amène la masse à une ébullition qu'il faut modérer, surtout au commencement, puis on règle le savon avec de petites portions de la même lessive autant qu'il est utile. L'ébullition devenant plus intense, la lessive traverse par soubresauts la pâte savonneuse, d'abondantes vapeurs se dégagent et le reste de l'écume est éliminé. La cuisson peut être regardée comme terminée quand le savon se présente en grains bien caractérisés de couleur jaune foncé, qui, pressés froids entre les doigts, forment des écailles sèches, minces et glissantes ; enfin la lessive est encore caustique, ce qui prouve que le savon n'a plus besoin d'alcali. La constatation de ces indices étant faite, on abat le feu pour permettre au savon de se réunir à la partie supérieure, tandis que la lessive gagne le fond de la chaudière.

Liquidation. — La cuisson achevée, il s'agit de purger la pâte savonneuse de l'excès d'alcali, des sels divers et des matières colorantes. A cet effet, après avoir éliminé de la chaudière toute la partie liquide, on fait bouillir le savon avec 700 kg., de lessive préparée avec une lessive de recuit de 18 à 20° Bé (Dté 1,142 à 1,162) bien claire, abaissée à 7 ou 8° Bé (Dté 1,052 à 1,060) avec de l'eau. Cette lessive de recuit doit provenir de l'empâtage afin qu'elle ne contienne aucune trace d'alcali caustique, mais seulement des sels neutres.

Deux heures d'ébullition suffisent, en moyenne, pour amollir les grains de savon, lesquels, sous l'influence d'une chaleur soutenue et de brassages répétés, ne tardent pas, en s'épurant, à augmenter de volume et à acquérir de l'élasticité ainsi qu'une certaine viscosité.

A partir de ce moment on se borne à ajouter de petites quantités de lessive, moitié moins forte que la précédente, c'est-à-dire à 4 ou 5° Bé (Dté 1,029 à 1,037), ou même simplement de l'eau et on s'applique à n'avoir plus qu'une ébullition très peu sensible.

Pour vérifier l'instant propice où il convient de suspendre la liquidation, on soutire souvent de la lessive, et quand celle-ci refroidie marque 18 à 20° Bé, l'on peut en toute assurance considérer cette opération comme accomplie.

Si la lessive n'atteignait pas 18 à 20° Bé, la pâte manquerait de consistance et au-dessus de ces degrés elle n'aurait pas assez de souplesse. On remédie au premier cas en poussant à l'évaporation de la masse en chaudière et on corrige le second par l'adjonction d'une petite quantité d'eau.

La lessive étant telle que nous venons de l'indiquer, on cesse de chauffer, on brasse de bas en haut durant quinze à vingt minutes et après avoir recouvert la chaudière on la laisse reposer deux jours pour permettre au savon de se dépouiller :

1° De l'alcali qui le rendrait caustique ; 2° des sels neutres dont la présence amènerait une efflorescence certaine ; 3° des matières colorantes nuisibles à son bon aspect.

Coulage. — Coupage. — Séchage. — Lorsque la pâte devenue homogène et fluide surnage, on l'enlève au moyen de pochons et on la coule en mises, où on la parfume souvent avec de l'essence de Mirbane (nitro-benzine) dans la proportion de 100 gr., au plus d'essence pour 100 kg., de savon.

Il faut bien se garder de laisser s'effectuer la solidification du savon, sans brasser dans les mises jusqu'à consistance très épaisse ; car en négligeant cette précaution la pâte serait parsemée de taches de gras et de lessive.

Quand, au bout de quelques jours, le savon est suffisamment solidifié, on le divise en tables, puis en barres, enfin en morceaux carrés. Sous cette dernière forme il est transporté dans un séchoir à l'air libre en été, ou à l'air chaud en hiver et, après séchage, on soumet ces morceaux à l'action d'une presse, qui, à l'aide d'un moule en bronze, imprime sur leurs six faces le nom du fabricant ou toute autre inscription.

Savon de suif.

La saponification du suif, qu'il soit extrait des membranes de bœuf, de mouton ou qu'il provienne des os, nécessite les mêmes opérations que celle de l'acide oléique ; cependant la fabrication du savon de suif exige certaines précautions et entraîne quelques modifications secondaires indispensables à signaler.

L'empâtage doit être effectué avec une lessive très caustique, exempte de chlorure de sodium, et marquant $12°$ Bé ($D^{té}$ 1,091), car le chlorure de sodium empêche le passage du suif à l'état globulaire et une lessive trop concentrée nuit à la liaison.

Ordinairement on commence par verser dans la chaudière le quart de la lessive jugée utile, puis une fois qu'elle a atteint l'ébullition on introduit le suif peu à peu.

Le suif, au fur et à mesure de sa liaison, forme avec la lessive un liquide d'aspect laiteux dans lequel on ne peut plus distinguer les deux éléments, quoiqu'il n'y ait pas encore entre eux de combinaison complète.

Sous l'influence d'une ébullition soutenue et d'un brassage continuel on constate bientôt une écume abondante qui ne tarde pas à disparaître et, en peu de temps, la masse s'éclaircit et présente l'aspect gélatineux ; c'est l'instant propice pour ajouter une seconde portion de lessive à $18°$ Bé ($D^{té}$ 1,142) qui est instantanément absorbée.

Le relargage vient ensuite ; il se pratique comme de coutume avec une lessive de recuit filtrée à $25°$ Bé ($D^{té}$ 1,210) ou bien avec une lessive neuve à $15°$ Bé ($D^{té}$ 1,116) dans laquelle on fait dissoudre 5 kg., de chlorure de sodium par hectolitre.

Sous l'action de l'une et de l'autre, la masse savonneuse se coagule graduellement, et en abandonnant la lessive usée qui s'y trouvait interposée elle se présente en grumeaux. On fait tomber le feu, puis, au bout de quelques heures de repos, on soutire la lessive réunie au fond de la chaudière.

La cuisson s'opère avec une lessive neuve à 20° Bé (Dté 1,162) et à une ébullition modérée afin d'éviter une concentration trop rapide qui causerait une saponification imparfaite. Lorsque la pâte se présente en grains secs, élastiques, ayant tendance à s'écailler quand on les presse entre les doigts, la cuisson est terminée.

La liquidation s'exécute souvent sans enlever de la chaudière la lessive de l'opération précédente; l'on se borne à ajouter une lessive à 3° Bé (Dté 1,022) ou même de l'eau pure, si le savon est assez dur. Dans le cas où l'on soutire la partie liquide, on la remplace par une lessive faible contenant en solution une petite proportion de chlorure de sodium dont le but est d'empêcher qu'il ne se forme du savon en gelée.

Quelle que soit la méthode adoptée, on soumet la chaudière à un feu très actif, pour que la lessive puisse être constamment soulevée et on a soin de remuer de temps en temps avec un râble. On continue à chauffer à une ébullition constante jusqu'à ce que les grains de savon deviennent flasques, aplatis et à peine séparés de la lessive. Dès que la partie supérieure de la masse savonneuse se recouvre de larges plaques chatoyantes, d'une couleur jaune miel et qu'on constate que la pâte qui surnage sur la lessive a la consistance désirable, on abat définitivement le feu et on laisse reposer pendant plusieurs heures avant de procéder au coulage en mises.

On améliore d'une façon très sensible la qualité du savon de suif, par l'adjonction d'huiles concrètes dont le concours augmente la solubilité ainsi que les propriétés émulsives.

Quant à l'odeur persistante qui caractérise ce savon, on arrive à la dissimuler à l'aide d'essence de Mirbane ou d'aspic.

Le suif fournit, avec l'acide oléique de saponification, un savon excessivement apprécié et, si l'on remplace cet acide par celui de distillation, on ne peut, ainsi que nous l'avons signalé au commencement de ce chapitre, qu'obtenir un produit secondaire.

Savon d'acide oléique et de suif.

On emploie généralement les proportions suivantes :

    Acide oléique de saponification . . .   1,200 kg.,

    Suif d'os . . . .   300 —

Empâtage. — L'acide oléique étant en chaudière on le liquéfie complètement à une douce chaleur, puis on ajoute en plusieurs fois un mélange de :

    Lessive de recuit filtrée. . . . . .   700 kg.,

    Lessive neuve. . . . .   250 —

L'une et l'autre marquant 25° Bé (Dté 1,210).

L'acide oléique, qui est devenu grumeleux au début, se transforme, quelques heures après, sous l'influence de la chaleur, en masse fluide et apparaît ensuite en grains qui flottent dans la lessive.

Lorsque l'empâtage est terminé, on cesse de chauffer, et, après 8 à 10 heures de repos, on soutire la lessive usée.

Ce n'est qu'à cet instant qu'on introduit en chaudière les 300 kg., de suif avec 650 kg., de lessive neuve à 20° Bé (Dté 1,102), puis on fait bouillir en ajoutant de temps en temps de la lessive de recuit à 25° Bé et on ne cesse de chauffer qu'au moment où l'on constate les mêmes indices que pour l'acide oléique.

Relargage. — Le relargage a pour but l'élimination aussi complète que possible de la lessive usée. On emploie à cet effet de la lessive de recuit. On peut considérer le relargage comme terminé si la pâte est entièrement en grains et si la lessive s'en sépare franchement ; on interrompt alors l'action de la chaleur, et après 5 à 6 heures de repos on soutire la lessive pour s'occuper de la cuisson.

Cuisson. — On l'effectue en deux services : pour le premier on se sert de lessive neuve et de lessive de recuit, pour le deuxième de lessive neuve uniquement.

1er *service*. — La quantité de lessive neuve nécessaire est d'environ 500 kg., et doit marquer 25° Bé. Sitôt qu'elle est en chaudière, on porte la masse à une ébullition modérée durant 8 à 10 heures, en ayant soin d'ajouter, à de courts intervalles, de la lessive de recuit à la même densité que la lessive neuve. Ce premier service prend fin quand la lessive accuse chaud 23° Bé (D^{té} 1,190).

2e *service*. — La lessive usée du premier service ayant été soutirée, l'on verse sur la pâte restant en chaudière 600 kg., de lessive neuve à 28° Bé (D^{té} 1,241) et l'on recommence à faire bouillir modérément durant au moins 6 heures, puis on active l'ébullition pour favoriser l'évaporation.

Le savon est suffisamment cuit quand ses grains s'écaillent sous la pression des doigts et que la lessive dans laquelle il est baigné est encore caustique. A cet instant on cesse de chauffer et on soutire la lessive après repos.

Liquidation. — La lessive usée étant évacuée on met en chaudière, par fractions, au fur et à mesure que la chaleur de la masse augmente, 500 kg., de lessive de recuit, c'est-à-dire des cuites précédentes, ayant 8° Bé (D^{té} 1,060), et on agite de 30 à 40 minutes la masse à l'aide d'un râble.

Bientôt les grains de savon se modifient, on abreuve alors la pâte d'un peu d'eau et lorsque la lessive refroidie marque 18° Bé (D^{té} 1,142) on arrête l'opération, on couvre la chaudière, qui est abandonnée au repos autant qu'il est nécessaire.

Coulage. — **Coupage.** — **Séchage.** — Procéder comme il a été dit pour le savon d'acide oléique dont la fabrication a été décrite précédemment.

2. SAVONS LEVÉS SUR LESSIVE EN UNE SEULE OPÉRATION.

Venant d'examiner les savons qui exigent quatre opérations : empâtage, relargage, cuisson et liquidation, c'est-à-dire le procédé marseillais complet, nous allons nous occuper, dans cette seconde partie, des savons qui peuvent être levés sur lessive en une seule opération, l'empâtage et la cuisson étant effectuées sans interruption, la pâte savonneuse se séparant d'elle-même de la lessive en excès et la liquidation n'étant pas nécessaire.

Les savons ainsi obtenus sont incomparablement supérieurs à ceux de la *petite chaudière* et se rapprochent par suite beaucoup comme qualité et rendement de ceux de Marseille.

C'est sous l'action d'une ébullition soutenue que la pâte se sépare de la lessive au fur et à mesure que la concentration s'opère.

Pour marbrer ces savons, on procède généralement comme suit :

Le lendemain du jour où ils ont été terminés, après avoir enlevé avec soin la mousse de la chaudière, on verse la pâte en mises et, quand elle commence à s'épaissir, on y incorpore en brassant en zigzags, puis en spirales, une petite portion de savon très chaud et par suite très fluide fortement coloré avec de l'ocre rouge lavé surfin ou avec du bleu d'outremer ou toute autre couleur suivant la marbrure qu'on désire réaliser.

En raison du brassage indiqué et de l'état particulier du savon chargé de la matière colorante, lequel pénètre inégalement celui qui est presque figé en mises, il se produit une série de veinures dont la disposition constitue une marbrure artificielle appelée aussi marbrure mécanique.

Savon d'acide oléique.

Acide oléique de saponification . . . 1,000 kg.,
Lessive de soude caustique à 25° Bé . 1,300 —

On commence tout d'abord par chauffer environ 800 kg., de lessive, puis, dès que celle-ci est en ébullition, on procède à l'empâtage de l'acide oléique que l'on introduit en chaudière par petites parties et en brassant.

La masse devient spongieuse et, sous l'influence de la chaleur, apparaît fluide au bout de plusieurs heures, à ce moment on emploie le restant de la lessive, soit 500 kg.,

Si le savon tarde trop à apparaître nageant dans la lessive, on projette en chaudière une solution de chlorure de sodium à 15° Bé (Dté 1,116). La pâte est à son terme de cuisson lorsqu'elle s'écaille et que la lessive est à 20° Bé (Dté 1,162).

La durée de l'opération varie de 12 à 14 heures, mais il faut laisser reposer 25 à 30 heures avant de tirer le savon sur lessive. Comme de coutume, il faut brasser en mises.

On additionne souvent l'acide oléique d'une certaine portion de suif pour avoir un savon plus ferme.

Savon d'acide oléique et d'huile de coprah.

On se limite à une lessive neuve ayant une richesse de 28° Bé (Dté 1,241) dans laquelle on dissout 6 à 8 kg., p. 100 de sel marin,

L'emploi d'une lessive aussi concentrée empêche la formation de la mousse qu'amènerait l'évaporation d'une lessive étendue et accélère par suite l'opération : quant au sel marin, il a pour but de faciliter la séparation du savon dès qu'il a absorbé la totalité de l'alcali.

La présence d'une proportion de carbonate, dans la lessive, ne peut présenter aucun inconvénient pour ce genre de savon.

Au lieu de mettre tout d'abord en chaudière l'acide oléique et l'huile de coprah, comme de coutume, on commence par chauffer à l'ébullition les deux tiers de la quantité de lessive jugée nécessaire (On saponifie 1,000 kg., d'acide oléique et 300 kg., d'huile de coprah avec 1,200 kg., environ de lessive à 28° Bé).

Une fois que la lessive est arrivée à marquer 100° C., on y fait fondre le sel marin, puis on verse, peu à peu, dans cette lessive bouillante, la totalité de l'acide oléique et de l'huile de coprah en brassant sans interruption pour favoriser la combinaison avec l'alcali, qui a lieu très promptement, à la condition que l'ébullition ne soit pas suspendue.

Lorsque la masse devient fluide ainsi qu'homogène, on ajoute alors le dernier tiers de lessive et on active le feu.

En présence de ce complément, le savon se sature d'alcali et bientôt il se présente détaché de la lessive. Après avoir chauffé

jusqu'à constatation des indices caractéristiques d'une cuisson parfaite, c'est-à-dire quand, pressé entre les doigts, le savon forme
des écailles minces et dures et que la lessive n'accuse plus qu'une
causticité insignifiante, on retire le feu, on couvre soigneusement
la chaudière et on laisse reposer un jour ou un jour et demi. Au
bout de ce temps, le savon qui surnage sur la lessive est enlevé
et coulé en mises où on le brasse comme dans la méthode précédente.

Savon d'acide oléique et d'huile de palme.

Acide oléique de saponification . . .	700 kg.,
Huile de palme brute.	300 —
Lessive de soude caustique à 20° Bé .	800 —
— — 25° Bé .	650 —

L'huile de palme procure avec l'acide oléique un excellent
savon.

Après avoir mis en chaudière 800 kg., de lessive à 20°Bé(Dté 1,162)
on porte à l'ébullition et on ajoute, en brassant, les corps gras qui
ont été fondus et passés sur un tamis afin d'éliminer les impuretés
qui s'y trouvent presque toujours. L'empâtage étant en bonne voie,
on verse au bout de 3 à 4 heures d'ébullition les 650 kg., de la
seconde lessive à 25° Bé (Dté 1,210) à des intervalles espacés.

Cette opération doit être continuée jusqu'à l'instant où l'on constate que le savon s'écaille sous la pression des doigts et que la lessive dans laquelle il nage marque 20° Bé (Dté 1,162).

On couvre alors la chaudière soigneusement, on laisse reposer environ 24 heures, puis on procède au coulage du savon en
mises et à son brassage pour éviter des marbrures durant son refroidissement.

Savon de suif et d'huile de palme.

Suif	400 kg.,
Huile de palme	100 —
Lessive de soude caustique à 12° Bé .	350 —
— — 15° Bé .	300 —
— — 25° Bé .	300 —

Les matières grasses une fois fondues on verse en chaudière, par fractions, 350 kg., de lessive à 12° Bé (Dté 1,091), puis on chauffe en remuant. Lorsque sous l'action de l'ébullition cette lessive est combinée, on ajoute peu à peu 300 kg., de lessive à 15° Bé (Dté 1,116) et on laisse bouillir environ 4 heures. Ce laps de temps écoulé, on passe à la lessive à 25° Bé (Dté 1,210), celle-ci complète la saponification et l'on constate au bout de 2 heures, souvent moins, que le savon commence à se séparer.

La cuisson peut être considérée comme terminée quand la lessive accuse chaude 24° Bé (Dté 1,200). On abandonne la chaudière, puis on soutire la lessive et on coule en mises.

Souvent ce savon est mélangé avec un savon résineux préparé à part.

Savon d'huile de pulpes d'olive extraite par le sulfure de carbone.

Huile de pulpes d'olive. . . . . .   1,000 kg.,
Lessive de soude caustique à 25° Bé.   1,500 —

L'huile étant en chaudière, on la chauffe avec précaution, puis on introduit 1,000 kg., de la lessive, dont les 25° représentent une densité de 1,210 : on chauffe alors davantage, mais en veillant à ne pas porter la masse à l'ébullition, et on agite afin de favoriser l'empâtage.

Celui-ci étant en bonne voie, on fait bouillir sans discontinuer de brasser et on abreuve peu à peu la pâte du du complément de lessive, soit 500 kg.

Ce savon exige ordinairement 5 à 6 heures ; on peut le considérer comme achevé quand il est bien séparé de la lessive et que pressé entre les doigts on obtient une écaille sèche, de plus lorsque la lessive chaude marque 20° Bé (Dté 1,162).

Ces indices bien constatés, on laisse reposer pendant 10 à 12 heures, en ayant pris le soin de couvrir la chaudière et après avoir enlevé la lessive on procède au coulage du savon en mises où on le brasse pour empêcher la formation de marbrures.

Procédé Bignon.

M. Bignon ayant estimé que le savon obtenu par le procédé dit *marseillais* ou *de la grande chaudière* doit sa supériorité à un seul phénomène qu'il faut conserver avec soin : *la précipitation du savon au milieu de son eau-mère, chargée d'un excès d'alcali et de chlorure de sodium ;* mais que toutes les manipulations qui ne sont pas indispensables pour ce résultat peuvent être ou supprimées ou considérablement modifiées, a conclu que les conditions suffisantes pour une saponification complète et rapide sont :

1° L'emploi du corps gras à l'état d'émulsion obtenue moyennant un mélange intime de 80 à 100 d'eau pour 100 de matière grasse ;

2° Une température supérieure au point de fusion du corps gras, mais aussi rapprochée que possible ;

3° Un brassage énergique ;

4° L'emploi d'une lessive marquant au moins 30° Bé (D^{té} 1,263) afin de ne pas vaporiser une partie de l'eau d'émulsion, et à la dose de 90 à 100 0/0 du corps gras.

Voici comment dit opérer M. Bignon :

La matière grasse supposée être du suif est fondue à une douce chaleur, puis, le feu étant retiré, on ajoute 90 0/0 d'eau et on brasse vivement. La température, après le mélange, doit être seulement de quelques degrés au-dessous du point de fusion du suif. Quand l'incorporation est complète, on verse, sans cesser d'agiter, lentement d'abord et ensuite sans précaution, 100 kg., de lessive caustique de soude à 30° Bé. La masse blanchit, s'échauffe et épaissit rapidement ; on agite toujours et jusqu'à ce que le râble refuse d'avancer. A ce moment on le retire et on plante dans le magma quelques bâtons qui descendent jusqu'au fond de la chaudière, puis l'évaporation est abandonnée à elle-même.

Au bout de 2 à 3 heures on reprend le travail. On trouve alors la masse considérablement durcie ; le suif est *complètement* transformé en savon qui laisse échapper un liquide coloré renfermant la soude en excès, la glycérine et les matières étrangères ; il reste, pour terminer l'opération, à chauffer jusqu'à fusion le savon produit, afin que les grains, se soudant entre eux, expulsent l'eau-mère que sa densité supérieure entraîne au fond de la chaudière.

Pour cela, on enlève les bâtons, et on verse à la surface 5 kg., de chlorure de sodium par 100 kg., de suif, dissous préalablement à saturation : une partie du liquide remplit les vides laissés par les bâtons et descend au fond de la chaudière. On rallume alors et on pousse vivement le feu. A la première impression de chaleur le savon se liquéfie, se sépare de son eau-mère et vient surnager. Quand tout est fondu, on fait bouillir pendant une heure environ, puis on retire le feu et on laisse ouverts le fourneau et le registre de la cheminée, afin d'arrêter le plus tôt possible l'ébullition et par suite l'agitation ; on couvre la chaudière et on laisse la précipitation se compléter jusqu'au lendemain.

Lorsqu'on n'a plus à craindre de voir l'ébullition se déclarer de nouveau, on ferme le fourneau et le registre de la cheminée pour maintenir dans la masse une température élevée.

Le lendemain matin on épine, on brasse fortement la pâte pour lui donner l'homogénéité, et on coule dans les mises.

Les eaux-mères sont chauffées avec un excès de suif et brassées en même temps ; dès qu'elles sont épuisées, ce qui arrive avant l'ébullition, on arrête le feu et, après quelque temps de repos, on épine et on jette l'eau. Le savon incomplet qui résulte de ce premier traitement est additionné d'eau, puis d'alcali en excès et de chlorure de sodium, brassé et chauffé jusqu'à saturation. Il est un peu coloré à raison de son contact avec les eaux-mères ; si on n'en a pas l'emploi à cet état, on le lave par un ou deux services d'eau salée, et il peut alors rentrer dans le roulement ou être versé dans les mises.

Si, au moment où on réchauffe, on voit apparaître du suif à la surface, c'est que le corps gras était trop chaud quand on a versé l'eau, ou que le brassage a été insuffisant ; toutefois si on a employé la dose d'eau indiquée, en brassant activement, la combinaison se termine au moment de l'ébullition.

Avec moins de 90 pour 100 d'eau, la saponification peut encore s'opérer, mais elle est plus difficile, d'autant qu'on s'éloigne davantage du dosage mentionné.

Avec plus de 100 pour 100 d'eau, le grain ne se forme pas et reste dissous dans les eaux-mères. Dans le premier cas on ramène l'opération à des conditions normales en ajoutant de l'eau ; dans le second cas, en faisant bouillir jusqu'à vaporisation de l'eau en excès.

Si le savon, une fois formé, possède encore l'odeur propre au corps gras employé, c'est que l'alcali n'a pas la richesse convenable, on doit alors en ajouter de nouveau jusqu'à ce que l'eau-mère pique fortement la langue.

CHAPITRE XI

SAVONS D'EMPATAGE ET SAVONS MIXTES
OBSERVATIONS SUR LA MARBRURE

---

1. SAVONS D'EMPATAGE

La fabrication des savons d'empâtage consiste à convertir les matières grasses en savons par une quantité de lessive déterminée et en une seule opération, c'est-à-dire *sans relargage ni liquidation*. Il en résulte qu'il reste dans la pâte savonneuse, non seulement la totalité de la glycérine contenue dans les corps gras neutres, mais encore toute la lessive employée et plus ou moins évaporée. On conçoit par suite combien il est difficile, la plupart du temps, d'arriver à obtenir un produit parfait, car on est exposé à avoir trop ou pas assez d'alcali.

Voici ce qu'a écrit M. Balard dans son rapport sur l'Exposition Universelle de Paris (1855).

« Puisque les procédés dits de *la grande chaudière*, fournissent des produits définis et purs, comment, caractériser le procédé dit *à la petite chaudière* ou *par empâtage* dans lequel le corps gras et la dose d'alcali nécessaire pour le saponifier sont ajoutés successivement, le savon soumis à la coction et le produit obtenu sans séparation de la glycérine ou des impuretés du corps gras et de la lessive, et livré immédiatement à la consommation ? — On ne peut guère considérer ce retour à ce mode de fabrication, qu'il faut bien accepter pour les savons noirs, que comme un pas rétrograde fâcheux dans la fabrication des savons durs.

» Des fabriques improvisées avec le capital le plus mince, vendant le soir le savon préparé dans le jour, et avant que la dessiccation l'ait déformé, le refondant ensuite pour lui rendre l'eau qu'il avait perdue, essayèrent de déplacer la production en vendant à vil prix, mais toujours supérieur à leur valeur réelle, des savons contenant beaucoup d'eau, car on a pu en introduire jusqu'à 75 0/0 ; le fabricant, à chaque abaissement du prix auquel il consentait, en voyait surgir un plus grand nombre encore ; et si l'éducation des consommateurs, chèrement achetée, a fini par se faire dans les villes, elle est encore loin de l'être dans les campagnes où ces produits sont vendus par les colporteurs à des prix bien supérieurs à leur titre en savon réel, augmenté d'ailleurs du port nécessaire de cette eau si inutile.

» Aussi le jury, en décernant les récompenses les plus élevées à la la fabrication des savons marbrés, en récompensant les savons unicolores nouveaux, obtenus par les procédés de la grande chaudière, sans exclure complètement les procédés de la petite chaudière ou d'empâtement qui lui paraît cependant bien inférieure, a-t-il cru devoir n'accorder aucune distinction aux exposants qui présentaient des savons altérés par une proportion d'eau anormale. »

En n'excluant pas des récompenses les savons dits *de la petite chaudière*, M. Balard a reconnu qu'ils ne devaient pas être mis à l'index ; mais il insiste avec juste raison sur la nature de ces savons qui se prêtent tout particulièrement à des rendements qui arrivent à un chiffre si élevé parfois qu'on doit renoncer à leur emploi.

D'après M. Bignon, si les produits que donne ce procédé sont d'une qualité secondaire, comparés à ceux de la méthode marseillaise ce n'est pas parce que la saponification se fait mal dans ces conditions, mais parce qu'elle ne se réalise complètement qu'en présence d'un excès d'alcali, excès qui est éliminé dans les savons relargués, tandis que dans ceux qui ne le sont pas il y reste ; aussi faut-il apporter le plus grand soin au dosage des lessives.

M. Rodiger a proposé, pour neutraliser l'alcali en liberté, d'introduire dans la pâte savonneuse une dissolution de bicarbonate de soude dont un équivalent d'acide carbonique s'empare d'un équivalent de soude caustique pour former du carbonate de soude.

De son côté, M. Wright prétend arriver au même résultat en employant un sel ammoniacal (carbonate, **chlorure** ou sulfate).

L'acide s'unit à l'alcali non combiné pour donner naissance à un carbonate, à un chlorure ou à un sulfate de soude, alors que l'ammoniaque étant isolée s'échappe.

Trop d'alcali amène une séparation, et les savons, une fois terminés, se couvrent bientôt d'efflorescences légères et blanchâtres, dues à la soude caustique hydratée libre qui, en absorbant l'acide carbonique de l'air, se convertit en carbonate de soude cristallisé ; enfin on constate au lavage une détérioration des couleurs et de la contexture des tissus.

Au contraire, si la proportion d'alcali est insuffisante, la masse en chaudière s'engraisse au lieu de devenir fluide, les savons sont mollasses, rancissent en peu de temps, de plus ils ne moussent pas et, par conséquent, n'ont pas la propriété détersive qui fait toute leur valeur.

La présence forcée de la glycérine, cette substance soluble, sucrée, base essentielle des corps gras avant leur décomposition en acides gras, et impossible à éliminer dans la fabrication qui nous occupe, exerce une action favorable en bien des cas, notamment pour adoucir la peau.

Les matières mises en œuvre exigent une pureté exceptionnelle. Comme corps gras, les plus employés, sont : au premier rang les huiles de coco, de coprah, de palmiste ; viennent ensuite celles de coton, de palme, brute ou décolorée, d'arachide, de sésame, l'acide oléique, l'axonge, le suif et les graisses animales.

Quant aux lessives, appelées à rester en totalité dans la pâte savonneuse, elles doivent être très pures et relativement très concentrées.

Il faut à peu près de soude caustique hydratée pure (NaOHO) :

	D'acide oléique............	14 kg., 300
	D'huile de coco ou de coprah.	17 — 500
Par 100 kg.	— de palme............	15 — »
	— de palmiste..........	16 — »
	De suif................	13 — 600

Les huiles de coco, de coprah et de palmiste ayant la propriété d'absorber et de retenir d'énormes proportions d'eau, on a eu le tort d'en abuser souvent pour arriver à des rendements fantastiques qui ont compromis la réputation des savons d'empâtage, alors que fabriqués dans des conditions normales ils peuvent, grâce à leurs qualités émulsives spéciales et au bon marché auquel il est possible de les fournir, être parfois avantageux aux consommateurs.

L'adjonction d'une certaine proportion de potasse carbonatée ou caustique soit dans la lessive de soude, soit à part, apporte du liant et de l'homogénéité en même temps qu'elle rend les savons plus mousseux, plus doux et plus souples. La potasse carbonatée présente particulièrement l'avantage de préserver la pâte de la poussée au sel.

Les savons d'empâtage se répartissent en deux classes :

Savons à chaud ;

Savons à froid.

A. SAVONS D'EMPATAGE A CHAUD

Les huiles concrètes de coco, de coprah et de palmiste forment, ainsi que nous l'avons dit, la base des savons d'empâtage en général.

Le mode d'opérer est des plus simples pour les savons d'empâtage à chaud ; on commence par faire fondre les corps gras à une douce chaleur, puis on verse en chaudière une quantité égale de lessive caustique. Lorsque la masse se met à bouillir, on ajoute peu à peu et et en remuant sans cesse, le complément de la lessive nécessaire à la saponification en veillant attentivement à ne pas interrompre l'ébullition.

Sous l'action de la chaleur et de la lessive, la masse devient fluide et transparente en même temps qu'elle s'évapore. C'est à ce moment, c'est-à-dire pendant que la cuisson s'effectue, qu'on procède à l'incorporation des autres produits.

Il est très important de ne pas couler en mises immédiatement la cuisson terminée et de brasser le savon lorsqu'il s'y trouve durant quelque temps.

Savon d'huile de coco

Huile de coco..........................	300 kg.
Lessive de soude caustique à 20° Bé....	500 —
— de potasse —	50 —
Cristaux de soude.......................	50 —
Solution de potasse carbonatée à 30° Bé	100 —
— de chlorure de sodium à 20° Bé	100 —

Rendement 330.

Savon d'huiles de coco et de palme

Huile de coco........................ •	90 kg.
— de palme.......................	10 —
Lessive de soude caustique à 20° Bé....	145 —
Solution de potasse carbonatée à 40° Bé.,	35 —
— de chlorure de sodium à 15° Bé	50 —

Rendement 300.

Savon d'huiles de coco et de ricin

Huile de coco.......................	180 kg.
— ricin........................	20 —
Lessive de soude caustique à 23° Bé,.....	260 —
— potasse — 25° Bé......	40 —
Solution de chlorure de sodium à 18° Bé.	70 —

Rendement 250.

Savon d'huile de coprah et de suif avec huiles de palme et de ricin

Huile de coprah.......................	70 kg.
— ricin.........................	5 —
— palme........................	2 —
Suif.................................	23 —
Lessive de soude caustique à 22° Bé.....	140 —
Potasse carbonatée 80/85 0/0...........	20 —

Rendement 230.

Savon d'huile de palmiste

I

Huile de palmiste.......................	100 kg.
Lessive de soude caustique à 20° Bé.....	140 —
— — carbonatée à 25° Bé...	35 —
— potasse — à 30° Bé...	45 —
Solution de chlorure de sodium à 23° Bé.	60 —

Rendement 330.

II

Huile de palmiste......................	100 kg.
Lessive de soude caustique à 25° Bé.....	120 —
Solution de chlorure de sodium à 25° Bé....	80 —
— de chlorure de potassium à 20° Bé	100 —
— de carbonate de soude à 5° Bé..	25 —
Rendement 410.	

Savon d'huiles de palmiste, de coprah, de coton et de suif

Huile de palmiste......................	300 kg.
— de coprah...................:........	100 —
— de coton...................·........	100 —
Suif..............................:	120 —
Lessive de soude caustique à 20° Bé.....	1300 —
— potasse carbonatée à 30° Bé..	100 —
Solution de chlorure de sodium à 20° Bé.	200 —
Rendement 320.	

B. SAVONS D'EMPATAGE A FROID

Leur fabrication impose l'obligation de n'employer que des lessives fortes et d'agiter pendant toute la durée de l'empâtage. Ces savons diffèrent de ceux obtenus à chaud, en ce que la saponification est toujours opérée à une température de 40 à 50° C. au maximum et non à 100° C. On doit en outre se limiter à de très petites opérations, aussi les savons à froid occupent-ils une place insignifiante parmi les savons de ménage.

Une remarque sur laquelle nous ne saurions trop appeler l'attention, c'est que les savons à froid à peine coulés en mises, loin de perdre d'une façon immédiate le peu de calorique qu'ils possèdent, jouissent au contraire de la curieusé propriété de subir une élévation de température qui leur communique une très grande fluidité.

Il en résulte que la saponification qui, en chaudière, n'avait eu lieu que d'une façon incomplète, s'achève alors réellement.

On favorise cette réaction en entourant les mises de matelas d'étoupe jusqu'à ce que la pâte se soit solidifiée.

Savon de suif et d'huile de coco

Suif blanc............................	100 kg.
Huile de coco........................	100 —
Lessive de soude caustique à 30° Bé.....	175 —
Lessive de carbonate de potasse à 25° Bé .	25 —

Faites fondre ensemble le suif et l'huile de coco, passez-les à travers un tamis fin ou une toile, laissez refroidir à 40° C. et ajoutez alors la lessive de soude caustique, en agitant continuellement.

Lorsque la liaison est complète mettez alors la lessive de carbonate de potasse et aussitôt que le savon commence à s'épaissir coulez-le dans les mises aussi vite que possible. Au bout de vingt-quatre heures il peut être divisé.

Ce savon a une très belle apparence quand il a été séché cinq à six heures et pressé dans un moule.

Savon de suif et d'huiles de coco et de palmiste

Suif blanc......................	50 kg.
Huile de coco...................	50 —
Huile de palmiste..............	50 —
Lessive de soude caustique à 36° Bé	75 —

Les corps gras étant fondus puis débarrassés de leurs impuretés comme ci-dessus, aussitôt qu'ils n'accusent plus qu'une température de 40° C. on opère la saponification en remuant sans cesse et dès que l'épaississement se manifeste on opère la coulée en mises.

Souvent ce genre de savon est additionné d'une petite proportion d'huile de palme.

Savon noir dit « savon bronze »

Graisses communes.............	100 kg.
Huile de coton noire...........	20 —
Résidus d'épurations d'huiles....	30 —
Lessive de soude caustique à 38° Bé	75 —

Fondre dans une chaudière toutes ces matières grasses et les couler ensuite dans une mise en tôle bien étanche. Quand la température est tombée à 40° C., introduire peu à peu la lessive en brassant énergiquement. L'empâtage se produit d'une façon instantanée, mais lorsqu'il est terminé il faut continuer le brassage jusqu'à ce qu'il devienne impossible.

Au bout de quarante-huit heures, enlever les côtés de la mise et ne découper le savon qu'après un ou deux jours.

Avant de le livrer à la consommation on doit le sécher.

2. SAVONS MIXTES

On qualifie de *mixtes* tous les savons fabriqués par le mélange intime d'un savon de relargage avec un savon d'empâtage et dont le type se rapproche beaucoup des savons levés sur lessive.

Cette méthode, limitée en France à la préparation des savons dijonnais, est au contraire très étendue en Allemagne et en Autriche.

Les savons dijonnais, reconnaissables à leur marbrure rouge ou bleue, viennent, comme importance de production, après les savons d'acide oléique ; mais ils sont inférieurs à ces derniers, leur fabrication étant complètement différente. En effet la pâte en est moins pure, plus caustique et elle contient une forte proportion d'eau. La vogue dont ils jouissent n'est due qu'à leur bon marché excessif et à leurs propriétés éminemment détersives.

Examinons maintenant comment on obtient chacun des savons destinés à être mélangés.

Savon de relargage

Graisse d'os....................	800 kg.
Huile de palmiste..............	300 —
Lessive de soude caustique à 8° Bé	1000 —
— à 12° Bé	1300 —
— à 22° Bé	500 —

On commence par chauffer la totalité de la lessive à 8° Bé (Dté : 1,060) et aussitôt que l'ébullition se manifeste, on introduit dans la chaudière la graisse d'os et l'huile de palmiste en continuant de faire bouillir.

Dès que l'empâtage est en bonne voie, verser par petites parties
la lessive à 12° Bé (Dté : 1,091) en brassant sans cesse afin de favoriser la combinaison et lorsque cette lessive est absorbée mettre celle
à 22° Bé (Dté : 1,180). Activer alors le feu pour avoir une ébullition
assez intense qui rend la pâte claire et homogène, caractères indispensables pour effectuer le relargage.

Cette opération a lieu par la projection en chaudière de 100 kg.,
de sel marin et au bout d'une ébullition d'une courte durée qui
élimine la totalité de la mousse, on couvre le feu pour permettre à
la lessive usée qui vient d'être séparée de se réunir au fond de la
chaudière.

Savon d'empâtage

Huile de palme blanchie ou suif.	400 kg.,	
— de coco ou de palmiste....	400 —	
Lessive de soude caustique à 15° Bé	300 —	
— à 20° Bé	600 —	
— à 25° Bé	300 —	

Opérer tout d'abord la fusion complète de l'huile de palme
blanchie ou du suif et empâter avec la lessive à 15° Bé (Dté : 1,116).
Mettre ensuite peu à peu l'huile de coco ou de palmiste, puis la
lessive à 20° Bé (Dté : 1,162).

Une fois la masse en chaudière bien liée, ajouter par fractions
250 kg., de lessive à 25° Bé (Dté: 1,210) et faire bouillir fortement la
pâte savonneuse en la réglant avec les 50 kg.,de la dernière lessive
tenus en réserve.

Lorsque le savon, soumis à une évaporation soutenue, offre les
indices d'une cuisson parfaite on cesse de chauffer.

Les savons de relargage et d'empâtage étant terminés, on les
réunit dans une troisième chaudière et on les fait bouillir jusqu'à
ce que, sous l'action de la chaleur et d'un brassage énergique, ils
acquièrent une homogénéité irréprochable.

Souvent, au lieu de préparer et de mélanger ainsi les deux
savons dont nous venons de parler, on saponifie primitivement
l'huile de palme blanchie ou du suif avec une lessive de soude
caustique à 15° Bé (Dté : 1,116) et on sépare avec le sel marin.

On soutire ensuite la lessive usée dès qu'elle est précipitée, puis on ajoute en chaudière de l'huile de palmiste ou de coco que l'on saponifie avec une lessive plus forte de 10° Bé que la première, c'est-à-dire à 25° Bé (Dté : 1,210). Ce dernier mode d'opérer exige aussi une cuisson parfaite.

La marbrure rouge ou bleue ne peut être bien réussie qu'en ayant une longue pratique. La première est obtenue avec 2 kg., d'ocre rouge lavé surfin, délayé dans 6 ou 8 kg., d'eau ; pour la seconde on emploie seulement 0 kg. 500 gr. de bleu d'outre-mer de qualité extra, détrempé dans 2 à 4 kg., de lessive faible. Ces proportions s'entendent par 1.000 kg., de corps gras.

L'introduction des couleurs dans la pâte savonneuse doit être faite un quart d'heure avant l'ébullition finale et sitôt que la masse est colorée d'une façon complète, on la coule dans des mises, aussi chaude que possible, en ayant soin de recouvrir ces mises et de les entourer de matelas d'étoupe, pour favoriser la formation de la marbrure. Celle ci présente des veines rouges ou bleues, qui sont minces et rapprochées, si le refroidissement a été trop rapide, tandis qu'au contraire elles sont larges et écartées s'il ne s'est produit que lentement.

Le point capital, pour la réussite de cette opération, c'est d'avoir une pâte très concentrée, sinon le savon reste uniformément coloré.

La marbrure tricolore est obtenue en mélangeant, en mises, deux savons de même constitution, dont l'un est rouge et l'autre bleu.

On fabrique aussi des savons dijonnais simplement par relargage ou par empâtage. Dans le premier cas, la marbrure est acquise comme ci-dessus, mais, dans le second, on retire le feu immédiatement après l'introduction de la matière colorante et on ne coule en mises qu'au bout de cinq à six heures.

Dans le commerce on rencontre des imitations de savons dijonnais chez lesquels la marbrure naturelle a été remplacée par une marbrure artificielle identique à celle qui a été décrite dans le chapitre précédent.

Voici le mode de fabrication d'un savon mixte incolore assez estimé en Allemagne et en Autriche :

Suif blanc......................	500 kg.
Lessive de soude caustique à 25° Bé	600 —
Huile de palmiste...............	500 —
Lessive de soude caustique à 25° Bé	600 —
— de potasse carbonatée à 25° Bé	100 —

Saponifier le suif avec 600 kg., de lessive de soude caustique à 25° Bé (Dt$_{é}$: 1,210) et, dès que le savon est terminé, le séparer par le sel marin, puis laisser reposer.

Faire dans une autre chaudière, un savon d'empâtage d'huile de palmiste avec également 600 kg., de soude caustique à 25° Bé, le soumettre à une ébullition de plusieurs heures afin qu'il devienne clair, puis raccourcir la pâte en y ajoutant une solution de sel marin à 20° Bé (Dt$_{té}$: 1,162).

. Mélanger alors à ce savon celui de suif levé sur lessive, sans forcer le feu. Quand la liaison des deux savons est opérée, porter la masse à l'ébullition jusqu'à ce qu'elle soit devenue d'une consistance suffisante. Ce point acquis, il ne reste plus qu'à couler en mises lorsque la température s'est abaissée à 60° C.

On voit que les corps gras surtout recherchés pour les savons mixtes sont le suif, la graisse d'os, les huiles de palme, de palmiste et de coco ; nous ne saurions trop recommander de joindre à cette nomenclature l'acide palmitique qui permet de corriger ces savons dans bien des circonstances.

Il n'est pas nécessaire que ces lessives soient absolument caustiques ; car on a toujours remarqué qu'une proportion de 15 à 20 p. 100 de carbonate de soude est plutôt préférablement que nuisible.

L'addition d'une petite proportion de carbonate de potasse exerce, d'autre part, une heureuse influence ; elle supplée à la fabrication quelque peu imparfaite des savons que nous venons d'examiner en communiquant à leur pâte une souplesse qui lui fait toujours défaut et de plus la préserve de la poussée au sel.

3. Observations sur la marbrure

Les causes de la marbrure sont aujourd'hui parfaitement expli
quées, elles ont pour raison la cristallisation de savons d'acides gras
plus solides dans des savons d'acides gras plus liquides.

Les parties blanches sont représentées par les savons d'acides
gras liquides. On concevra donc qu'on peut, à volonté, faire varier
les parties blanches, en ajoutant plus ou moins d'huiles ou de
graisses riches en acides gras solides.

Les deux sortes de savons étant d'une densité différente, pour
produire la marbrure, il est important d'obtenir une pâte assez peu
fluide pour empêcher le dépôt de la partie la plus dense et par conséquent le manque de marbrure.

Les causes qui rendent les pâtes trop fluides sont :

1° Une trop grande chaleur.

2° Un excès d'alcali caustique.

3° Un excès de chlorure de sodium.

1° *Une trop grande chaleur.* — Il est de toute nécessité de rechercher la température favorable à une qualité de savon donnée ; une
température trop basse empêche la cristallisation, le savon prenant trop rapidement la pâte reste alors presqu'unicolore.

Une température trop haute favorise la séparation des savons de
densité différente, le refroidissement devenant beaucoup trop lent,
les savons lourds tombent au fond de la mise et l'on obtient deux
couches distinctes, l'une blanche, l'autre colorée.

En règle générale plus le rendement est élevé plus la température doit être basse au moment du coulage du savon.

Il est impossible de donner une base fixe sur ce point, elle est
excessivement variable selon la saison et le climat, tout ce que nous
pouvons dire, c'est que la température utile oscille entre 80 et 90° C.
Le contremaître chargé de ce travail arrivera avec peu de tâton-
nements à reconnaître la température favorable.

2° *Un excès d'alcali caustique.* Il est une très mauvaise habitude
en savonnerie, l'emploi de l'aréomètre Baumé, cet instrument

n'indiquant qu'un nombre de dégrés qui correspondent à une densité plus ou moins élevée et ne donnant par suite aucune indication sur la composition des lessives. Pour un travail sérieux ce qu'il faut c'est un essai alcalimétrique. D'ailleurs avec très peu d'habitude on arrive à connaître exactement le titre des lessives, et cela dans un laps de temps presqu'aussi court que par l'emploi du pèse-lessive. Presque tous les déboires du savonnier proviennent du pèse-lessive.

Un excès de soude caustique tend à liquéfier le savon, il importe donc de n'en employer que la quantité nécessaire à la saponification.

3° *Un excès de chlorure de sodium.* — Tous les contremaîtres savonniers savent que d'un côté ce chlorure durcit les savons d'empâtage, et que d'un autre il tend à liquéfier d'abord la pâte puis, en excès, à séparer les lessives, on devra par conséquent, pour les savons marbrés, n'utiliser ce produit qu'avec la plus grande circonspection.

CHAPITRE XII

MATÉRIEL DES SAVONS MOUS

Comparé au matériel des savons durs, le matériel des savons mous est excessivement restreint. Réduit, en effet, à l'indispensable, il comporte :

Un bac pour la préparation des lessives.

Des réservoirs pour leur conservation,

Une ou plusieurs chaudières à saponifier.

Mais, comme dans bien des cas, si l'on se borne à une installation aussi primitive la main-d'œuvre est sensiblement plus élevée, nous allons nous appliquer à étudier dans ce chapitre le matériel le plus perfectionné tout en visant à ce qu'il soit le plus économique pour le prix de revient du produit fabriqué.

La cuisson du savon mou ne pouvant être opérée qu'à feu nu, on ne fait usage de vapeur que pour l'empâtage et encore est-ce une exception ; aussi le générateur de vapeur a un emploi limité généralement à la proportion des lessives et à la force motrice.

GÉNÉRATEUR DE VAPEUR

Le générateur système Babcok et Wilcox, fig. 58, se compose d'un *faisceau tubulaire* incliné A, communiquant au moyen de passages verticaux, avec un *réservoir* cylindrique supérieur B, contenant de l'eau et de la vapeur, et à l'arrière, au point le plus bas de la chaudière, avec un collecteur C.

Les communications ou passages sont des *boîtes* en fonte, d'une seule pièce pour chaque série verticale de tubes, dans lesquelles

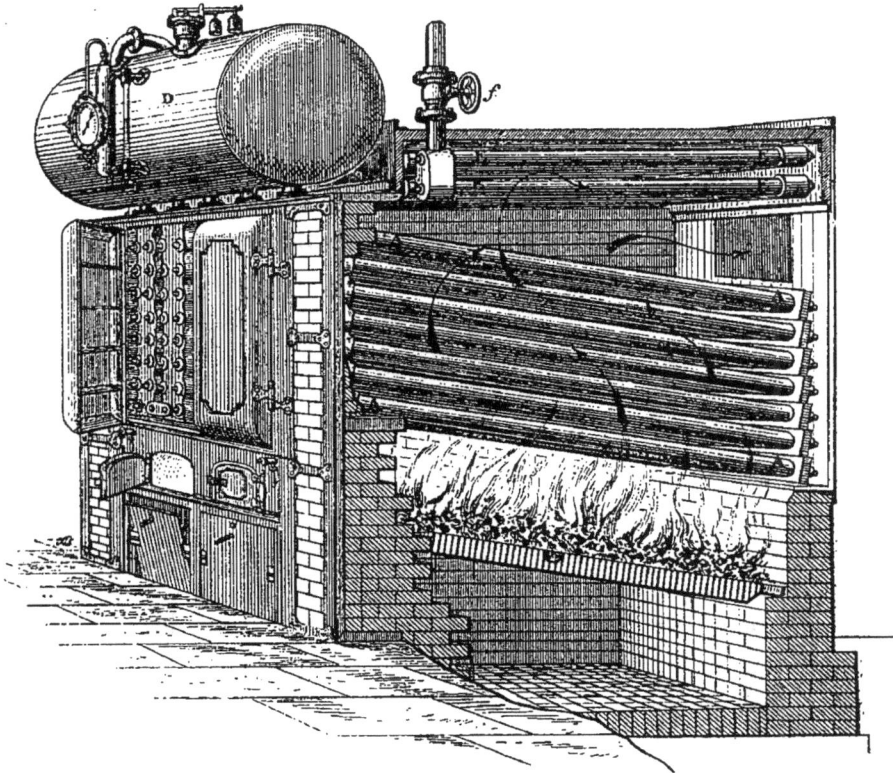

Fig. 58. — Générateur Babcok et Wilcox.

ces derniers sont emmanchés à leurs deux extrémités. Le faisceau tubulaire est constitué pour l'assemblage d'un certain nombre de séries verticales, ou éléments de tubes, et grâce à la forme serpentine des boîtes de communication, les tubes se présentent en quinconces dans l'assemblage général, c'est-à-dire que chaque série horizontale de tubes se trouve au-dessus des espaces vides de la série précédente.

Les trous dans lesquels les tubes sont insérés sont légèrement coniques et les tubes y sont mandrinés.

Ces réservoirs sont en communication avec le réservoir cylindrique supérieur, et avec le collecteur inférieur, au moyen de tubes courts, **D, E**, mandrinés également dans les trous. Le réservoir cylindrique supérieur est construit en tôle d'acier ; le collecteur est en fonte et sa fonction est de recevoir les dépôts calcaires précipités pendant l'évaporation.

Le faisceau tubulaire est partagé en 3 parties F, G, H, par des chicanes I, J.

Cette chaudière est montée indépendante de la maçonnerie, ou du devant du foyer, suspendue sur des traverses en fer, reposant sur des colonnes du même métal.

Si nous étudions le fonctionnement de ce générateur, nous voyons que le foyer est placé au-dessous de la partie inclinée F du faisceau tubulaire, qui est la plus élevée ; la flamme et les produits de la combustion sont obligés, par les chicanes I, à s'élever à travers cette partie du faisceau tubulaire, à une chambre de combustion triangulaire C, située au-dessous du réservoir cylindrique, puis à descendre à travers la deuxième partie G du faisceau tubulaire, et enfin à remonter à travers la troisième partie H avant de passer finalement à la cheminée.

L'eau dans les tubes étant chauffée, a une tendance à monter vers leur extrémité supérieure, et lorsque se forme la vapeur, la colonne mélangée de celle-ci et d'eau, étant d'une gravité spécifique moindre que l'eau à l'arrivée de la chaudière, monte par les passages au réservoir supérieur, où la vapeur se dégage, et l'eau, refoulée à l'arrivée, redescend dans les tubes en produisant une circulation continue.

La prise de vapeur se trouve à la partie la plus élevée du réservoir cylindrique supérieur, vers l'arrière de la chaudière, afin que la vapeur se soit bien dégagée de l'eau avant d'être utilisée.

MACHINE A VAPEUR

La machine, fig. 59, est du type pilon à cylindre renversé et présente l'avantage d'une construction robuste sans organe délicat, qui la rend précieuse dans les petites installations où il n'y a pas de mécanicien attitré et où la machine à vapeur doit être conduite par un ouvrier quelconque de l'usine. Elle tient peu de place et le bâti en fonte sur lequel elle est fixée lui assure une assise solide. Ces machines sont munies du régulateur de sûreté Soho de Tangye qui leur assure une marche absolument régulière.

Fig. 59. — Machine à vapeur verticale à cylindre renversé, système Dehaitre.

La machine pilon se construit sans détente pour les forces de 1 à 6 chevaux et avec détente variable à la main pour les forces de 6 à 9 chevaux.

Au-dessus de cette force la machine verticale pilon se construit avec deux cylindres et peut rendre de bons services partout où le manque d'emplacement empêchera de mettre une machine horizontale.

APPAREILS A CAUSTIFIER

Pour la préparation de la lessive caustique, l'appareil le plus en usage est en tôle et affecte la forme d'un parallélogramme avec fond arrondi.

Pour le chauffage à la vapeur il comprend :

1° Des tuyaux de conduite de vapeur.

2° Un mélangeur à palettes pour tenir la chaux en suspension.

3° Un décanteur en plomb, avec articulation, qui présente l'avantage de ne troubler la lessive en aucune façon et de la décanter après repos complet du carbonate de chaux.

4° Une soupape pour retenir la chaux débarrassée d'alcali.

Enfin on doit disposer au-dessus de ce bac un système de poulies permettant de lever ou d'abaisser, selon les besoins, une grille où l'on dépose la chaux vive qui doit opérer la décarbonatation du sel potassique.

Dans le chapitre qui traite du matériel des savons durs autres que ceux de Marseille, nous avons décrit un caustificateur qui comprend un grillage pour éteindre la chaux et un récipient affecté à la préparation d'un lait de chaux. L'expérience nous ayant démontré que ce système de caustificateur était infiniment préférable, nous ne saurions trop engager les savonniers à l'adopter.

En Allemagne on opère, dans quelques usines, la caustification dans une chaudière de forme ordinaire, puis on abandonne au repos. Dès que la lessive se montre limpide, on ouvre un robinet placé au-dessus de la surface du dépôt de carbonate de chaux, faisant ensuite descendre lentement un couvercle en bois léger jusqu'à l'affleurement du dépôt calcaire, on fait arriver sur ce couvercle l'eau destinée au lavage.

Peu à peu on voit le couvercle se lever sans que la chaux soit remuée et en raison de la pression exercée par l'eau agissant du haut en bas la lessive caustique plus dense, s'écoule par un robinet placé au fond de la chaudière et est remplacée par de l'eau jusqu'à complet lavage de la chaux.

BARBOTTEUR SANS BRUIT A JET DE VAPEUR DIRECTE

Ce barbotteur rend de réels services pour la préparation des lessives ; on le place dans la partie inférieure d'un bac, comme l'indique la fig. 60. Le jet de vapeur, qui traverse l'appareil, aspire l'eau qui l'entoure et lui transmet sa chaleur, tout en refoulant cette eau avec une grande vitesse. On obtient ainsi une circulation énergique, ainsi que le chauffage rapide du volume de liquide contenu dans le bac.

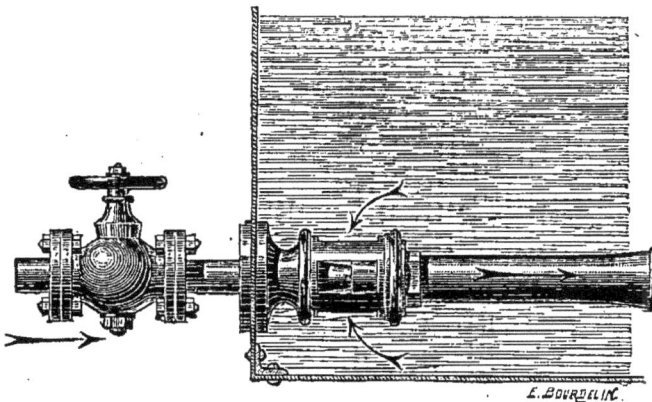

Fig. 60. — Barbotteur sans bruit, à jet de vapeur directe.

La vapeur entrant librement dans un bac, produit généralement un bruit désagréable, en employant ce barbotteur à jet de vapeur on chauffe presque sans bruit.

Pour le montage, on doit avoir soin que le tuyau de vapeur et la valve de vapeur soient bien du diamètre intérieur qui convient. Avant de raccorder le tuyau de vapeur, il faut que celui-ci ait été nettoyé intérieurement, ce qui est aisé à faire à l'aide d'un jet de vapeur à haute pression. Pour la mise en marche il suffit d'ouvrir la valve de prise de vapeur.

SIPHON POUR DÉCANTATION DES LESSIVES

Dans certaines savonneries, dès que la caustification est terminée et la première lessive forte enlevée, on divise le dépôt de carbonate de chaux dans deux ou trois bacs ordinaires de petite dimension, afin d'effectuer plus convenablement les lavages qui doivent enlever à ce dépôt l'alcali caustique qui s'y trouve retenu.

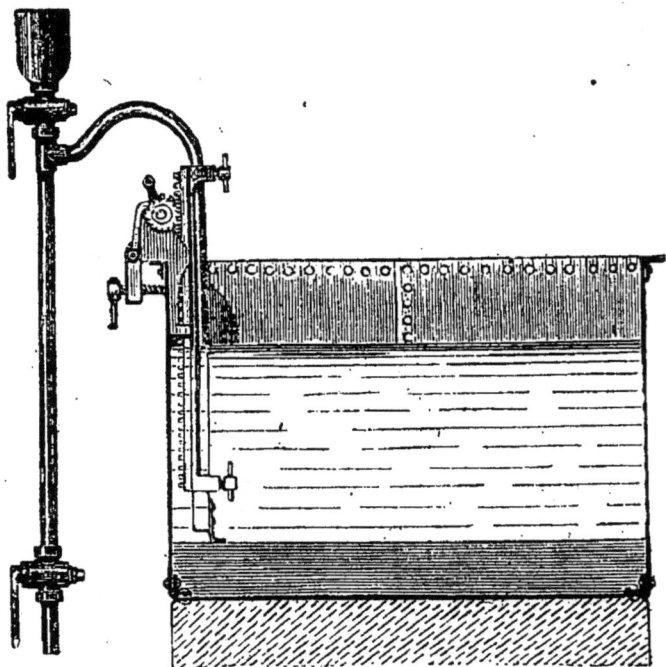

Fig. 61. — Bac avec siphon mobile pour décantation des lessives système Rost.

Lorsque le liquide s'est clarifié après repos, on visse le support d'un siphon sur le bord extérieur du bac dont on veut décanter la lessive limpide, fig. 61, on glisse sa branche recourbée munie d'une crémaillère à travers l'anneau de ce support, en ayant soin que sa partie isolatrice affleure le dépôt de carbonate de chaux. Ceci fait, on ferme les robinets du siphon et on l'amorce en versant de l'eau ou de la lessive dans le petit entonnoir placé au-dessus de la branche droite d'écoulement. Ouvrant alors le robinet au-dessous de l'entonnoir, le liquide remplit cette branche et s'écoule par son extrémité inférieure en raréfiant l'air de la branche d'amorce, c'est-à-dire de la plus petite. La pression atmosphérique force la lessive à monter dans cette dernière et, pourvu que la raréfaction de l'air soit suffisante, le siphon s'amorce de lui-même et en très peu de temps la décantation se trouve terminée dans les meilleures conditions.

BAC POUR L'EGOUTTAGE DU CARBONATE DE CHAUX

Le bac, fig. 62, qui est assez répandu dans les savonneries du Nord de la France, se divise en deux parties. La première A reçoit la chaux à l'état pâteux. La seconde B, remplie de cailloux ou d'escarbilles qu'on recouvre de paillons C, sert au filtrage de l'eau abandonnée par le carbonate de chaux.

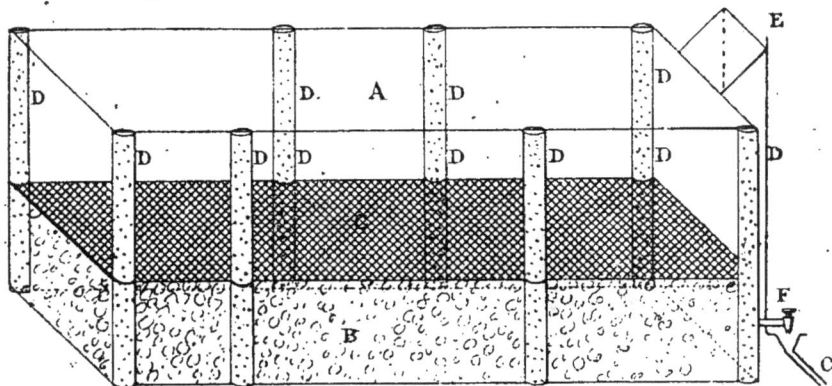

Fig. 62. — Bac pour l'égouttage du carbonate de chaux.

Ce filtrage est facilité en outre par six gros tuyaux D, percés de nombreux trous, et entourés aussi de paillons.

Une fois égouttée, la chaux est jetée dans la conduite en bois E, d'où elle tombe dans une brouette pour être transportée hors de la fabrique. L'eau s'écoule par le robinet F dans un tuyau à entonnoir

G ; et on ne la recueille que si elle marque encore un à deux degrés Baumé.

BAC POUR LA CONCENTRATION DES LESSIVES

La concentration des lessives par la vapeur réunit des conditions d'économie et de célérité indiscutables ; on doit donc, autant que possible, lui donner la préférence sur la concentration à feu nu.

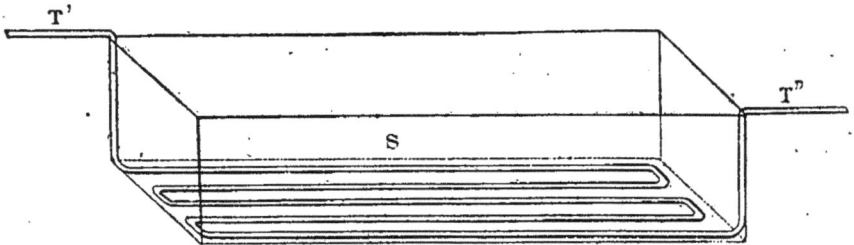

Fig. 63. — Bac pour la concentration des lessives à la vapeur.

Ainsi que l'indique la fig. 63, le bac destiné à élever par évaporation la richesse des lessives caustiques doit avoir peu de hauteur. La vapeur arrive par le tuyau T et, après circulation dans le serpentin S, reposant sur le fond du bac, sort par le tuyau T″.

RESERVOIRS POUR HUILES ET LESSIVES

Ces réservoirs qui affectent ordinairement la forme indiquée par

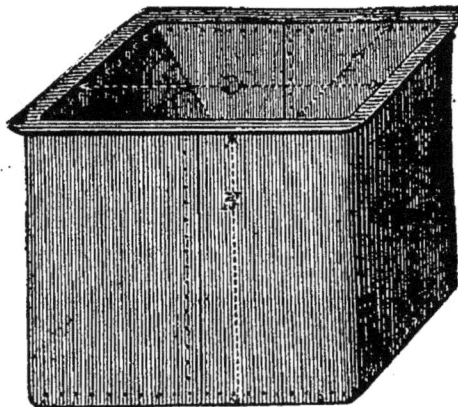

Fig. 64. — Réservoirs pour huiles et lessives

la fig. 64, doivent toujours être placés de telle façon qu'en ouvrant un robinet les huiles ou les lessives puissent s'écouler dans la chaudière à saponifier au moyen d'une simple conduite.

La tôle de ces réservoirs doit avoir 4 à 5 millimètres, suivant capacité.

FILTRE-PRESSE

Dans le chapitre qui traite de la préparation des lessives destinées aux savons durs ordinaires, nous avons, en nous occupant de l'élimination de la lessive caustique du carbonate de chaux, touché quelques mots de l'emploi du filtre-presse.

Nous n'avons pas parlé de cet appareil, en passant en revue le matériel des savons à base de soude, pour un motif aisé à apprécier, c'est que proportionnellement le nombre des fabricants de savons mous qui caustifient le carbonate de potasse est de beaucoup supérieur à celui des fabricants de savons durs qui caustifient le carbonate de soude, la plupart de ces derniers, ce sont en général ceux de moindre importance, jugeant préférable pour leur intérêt de consommer de la soude caustifiée qu'ils reçoivent en masse. Enfin il est une autre raison qui nous amène à développer ici les avantages du filtre-presse, c'est que pour les producteurs de savons mous si les dépôts de carbonate de chaux ne sont pas absolument débarrassés de potasse caustique, ils éprouvent un préjudice beaucoup plus grand que celui qui existerait avec la soude caustique, la potasse, étant presque d'une valeur double de celle de la soude.

Le filtre-presse évite toute perte d'alcali, supprime les lavages qui fournissent des lessives de plus en plus étendues, enfin le carbonate de chaux obtenu sous la forme de tourteaux, à peu près secs, est alors d'un transport on ne peut plus facile et par suite très économique.

Cet appareil, fig. 65, est formé de plateaux en fonte qui, placés verticalement, forment, lorsqu'on les rapproche, une série de chambres à filtrer entre deux tissus consécutifs soutenus par les plateaux correspondants.

La matière à filtrer est ensuite refoulée dans l'appareil, soit à l'aide d'une pompe, soit à l'aide d'un monte-jus, par pression de vapeur ou d'air comprimé (Ce dernier moyen est, dans beaucoup de cas, le plus favorable en même temps que le plus, économique).

Fig. 65. — Filtre-presse.

Le liquide, ainsi refoulé dans le filtre-presse, s'écoule le long des cannelures après avoir traversé le tissu parfaitement clarifié, et est recueilli par les robinets dont chacun des plateaux est muni.

Lorsque l'écoulement ne se fait plus que très lentement, alors que la pression a été portée à 4 ou 5 atmosphères, ce qui a généralement lieu après 20 ou 25 minutes de fonctionnement, c'est que les chambres sont remplies de matière solide.

On desserre alors les écrous à volant et, en écartant les plateaux, on trouve entre ceux-ci le résidu sous forme de tourteaux secs.

CHAUDIÈRES

Il n'y a pas la moindre hésitation à avoir quand il s'agit d'établir une chaudière destinée exclusivement à la fabrication de savons mous, car il est de toute nécessité qu'elle soit chauffée à feu nu. Nous ne disons pas pour cela que l'on renonce tout à fait à l'emploi de la vapeur ; elle peut, en effet, être un bon auxiliaire au début ; mais on doit l'abandonner quand il s'agit d'évaporer d'aussi grandes quantités d'eau comme l'exige la cuisson d'un savon mou quelconque, rien n'est plus facile que d'en juger par ce qui suit.

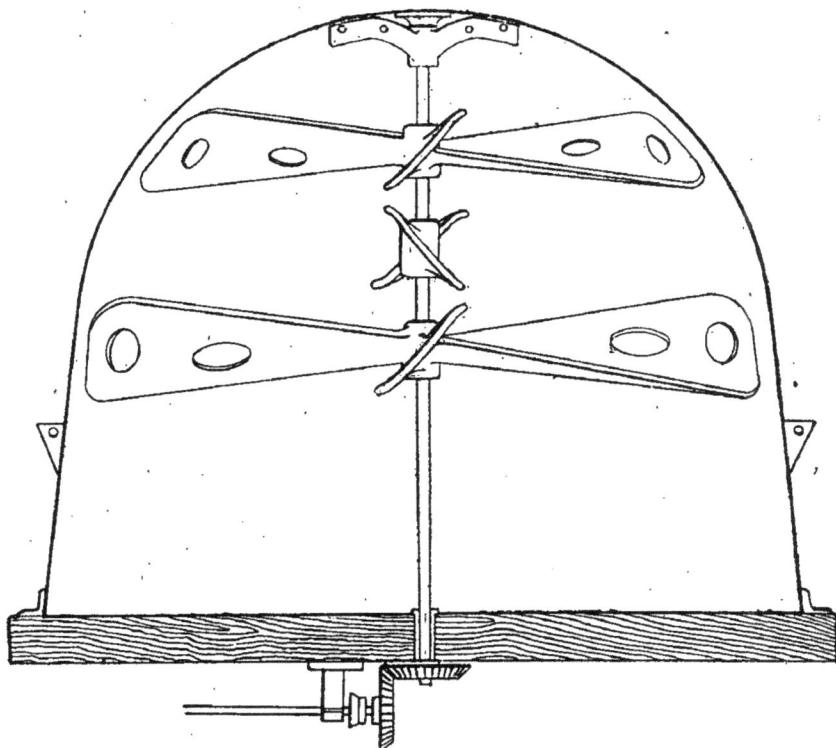

Fig. 66. — Chaudière à hélices mues par la vapeur.

Pour saponifier 1,000 kg., d'huile, il faut environ 2,000 kg., de lessive de potasse caustique marquant 14° à l'aréomètre Baumé, et le savon est ordinairement cuit quand, par suite de la concentration opérée en chaudière la lessive a été amenée à 28° Bé.

Ceci posé, comme 5000 kg., d'huile exigeront 10000 kg., de lessive à 14° Bé, il y aura à évaporer, pour qu'elle atteigne 28° Bé, 5000 kg., d'eau, et si nous supposons pour le brassin une durée de 10 heures, il en résultera que par heure il sera nécessaire d'évaporer 500 kg., d'eau.

Presque toutes les savonneries un peu importantes possèdent la chaudière fig. 66. Tantôt elle est à trois, tantôt à quatre hélices qui s'entrecroisent et possèdent un certain nombre de trous.

En réglant le mécanisme qui les met en mouvement, on leur imprime plus ou moins de vitesse.

Au commencement de la saponification, il n'y a aucune utilité à mettre les hélices en marche, mais seulement lorsqu'on termine cette opération.

Les hélices imprimant à la pâte savonneuse un mouvement de rotation souvent trop accentué ; pour y obvier l'on place dans la chaudière des bras en fer pour le contrarier.

Les petits savonniers qui ne disposent pas de vapeur se servent de la chaudière ci-dessous, fig. 67, qui est munie d'un rable, fig. 68 et 69.

Les fig. 70 et 71 donnent l'installation (coupe verticale et coupe horizontale) de deux chaudières en tôle ayant chacune une capacité de 4 mètres cubes 730 litres ; ce qui permet d'y saponifier 1000 kg., d'huiles de graines et d'obtenir, au rendement de 250, par exemple, 2500 kg., de savon, soit pour les deux chaudières 5000 kg.

On voit qu'en principe il faut à peu près une chaudière de 5 mètres cubes pour la saponification de 1000 kg., d'huiles de graines.

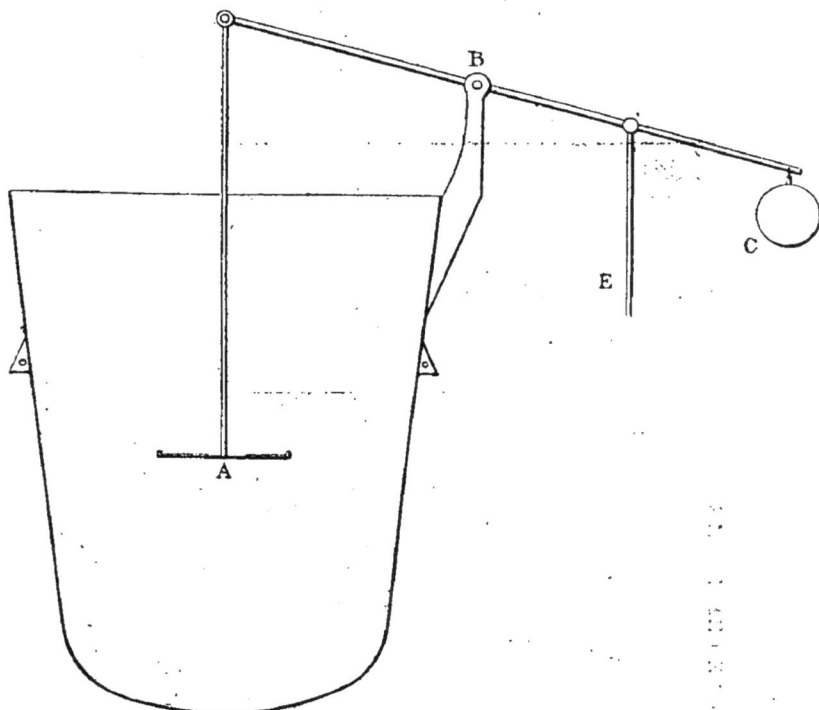

Fig. 67. — Chaudière munie d'un agitateur articulé à main.
A, Râble lors de la montée.   C, Contre-poids.
B, Levier.   E, Balancier.

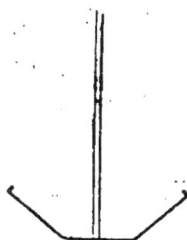

Fig. 68. — Râble lors de la descente.

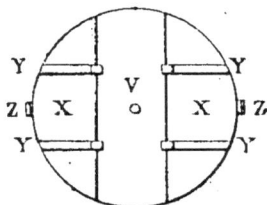

Fig. 69. — Plan du râble.

V, Partie fixe.
XX, Battants qui se relèvent lors de la
    descente du râble dans le savon et
    retombent lors de sa montée.

YYYY, Charnières rivées d'un côté à la
    partie fixe, de l'autre aux deux parties
    mobiles.
ZZ, Taquets afin d'empêcher les battants
    de frapper contre la tige du râble.

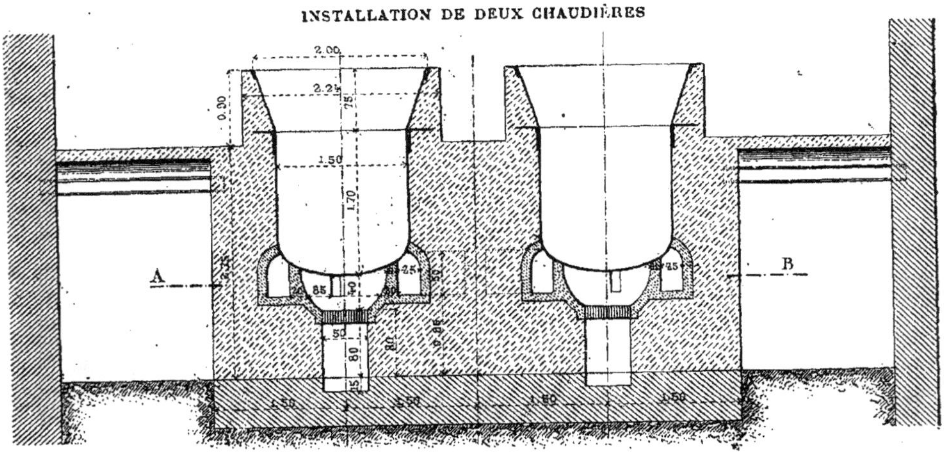

Fig. 70. — Coupe verticale par C D.

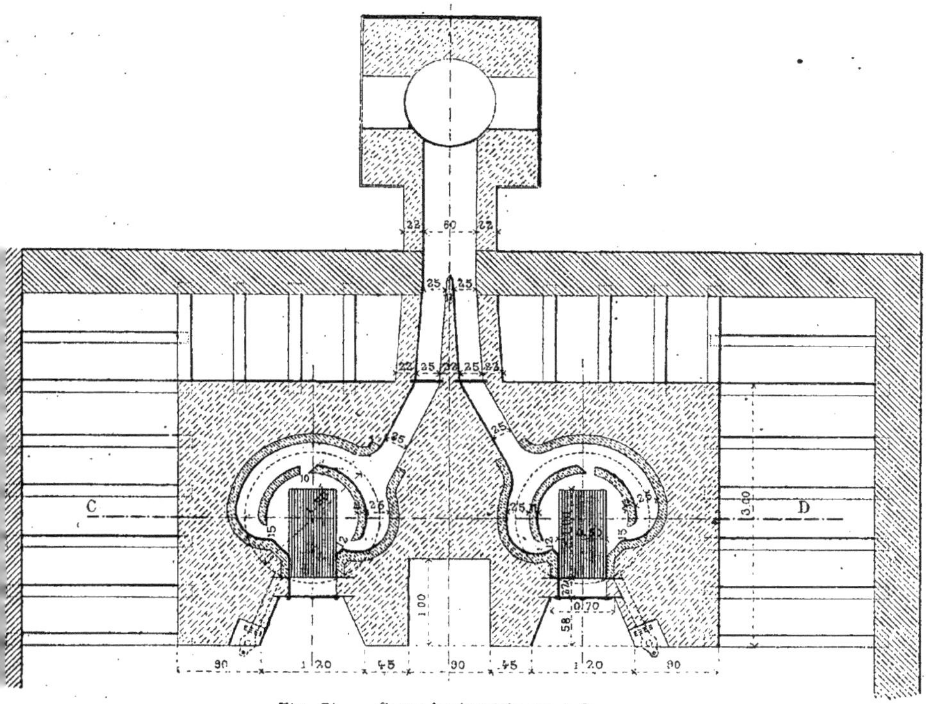

Fig. 71. — Coupe horizontale par A B.

VENTILATEUR A JET DE VAPEUR

Pour favoriser l'évaporation de l'eau durant la cuisson de la
pâte savonneuse, évaporation qui est fort importante, ainsi que
nous l'avons dit précédemment, on peut placer, au-dessus des
chaudières, un ventilateur à jet de vapeur à double effet.

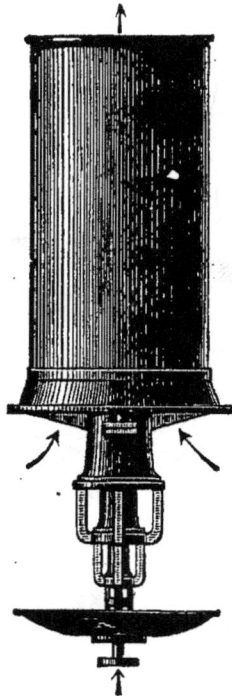

Fig. 72. — Ventilateur à jet de vapeur, système Kœrting frères.

Ce système n'a besoin ni de transmissions, ni de courroies ; un
tuyau de vapeur de faible diamètre suffit pour le faire fonctionner.
On doit placer cet appareil de façon à ce que ses ouvertures d'aspiration soient aussi rapprochées que possible de l'endroit où se
forme la vapeur d'eau et le disposer au centre d'une hotte en tôle
légère.

Afin de recueillir l'eau de condensation, il existe au bas du ventilateur une cuvette en fer d'où cette eau s'écoule par un petit tube
qui y est adapté à côté du tuyau d'arrivée de la vapeur.

APPAREIL POUR EMPÊCHER LE DÉBORDEMENT DU SAVON

Dans bien des savonneries allemandes, afin d'éviter le débordement du savon en cours de cuisson et faciliter son évaporation, on fait usage du petit appareil fig. 73.

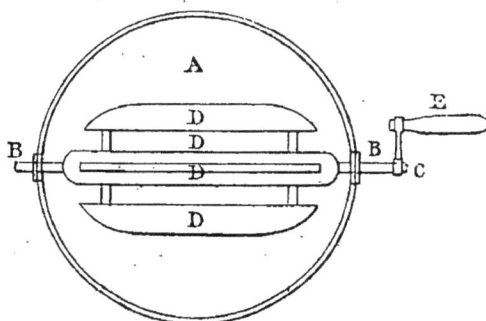

Fig. 73. — Appareil pour empêcher le débordement du savon.

A, Partie supérieure de la chaudière.
BB, Crochets mobiles fixant l'appareil.
C, Tige centrale.

DDDD, ailettes s'entre-croisant pour battre le savon.
E, Poignée servant à imprimer le mouvement de rotation.

Cet appareil permet d'obtenir un résultat plus efficace et plus rapide qu'en employant les lourdes spatules de bois qui fatiguent bientôt les ouvriers.

PETITS USTENSILES

Fig. 74. — Cornue à lessives

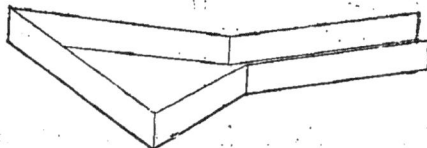

Fig. 75. — Goulotte.

Parmi les petits ustensiles se trouvent : une cornue à lessives, fig. 74, une *goulotte*, fig. 75, ou conduite pour transporter les lessives, divers agitateurs, fig. 76, 77, 78.

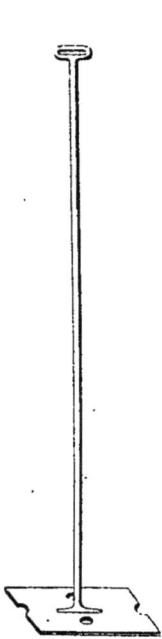

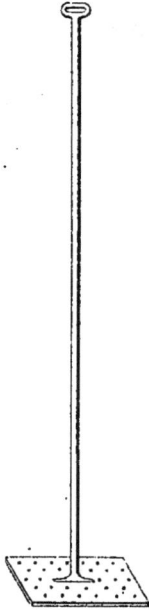

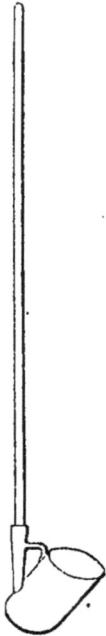

Fig. 76.
Fig. 77.
Agitateurs divers
Fig. 78.
Fig. 79.
Déversoir.
Fig. 80.
Cassin.
Fig. 81.
Puisard.

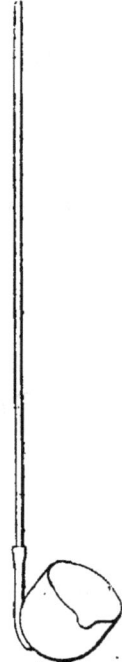

Fig. 82.
Cuillère.
Fig. 83.
Triangle.
Fig. 84.
Racloir.
Fig. 85.
Truelle.

Enfin un déversoir, un cassin, un puisard, une cuillère, un triangle, un racloir et une truelle, fig. 79, 80, 81, 82, 83, 84 et 85, accessoires indispensables à toute savonnerie, et dont on comprendra l'usage sans qu'il soit nécessaire que nous l'indiquions.

CHAPITRE XIII

PRÉPARATION DES LESSIVES DES SAVONS MOUS

Caustification de la potasse carbonatée. — Dans le chapitre consacré aux lessives spéciales pour la fabrication des savons durs, autres que ceux de Marseille, nous avons longuement développé les diverses phases de la conversion du sel de soude carbonaté en soude caustique, aussi ne saurions-nous mieux faire, afin de ne pas nous répéter, que d'y renvoyer le lecteur pour toutes les questions de détail, la méthode de décarbonatation étant la même à suivre.

Depuis que les potasses des Vosges, de Russie, de Toscane et d'Amérique sont abandonnées, le sel de potasse carbonaté est presque le seul employé comme base essentielle des lessives, mais ce sel demande à être choisi avec beaucoup plus de soins que le sel de soude.

Dans le commerce des produits chimiques on rencontre la potasse carbonatée, soit dans la potasse brute de betteraves ou de suint, à l'état brut ou raffiné, soit dans la potasse artificielle (procédé Leblanc), appelée aussi potasse de transformation.

Actuellement on caustifie de préférence du carbonate de potasse raffiné de betteraves ou du carbonate de potasse brut de suint titrant 75/80 ou 80/85 0/0, de carbonate de potasse pur et sec.

En hiver le titre 80/85 0/0, doit avoir la préférence comme renfermant moins de carbonate de soude que le 75/80 0/0. En effet, si la soude existe en proportion supérieure à 10 ou 12 0/0 dans un sel de potasse destiné à la préparation d'une lessive devant être affectée à la fabrication d'un savon à base d'huiles froides et 15 ou 18 0/0, s'il s'agit d'un savon à base d'huiles chaudes, elle altère l'homogénéité de la pâte, la blanchit et parfois la décompose.

15

Il est donc d'un intérêt capital pour le consommateur de connaître avant tout l'exacte composition du sel qu'il se propose de traiter
et non pas en s'en rapportant à la richesse indiquée par le vendeur,
mais à celle trouvée par le chimiste sur un échantillon moyen pré-
levé sur la marchandise lors de son arrivée.

D'après la moyenne des analyses, un sel de potasse raffiné de
betteraves à 75/80 0/0 de carbonate de potasse, contient 10 à 15 0/0
de carbonate de soude, tandis qu'à 80/85 0/0 il n'en a que 8 à
10 0/0.

C'est dans les sels de potasse brute de suint que l'on rencontre
comparativement aux premiers, le moins de carbonate de soude,
soit :

3 à 4 0/0 dans le 75/80 0/0.

2 à 5 0/0 dans le 80/85 0/0.

Aussi ces sels sont-ils recherchés à l'époque des froids rigoureux,
tantôt seuls, tantôt mélangés aux précédents, malgré la coloration
noirâtre de leur solution.

L'été, ou dans les pays méridionaux, l'on est affranchi des précautions que nous venons de signaler; aussi le sel de potasse raffiné 75/80 0/0 est-il, sauf de rares exceptions, très recherché.

Une considération toute spéciale à la potasse doit déterminer
tous les producteurs de savon mou à caustifier cet alcali. C'est qu'en
achetant un sel de potasse raffiné ils ne paient que le pour cent
de carbonate de potasse pur et sec, et ont par conséquent pour
rien le carbonate de soude et les sels neutres qui s'y trouvent (chlorure de potassium et sulfate de potasse), sels indispensables, on le
sait, à toute bonne fabrication.

Les deux analyses ci-dessous indiquent les différences qui existent entre la potasse carbonatée et la potasse caustique.

Sel de potasse à 80 % de carbonate de potasse ($KOCO^2$)		Potasse caustique à 75 % d'hydrate de potasse (KO,HO).	
Carbonate de potasse	80,00	Hydrate de potasse	75,00
Carbonate de soude	10,16	Hydrate de soude	2,32
Chlorure de potassium	4,52	Chlorure de potassium	2,50
Sulfate de potasse	2,72	Sulfate de potasse	0,63
Eau	1,06	Eau	18,74
Insoluble non dosé et pertes	1,54	Insoluble non dosé et pertes	0,81
	100,00		100,00

La lessive, préparée avec le sel de potasse réunissant tous les éléments utiles, pourra être employée telle que ; d'autant plus que la proportion de soude qui y existe restreindra la dépense en potasse.

La lessive obtenue, au contraire, avec la potasse caustique, exigera qu'on lui ajoute, avant d'en faire usage, les sels qui sont absents et ces sels le savonnier devra les acheter cette fois.

Toute caustification rationnellement conduite doit se décomposer comme suit :

I. Préparation d'un lait de chaux.

II. Dissolution du carbonate de potasse.

III. Introduction du lait de chaux dans la liqueur carbonatée.

IV. Élimination de la lessive caustique du carbonate de chaux.

C'est, on le voit, la même méthode que celle qui a été préconisée pour le carbonate de soude.

En ce qui concerne le lait de chaux, nous ne saurions trop recommander de lui donner la préférence car il n'est pas de meilleur mode de procéder pour décomposer les carbonates alcalins. On a remarqué qu'en employant un lait de chaux, au lieu de chaux en pierres, on a une lessive caustique qui se clarifie plus vite parce que le carbonate de chaux qui se forme ainsi est plus dense.

Lorsqu'on met la chaux en pierres dans le bac à caustifier, on doit, afin d'éviter les projections de lessive qui résultent de la violente ébullition qui a lieu lors de l'hydratation de la chaux, mettre celle-ci dans une grille à rebords, de façon qu'elle baigne simplement un peu au-dessous du niveau du liquide. Bien entendu la grille doit être installée dans des conditions qui permettent de l'abaisser ou de la soulever suivant le besoin, à l'aide d'un petit palan, et même de l'enlever complètement pour ne gêner en quoi que ce soit durant le travail.

Bon nombre d'anciens praticiens prétendent qu'il est indispensable de faire varier la quantité de chaux suivant les saisons ; c'est-à-dire qu'on doit en employer davantage en été qu'en hiver.

Cette théorie n'avait quelque raison d'être qu'à l'époque où

l'on se limitait à fabriquer des savons purs d'une seule sorte ; car
les carbonates de potasse ou de soude non décomposés ne pouvaient nuire en aucune façon en hiver, puisqu'à cette époque on
force la proportion de doucette (lessive de potasse carbonatée).
maintenant, le travail n'étant plus le même il faut agir tout différemment.

Pour une raison ou pour une autre, les lessives peuvent ne pas
être assez caustiques, mais elles ne le sont jamais trop, si l'on a
soin de calculer d'avance la proportion de sels neutres.

Relativement à la dissolution du carbonate de potasse, on doit
se préoccuper de faire fondre tout d'abord les sels qui se dissolvent
avec le moins de facilité, car il est évident que la potasse brute
sera dissoute plus rapidement dans de petites lessives à 5 ou 6° Bé,
que dans des lessives dont le degré aura été élevé avec une
potasse raffinée.

L'observation qui a été consignée au sujet du degré aréométrique
que doit avoir la dissolution du carbonate de soude au moment de
la caustification (voir le chapitre traitant de la préparation des lessives des savons durs ordinaires), a ici la même portée, la même
valeur.

Il est nécessaire de ne caustifier que des dissolutions de sels de
potasse d'un poids spécifique de 1,075, soit 10° Bé, car en agissant
autrement la décarbonatation est incomplète.

Pour l'introduction du lait de chaux ou de la chaux en pierres
dans le bac contenant la solution de carbonate de potasse. il est
élémentaire d'agiter constamment la masse liquide afin de favoriser les points de contact et d'accélérer, par suite, la décomposition du carbonate de potasse et la formation du carbonate de
chaux.

En nous basant, pour la quantité de chaux vive nécessaire à la
décarbonatation sur le titre pondéral de Gay-Lussac, ou pour cent
d'oxyde de potassium ou de sodium, équivalent à la teneur en carbonate dans les sels en traitement, il y a lieu d'employer par
chaque degré pondéral (1) un kilogramme de chaux.

(1) La conversion des degrés Decroizilles en degrés Gay-Lussac a lieu en les multipliant par 0,964 s'il s'agit de potasse et 0,633 s'il s'agit de soude.

Supposons un sel de potasse renfermant :

Carbonate de potasse 80 p. 100, soit environ une richesse de 56°5 Descroizilles.

Carbonate de soude, 10 p. 100, soit environ une richesse de 9° Descroizilles.

D'après la méthode adoptée (Chapitre VI « Principes sur la préparation des lessives ») :

$$56°5 \text{ Descroizilles} \times 0,961 = 54,296 \text{ Gay-Lussac}$$
$$9° \quad - \quad \times 0,633 = 5,697 \quad -$$

Conséquemment il faudra pour la caustification :

D'une part des 80 p. 100 de carbonate de potasse. .	54 kg., 296 gr., de chaux
D'autre part des 10 p. 100 de carbonate de soude . .	5 kg., 697 gr., —
Soit par 100 kg., de ce sel de potasse	59 kg., 933 gr., de chaux

Nous rappellerons que le titre Descroizilles, ou alcalimétrique, repose sur un dosage volumétrique des alcalis purs à l'état caustique, tandis que le titre Gay-Lussac ou pondéral détermine les centièmes de ces alcalis.

Pour trouver le titre alcalimétrique correspondant aux pour cent de carbonate de potasse, il faut diviser ceux-ci par 1,41, chiffre qui représente l'équivalent des degrés Descroizilles aux pour cent de carbonate de potasse.

Après avoir mis en contact avec la solution de carbonate les dernières parties de chaux, soit à l'état de lait, soit en pierres, il est absolument inutile de faire bouillir plus de 20 à 30 minutes. Avec la soude il ne peut en résulter qu'une perte de combustible (la caustification étant aussi bonne au bout de ce court laps de temps qu'après plusieurs heures d'ébullition). Mais avec la potasse c'est fort préjudiciable ; car, en raison de la concentration qui se produit, l'oxyde de potassium, en présence d'une ébullition prolongée au-delà de la limite indiquée, réagit sur le carbonate de chaux formé durant la caustification et lui reprend son acide carbonique pour se reconstituer, du moins en partie, en carbonate de potasse.

L'opération finale de la préparation des lessives caustiques est celle qui consiste à débarrasser le carbonate de chaux qui s'est précipité, de l'oxyde de potassium qui s'y trouve retenu à l'état d'hydrate.

Si en nous occupant du meilleur mode d'opérer pour les lessives de soude, nous avons conseillé de substituer le filtre-presse aux longs et coûteux lavages usités en savonnerie, c'est qu'indépendamment de l'économie de temps et de main-d'œuvre que cette méthode permet de réaliser, l'on a la certitude absolue de récupérer la totalité de l'alcali mis en travail. On comprendra par suite qu'avec la plus-value de la potasse sur la soude nous engagions avec plus d'insistance encore les fabricants de savons mous à adopter ce système pour l'élimination de la lessive caustique de potasse du carbonate de chaux.

En passant en revue le matériel spécial de l'industrie des savons mous, nous avons cru devoir donner une longue description du filtre-presse et ne pas épargner les détails sur son fonctionnement. Nous espérons que les lecteurs en feront leur profit ; du reste, afin de convaincre ceux qui seraient tentés de mettre en doute les avantages qu'offre le filtre-presse dans le cas présent, nous n'avons qu'à signaler que dans toutes les fabriques de produits chimiques l'on se sert de filtres-presses pour obtenir la soude et la potasse à l'état caustique. N'est-ce pas l'argument le plus solide à faire valoir ?

Lessive de potasse caustique. — Contrairement à la soude caustique, qui est vendue selon sa teneur en oxyde de sodium anhydre (NaO), la potasse caustique est livrée d'après son pour cent en oxyde de potassium avec un équivalent d'eau (KO,HO).

Les savonniers ont le choix entre les trois qualités ci-dessous de potasse caustique (1).

60/65 0/0 d'hydrate de potasse anhydre (KOHO)
75/80   —   —   —
80/85   —   —   —

(1) Pour la composition de ces diverses sortes se reporter au chapitre ayant pour titre « Alcalis et essais des alcalis. »

Généralement on accorde la préférence au produit à 75/80 0/0, il est en effet beaucoup plus pur que celui à 60/65 et très suffisant si on le compare à la qualité à 80/85 0/0.

Lorsqu'on a commencé à fabriquer la potasse caustique en masse, le prix de ce produit étant fort élevé, les savonniers ne s'en servaient que pour augmenter la densité des lessives faibles on pour corriger les lessives dont la causticité laissait à désirer, ou bien enfin dans le but d'améliorer celles contenant trop de soude ou de sels neutres.

Actuellement l'écart de prix entre l'hydrate de potasse du commerce et celui obtenu en savonnerie étant beaucoup moins important qu'il y a quelques années, bon nombre de petits fabricants de savons mous aiment mieux employer la potasse, toute caustifiée.

La préparation des lessives, en partant de l'alcali sous cette forme, peut être effectuée soit à chaud soit à froid, néanmoins on doit plutôt se servir de la chaleur.

Ainsi que la soude caustique qu'on rencontre dans le commerce, la potasse caustique demande l'addition d'un sel carbonaté, sinon l'on ne pourrait obtenir de bons résultats à la saponification. Nous sommes d'avis de mettre par 100 kg., de potasse caustique à 75 à 80 0/0 d'hydrate de potasse (KOHO) :

45 à 50 kg. de sel de potasse à 75/80 ou 80/85 0/0 de carbonate de potasse pur et sec, soit environ 125 kg. de ce sel pour un cylindre de 250 kg. de potasse caustique à la richesse indiquée ci-dessus.

Pour le mode d'opérer la dissolution, il n'y a qu'à lire ce que nous avons écrit au sujet de la préparation des lessives en partant de la soude caustique, et ne pas négliger de prendre les précautions que nous indiquons à cet effet.

Lessive forte. — On entend par lessive forte une lessive caustique à 30° Baumé.

Le plus souvent, on la prépare en concentrant à feu nu ou à la vapeur une lessive caustique déjà d'un degré élevé ; mais, comme cette opération exige beaucoup de temps et de combustible, il est excessivement profitable de la supprimer en faisant fondre dans la lessive dont on se propose d'augmenter la densité jusqu'à 1,252 (30° Bé) la quantité nécessaire de potasse caustique en masse pour l'amener à ce point.

La lessive forte est destinée à parer à l'inconvénient que présentent les lessives employées trop faibles, puisqu'elle permet de fournir à une pâte savonneuse imparfaitement saponifiée le complément d'alcali qui lui est indispensable, sans pour cela y introduire un nouvel excès d'eau qui retarderait la marche du brassin.

Cette même lessive est surtout très usitée pour faire disparaître le filet des pâtes que les ajoutes ont trop allongées, aussi est-ce grâce à elle qu'on peut obtenir des savons à grand rendement.

Lessive non caustique dite « doucette ». — On l'obtient par simple dissolution, à froid ou à chaud, d'un sel de potasse raffiné, aussi riche que possible en carbonate de potasse. Elle n'intervient que vers la fin de la cuisson pour atténuer la causticité du savon et permettre d'élever le rendement.

Indépendamment de ces avantages on a reconnu que cette lessive est d'un précieux secours pour favoriser et accélérer la saponification pendant la cuisson.

En hiver, on se sert de *doucette* à 40/42° Bé (Dté 1,383 à 1,410), tandis qu'en été elle n'a besoin d'avoir que 30 à 32° Bé (Dté 1,263 à 1,285).

Composition des lessives en diverses saisons. — Afin de bien faire saisir la meilleure marche à suivre pour composer les lessives suivant les changements de la température, supposons que le savonnier possède des potasses brutes et raffinées et examinons leur constitution la plus ordinaire et les conséquences à en tirer.

Potasse brute.

Carbonate de potasse	35
— de soude	15
Sulfate de potasse	17
Chlorure de potassium	9
Insoluble et eau	24
	100

Nous avons 35 de carbonate de potasse, plus 15 de carbonate de soude, soit 50 de ces deux alcalis qui possèdent 26 de sels neutres pour cent.

Il est inutile de dire qu'une potasse de cette nature ne peut être employée seule. Le carbonate de soude se trouve dans la proportion de 43 p. 100 du carbonate de potasse.

Potasse raffinée.

Carbonate de potasse.	77
— de soude	12
Sulfate de potasse	3,5
Chlorure de potassium.	5
Insoluble et eau	2,5
	100,0

Cette seconde potasse contient donc, par rapport au carbonate de potasse, 15,5 p. 100 de carbonate de soude, et, par rapport aux deux carbonates réunis près de 10 p. 100 de sels neutres, elle a donc toutes les qualités requises pour corriger la composition défectueuse de la potasse brute.

Si l'on a besoin, par exemple, d'une lessive devant renfermer 20 à 25 p. 100 de soude et 20 p. 100 de sels neutres, prenons 850 kg., de potasse, soit 300 kg., de brute et 550 kg., de raffinée, nous aurons alors :

	Carbonate de potasse.	Carbonate de soude.	Sels neutres.
Par la potasse brute . . .	105	45	78
— raffinée . .	412	66	44
	517	111	122

Soit : carbonate de soude, 21,5 p. 100 de carbonate de potasse, sels neutres, 19,5 p. 100 de l'ensemble des deux carbonates.

Toutes ces proportions varient évidemment à l'infini, mais les principes sont toujours les mêmes.

Quand la potasse brute fait défaut, il suffit d'ajouter de la soude et des sels neutres ainsi que nous l'avons déjà dit.

Voici un tableau qui donnera une idée des quantités de soude et de sels neutres qu'on peut employer pour cent de potasse, suivant les diverses températures et la nature des corps gras :

Température	Corps gras	Pour 100 de potasse	
		Soude	Sels neutres
— 15°	Acide oléique......................	5	25
— 15	Huile de lin de pays ou de Russie.	10	20
0	» » »	15	20
+ 10	» » »	20	20
+ 15	Huile de lin de Bombay..........	12	20
+ 15	Acide oléique....................	15	25
+ 20	Huile de lin de Bombay..........	20	20
+ 25	Acide oléique....................	25	25

Les mélanges de ces corps gras entraînent naturellement à des modifications ; mais, ainsi qu'on le constatera par le tableau précédent, on ne doit en aucun cas lorsqu'on saponifie des corps gras de bonne qualité, mettre moins de **20 p. 100** de sels neutres.

Comme sels neutres, il faut toujours utiliser ceux qui se précipitent pendant la concentration et le repos des lessives fortes.

CHAPITRE XIV

FABRICATION DES SAVONS MOUS

1. CONSIDÉRATIONS SUR LES SAVONS MOUS

Les savons à base de potasse étaient connus dès la plus haute antiquité ; leur fabrication a même précédé de plusieurs siècles celle des savons à base de soude.

Pline, dans son « Histoire naturelle », désigne bien deux sortes de savons : l'un dur, l'autre liquide, c'est-à-dire mou : « Duobus modis, spissus ac liquidus. »

En Provence, le savon mou portait jadis le nom de savon *roux* ou *mol*, et pendant longtemps on employa à sa préparation une lessive composée de cendres de bois, caustifiée par de la chaux vive.

Fort mal conduite, au siècle dernier, cette fabrication suscita de violentes plaintes de la part des consommateurs ; aussi M. de la Tour, Premier Président et Intendant de Provence, résolut de l'interdire vers 1747.

Trois ans après, sur les instances des industriels lésés, le Garde des sceaux supprima cette interdiction reconnaissant que, s'il était vrai que la fabrication des savons mous était plus susceptible d'abus que celle des savons durs, il paraissait constant, par les expériences effectuées, qu'elle était indispensable aux manufacturiers.

Actuellement, c'est surtout dans le Nord que se trouve concentrée la fabrication des savons mous où il existe des centres industriels de consommation de la plus grande importance ; si nous ajoutons que, dans cette contrée, les soins de propreté sont plus étendus que dans le Midi, on concevra aisément que la quantité de savons mous produit et dépensée sur place est considérable.

Si l'on compare les savons mous aux savons durs, on remarque que les premiers l'emportent sur les seconds par une solubilité supérieure, une action détersive plus active et qu'ils communiquent aux matières textiles une souplesse exceptionnelle.

Toutefois il est indispensable que les savons mous soient fabriqués avec des lessives de potasse renfermant le moins de soude possible et qu'ils n'aient aucun excès d'alcali libre.

Depuis longtemps les praticiens éclairés ont constaté que la laine lissée avec des savons à base de potasse se montrait plus douce, et surtout plus également traitée, qu'en faisant usage de savons de soude même d'une qualité hors ligne.

Si en été on peut utiliser toutes les huiles d'un rendement satisfaisant, en hiver il faut se restreindre à quelques-unes dites « **huiles chaudes** » ; ce sont *celles de lin, de chènevis, d'œillette et de caméline.* Les huiles de colza, de navette, de coton, d'olive, de maïs et de poissons, désignées « huiles froides », ne sont susceptibles d'être saponifiées seules que de Mai à Octobre et, dans le cas où l'on voudrait les travailler durant les autres mois, elles ne donneraient de bons résultats qu'en faible proportion relativement aux huiles chaudes.

Il est vrai que ces dernières absorbent un peu plus de lessives que les huiles froides et qu'il faut davantage de lessive de potasse pour saturer les corps gras que si on emploie une lessive de soude ; mais l'inconvénient d'une cuisson prolongée est en partie compensée, car les savons obtenus avec des lessives où la potasse est presque seule, sont d'une onctuosité spéciale et il est toujours préférable de leur donner de la fermeté par un mélange judicieux des corps gras plutôt qu'à l'aide de la soude.

De tous les corps gras, l'acide oléique, bien qu'ayant un point de congélation peu favorable pour être employé en hiver, est d'un usage fréquent en toutes saisons, en raison des précieuses propriétés qui lui sont spéciales. Néanmoins, ainsi que nous l'avons spécifié en nous occupant des savons durs, on doit établir une distinction entre l'acide oléique de saponification calcaire et celui de

saponification par l'acide sulfurique, suivie d'une distillation. L'a-
cide oléique résultant de la première méthode s'unit à l'alcali avec
une merveilleuse facilité, procure un savon très consistant et fournit un excellent rendement, tandis que celui qui résulte du second
procédé, malgré son prix inférieur, est généralement délaissé, car
il n'offre aucun de ces avantages ; cependant, en été, on le mélange quelquefois avec moitié d'oléine de saponification calcaire.

Par les froids rigoureux, l'acide oléique de saponification se
comporte assez bien, grâce à l'avantage qu'il possède d'absorber et
de retenir une grande quantité de sels neutres.

Du reste, c'est une nécessité dans la fabrication du savon d'acide
oléique pur d'introduire une proportion beaucoup plus grande de
sels neutres que dans les autres savons mous obtenus avec des
huiles végétales ; c'est ce qui explique le rendement plus élevé des
savons d'acide oléique uniquement ; il faut aussi noter que cet
acide, en raison de sa nature, est entièrement saponifiable.

L'huile de lin, qui constitue la base par excellence des savons
mous en toutes saisons, comporte de nombreuses qualités que nous
devons examiner en détail. Les huiles de lin de France, de Belgique et de Hollande, que chacun connaît, devraient toujours avoir
la préférence ; mais aujourd'hui leur prix est tellement élevé qu'on
est contraint de les abandonner. Viennent ensuite au premier rang
les huiles de lin d'origine russe : Tangarog, Odessa, Azoff, etc.
Douées, pour la plupart, d'une belle couleur jaune foncé, elles se
congèlent difficilement, se saponifient dans des conditions très fa-
vorables et fournissent des savons très remarquables par leur
onctuosité.

Les huiles de lin de la Plata présentent les mêmes propriétés à
un degré moindre ; on leur reproche, à juste raison, une couleur
jaune à fond noir. Quant à celles de l'Inde, connues sous le nom de
Bombay, qui se distinguent des précédentes par une couleur jaune
pâle, elles se dissocient avec plus de difficulté, pour se combiner à
l'alcali caustique, et les savons qui en proviennent laissent toujours
à désirer sous le rapport de l'homogénéité et du rendement ; ils sont
en outre moins solubles et moins mousseux.

On reproche principalement à ces huiles le défaut capital de

donner des savons qui cristallisent, même lorsqu'ils sont exposés à
une chaleur élevée, inconvénient qui est atténué lorsque la soude
n'est qu'en très faible proportion ; cependant ces savons sont sans
cesse d'une conservation délicate.

Les huiles chaudes procurent toujours des savons capables de
résister à une basse température sans subir aucune altération. Les
huiles froides, au contraire, ne fournissent que des savons qui, en
hiver, deviennent louches puis opaques et se liquéfient dès que le
thermomètre remonte à 0°.

La principale préoccupation pour le fabricant est donc de s'ap-
provisionner d'huiles, suivant la saison où il travaille, afin de livrer
à sa clientèle des savons fermes et transparents, malgré les vicis-
situdes atmosphériques.

Il ne suffit pas d'apporter dans le choix des corps gras les précautions que nous venons de signaler ; on doit encore ne faire
usage que de lessives d'une composition en harmonie complète
avec l'époque où l'on se trouve ; aussi est-ce un point excessivement important que de bien savoir mélanger les potasses qui, suivant le besoin, concourent à leur composition.

On a remarqué, en effet, qu'une potasse qui renferme en hiver,
une trop forte proportion de soude, enlève aux savons mous de la
diaphanéité et les décompose.

En étudiant la préparation des lessives, nous avons examiné la
teneur normale en soude qui doit exister dans les potasses ; il est,
d'autre part, fort utile de se rendre compte du rôle joué par la
soude, soit associée à la lessive de potasse caustique, soit mélangée
à cette même lessive ou enfin employée séparément, mais pour
cela il faut être bien édifié au préalable sur le pour cent de soude
contenu dans la potasse ; car c'est le seul moyen de régler d'une
façon sûre et certaine le quantum de soude susceptible d'entrer
dans la composition des savons.

L'introduction de la lessive de soude caustique a lieu assez
souvent vers la fin de l'empâtage, en veillant à ce que cet alcali
n'excède pas au total plus de 5 p. 100 en hiver et plus de 15 p. 100
en été de la potasse.

Ces proportions ne sont que très approximatives et, si nous les citons ici, c'est uniquement afin d'en donner un aperçu ; car ces chiffres dépendent d'une foule de motifs. Ainsi il arrive souvent qu'une question de prix, ou le manque de l'huile dont il faudrait se servir de préférence, contraint à en prendre d'autres qui sont froides quand elles devraient être chaudes et réciproquement. C'est dans ces cas particuliers qu'il est surtout essentiel de savoir régler la quantité de soude et il n'y a que l'expérience qui puisse renseigner d'une manière efficace.

Régulièrement on ne devrait procéder à la saponification que quand la totalité de la soude qu'on juge à propos d'employer se trouve dans la lessive de potasse ; mais comme il ne peut toujours en être ainsi car il arrive fréquemment qu'une lessive est destinée à servir à différentes sortes de savon ; on est donc forcé, souvent, de préparer sa lessive avec le moins de soude possible et d'en mettre ensuite suivant les circonstances.

La même remarque est applicable aux sels neutres : la lessive ne doit en refermer que le minimum afin qu'elle puisse convenir à la saponification des huiles qui n'en demandent que fort peu ; quant à celles qui exigent davantage de ces sels il suffira d'en ajouter comme on le jugera à propos.

Le concours de la soude et celui des sels neutres rendent la pâte ferme en même temps que transparente, abrègent la durée de la cuisson et diminuent d'une façon très notable le prix de revient.

Si nous prenons comme type un savon ayant la composition suivante :

Acides gras............	43,00
Potasse..............	8,60
Eau et sels neutres....	48,40
Total..........	100,00

Rendement **232,558 0/0.**

La proportion ci-dessous donne la quantité d'oxyde de potassium pur (KO) nécessaire pour convertir en savon 100 kg., de corps gras.

$$\frac{43 \text{ d'acides gras}}{8,60 \text{ de KO}} = \frac{100 \text{ d'acides gras}}{x \text{ de KO}}$$

$$x = \frac{8,60 \times 100}{43} = 20 \text{ kg., de KO}$$

Or 20 kg., d'oxyde de potassium = $\begin{cases} 24 \text{ kg., de potasse caustique hydratée a un} \\ \quad \text{équivalent d'eau (KO,HO).} \\ \text{Ou } 30 \text{ kg., de potasse carbonatée anhydre} \\ \quad (KO,CO_2). \end{cases}$

Il en résulte qu'en partant :

D'une potasse à 75 0/0 de KOHO il en faudra 32 kg., par 100 kg., de corps gras

60	—	—	40 —	—
85	— de KO,CO^2	—	35 —	—
75	—	—	40 —	—

Comme quantité de lessive on estime généralement que pour la saponification de 100 kg., de corps gras il faut choisir entre :

Lessive de potasse caustique à	10° Baumé,	densité	1,075 :	300 kg.,
—	12	—	— 1,091 :	250 —
—	14	—	— 1,108 :	215 —
—	16	—	— 1,125 :	188 —
—	18	—	— 1,142 :	167 —
—	20	—	— 1,162 :	150 —

2. FABRICATION DES SAVONS MOUS

La fabrication d'un savon mou quelconque nécessite *quatre* opérations dont l'ensemble porte le nom de *brassin* :

Empâtage.

Clarification.

Cuisson.

Tirage à point.

Empâtage. — L'empâtage se divise en deux phases : la première consiste en une désagrégation complète des huiles, la seconde amène la décomposition immédiate des molécules grasses neutres, sous l'influence de l'hydrate de potasse, en acides gras, qui, en se combinant à cet alcali, forment le savon, tandis que la glycérine, qui leur servait de base, se trouve mise en liberté. On peut donc dire qu'un savon mou est la réunion d'oléate, de stéarate et de margarate, imprégnés de glycérine, matière, comme on le sait, non susceptible de s'unir à l'alcali caustique.

Il faut, autant que possible, éviter de saponifier des huiles fraîches ; car il a été reconnu que celles qui sont anciennes se prêtent beaucoup mieux à ce travail.

Le motif en est facile à expliquer par le rancissement inhérent à ces dernières, phénomène chimique dû à l'absorption de l'oxygène de l'air. Il en résulte pour les corps gras une sorte de dissociation de leurs parties intimes qui est caractérisée par une saveur âcre et une certaine acidité.

La méthode consistant à mettre tout d'abord les matières grasses en chaudière puis la lessive est aujourd'hui abandonnée. On a remarqué, qu'en procédant en sens inverse, on réalisait une économie de temps dans la marche du brassin et que de plus la saponification s'effectuait dans de meilleures conditions.

On chauffe donc préalablement une quantité de lessive de potasse caustique équivalente au tiers de la totalité à employer ; mais il faut veiller à ce que cette lessive accuse $10°$ Bé $(D^{té}\ 1075)$ si les huiles sont fabriquées depuis peu, et $15°$ Bé $(D^{té}\ 1,116)$ si au contraire elles ne se trouvent pas dans ce cas, ou qu'il s'agisse d'acide oléique.

Dès que la lessive est arrivée à une température de $80°$ C., verser en chaudière les huiles en les faisant couler peu à peu. Au contact de l'alcali caustique elles se divisent en molécules pour former un liquide d'un aspect laiteux. Lorsqu'on voit à sa surface des parties huileuses, il faut ajouter, sans tarder, de la lessive tenue en réserve et la masse présente bientôt les caractères que nous venons de signaler. On active alors le feu en évitant d'atteindre l'ébullition, toujours défavorable au début à la bonne conduite de l'empâtage, et on remue aussi souvent que possible pour multiplier et renouveler les points de contact de la lessive avec les molécules grasses.

Au bout d'un certain temps, l'émulsion savonneuse acquiert de l'homogénéité, indice infaillible de combinaison qu'il est du reste facile de constater en prenant une épreuve sur verre. Une mousse abondante apparaît et il se produit un mouvement ascensionnel qui menace d'un débordement. Afin de l'éviter l'on arrose la pâte de lessive ou bien, si elle en a suffisamment pour l'instant, on la bat avec une pelle en bois.

Tant que le savon n'est pas formé, c'est-à-dire tant que l'émulsion n'est pas encore assez complète pour effectuer la décomposition totale des corps gras, la masse bout tumultueusement en paraissant se rejeter d'un côté et de l'autre de la chaudière ; les lessives non encore combinées s'évaporent, et, si on prend une épreuve

16

sur une plaque de verre, on aperçoit une infinité de molécules grasses entourées de lessive.

Dans ce cas, on laisse l'ébullition se poursuivre avec modération et bientôt la liaison s'effectue. S'il arrivait qu'après avoir fait bouillir un certain temps, la liaison tardait à se produire, on devrait ajouter quelques seaux d'eau pour favoriser l'empâtage.

Avec l'acide oléique cet inconvénient n'est pas à craindre ; toutefois l'extrême affinité dont jouit cet acide pour s'unir aux alcalis peut être aussi nuisible en occasionnant une prise en masse ; mais rien n'est plus aisé à éviter en employant, en léger excès, une lessive concentrée et chargée de sels neutres qu'on fait absorber, après la dissolution complète des grumeaux, par une adjonction d'acide oléique.

Quand on traite des huiles de graines, la prise en masse est beaucoup moins fréquente ; cependant elle est certaine si les lessives manquent de sels neutres.

Il existe deux prises en masses bien distinctes : celle qui se manifeste au moment où la liaison vient de se terminer, et celle qui se produit dès que les huiles sont sur le point d'avoir suffisamment de lessive.

La première a pour cause une proportion de sels neutres inférieure à 20 pour 100 ; la seconde provient du manque de lessive.

Clarification. — La clarification n'est que le complément de l'empâtage, le savon formé ayant encore besoin de lessive pour perdre son opacité et acquérir tous les caractères d'une saponification complète. La lessive que l'on ajoute à ce double effet exige 18 à 20° Bé (Dté 1,142 à 1,162). Sous son action, et celle d'une forte ébullition, la pâte s'éclaircit promptement et la mousse qui la recouvre, de légère qu'elle était auparavant, devient épaisse. C'est le moment de s'assurer de l'état de la pâte en prenant une épreuve sur verre qu'on laisse refroidir pour l'examiner.

Deux alternatives peuvent se présenter : trop ou pas assez de lessive.

Dans la première, le savon est blanchâtre, visqueux et laisse échapper de la lessive ; on corrige ce défaut par une addition de matière grasse.

Dans la seconde, il se montre relativement dur et transparent ; il faut alors l'abreuver de quelques litres de lessive à 30° Bé (D¹ᵉ 1,263) désignée sous le nom de *forte*.

Aussitôt qu'on constate que l'épreuve est légèrement trouble, qu'elle ne perd plus de lessive et qu'une parcelle de savon mise sur la langue accuse une faible causticité, on passe à la cuisson.

Cuisson. — Nous avons laissé le savon clair et filant; il s'agit maintenant d'enlever, par une évaporation soutenue, l'eau qui a servi à favoriser la saponification afin de lui donner une consistance telle qu'il puisse être vendu sur papier sans se liquéfier.

Au fur et à mesure que l'évaporation avance, la mousse disparaît, la pâte se fonce, se resserre, et il se forme de nombreuses bulles, qui en se gonflant viennent crever à la surface en donnant lieu à des sortes de plaques qui glissent les unes sur les autres. Si sur une épreuve le savon se soulève en masse gluante, c'est un indice qu'il manque encore de lessive ; se présente-t-il avec une bordure grise, qui au lieu de rester stationnaire gagne peu à peu le centre, il en possède un excès; dans ce dernier cas on diminue la causticité en ajoutant de la matière grasse, ou plutôt à l'aide d'une solution de carbonate de potasse dite *doucette*, laquelle a en outre l'avantage d'élever le rendement.

Tirage à point. — Cette dernière partie du brassin a pour but de donner au savon l'aspect marchand et de lui assurer la conservation en tonnes, résultats qui ne sont atteints qu'à la condition d'apporter le plus grand soin à l'examen des épreuves.

Celles-ci ne doivent être prises qu'une fois que la pâte débarrassée de la totalité de son écume, non seulement ne file que très peu, mais tombe de la cuillère par petites parties courtes et épaisses

Le savon est à point quand les écailles, après refroidissement sur une plaque de verre, sont transparentes au centre avec un mince bord blanc, plus accentué l'hiver que l'été, et que leur partie inférieure est moins ferme qu'à la surface.

Un autre moyen de contrôle très suivi consiste à prendre un peu de savon refroidi, entre le pouce et l'index, qu'on écarte ensuite vivement.

Si le savon est convenablement cuit, il se sépare sous forme de deux petits cônes aigus qui restent droits, tandis que si la cuisson est incomplète ces cônes s'allongent en filaments. Nous devons faire remarquer qu'il est plus sûr d'essayer le savon sur la plaque de verre en se servant d'une baguette de verre ou de bois pour le séparer en cônes, car la chaleur des doigts peut être souvent une cause d'erreur.

Ces indices constatés, on abat le feu, et le lendemain, avant d'opérer la coulée du savon en tonnes, on l'examine de nouveau, afin de lui ajouter ce qui peut encore lui manquer en se servant d'un agitateur pour obtenir un mélange homogène. Ce n'est qu'au bout de deux ou trois jours que le savon acquiert en tonnes sa consistance et sa transparence.

Veut-on s'assurer si un savon résistera à tel ou tel degré de froid, remplir à cet effet une éprouvette d'un mélange réfrigérant égal à la température la plus basse à laquelle le savon puisse être exposé ; plonger dans ce mélange un tube de verre contenant du savon à essayer et fermé à sa partie inférieure, puis y introduire un thermomètre. Dès que cet appareil marque la température désirée, on le retire, et si le savon n'a pas changé d'aspect on peut procéder à son expédition en pleine sécurité.

Afin d'obtenir des mélanges réfrigérants nous conseillerons :

1° La glace concassée et le sel marin, qui, mélangés intimement dans la proportion de deux parties de glace pour une de sel marin, produisent un abaissement de température depuis $+ 15°$ c. jusqu'à $— 20°$ c.

2° L'acide chlorhydrique et le sulfate de soude : soit cinq parties d'acide et huit de sulfate qui donnent une température de $— 16°$ c.

Pour vérifier à quelle chaleur le savon est susceptible de résister, remplacer le mélange réfrigérant par de l'eau chauffée à la température supposée que peut avoir à subir le savon pour constater s'il se conservera clair et ferme.

Si au lieu d'un thermomètre centigrade, l'on se sert d'un thermomètre Réaumur, l'échelle de celui-ci n'étant divisée qu'en 80°
et non en 100°, de telle sorte que 100° c. en valent 80 R., ou 1° c.
$\frac{8}{10} = 5$ de degré R. Il faudra donc multiplier le nombre de degrés

Réaumur par $0\frac{5}{4}$ pour avoir l'indication centigrade équivalente.

SAVON BLANC

Les huiles épurées, de lin, de coton, de caméline et d'œillette
concourent seules à sa fabrication dans des proportions variables
suivant la saison où l'on travaille ; néanmoins, l'huile de lin est
presque toujours employée en quantité supérieure.

La plupart des savonniers achetant cette huile à l'état brut, il ne
sera pas sans intérêt d'indiquer ici leur mode de procéder pour l'é-
purer, c'est-à-dire la blanchir.

L'huile se trouvant dans une chaudière nettoyée avec le plus
grand soin, on chauffe jusqu'à 50° c., puis on retire le feu et l'on
verse aussitôt de la lessive de potasse caustique à 20° Bé (Dté
1,162) en quantité correspondante à 2 kg., pour 100 kg., d'huile,
on remue avec énergie et on laisse reposer vingt-quatre heures. Ce
temps écoulé on a une huile de lin parfaitement décolorée. Quant
au résidu foncé qui constitue le dépôt, il est affecté au savon
noir.

SAVON JAUNE

Pour obtenir un savon mou d'une belle teinte jaune, il faut
employer de l'huile de lin épurée du Nord, de Russie ou de
Bombay.

Ce savon ne peut supporter la plus faible proportion d'une résine même d'une qualité extra, car il brunirait, ou tout au moins
sa nuance deviendrait moins franche.

Les huiles du pavot fournissent également un savon jaune ; mais
plus pâle qu'avec les huiles précédentes.

On fabrique assez souvent ce savon avec des huiles très peu colorées en y ajoutant soit de l'huile de palme brute, soit du jaune d'aniline, de l'acide picrique ou du curcuma.

SAVON ROUGE

Il est composé en majeure partie d'huile de maïs additionnée d'huile de lin brute ou d'oléine de distillation, suivant la couleur plus ou moins foncée qu'on désire avoir.

SAVON VERT

Pendant longtemps il a été uniquement obtenu avec de l'huile de chènevis ou de chanvre qui a d'elle-même la propriété de fournir un savon d'une nuance verdâtre ; mais aujourd'hui cette huile étant rare et d'un prix élevé, on se borne à colorer du savon jaune par une solution d'indigo qui lui communique une teinte vert bouteille foncé.

La méthode en usage pour préparer l'indigo à cet effet est la suivante :

Après l'avoir réduit en poudre impalpable, on le fait bouillir dans dix fois son poids de lessive de potasse caustique à 20° Bé (Dté 1,162), en agitant sans cesse avec une spatule en fer. Dès que ce mélange, au bout d'une courte évaporation, s'épaissit, on retire le feu et on ajoute de la lessive afin d'avoir une solution étendue qu'il suffit de répartir uniformément par brassages dans la pâte du savon à colorer.

La proportion d'indigo est d'environ 50 grammes pour 100 kg., de savon.

SAVON NOIR

Sa nuance exceptionnellement foncée lui a valu le nom de *savon noir* ; c'est du reste le plus commun des savons mous.

Il est formé d'huile de lin brute, d'acide oléique, de saponification ou de distillation et de résidus d'épuration d'huile de lin et de colza.

Ces résidus désignés *fèces* ou *pieds* sont acides, mucilagineux, noirâtres et ont une odeur caractéristique.

Il faut, avant d'en faire usage, les mettre dans une cuve en bois avec une forte quantité de solution chaude de sel marin, marquant 10° Bé (Dté 1,075). On agite quelques moments avec vigueur, puis on laisse reposer au moins vingt-quatre heures. La partie qui se trouve ensuite à la surface est alors dans un état suffisant pour être employée. Les résidus ainsi traités retiennent toujours forcément un peu d'acide sulfurique, mais cet acide est neutralisé pendant la saponification par les alcalis caustiques.

On ne doit introduire les résidus dans le brassin qu'une fois la clarification terminée, et en présence d'un excès de lessive. La proportion à employer est de 25 à 30 kg., pour 100 de corps gras ordinaires. L'odeur de ces résidus disparaît en partie par la saponification et le restant est masqué par de l'essence de Mirbane.

On se sert aussi des fonds de citernes où ont séjourné les huiles de lin, de colza, etc.

Ces fonds contiennent, outre toutes sortes d'impuretés, des parties grasses concrètes qu'abandonnent les huiles par un repos prolongé, et pour ce motif on est contraint de ne les utiliser qu'en été.

Si l'on manque de fèces d'huiles ou de fonds de citernes, il faut recourir à des colorants dont le principal est le résidu de l'épuration de l'huile de coton. Suivant les cas on en peut mettre 2, 3 et même 5 à 6 p. 100 du poids des huiles à traiter.

Nous n'avons pas besoin de faire remarquer que ce genre de savon est celui qui se prête le mieux à l'incorporation des ajoutes.

SAVON GRENU

On en distingue deux sortes : l'une grenue naturellement, l'autre artificiellement. Nous ne nous occuperons que de la première, la seconde n'étant due qu'à une fraude grossière.

Le savon grenu naturellement résulte d'une addition, aux huiles ordinaires, de suif et autres corps gras consistants, riches en acides stéarique et palmitique, qui par leur refroidissement, après saponification, occasionnent, dans la masse savonneuse, un nombre infini de petites cristallisations de stéarate et de palmitate de potasse.

La formation de ces cristallisations exige, une fois le savon terminé, huit à dix jours à la condition que la température soit de 10 à 15° c. Au-dessous de 10° le savon se refroidirait trop rapidement, au-dessus de 15° les cristallisations seraient invisibles. Il s'en suit que la fabrication du savon grenu ne peut avoir lieu en toutes saisons.

Peu connu en France, ce savon est d'une assez grande consommation dans le nord de l'Europe.

OBSERVATIONS

Manque de lessive. — On constate qu'un savon n'a pas la proportion nécessaire de lessive quand il se trouble sur un morceau de verre, est doux à la langue et a mauvaise odeur, il importe d'ajouter de suite de la lessive, car la pâte ne pourrait se clarifier et il serait impossible d'atteindre le rendement normal.

Excès de lessive. — L'excès de lessive est décelé par un trouble plus accentué que dans le cas précédent. Le savon pique fortement à la langue et il est sec au toucher.

Terme de cuisson. — C'est quand la pâte savonneuse est bien consistante, qu'elle ne s'allonge que très peu et présente une homogénéité parfaite qu'il faut arrêter la cuisson.

Excès de sels neutres. — Un trop grande quantité de ces sels empêche l'empâtage et par suite la clarification, le savon se montre alors trouble et cassant. On peut remédier à cet inconvénient en versant dans le brassin un peu d'eau ou ou un peu de lessive caustique.

CHAPITRE XV

MATÉRIEL DES SAVONS DE TOILETTE
FABRICATION MÉCANIQUE
DERNIERS PERFECTIONNEMENTS RÉALISÉS

Le matériel affecté à la saponification proprement dite, est, sauf quelques exceptions de peu d'importance, identique à celui des savons ordinaires ; mais pour convertir la pâte savonneuse obtenue en savons de toilette, on doit procéder à des opérations multiples qui exigent un outillage spécial et ont pour but de donner à cette pâte la couleur, le parfum, le liant, la souplesse, et un aspect spécial, caractères qui distinguent à l'œil comme à l'usage ces savons que Paris a lancés et, pour lesquels il conserve le monopole.

Avant de passer à la description de la partie essentiellement mécanique, dont on peut se faire une idée de l'ensemble par l'installation fig. 86. Nous examinerons un générateur de vapeur avec moteur, diverses chaudières à saponifier et des mises ; quant à la fabrication des pâtes de savons de toilette, nous nous en occuperons dans le chapitre suivant.

Les principes réalisés dans la combinaison du générateur de vapeur avec moteur fig. 87, se résument ainsi :

Indépendance complète de la chaudière et du mécanisme. — Application au cylindre de l'enveloppe à circulation de vapeur. — Détente variable à volonté, suivant les exigences du travail momentané à développer. — Utilisation de la vapeur d'échappement pour activer le tirage et pour réchauffer gratuitement l'eau d'alimentation. — Foyer disposé pour permettre une combustion complète,

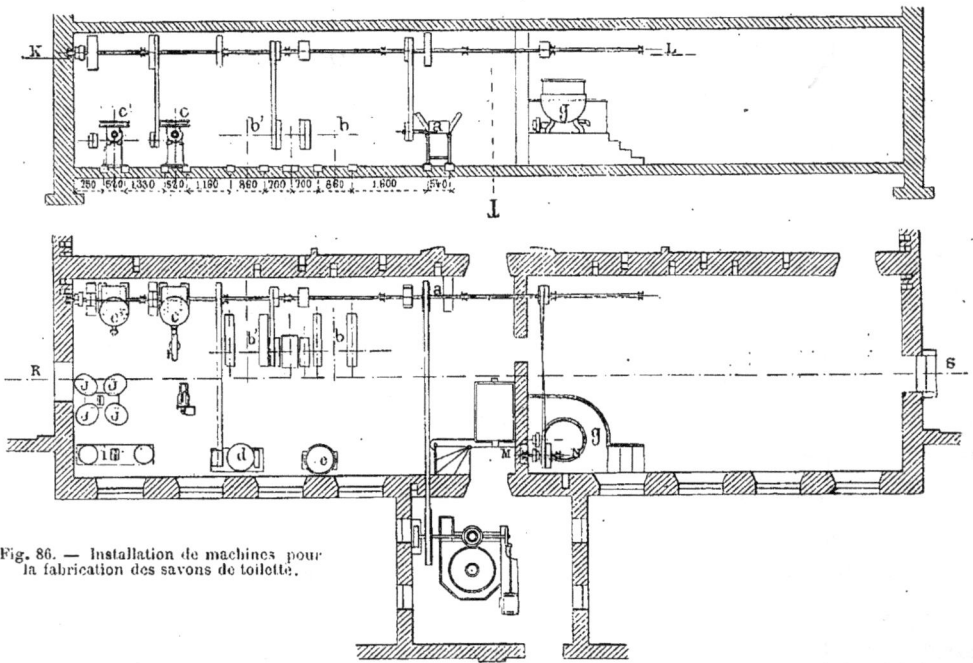

Fig. 86. — Installation de machines pour
la fabrication des savons de toilette.

A, rabot rotatif double.
B, broyeuse-mélangeuse à 4 cy-
lindres.
C, peloteuse-boudineuse.
D, presse à vapeur.

E, presse à bras.
F, découpoir à pédales pour les
boudins de savons.
G, nouvelle chaudière à double
fond chauffée à la vapeur.

H, guide mobile pour les boudins sortant de la filière.
I, pilerie à deux trépans.
J, tamiseuse à quatre tamis
tambours.

KL, transmission générale.
MN, transmission intermédiaire
commandant l'appareil mé-
langeur de la chaudière à
savon.

utiliser tout le calorique dégagé et brûler toutes sortes de com-
bustibles.

La conduite et l'entretien du générateur et du moteur sont des
plus commodes. — Le premier venu en prend la direction et ap-
prend en quelques heures à les chauffer et à les tenir en parfait état.
On a tous les organes sous la main. Un fort bâti, serré à la chaudière par des frettes en fer, reçoit tout le mécanisme et le rend tout
à fait indépendant. Les dilatations subies par la chaudière n'ont
donc aucune influence sur la précision du montage.

Fig. 87. — Générateur de vapeur et moteur combinés, système Hermann-Lachapelle.

Le moteur peut être enlevé tout d'une pièce avec un seul bâti de
dessus le générateur qui continue alors à produire de la vapeur
sans qu'il soit besoin de dispositions nouvelles.

La chaudière se divise en deux parties principales :

1° Le *Générateur* proprement dit, qui comprend le foyer intérieur, le retour de flamme et le faisceau tubulaire.

2° *L'Enveloppe* ou calandre de forme cylindrique est composée d'une ou deux tôles cylindriques, suivant la force de la chaudière.

Le générateur et l'enveloppe sont réunis par un seul joint extérieur, à brides et boulons, et une rondelle en caoutchouc. Cette rondelle n'étant pas exposée à une très grande chaleur, peut servir longtemps.

Ce système offre, comme avantage, une économie de combustible produite par le retour de flamme et la combustion complète de tous les gaz, qui abandonnent entièrement leur chaleur dans les tubes avant d'arriver à la cheminée. La disposition du foyer, qui fait que l'on peut le retirer de l'enveloppe, facilite le nettoyage du corps de la chaudière et des tubes qui l'environnent ; la dilatation libre permet en outre d'éviter les fuites qui ont lieu à la plaque tubulaire dans les systèmes qui ont deux joints, l'un à l'avant, l'autre en arrière.

Pour retirer le foyer, il suffit de défaire le joint qui réunit les deux parties de la chaudière ; on place sous le devant un ou deux rouleaux et, à l'aide d'un palan, on sort le faisceau tubulaire.

Lorsque le nettoyage est terminé, ce qui est facile à vérifier, on repousse le foyer à sa place, on refait le joint, et la chaudière peut être mise en pression. Toutes ces opérations peuvent être faites le même jour.

Le mécanisme du moteur est le même que celui de la machine à vapeur dont nous avons donné la description dans le chapitre du matériel des savons durs ordinaires.

Pour la fabrication des savons de relargage, la chaudière chauffée par serpentin, fig. 88, est presque exclusivement employée. A la partie supérieure du serpentin, se trouve le tuyau d'arrivée de la vapeur et à sa partie inférieure celui de son échappement. Un robinet de vidange qui existe à l'extrémité du fond de la chaudière permet l'écoulement des lessives usées.

La chaudière, fig. 89, convient à la fabrication des savons d'empâtage et particulièrement à celle des savons transparents, elle comporte un cône à deux vitesses, variable suivant besoin, qui commande par courroie et par roues d'angle son appareil mélangeur.

Un robinet d'introduction amène l'eau froide nécessaire au refroidissement du bain-marie après les opérations. Cette eau s'écoule ensuite par le robinet d'échappement de la vapeur D.

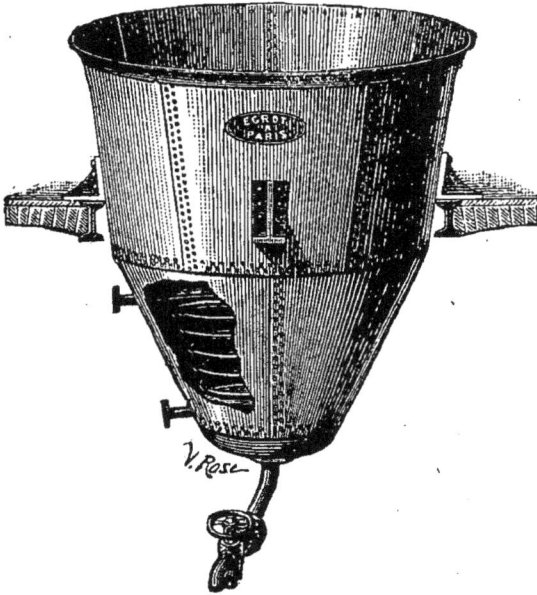

Fig. 88. — Chaudière chauffée par serpentin.

Il résulte de ces dispositions que le refroidissement de la masse, qui dans les chaudières ordinaires ne peut se produire que lentement à l'air libre, avec une perte de temps très préjudiciable pour l'industriel, est obtenu, dans cette nouvelle chaudière, presque instantanément. Aussi est-il très facile de faire 3 ou 4 opérations consécutives dans la même journée.

Nous devons signaler que le robinet C pour l'introduction de la vapeur doit être ouvert lentement et avec précaution et que le robinet D pour l'échappement doit toujours être ouvert avant celui de l'introduction afin de faciliter la libre circulation de la vapeur. La soupape de gauche K n'a pour but que d'*avertir en crachant* l'ouvrier chargé de la surveillance d'avoir à ouvrir l'échappement en cas d'oubli, pour régulariser la chaleur.

La vidange ne passe plus par la chambre de vapeur, comme dans les autres systèmes ; il n'y a donc plus à craindre qu'une obstruction se produise par dessiccation de la pâte. La chaudière repose au-des-

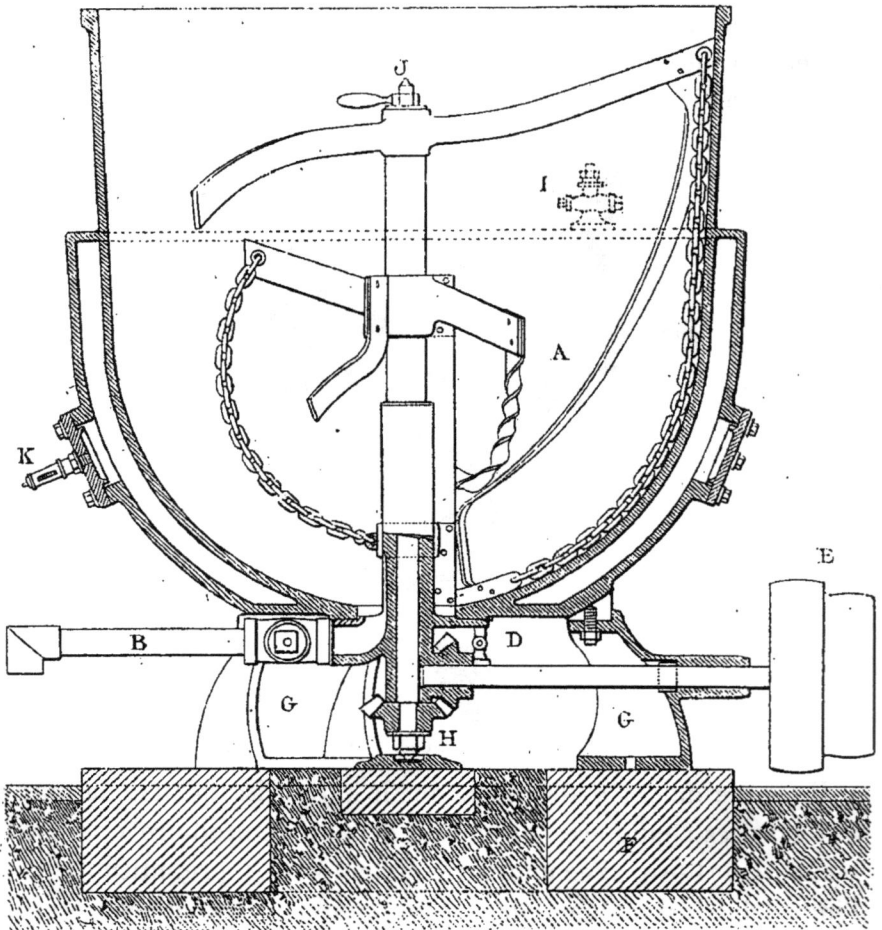

Fig. 89. — Chaudière à double fond avec appareil mélangeur (Système Beyer frères).

A, cuve à double fond pour le chauffage à la vapeur à 1/2 atmosphère de pression.

B, tube avec robinet pour la vidange de quelques sortes de savons et pour le nettoyage de la cuve.

C, robinet d'introduction de la vapeur à 1/2 atmosphère de pression.

D, robinet d'échappement de la vapeur, réglé avec ergot, pour l'empêcher d'être complètement fermé. On doit fixer à ce robinet un bout de tube conduisant l'échappement dans une rigole.

E, cône à deux vitesses commandant l'appareil mélangeur. On fournit avec cette machine, un cône semblable que l'on place sur un intermédiaire disposé avec débrayage.

F, maçonnerie ronde ou annulaire dans laquelle on scelle les boulons de fixation des trépieds supportant la cuve à double fond.

G, trépieds sur lesquels repose la cuve.

H, crapaudine de l'arbre vertical.

I, robinet d'introduction d'eau froide s'écoulant par le robinet d'échappement, pour refroidir le bain-marie après les opérations.

J, appareil mélangeur à hélices pouvant être retiré à volonté d'une seule pièce pour faciliter le nettoyage de la chaudière.

E, soupape d'avertissement réglée pour cracher à une atmosphère, fixée sur le bouchon d'un des trous d'homme.

sus du sol, sur un trépied en fonte dont chaque pied peut être fixé
par un scellement dans une petite maçonnerie ronde ou annulaire,
cimentée en forme de cuvette, au besoin sur un plancher maintenu
par des tire-fonds. Cette chaudière est ainsi abordable de tous côtés,
elle est de plus, par un simple déboulonnement, mobile pour ainsi
dire et transportable d'un local dans un autre où l'on dispose de vapeur et de force motrice.

Fig. 90. — Chaudière à double-fond, système E.-C. Rost.

L'appareil mélangeur mû par un arbre vertical tournant sur crapaudine fixée au bas, opère automatiquement le mélange des matières, et les amène dans un temps donné, sans l'intervention,
même sans la surveillance de l'ouvrier, à entière et parfaite saponification.

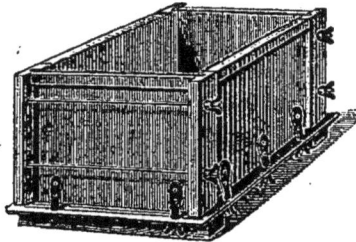

Fig. 91. — Mise en tôle.

La petite chaudière, fig. 90, entièrement en tôle, fonctionne, soit à la vapeur, soit au bain-marie. Dans les deux cas, elle donne de très précieux résultats, mais surtout pour la refonte des déchets de savon en les empêchant de brûler et de se colorer.

Les mises affectées aux savons de toilette se distinguent des autres en ce qu'elles ont une moindre capacité. Quelquefois elles sont d'une construction toute différente de celle qu'indique la fig. 91, c'est-à-dire qu'elles se composent d'une série de cadres rectangulaires en bois, qu'on place les uns au-dessus des autres et qui sont réunis par une série de petits goujons : le dernier cadre repose sur un fond plein.

FABRICATION MÉCANIQUE

Examinons maintenant, non seulement les divers types de machines propres à la fabrication mécanique mais encore leur fonctionnement, et les manipulations nécessaires pour convertir la pâte en savon de toilette et lui faire acquérir les qualités requises.

A partir du moment où le savon sort des mises, on compte généralement 10 opérations :

1º Division des blocs ;
2º Découpage en copeaux ;
3º Premier séchage ;
4º Mélange des couleurs et des parfums ;
5º Broyage ;
6º Pelotage et boudinage ;
7º Découpage des boudins ;
8º Modelage ;
9º Deuxième séchage ;
10º Frappage.

1º **Division des blocs.** — Elle s'effectue en tables, puis en briques à l'aide de fil d'acier et de cadres ou plutôt avec un découpoir.

Celui de la fig. 92 a l'avantage de découper d'un seul coup en briques de dimensions fixes et régulières, les tables de savon sortant des mises. Son service commode et rapide lui donne un rendement élevé.

Il se compose d'un bâti en bois dur maintenant une grille formant plate-forme pour recevoir la table de savon à découper et d'un cadre oblique à bascule armé de fils dont le mouvement d'aller et retour dans toute la longueur de la grille débite le savon en briques à la largeur demandée.

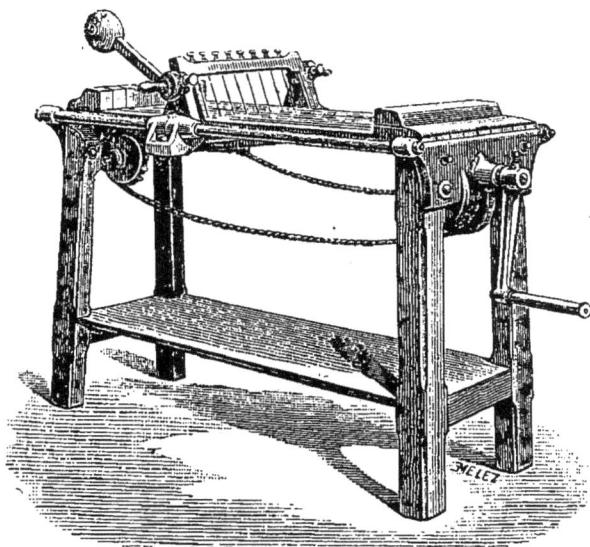

Fig. 92. — Découpoir Beyer frères, débitant le savon en briques.

Ce découpoir procure des tables de savon de 455 mm. sur 1 m. 00 de long : il peut être établi pour couper jusqu'à 700 mm. de largeur.

La tension des fils se fait sans difficulté par des écrous ronds et molletés placés sur la traverse supérieure du chariot mobile munie de ressorts à spires.

2° Découpage en copeaux. — Cette opération, qui a pour but de rendre plus rapide la dessiccation du savon et de le préparer à son brassage dans la broyeuse, est effectuée au moyen d'un rabot rotatif, fig. 93.

Ce rabot se compose d'un bâti supportant un disque de forme conique sur lequel sont placés, à intervalles égaux et alternés, 6 couteaux : **3** à lame droite et **3** à lame dentelée. On place une par

Fig. 93. — Rabot rotatif Baudoux.

une les briques de savon dans un conduit incliné qui les amène sous l'action des couteaux animés d'un mouvement très vif de rotation et, en infiniment peu de temps, elles sont réduites en copeaux.

3°. 1ᵉʳ séchage. — Une fois en copeaux le savon est séché de façon à ne plus contenir que 10 à 12 p. 100 d'humidité. Ordinairement on se sert à cet effet d'une étuve dont les parois sont en briques et la porte en tôle. Un système régulier de ventilation est établi par un appel d'air à l'aide d'un aspirateur.

4° Mélange des couleurs et des parfums. — Les couleurs préalablement réduites en poudres impalpables sont délayées, suivant leur nature, dans de l'huile, de l'alcool, de la lessive faible ou de l'eau chaude, puis, après trituration avec les essences, on verse cette composition sur les copeaux de savons réunis dans une caisse en bois garnie de feuilles de zinc, où un ouvrier opère le mélange du tout aussi intimement que possible.

5° Broyage. — Sous ce nom, on désigne l'opération par laquelle on convertit le savon provenant du traitement précédent, en une pâte douce, onctueuse, lisse, uniformément colorée et parfumée. C'est avec le concours de cylindres en granit dont la réunion et la disposition constituent la machine « dite broyeuse-mélangeuse » que ces caractères sont acquis.

Fig. 94. — Broyeuse-mélangeuse à trois cylindres, Beyer frères.

La broyeuse-mélangeuse, fig. 94, possède trois cylindres horizontaux en granit de 50 centimètres de diamètre sur 70 de longueur, elle est établie pour une grande production.

Le cylindre du milieu a ses paliers fixes et les deux autres sont maintenus à l'écartement voulu par un système de réglage par roues et vis sans fin permettant d'agir à la fois sur les deux paliers du même cylindre pour l'éloigner ou le rapprocher, ou bien sur un seul pour en corriger le parallélisme.

Tous les paliers de cette machine sont munis d'un système de graissage automatique garantissant la lubrification constante et économique des axes des cylindres, ce qui rend très doux les frottements dans cette puissante machine et lui assure en même temps la propreté et la précision dans son travail.

Les cylindres tournent avec vitesse différentielle obtenue au moyen de forts engrenages mis en mouvement par l'arbre portant les poulies fixe et folle et tournant aussi dans des paliers graisseurs.

La trémie de chargement est munie d'un serrage spécial de pointes à coulisses sur les cylindres pour éviter toute déperdition de la matière par les côtés.

Le serrage de la râclette sur le cylindre débiteur se fait très facilement par des vis de pression. Un tablier de tôle règne dans toute la longueur de la machine et en déborde du côté du cylindre débiteur pour recevoir la bassine dans laquelle tombe la matière traitée.

La masse des copeaux de savon est déposée par l'ouvrier, après l'addition des parfums et matières colorantes, dans une trémie qui la conduit entre le premier et le second cylindre, où elle subit un broyage préalable : de là, amenée entre le deuxième et le troisième cylindre par le mouvement de rotation à vitesse différentielle, elle y est soumise à un autre broyage ; elle passe par-dessus ce dernier et, dégagée du cylindre par une râclette en acier, elle retombe dans la trémie, pour reprendre le chemin parcouru jusqu'au broyage complet et mélange parfait du savon avec les parfums et les couleurs.

Une remarque que nous ne devons pas oublier de faire, c'est que dans le cas où les copeaux de savon à leur sortie de l'étuve seraient trop desséchés, comme l'action de la broyeuse les réduirait forcément en poudre, il faut y ajouter, avant de les passer à cette machine, un peu de savon tel qu'il provient des mises, c'est-à-dire très humide.

Fig. 95. — Broyeuse-mélangeuse à trois cylindres, Lambert et fils.

Le broyage opéré par le passage successif entre les trois cylindres, est désigné en terme de métier sous le nom de *passe*. Chaque passe, en opérant sur une quantité de 30 kg. de matière, s'exécute en cinq minutes. Le nombre de *passes* nécessaires à l'amalgame complet de la pâte dépend de la nature des matières employées.

Quand l'ouvrier juge l'opération achevée, il presse un bouton qui fait jouer deux autres raclettes, l'une dentelée, l'autre unie, lesquelles, en s'appliquant en avant du quatrième cylindre, détachent et divisent la nappe onctueuse et odorante en rubans qui tombent dans une caissette.

6° Pelotage et boudinage. — Le pelotage et le boudinage s'effectuent simultanément à l'aide de peloteuses-boudineuses de divers systèmes, fig. 96, 98 et 99.

Leur but est de réamalgamer, de compresser en une masse solide et de faire sortir en boudins parfaitement homogènes, serrés et polis, la matière préparée par la broyeuse.

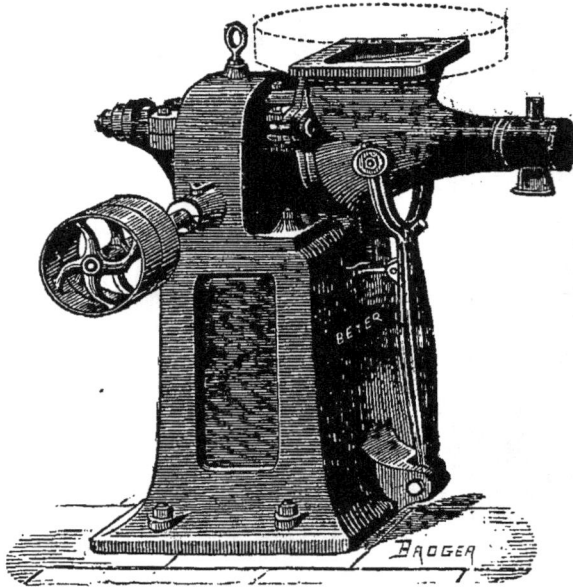

Fig. 96. — Peloteuse-boudineuse, Boyer frères.

La peloteuse-boudineuse, fig. 96, est composée d'un cylindre en fonte, affectant la forme d'un paraboloïde de révolution, adapté à une boîte à mouvement fixée sur un socle à fondation. Dans ce cylindre se trouve, comme organe principal, une vis d'Archimède également de forme parabolique à pas progressifs très résistante, exactement ajustée et fonctionnant avec la plus stricte précision.

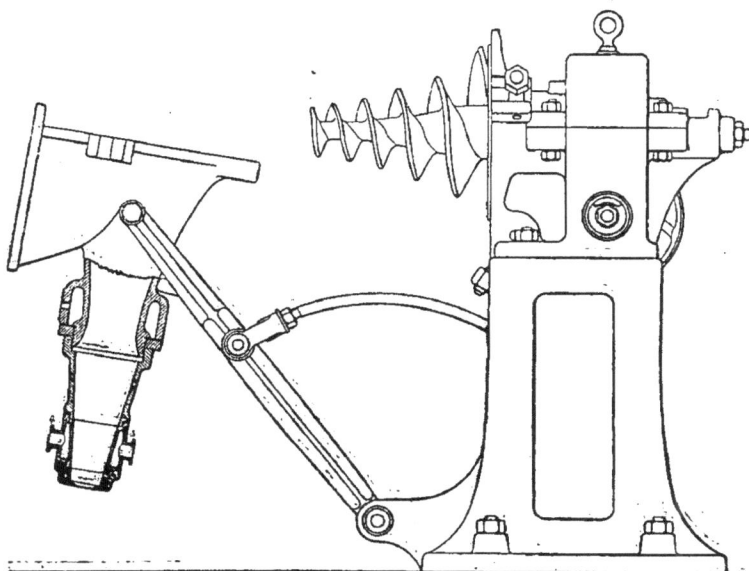

Fig. 97. — Peloteuse-boudineuse de la fig. 96, basculée pour le nettoyage.

Figure 98. — Peloteuse-boudineuse Baudoux.

Les filets de cette vis sont inclinés de telle façon que leur génératrice tombe perpendiculairement sur le point de la surface qui leur
correspond sur le paraboloïde. La vis mise en rotation lente par

Fig. 99. — Broyeuse et Peloteuse combinées (système Beyer frères)

un mécanisme renfermé dans la boîte à mouvement, comprime la
matière en extrayant l'air qu'elle contient et, par une poussée continue et énergique, la fait passer par une embouchure en bronze à
double fond, chauffée à l'eau chaude, munie de filières à section

variable, d'où elle sort finalement comme nous venons de le dire en boudins compacts nets et lustrés.

Afin d'éviter toute manipulation et tout transport du savon d'une machine à l'autre, MM. Beyer frères ont converti en un seul outil leur broyeuse avec leur peloteuse, fig. 99.

Dans cette machine combinée, la pâte de savon tombe directement du dernier cylindre de la broyeuse dans la trémie de la peloteuse. Il est facile au savonnier de se rendre compte des avantages que l'emploi de cette machine lui procure dans son industrie et qui se recommande tout particulièrement aux grandes usines.

Son installation demande un emplacement réduit, les deux outils étant liés ensemble et commandés par une seule courroie.

La surveillance et la conduite du travail sont moins grandes qu'avec les deux machines séparées, l'ouvrier ayant le débrayage sous la main et pouvant faire marcher simultanément la broyeuse et la peloteuse ou arrêter l'une ou l'autre à son gré.

Ces deux machines sont construites avec tous les perfectionnements créés jusqu'à ce jour :

Pour la **Broyeuse** : Emmanchement à chaud des cylindres sur leurs arbres les rendant inséparables.

— Nouveau système de râclette diviseur.

— Trémie à double compartiment séparant automatiquement les opérations successives du broyage pour assurer une homogénéité parfaite dans toute la venue.

— Réglage par roues et vis sans fin permettant l'écartement des cylindres intermédiaires, sans en déranger le parallélisme, en outre de la disposition approchant ou écartant isolément chaque côté des cylindres pour les mettre parallèlement en contact.

Pour la **Peloteuse** : Alésage parabolique du cylindre de la vis à pas progressifs.

— Chambre annulaire refroidissant le col du cylindre.

Pour la **Peloteuse** : Appareil à eau tiède chauffant l'embouchure à la sortie du savon.

—   Mouvement de bascule du cylindre facilitant son nettoyage ainsi que celui de la vis.

Dans l'une comme dans l'autre de ces machines, le graissage des organes en mouvement a été étudié pour être fait sans danger et en vue d'éviter toute déperdition d'huile pouvant souiller la matière traitée.

7° Découpage des boudins. — Pour simplifier et accélérer cette opération, on peut faire usage du découpoir mécanique à pédale, fig. 100 et 101.

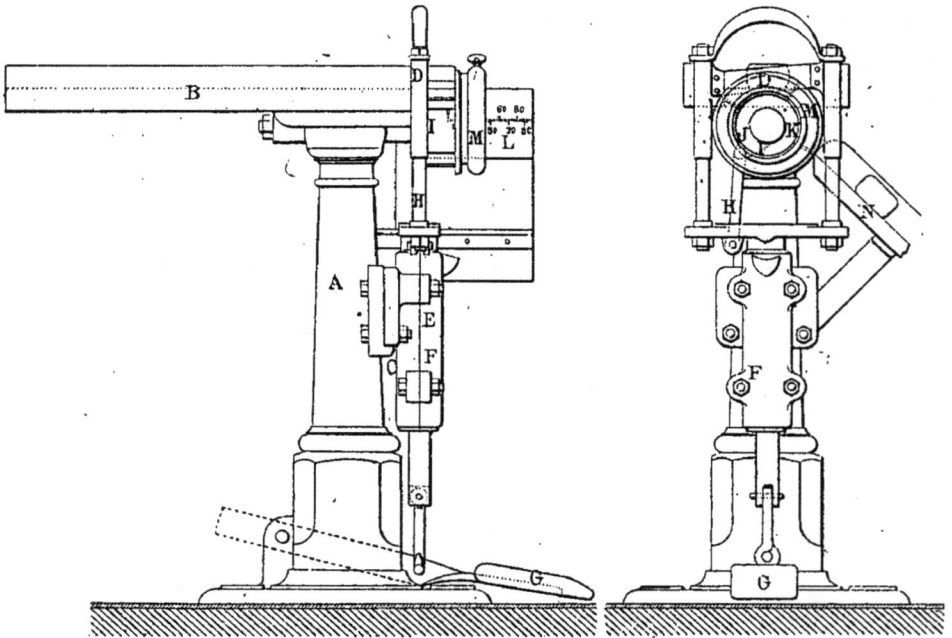

Découpoir mécanique à pédale, Beyer frères.
Fig. 100. — Vu de côté.   Fig. 101. — Vu de face.

Cet appareil se compose d'une colonne en fonte A, supportant à sa partie supérieure une table en bois longue et étroite B garnie d'une rigole en marbre pour faire glisser les boudins à découper en bondons. Sur cette colonne est fixé un guide vertical de l'axe E commandant le mouvement de la lame D. Un ressort F logé dans ce guide règle l'ascension de la lame, après chaque coupe faite au moyen de la pédale G.

En remontant, après la coupe, l'axe E met en mouvement une bielle H articulée à un levier I muni d'un cliquet J qui, s'engrenant sur les dents d'un crochet D fixé sur un cylindre L, lui fait développer, à chaque ascension, un quart de tour. Sur ce cylindre est fixé, à une distance variable pour la longueur des bondons, un anneau à volets M, qui, dans son quart de révolution, fait glisser les bondons sur un conduit F d'où ils tombent dans une caisse placée au pied de l'appareil.

Il existe donc deux mouvements bien distincts, réalisés par le seul jeu de la pédale et l'un à la suite de l'autre. Le premier, en appuyant sur la pédale, baisse la lame et coupe le boudin ; le second, commandé par le ressort F, relève la lame et, en faisant faire un quart de tour au rouleau L, chasse le boudin coupé.

8º Modelage. — Les boudins étant divisés en bondons ne subissent que rarement l'action d'une première presse à moule uni, dite « presse à modeler, » qui a pour but de les dégrossir avant qu'ils ne soient séchés et frappés définitivement.

9º 2ᵉ séchage. — Avant de soumettre les pains de savon à la presse qui doit les estamper, on les sèche ; mais beaucoup moins longtemps qu'après la réduction en copeaux.

10º Frappage. — Cette dernière opération est effectuée avec une presse de l'un des types qui suivent :

Pour le fonctionnement de la presse, fig. 102, une fois le moule placé sur le plateau de la cage et le dessus du moule fixé, on met le morceau de savon dans l'intérieur du moule ; puis, à l'aide de la main gauche, on appuie légèrement sur la poignée de la détente et de la main droite, on lance avec force le volant, qui décrit un demi-tour en descendant et exerce la pression dans le moule.

Donnant ensuite un demi-tour en sens inverse, le mouvement ascensionnel de la presse est arrêté et, au même instant, la tige remonte le savon qu'on prend aussitôt de la main gauche pour le remplacer de la main droite par un autre morceau et ainsi de suite.

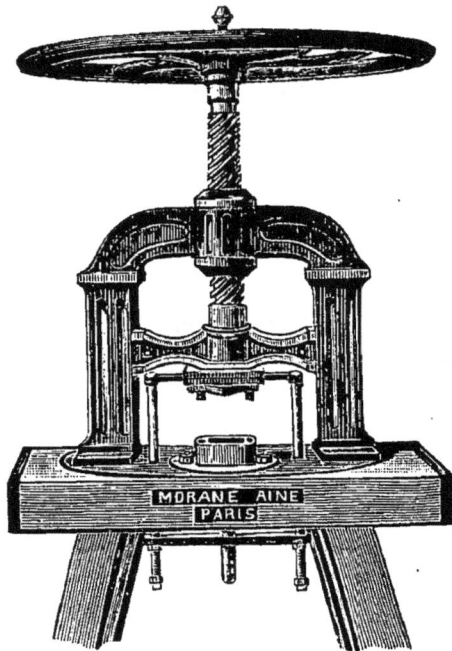

Fig. 102. — Presse à bras, Morane aîné, avec moule dit « à peser. »

Un ouvrier habile, peut frapper environ 500 pains de savon à l'heure, et s'il travaille à la volée, c'est-à-dire sans arrêt, ce qui arrive le plus souvent, on obtient un résultat bien supérieur.

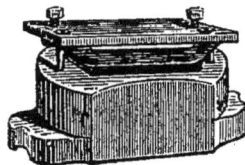

Fig. 103. — Moule dit « à peser ».

Le moule, fig. 103, qui permet de frapper à différents poids, se monte sur la presse précédente.

Il se compose d'une ceinture en fer poli ajustée intérieurement suivant la forme de savon qu'on désire avoir. A chacune des extrémités inférieures se trouve une échancrure venant s'emboîter sur des guides fixés sur le plateau de la presse. Ce moule est en outre maintenu par deux grilles et sa partie supérieure mobile porte à la surface deux tiges, qui entrent dans la partie fixe, et au-dessus deux écrous destinés à l'assujettir à travers le piston de la presse.

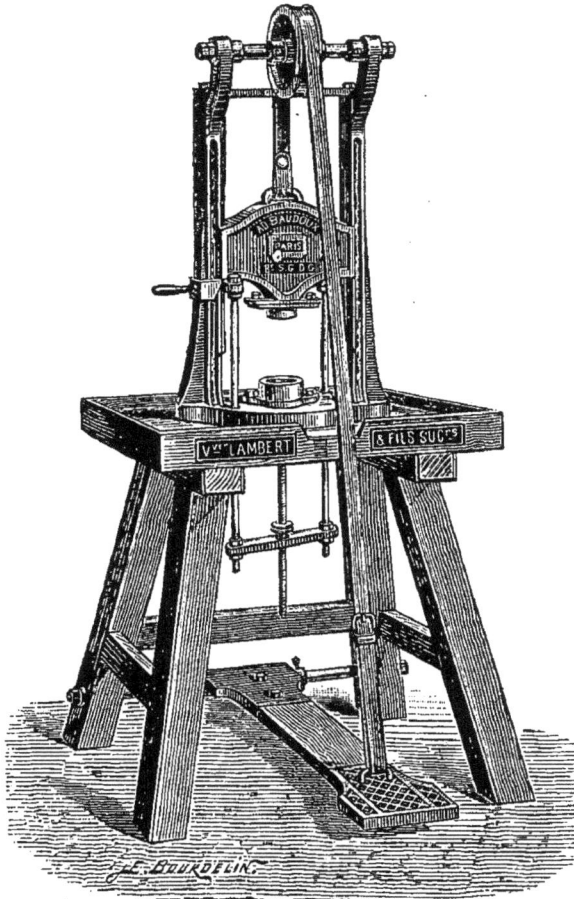

Fig. 104. — Presse rapide à pédale, Lambert et fils.

Afin d'avoir des pains de savon d'un poids déterminé, on commence par mettre, dans le fond de la ceinture, des plaques en fer dites « régulatrices », épaisses depuis un demi-millimètre jusqu'à 18 millimètres, suivant le besoin. On introduit dans la cuvette

inférieure qui vient reposer sur les plaques régulatrices, puis le
morceau de savon et on actionne la presse. Si ce morceau pèse
plus qu'il est nécessaire, on rajoute des plaques ; s'il pèse moins, on
en retire ; mais une fois que le réglage est parfait, on peut frapper,
sans aucun changement, des milliers de morceaux de savon, leur
poids ne variera pas, car l'excédent sort entre la cuvette supérieure et la ceinture, pourvu que la pâte du savon soit toujours la
même.

La presse de la maison Lambert et fils, dite « Presse Rapide »
fig. 104, permet de réaliser les avantages suivants :

1º Une réduction importante sur le prix des presses ordinaires
pour savons de toilette.

2º Une très grande rapidité dans le travail ; un simple mouvement
de pression opérée par le pied sur la pédale fait remonter le sabot
qui redescend ensuite de lui-même et frappe le pain de savon.

3º Une facilité considérable pour l'ouvrier qui se trouve ainsi
libre de ses deux mains et peut donc retirer et replacer les pains
de savon beaucoup plus aisément, sans crainte aucune d'accident.

4º Enfin une moins grande fatigue dans le travail.

MM. Beyer frères construisent une presse à vapeur d'un modèle
nouveau, fig. 105, commandée par une courroie remplissant toutes
les conditions d'un travail rapide, facile et d'une régularité parfaite.

Cette presse, dont le bâti à col de cygne dégage le devant de
l'appareil, est posée sur plateau en bois avec pieds en fonte ou
bien sur socle rond tout en fonte.

Son mécanisme se compose d'une forte vis à filets rapides, solidement guidée et ne pouvant dévier de la perpendiculaire. Cette
vis est surmontée d'un volant qui est mis en rotation alternativement par deux plateaux à friction pour opérer la montée et la descente. Une pédale amène le contact du plateau qui détermine la
descente accélérée de la vis, par conséquent, le coup de presse.

Un débrayage automatique renverse le mouvement, fait remonter instantanément la vis à son point de départ et chasse du moule
le pain façonné et marqué avec une netteté parfaite.

La vis reste maintenue au point d'arrêt jusqu'à ce que l'ouvrier fasse de nouveau agir la pédale pour répéter le coup de presse.

Tout l'effort étant demandé au moteur, il va sans dire qu'une femme ou un enfant peut conduire cette machine.

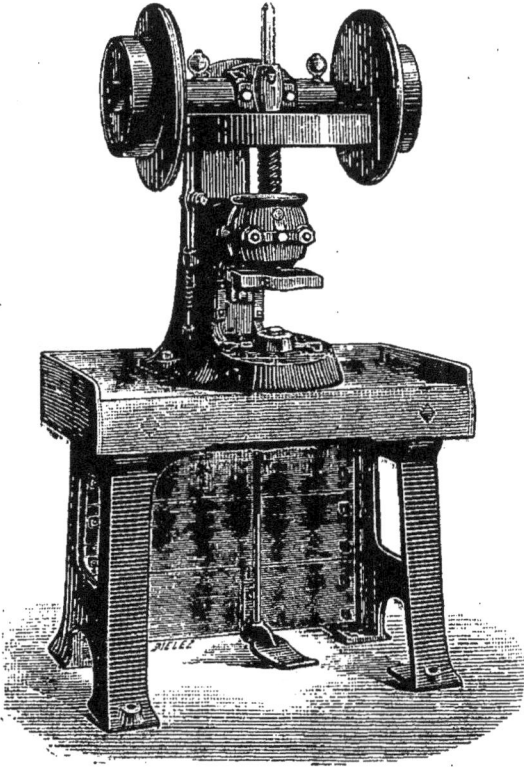

Fig. 105. — Nouvelle presse à vapeur, Boyer frères.

Les pains de savon, en sortant du moule, sont légèrement séchés, puis frottés avec un morceau de flanelle, opération qui rend leur surface brillante. On les enveloppe ensuite dans trois papiers : un premier de soie, un second ordinaire, et un troisième glacé ; ce dernier porte le nom du savon, celui du fabricant et souvent même une vignette.

Les savons extra-fins sont munis en outre d'une feuille d'étain qui a pour but de conserver longtemps la fraîcheur de leurs parfums.

On livre tous ces savons au commerce dans d'élégantes boîtes en carton qui renferment **3** ou **6** pains. Quant aux savons de qualité très ordinaire, ils sont généralement vendus sans être enveloppés.

M. Chardin-Hadancourt s'est fait breveter, il y a plusieurs années, pour un système de frappage et d'enveloppage permettant, lorsqu'on passe le savon à la presse, de le recouvrir d'une étoffe ou d'un cuir qui lui assure l'inaltérabilité.

Fig. 106. — Pilerie Beyer frères, à deux trépans.

Aux machines que nous venons de décrire, il convient que nous ajoutions, comme parties inhérentes de l'outillage complet d'une fabrique de savons de toilette, une pilerie pour la préparation des poudres, des couleurs, des parfums et du savon.

D'après le système de pilon tournant de la pilerie fig. 106, les constructeurs ayant donné à la tête du pilon, non plus la forme pleine et ronde, mais la forme allongée d'un ancre double en acier, suivant exactement la courbe du fond du mortier, on obtient par le mouvement tournant le bouleversement de la matière et la chute du pilon sur des points différents, double avantage qui évite à la fois le tassement et le durcissement de la masse, ainsi que l'échauffement des parois du mortier.

2. — DERNIERS PERFECTIONNEMENTS RÉALISÉS

Broyeuse-sécheuse continue A. et E. des Cressonnières

L'appareil de MM. A. et E. des Cressonnières, fig. 107, prend la pâte de savon telle qu'elle sort de la chaudière et la restitue, séchée, colorée, parfumée et divisée en copeaux minces, prête en un mot à passer aux boudineuses et aux presses.

Le principe de l'appareil est simple et rationnel ; il est réalisé à l'aide d'organes mécaniques presque rudimentaires, exigeant peu de force motrice, presque pas d'entretien.

Au sortir de la cuve de fabrication, la pâte de savon est conduite au moyen d'une pompe dans un bac mélangeur qui se trouve à la partie supérieure de l'appareil : elle y est brassée avec les matières colorantes et les parfums, et le mélange est amené, en quelques minutes, grâce à la fluidité de la pâte, à un état parfait d'homogénéité.

A ce moment, la température de la pâte étant encore de 85 à 90° centigrades, pour en produire la solidification, il faut l'amener à 50 ou 55° centigrades, température de solidification du savon. Ce résultat est obtenu aussi simplement que rapidement par l'écoulement de la pâte, en nappe mince, sur une sorte de laminoir composé d'une série verticale de cylindres horizontaux.

Par suite de cet état de division et de la grande surface de refroidissement ainsi réalisée, l'action de l'air ambiant suffit à produire le refroidissement désiré. Après avoir passé sur sept cylindres, la pâte est complètement solidifiée et se trouve à 90° centigrades environ. En quittant le dernier cylindre, elle rencontre des couteaux râcloirs qui la divisent en lamelles représentant les copeaux de l'ancien procédé.

Mais, point essentiel à constater, ces lamelles ayant une épaisseur uniforme d'un demi-millimètre sont dans un état physique éminemment favorable pour subir la dessiccation.

Cette dessiccation commence aussitôt que le savon quitte les cylindres refroidisseurs. Les lamelles sont reçues sur une toile sans fin et pénètrent dans un espace clos où elles exécutent en six minutes un trajet de trente-six mètres. Cet espace clos est parcouru par un courant d'air porté à 55 ou 60° centigrades. C'est la température la plus favorable à une évaporation rapide. Il est évidemment aisé de régler la longueur et le temps du parcours des lamelles, de façon à atteindre une teneur en eau déterminée. Le savon, tel qu'il sort de l'appareil, contient 18 p. 100 d'eau. Il a été reconnu expérimentalement que cette proportion est la plus favorable pour la facilité des opérations du boudinage et de l'estampillage, ainsi que pour la qualité et l'aspect du produit final.

Au sortir de l'appareil le savon est soumis pendant quelques secondes à l'action d'un courant d'air froid qui l'amène à la température ambiante et il passe immédiatement aux boudineuses qui font suite à l'appareil.

Le travail est donc continu et ne subit pas un seul temps d'arrêt depuis le moment où la pâte sort de la chaudière jusqu'au moment où le savon, convenablement aggloméré, est livré à l'action des presses.

Entrons maintenant dans quelques détails, quant à la disposition de l'appareil.

La pâte de savon est, comme nous l'avons dit, amenée au moyen d'une pompe dans les bacs mélangeurs, qui se trouvent à la partie supérieure de l'appareil.

De là, après un brassage mécanique convenable, la pâte est déversée par un simple robinet, débitant de 5 à 6 kg., à la minute, dans l'auge formée par le premier cylindre et une cloison fixe. Ce

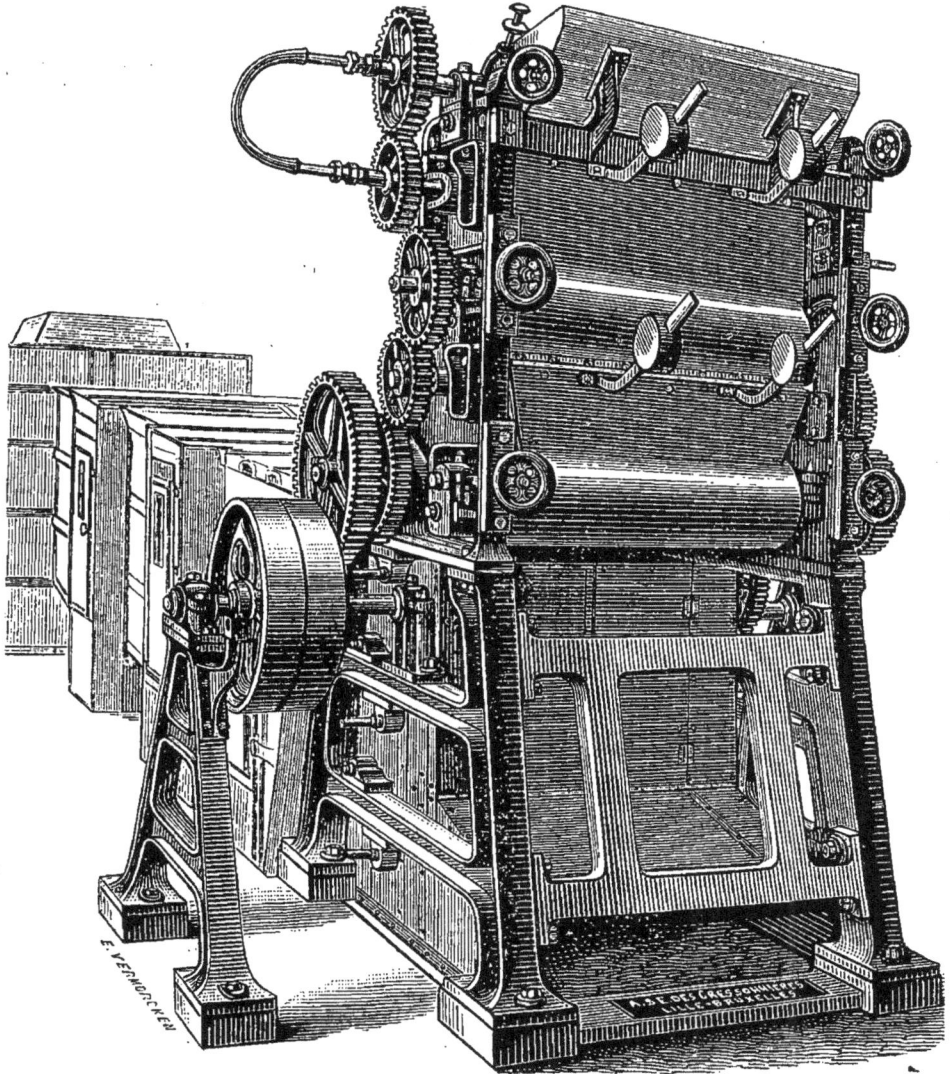

Fig. 107. — Broyeuse-sécheuse continue A. et E. des Cressonnières.

cylindre en tournant dans l'auge, entraine une mince nappe de pâte qui est saisie ensuite par le second cylindre, puis par le troisième, et ainsi de suite jusqu'au septième.

Pour faciliter cette sorte de laminage, les vitesses de rotation des cylindres successifs vont en croissant ; le premier, par exemple, faisant trois tours, le second en fait quatre, le troisième cinq, etc.

Le bâti qui supporte les cylindres est en équerre, les quatre premiers cylindres étant placés suivant la verticale, les trois autres suivant l'horizontale, cela dans l'unique but de réduire la hauteur de l'appareil.

Les axes des cylindres verticaux sont disposés de part et d'autre de l'axe du montant ; leurs coussinets sont mobiles et facilement réglables au moyen d'une vis de rappel. Tous ces cylindres sont creux et, afin de hâter le refroidissement pendant la saison chaude, on peut faire passer dans le cylindre supérieur un courant d'eau froide.

En avant du dernier cylindre horizontal se trouvent des couteaux râcleurs qui détachent la pellicule de savon et la divisent en lamelles. Ces lamelles tombent sur une toile sans fin qui se déplace avec une vitesse de six mètres par minute. Les lamelles passent ensuite de cette première toile sur une seconde, puis sur une troisième. Les toiles circulent dans une sorte de grande boîte en bois, ouverte aux deux extrémités, constituant l'étuve de dessiccation.

La dessiccation est activée au moyen d'un courant d'air chaud. Un premier ventilateur aspire l'air ambiant à travers un caléfacteur constitué d'une série de tubes à ailettes parcourus par un courant de vapeur, et refoule cet air, ainsi porté à une température d'environ 60° centigrades, dans l'étuve de dessiccation, par des ouvertures ménagées dans le sol.

Un second ventilateur, situé à l'autre extrémité, aspire à la fois l'air chaud envoyé dans l'étuve ainsi que l'humidité dégagée par la pâte et une petite quantité d'air froid qui passe à travers la masse des lamelles tombant de la dernière toile, puis les amène rapidement à la température ambiante.

Des thermomètres placés en divers endroits de l'étuve, et visibles du dehors, permettent de s'assurer constamment de la température du courant d'air et de régler le débit des ventilateurs et la circulation de la vapeur dans le caléfacteur, de façon à maintenir dans l'étuve une température de 55 à 50° centigrades, résultat du reste facile à atteindre.

Deux ouvriers règlent l'entrée du savon dans les bacs mélangeurs, dosent les matières colorantes et les parfums, tandis qu'un troisième surveille la marche des différents organes et la température du courant d'air.

Les lamelles de savon sortant de l'appareil tombent directement dans les bacs d'alimentation des boudineuses.

Séchoir automatique continu et appareil solidificateur
Système Beyer frères

Le *Séchoir automatique continu* dont nous donnons un aperçu fig. 108, permet d'éliminer de la pâte tirée sur lessive son excès d'eau pour la convertir en savon de toilette.

Cette évaporation s'opère sur des couches très minces et d'une façon continue. Le séchoir ou étuve automatique est surmonté, à l'une de ses extrémités, d'une broyeuse à deux ou plusieurs cylindres doués de vitesse différentielle. Le savon frais est introduit dans la trémie de cette broyeuse et subit, selon le nombre des cylindres, un ou plusieurs broyages entre ces derniers pour tomber ensuite en lamelles très amincies dans le coffre formant le séchoir proprement dit. A l'intérieur de cette étuve sont installées des toiles sans fin montées sur rouleaux, superposées les unes aux autres et occupant toute la longueur et la largeur du séchoir.

Ces toiles sont mises en rotation et groupées de manière que la première toile, la plus élevée, qui reçoit en tête les rubans de savons détachés d'une façon continue de la broyeuse, les déverse en les retournant, à son extrémité opposée sur la seconde toile ; celle-ci sur la troisième et ainsi de suite jusqu'à ce qu'ils arrivent à la dernière, la plus basse, qui les conduit en dehors de l'appareil.

Dans le soubassement de cette étuve est installé un chauffage à la vapeur à grande surface, de préférence avec prise de vapeur directe sur le générateur de l'usine ou en utilisant l'échappement de

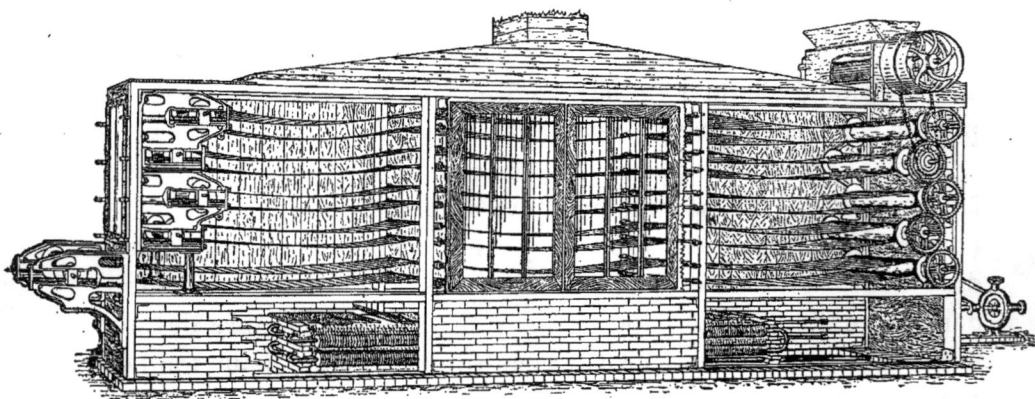

Fig. 108. — Séchoir automatique continu, Boyer frères.

la machine à vapeur. Ce chauffage est combiné avec une puissante aspiration d'air qui peut atteindre la température de 70° environ. Cet air chaud traverse en chemin opposé les lamelles de savon dans leur parcours en se saturant de l'humidité pour s'échapper, attiré par la ventilation, par le haut de l'appareil, tandis que le savon séché au point voulu quitte l'étuve en bas.

Cette machine qui réunit plusieurs opérations se succédant, c'est-à-dire broye, divise et sèche la pâte de savon d'une façon continue et automatique, assure aux savonniers qui l'emploient un sérieux bénéfice.

Montée sur un emplacement de 20 mètres superficiels, conduite par un seul ouvrier et un manœuvre, elle produit par jour 1.000 kg., de savon sec destiné à l'usage de la toilette.

La dépense en force motrice n'est que de 2 chevaux environ, et en calorique elle est nulle, si l'on se sert de la vapeur d'échappement. Selon la disposition de l'usine on peut modifier les dimensions du séchoir dans un sens ou dans l'autre; on peut aussi, en cas d'absence d'un générateur ou s'il se trouve trop éloigné, établir un chauffage par calorifère.

Grâce à la rotation relativement lente des principaux organes en mouvement, à une solide construction et aux dispositions particulières prises pour le graissage, celui-ci ainsi que l'entretien se trouvent réduits à leur minimum.

Appareil solidificateur. — L'appareil solidificateur, fig. 109, précède le séchoir dans l'ordre des opérations. Il sert à modifier préalablement le savon liquide sortant de la chaudière pour l'amener, au moyen d'un ruban métallique sans fin, dans la broyeuse placée sur le séchoir.

Ce ruban métallique se déroule comme une courroie sur deux poulies ; la première, de grandes dimensions, est continuellement refroidie par un courant d'eau ou d'air froid ; la seconde est montée en haut du séchoir ; l'une d'elles est mise en rotation continuelle par l'arbre commandant la broyeuse. Le ruban métallique transmet ce mouvement de rotation à l'autre poulie.

Sortant de la chaudière mélangeur, le savon chaud est amené

par le conduit A dans la trémie de distribution H qui le répartit à l'état divisé sur le ruban en métal C sur lequel il se fige par l'effet du tambour refroidisseur à circulation d'eau froide D. Le ruban sans fin C remonte le savon solidifié, une ràclette appuyée contre ce ruban en détache le savon et le déverse d'une façon continue

Fig. 109. — Appareil solidificateur, Beyer frères.

dans la trémie d'alimentation de la broyeuse E placée sur le séchoir, là il passe entre 2 ou plusieurs cylindres et subit ainsi un broyage préalable. Une ràclette dentelée le fait tomber du dernier cylindre en rubans minces sur la première toile F du séchoir.

Cette première toile F mise en mouvement par des rouleaux G promène le savon dans toute la longueur du séchoir et le déverse ensuite, en retournant les rubans, sur une deuxième toile rotative qui agit de même et le rejette sur une troisième, et ainsi de suite jusqu'à ce que le savon soit arrivé sur la dernière toile, qui l'amène convenablement séché au dehors. Dans le soubassement de cette

étuve est installé un calorifère ; un ventilateur J appelle l'air extérieur et le force à traverser une série de tubes à ailettes dont il emprunte la chaleur, cet air ainsi chauffé passant ensuite à travers
les toiles, enlève l'humidité du savon et sort saturé et attiré par un
aspirateur.

MM. Beyer frères ont séparé l'appareil réfrigérant du séchoir
(ce dernier fonctionnant à une température très élevée), mais en
reliant automatiquement ces opérations consécutives d'une façon
ininterrompue. L'appareil ainsi établi offre à la savonnerie de toilette de grands avantages, en supprimant toute incertitude dans
l'ensemble des opérations et en évitant pour ainsi dire toute main-
d'œuvre.

CHAPITRE XVI

FABRICATION DES PATES DE SAVONS DE TOILETTE

La fabrication des pâtes de savons de toilette ne date guère que d'une quarantaine d'années ; avant on se contentait d'employer du savon blanc de Marseille ou bien de refondre ce savon, de le colorer et de le parfumer.

De nos jours les savons de toilette qu'on obtient peuvent être classés comme suit :

Savons à chaud.
    —   mi-chauds.
    —   à froid.
    —   par refonte.

Pour tous ces savons la préparation des lessives est identique à celle des savons ordinaires ; toutefois nous devons faire remarquer que pour les savons à froid on a abandonné, depuis longtemps, la préparation des lessives au moyen des cristaux de soude ; on se sert maintenant du sel de soude carbonaté, dont on élimine l'acide carbonique par la chaux, et plus fréquemment de soude caustique.

Les matières premières d'une qualité supérieure sont seules employées pour les savons de toilette.

Quant aux essences, elles sont pour la plupart étendues dans 5 à 6 fois leur poids d'alcool rectifié à 90°. Ces essences, souvent désignées aussi sous le nom d'huiles volatiles, sont extraites de plantes par expression, distillation, macération, ou bien encore par absorption (enfleurage). Le règne végétal fournit en plus des baumes et des poudres aromatiques. Quant au règne animal on lui doit la civette, le musc, l'ambre gris, le castoréum, substances très employées sous la forme d'extraits alcooliques.

Pour les savons bon marché, on remplace les essences naturelles par des essences artificielles : celles d'amandes amères (hydrure de benzoïle), de Niobé (benzaldéhyde), de Mirbane (nitro-benzine) sont d'un usage très fréquent.

En Allemagne, on prépare un musc artificiel en traitant une partie de succin par quatre parties d'acide azotique.

Ne pouvant nous étendre ici sur ce sujet, autant qu'il serait nécessaire pour l'art du parfumeur, nous renvoyons nos lecteurs au consciencieux et complet ouvrage de M. S. Piesse sur *les Odeurs et les Parfums*, publié avec le concours de MM. F. Chardin-Hadancourt et H. Massignon.

Presque tous les savons de toilette sont colorés, et souvent suivant leur dénomination.

Voici les matières colorantes surtout en usage :

Pour les *savons bruns*, le caramel, le cacao, la terre de Sienne, les bruns Van Dyck et Windsor :

Pour les *savons jaunes*, les jaunes de cadmium et d'urane, la gomme-gutte, le curcuma, le safran ;

Pour les *savons rouges*, le vermillon ;

Pour les *savons verts*, le bleu d'outre-mer mélangé avec un jaune quelconque, le vert de chrome ou plutôt la chlorophylle, qui est un produit végétal.

A ces couleurs viennent s'ajouter celles extraites des dérivés de la houille : le brun d'aniline, le jaune d'aniline, la chrysoïdine, le rouge Magenta, les verts d'aniline, malachite, lumière, les violets de Paris et de Perkins (mauvéine).

Le caramel, le brun Van Dyck, le jaune de cadmium, doivent être délayés dans l'eau ; le jaune d'urane dans un peu de lessive faible ; la gomme-gutte, le curcuma, le safran demandent à être dissous dans l'alcool ; le bleu d'outre-mer, le vert de chrome exigent un broyage avec de la glycérine. Les couleurs dérivées de la houille sont solubles dans l'alcool. Ces dernières, quoique jouissant d'un pouvoir colorant exceptionnel, sont souvent délaissées, car elles manquent de fixité ; les alcalis, la lumière et la chaleur les altèrent rapidement ; les proportions à employer varient suivant la nuance. Si l'on désire des savons marbrés, la méthode à suivre est celle qui a été décrite pour les savons ordinaires.

1. SAVONS A CHAUD.

Ces savons, les seuls qui supportent généralement les opérations mécaniques que nous avons décrites dans le chapitre précédent, ont pour base l'axonge, le suif ou l'huile de palme avec une addition de 5 à 10 p. 100 d'huile de coco, de coprah ou de palmiste : quant aux lessives, elles sont préparées avec du sel de soude ou des soudes caustiques à haut titre.

Un bon savon de toilette à chaud doit remplir les conditions suivantes :

1° Ne pas contenir un excès d'eau dont la présence hâterait l'altération des essences ;

2° Être complètement neutre, car l'alcali agirait d'une façon désagréable sur la peau ;

3° La totalité des corps gras qui le constitue doit être saponifiée, sinon la pâte serait poisseuse et rancirait en peu de temps.

Toutes ces qualités ne peuvent être acquises que par le procédé marseillais, c'est-à-dire par quatre opérations distinctes :

> Empâtage,
> Relargage,
> Cuisson,
> Liquidation.

Admettons que nous ayons à saponifier 1,000 kg., de corps gras.

Empâtage. — Le meilleur mode d'effectuer cette première phase du travail consiste à mettre tout d'abord en chaudière 400 kg., de lessive à 10° Bé (Dté 1,075) et à n'introduire les corps gras qu'une fois que la lessive est en ébullition. A son contact, et sous l'action d'un brassage soutenu, les corps gras se fondent rapidement pour former un liquide laiteux recouvert d'une mousse abondante qui ne disparaît qu'au fur et à mesure que la masse s'épaissit et commence à acquérir une certaine transparence. On modère le chauffage pour ne pas dépasser 100° et on verse par fractions 300 kg., de lessive à 15° Bé (Dté 1,116), puis, après sa combinaison, une dernière lessive à 20° Bé (Dté 1,162) en quantité suffisante pour obtenir une saturation complète des matières grasses avec un léger excès d'alcali. On laisse bouillir quelques heures afin que la pâte soit homogène et dense.

Relargage. — L'empâtage terminé, on procède à la séparation des liquides alcalins où il s'est formé. A cet effet, on se sert d'une lessive à 25° Bé (Dté 1,210) saturée de sel marin ou d'une lessive de recuit filtrée, au même titre, provenant des cuites précédentes. Sous l'influence de l'une ou de l'autre, la pâte savonneuse se transforme en grumeaux nageant dans la lessive. A ce moment, on cesse de chauffer et l'on abandonne la chaudière jusqu'à ce que la partie liquide soit tombée au fond. Lorsque la séparation est complète, on soutire le liquide par un robinet de vidange, une pompe ou un siphon.

Généralement le relargage exige environ 400 kg., de lessive.

Cuisson. — Le savon grumelleux étant seul resté en chaudière, on effectue sa cuisson en deux services, quelquefois même trois et quatre.

La lessive qui constitue le premier service doit être à 15° Bé, jamais plus, car dans le cas contraire elle hâterait prématurément la formation du grain du savon.

Après avoir mis en chaudière 400 kg., de cette lessive, le feu est ranimé et la masse de nouveau portée peu à peu à l'ébullition.

Bientôt il se produit une écume abondante avec des bulles, qui, d'abord très petites, deviennent de plus en plus fortes. C'est le moment de régler la pâte avec une lessive de 20° Bé. Au bout d'une ébullition modérée, dès que la liqueur ne décèle plus une saveur caustique, éteindre le feu, laisser reposer et soutirer la lessive usée.

Le second service a lieu avec une lessive à 25° Bé, qui est versée en chaudière dans la même proportion que la précédente sitôt après l'épinage. A peine le feu est-il allumé, la pâte n'ayant pas eu le temps de se refroidir entre promptement en ébullition, et on la règle avec de la lessive à 30° Bé (Dté 1.263) pour faire disparaître l'écume. Si l'on prend à ce moment une épreuve et qu'on l'étende sur la main, on a une masse grenue, sèche, élastique, qui s'écaille sous la pression des doigts, indice certain de la fin de la cuisson. On enlève le feu et abandonne la chaudière à un repos suffisant pour permettre au savon de se réunir à la partie supérieure, puis on enlève la lessive.

Liquidation. — Au début de cette dernière opération, le savon est sans cohésion, très caustique, peu soluble. La liquidation qui seule remédie définitivement à ces inconvénients, consiste à délayer les grains de savon dans une faible quantité d'eau pure mélangée d'un peu de lessive de recuit à 12° Bé (Dté 1,091) pour permettre au savon de surnager ; on affaiblit plus tard la pâte avec de l'eau jusqu'à ce qu'elle paraisse se rattacher au fond de la chaudière ; on y ajoute de nouveau de la lessive de recuit pour éviter l'adhérence qui commence à se former et on chauffe de telle façon que la pâte épaississe la lessive. On arrête le feu, on abandonne à un repos de quelques heures, puis on enlève avec précaution la lessive.

Versant ensuite sur la pâte une lessive bien claire à 3 ou 4° Bé, (Dté 1,022 à 1,029) on chauffe lentement, en ajoutant de l'eau, de manière à ce que les grains de savon deviennent flasques, aplatis, transparents, quoique encore séparés de la partie liquide. Lorsqu'on aperçoit à la surface de larges plaques chatoyantes d'une couleur jaune miel et qu'on s'est assuré que la pâte a la consistance désirable, on laisse tomber le feu et on couvre la chaudière, le mieux possible, pour permettre au travail de séparation de se produire.

Durant ce repos, qui exige au moins vingt-quatre heures, la lessive en excès se précipite en entraînant en dissolution le savon impur dit *gras* ou *nègre*, qu'on utilise à la fabrication des savons d'une qualité secondaire.

Pour compléter les indications qui précèdent, nous devons donner quelques renseignements propres à chaque sorte de savon.

Savon d'axonge.

C'est le savon extra-fin par excellence ; il est inodore et d'une blancheur exceptionnelle. Sa fabrication s'effectue dans les meilleures conditions ; toutefois sa pâte résiste moins bien aux températures élevées que celle du savon de suif.

Savon de suif.

Il astreint, lors de l'empâtage, à des lessives plus faibles que le précédent ; car le suif se combine difficilement à l'alcali sous l'action d'une lessive concentrée. En outre, la durée des services demande à être prolongée, pour enlever à ce corps gras son odeur désagréable ; dans quelques cas, il faut même pour ce motif augmenter le nombre des services.

Savon d'huile de palme brute.

L'huile de palme exige moins d'alcali, pour sa saponification, que les graisses animales ; mais les lessives doivent être à une concentration élevée. La pâte se prête aisément au relargage ainsi qu'à la liquidation et reste plus longtemps fluide en chaudière que celle des savons précédents.

Savon d'huile de palme décolorée.

La grande quantité d'acides libres que renferme déjà l'huile de palme décolorée, et qui se trouve augmentée par la décomposition d'une partie de la glycérine pendant l'opération du blanchiment, aide beaucoup à la saponification. Seulement, en raison de la quantité des acides gras en liberté, il est indispensable de n'employer que des lessives à haut titre ; de plus, ces lessives nécessitent la présence d'une certaine proportion de carbonate.

Savon demi-palme.

Le savon demi-palme résulte de la saponification d'un mélange d'huile de palme brute et de suif, toujours avec addition d'un peu d'huile de coco, de coprah ou de palmiste. Ainsi que pour les autres savons dont nous venons de parler, cette addition communique à la pâte la propriété de mousser plus abondamment.

Remarques. — D'après M. Legrand, il est possible de fabriquer avec l'huile de coco seule un savon à chaud et d'obtenir un produit d'une consistance parfaite ; mais ce travail, aussi délicat que dispendieux, ne peut avoir de résultat utile qu'en vue de mélanger ce savon avec un savon de toilette ordinaire.

Pour tous ces savons, nous regardons comme un véritable progrès d'additionner la lessive de soude d'une petite proportion de potasse à l'état carbonaté ou caustique. Ce dernier alcali donne à la pâte des propriétés émollientes remarquables et lui communique une certaine transparence très recherchée.

2. SAVONS MI-CHAUDS.

Sous cette désignation on entend des savons d'empâtage obtenus avec des lessives ayant 20 à 25° Bé (Dté 1,162 à 1,210) et qui sont soumis à une cuisson jusqu'à ce qu'ils aient acquis la consistance désirable.

Ce procédé, on le conçoit, est de beaucoup supérieur à celui à froid, puisqu'il permet une combinaison plus intime des corps gras avec l'alcali sous l'influence de la cuisson. Il présente aussi un autre avantage, c'est que si les savons ont été fabriqués avec une addition de suif aux huiles concrètes qui en forment la base essentielle, ils peuvent être travaillés mécaniquement comme les savons à chaud. Dans le chapitre qui a pour titre *Fabrication des savons d'empâtage et mixtes*, nous donnons, dans la partie qui traite des savons d'empâtage à chaud, tous renseignements sur le genre de savons dont il s'agit.

3. SAVONS A FROID.

Malgré une apparence assez flatteuse, les savons de cette classe ne peuvent soutenir aucune comparaison avec les savons à chaud.

Quel que soit, en effet, le soin apporté dans leur préparation, ils ne sont jamais complètement neutres, la saponification des corps gras est loin d'être parfaite, enfin la glycérine s'y trouve en totalité. Toutefois, si la présence de ce produit offre un certain inconvénient au point de vue de la conservation, elle a au moins l'avantage d'exercer une action favorable sur la peau.

La fabrication des savons à froid s'effectue à une température de 40° à 50° c. avec des lessives de soude caustique marquant 36° à 40° Bé, (Dté 1,332 à 1,383) préparées soit avec un sel de soude, 90°/92° Descroizilles, dont on a éliminé l'acide carbonique par la chaux vive, soit par dissolution d'un hydrate de soude caustique en masse à une richesse de 70/72 0/0 d'oxyde de sodium pur et anhydre.

Nous avons recommandé, pour les savons à chaud, de faire usage d'une légère quantité de potasse. Dans les savons à froid il est absolument nécessaire d'en introduire, mais la potasse doit être plutôt carbonatée que caustique. La pâte acquiert alors une grande souplesse et on a moins de risques de la voir pousser au sel.

Le genre de savons qui nous occupe dispense du relargage, de la cuisson et de la liquidation. Après avoir fondu lentement les corps gras à saponifier : huiles de coco, de coprah, de palme ; suif, saindoux, etc..., on verse peu à peu en chaudière la lessive de soude caustique, dans la proportion de 50 p. 100 du poids des corps gras, en remuant sans cesse avec une spatule en bois pour favoriser la combinaison.

Si, par exception, celle-ci tardait à se produire, il faudrait ajouter une solution de gomme ou de sucre qui, l'une comme l'autre, invisquent la masse et aident à la liaison.

Il est très important de surveiller l'action du feu ou de la vapeur pour ne pas dépasser 60° c., car au-dessus une séparation est à craindre.

Le savon étant à point, on le laisse reposer quelque temps en chaudière, puis on le coule en mises où il reçoit le parfum et la couleur.

Savon à la violette.

Huile de coco..............................	20 kg.,
Suif.......................................	5
Lessive de soude caustique à 35º Bé.........	12,500
Cacao pulvérisé............................	375 gr.,
Peau d'orange pulvérisée...................	750
Racine de violette pulvérisée..............	1,250
Teinture de musc..........................	50
Essence de bergamote......................	30
— citron...........................	30
— cassia...........................	30
— myrrhe...........................	50
— néroli...........................	25
Baume du Pérou............................	20
— de tolu...........................	10

Savons aux mille fleurs.

Huile de coco..............................	20 kg.,
Saindoux..................................	5
Huile de ricin.............................	5
Lessive de soude caustique à 36º Bé.........	15
Essence de bergamote......................	60 gr.,
— rose.............................	50
— réséda...........................	60
— jasmin...........................	40
— néroli...........................	30
— violette..........................	25
— héliotrope.......................	50
— clous de girofle.................	20
— lavande..........................	10
— citron...........................	25

Savon dit « d'amandes ».

Huile de coco.............................	40 kg.,
Saindoux..................................	60
Lessive de soude caustique à 36º Bé.........	50
Essence de mirbane........................	500 gr.,
— bergamote......................	500

Savon rose.

Huile de coco..............................	100 kg.,
Lessive de soude caustique à 36° Bé.........	50
Essence de géranium.......................	300 gr.,
— bergamote......................	300
— rose............................	30
Teinture de musc..........................	125
Coloration par le vermillon.	

Savon rouge.

Huile de coco	24 kg.,
Suif blanc	12
Huile de palme	12
Lessive de soude caustique à 36° Bé	25
Essence de lavande	150 gr.,
— kummel	120
— cassia	120
— sassafras	120
— fenouil	60
Vermillon	120

Savon dit « de guimauve ».

Suif blanc	20 kg.,
Huile de coco	20
— palme	10
Lessive de soude caustique à 40° Bé	25
Essence de lavande	500 gr.,
— citron	100
— verveine	50
— néroli	30
— menthe	10

Savon dit « au miel ».

Huile de coco	20 kg.,
Saindoux	5
Lessive de soude caustique à 36° Bé	12,500 gr.,
Essence de sassafras	75
— citronnelle	50
— lavande	25
— romarin	25
— girolle	20
— amandes amères	10
Jaune d'urane citron	2
— orange	12

Savon oriental.

Huile de coco	80 kg.,
Lessive de soude caustique à 38° Bé	50
— — 2° Bé	60
Sel marin	3,500 gr.
Essence de sassafras	300
— fenouil	150
— d'aspic	150

Le sel marin doit être introduit en dissolution dans la lessive faible. Ce savon est très apprécié pour les bains.

Savon à la glycérine.

Huile de coco...............................	25 kg.,
Lessive de soude caustique à 35° Bé..........	12,500 gr.,
Glycérine...................................	2
Essence de géranium.........................	50
— clou de girofle	40
— sassafras.........................	25
— thym	25
— d'amandes amères	5
Rouge cardinal..............................	15

Savon de glycérine dit « au miel ».

Huile de coco	25 kg.,
Lessive de soude caustique à 38° Bé............	12,500 gr.,
Glycérine	2 »
Cire jaune...................................	15
Essence de citronnelle	65
— d'orange	15
— lavande........................	15
— carvi...........................	15

Savon de violette à la glycérine.

Huile de coco...............................	24 kg.,
— palme............................	4
Lessive de soude caustique à 40° Bé..........	12,500 gr.,
Glycérine	2
Peau d'orange pulvérisée	250
Racine de violette —	500
Caramel....................................	400
Essence de lavande..........................	70
— bergamote	40
— cassia..........................	20
— sassafras........................	10
Teinture de musc	20

On triture la poudre de peau d'orange et celle de racine de violette avec une faible portion d'huile de coco, puis on mélange avec le total des corps gras et le caramel dissous à l'eau chaude.

Savon blanc de Windsor

Huile de coco...............................	50 kg.,
Suif.......................................	50
Lessive de soude caustique à 40° Bé..........	50
Essence de carvi	400 gr.,
— lavande........................	400
— fenouil.........................	150
— thym	150

Savon brun de Windsor.

Huile de coco	45 kg.,
Suif....	45
Huile de palme...........................	10
Lessive de soude caustique à 46° Bé...........	50
Essence de lavande...........................	150 gr.,
— cassia...........................	400
— Portugal	100
— carvi............................	100
— néroli...........................	100
Brun Windsor	150

4. SAVONS PAR REFONTE.

Une partie considérable des savons de toilette est préparée par simple refonte, au bain-marie ou à la vapeur, de savons blancs ordinaires obtenus à chaud ou à froid.

Après avoir réduit en copeaux le savon à refondre, on le met en chaudière avec une quantité d'eau proportionnée non seulement à son poids, mais encore à sa qualité, puis on chauffe modérément.

Lorsque le savon est très impur, on peut avoir à lui ajouter jusqu'à 50 p. 100 d'eau ; il est dans ce cas nécessaire, dès que la pâte savonneuse est fondue, de l'additionner d'une certaine quantité de sel marin pour éliminer les impuretés avant de procéder à la coction.

Si au contraire le savon en traitement est assez pur, une très minime quantité d'eau suffit; la vapeur, même employée seule, opère une fusion complète et irréprochable.

Il faut observer certaines précautions que nous devons signaler ; ainsi, en prolongeant le chauffage pour quelques sortes de savon, la masse devient d'une consistance défavorable, tant par le fait de l'évaporation, que par suite d'une altération physique dans la texture.

Une agitation en excès expose le savon à absorber de l'air, ce qui le rend spongieux. Enfin en chauffant ou en brassant d'une façon imparfaite, il reste toujours des grumeaux qui sont à la vue du plus mauvais effet, surtout dans les savons colorés où ils forment d'innombrables taches.

On coule en mises dès que la pâte savonneuse est homogène, puis on ajoute le parfum et la couleur.

Savon dit « à l'héliotrope ».

Savon blanc de suif............................	10 kg.,
Teinture de vanillon............................	50 gr.,
Essence d'amandes amères......................	10
— de néroli	20
Teinture de fèves de Tonka....................	40
— muscat........................	40
— benjoin	50

Savon au patchouly.

Savon blanc de suif............................	10 kg.,
Essence de patchouly..........................	100 gr.,
— santal	30
— géranium rosa	30

Savon de santal.

Savon blanc de suif	10 kg. 500
Essence de santal..............................	500
— bergamote........................	150

Savon au bouquet.

Savon blanc.....................................	30 kg.,
Essence de bergamote..........................	100 gr.,
— lavande...........................	20
— géranium rosa....................	15
— carvi..............................	20
— citronnelle	20

Se colore en vert ou en rose.

Savon à la violette.

Savon blanc	24 kg.,
— jaune	6
Essence de citronnelle.........................	150 gr.,
Teinture de musc	200
Racine de violette pulvérisée..................	400

Se colore avec 1 partie de bleu.

1 — brun.

Savon au miel.

Savon blanc	10 kg.,
Blanc de baleine	125 gr.,
Fiel de bœuf	60
Miel de Narbonne	125
Essence de romarin	60
Suc de citron	5
Oléosucre de citron	125
Essence de roses	90
Essence de Portugal	90

Savon au citron.

Savon de suif	8 kg.,
— palme	2
Essence de bergamote	30 gr.,
— limon	30
— citron	20

Savon au musc

Savon de suif	6 kg.,
— palme décolorée	4
Teinture d'ambrette	100 gr.,
— de vanille	10
— de musc	50
— de baume de tolu	10
Essence de bergamote	30
— girofle	10

Colorer avec 50 gr., de caramel.

Savon du Sultan.

Savon blanc	30 kg.,
Essence de rose	30 gr.,
— Portugal	30
— citron	30
— bergamote	60
— néroli	10
— petit grain	15
— lavande	7
— romarin	7

Savon blanc de Windsor.

Savon de suif		100 kg.,
—	coco	21
—	d'acide oléique	14
Essence de kummel		1,500
—	thym	1,500
—	romarin	1,500
—	cassia	250
—	girofle	250

Savon brun de Windsor.

Savon de suif		75 kg.,
—	coco	25
—	palme	25
—	d'acide oléique	25
Essence de kummel		125 gr.,
—	girofle	—
—	thym	—
—	cassia	—
—	lavande	—
Brun Windsor		150

A. SAVONS TRANSPARENTS.

Les meilleurs savons transparents sont obtenus par une solution de savons blancs neutres et secs, dans leur poids d'alcool concentré bouillant, qui ne dissout que le savon pur et laisse un résidu qu'on élimine par décantation ou filtration.

Le point principal, dans cette fabrication, consiste à réduire les dépenses d'alcool à leur minimum. A cet effet, on effectue la dissolution du savon brut dans un alambic pourvu d'un serpentin plongeant dans un bain d'eau froide qu'on renouvelle aussi souvent que possible. Les vapeurs alcooliques s'y condensent peu à peu et sont recueillies sitôt liquéfiées.

Dès que la pâte est fluide et homogène, on arrête l'opération.

Par le repos les impuretés se précipitent et il ne reste plus qu'à couler en mises puis à faire sécher à l'air libre ou dans une étuve, afin que la pâte acquière la consistance nécessaire.

Les savons après dessiccation étant toujours un peu louches à leur surface, on les frotte légèrement avec un linge imbibé d'alcool et aussitôt ils apparaissent d'une transparence irréprochable. On les colore avec un extrait de safran artificiel et on emploie comme parfum un mélange d'essences.

La méthode que nous venons de décrire est la plus ancienne et incontestablement celle qui procure les savons transparents les plus parfaits, son seul inconvénient c'est d'être trop coûteuse.

M. Payne a bien proposé de remplacer l'alcool par la glycérine qui, sous l'influence de la chaleur, forme avec le savon une pâte translucide dont le prix de revient est fort abaissé ; mais les savons qui résultent de ce traitement sont d'une conservation difficile-pour ne pas dire impossible ; leur mousse est peu abondante, enfin ils tachent le papier qui les enveloppe.

Aujourd'hui presque tous les savons transparents sont obtenus par l'un ou l'autre des procédés que nous donnons plus loin, et vendeurs et acheteurs y trouvent leur compte. Certains ne renferment même que la glycérine contenue dans les corps gras saponifiés ; quoiqu'il en soit ils ont pour base les huiles de coco, de ricin et le sucre cristallisé.

Les savons transparents à l'alcool sont presque exclusivement fabriqués en Autriche, ceux sans alcool en France ; leur couleur est toujours d'un beau jaune d'or.

Savon transparent à l'alcool.

Acide stéarique.............................	25 kg.
Huile de coco..............................	55 —
Huile de ricin.............................	20 —
Lessive de soude caustique à 38° Bé.......	50 —
Alcool à 90°...............................	60 —
Sucre cristallisé	20 —
Eau distillée..............................	20 —
Glycérine blanche à 28° Bé................	40 —

Fondre, de préférence au bain-marie, l'acide stéarique et l'huile de coco, ajouter ensuite l'huile de ricin. Quand la température accuse 50°/60° on effectue l'empâtage avec la lessive mélangée à l'alcool.

Cette opération achevée, mélanger intimement à la pâte savonneuse le sucre et la glycérine en dissolution dans l'eau distillée marquant 70°/80° c., laisser refroidir quelques instants pour n'avoir plus que 40°, couler en mises, parfumer et colorer.

Si l'on veut faire bouillir après l'empâtage, il faut introduire l'alcool isolément afin d'en éviter l'évaporation.

Savon transparent sans alcool.

Suif de bœuf..............................	24 kg.,
Huile de coco	20 —
Huile de ricin.............................	30 —
Lessive de soude caustique à 36° Bé........	37 —
Sucre cristallisé..........................	18 —
Eau distillée..............................	20 —
Glycérine blanche à 28° Bé................	3 —
Cristaux de soude.........................	5 —

Chauffer ensemble les matières grasses jusqu'à fusion complète, opérer la saponification dans les mêmes conditions que pour un savon ordinaire à froid, puis faire bouillir deux à trois heures. Dès que le savon formé se montre diaphane et consistant, arrêter le feu et couvrir la chaudière pour laisser reposer. Au bout d'une heure la pâte savonneuse ayant acquis l'aspect gélatineux et possédant encore une chaleur de 74° c. environ, on y incorpore rapidement par un brassage énergique le sucre cristallisé dissous dans l'eau distillée ainsi que la glycérine, après avoir amené cette dissolution à une température au moins égale à celle du savon ; enfin, en dernier lieu, on met les cristaux de soude concassés et on abandonne à un repos variable suivant la saison. La pâte une fois clarifiée, si l'échantillon qu'on prélève en ce moment est suffisamment solide et transparent, après refroidissement complet, on enlève l'écume et on coule en mises où l'on ajoute le parfum et la couleur.

Savon transparent sans glycérine.

Suif exempt d'acide......................	30 kg.,
Huile de coco	25 —
Huile de ricin	20 —
Lessive de soude caustique à 37° Bé.......	37 — 500 gr.,
Alcool à 90°.............................	25
Eau distillée	10
Sucre cristallisé	10

Après avoir opéré sur un feu très doux la fusion du suif et de l'huile de coco, on met en chaudière l'huile de ricin, puis à une température de 90° c. on verse la lessive et ensuite l'alcool.

Dès que la saponification est effectuée d'une façon homogène, c'est-à-dire que la pâte savonneuse se montre claire, on y introduit en brassant les 10 kg., de sucre dissous préalablement dans les 10 kg., d'eau, mais en ayant soin que cette dissolution accuse 90° centigrades.

Avant de couler en mises on fait souvent absorber à ce savon diverses sortes d'ajoutes.

Il est essentiel d'éviter l'ébullition de la pâte, autrement on évaporerait la totalité de l'alcool.

Savon transparent sans alcool ni glycérine.

Suif de bœuf	27 kg.,
Huile de coco	22
Huile de ricin	27
Lessive de soude caustique à 38° Bé	42
Sucre cristallisé	24
Eau distillée	26 —

Faire fondre les corps gras à une température de 35 à 40° c., effectuer ensuite l'empâtage puis attendre que la pâte soit devenue bien épaisse avant de la mettre au bain-marie. Pour tous les autres détails agir comme il a été indiqué précédemment.

B. SAVONS LÉGERS.

La légèreté et la porosité de ces savons sont dues à l'introduction dans la pâte d'une forte quantité d'air ; il en résulte, qu'à volume égal, ils renferment moitié moins de substance que les savons ordinaires, ce qui leur permet de flotter sur l'eau.

Généralement pour fabriquer ce genre de savon on dissout au bain-marie un savon de bonne qualité dans la moitié de son poids d'eau, après l'avoir réduit en copeaux. La fusion une fois complète, et la température étant de 80° environ, on brasse sans cesse avec un agitateur à ailettes jusqu'à ce que la pâte rendue écumeuse ait atteint le double de son volume.

Ce résultat acquis, on arrête le feu ou la vapeur, puis on met le parfum et la couleur qu'on répartit d'une façon uniforme à l'aide d'un dernier brassage.

Au bout d'une demi-heure de repos on coule dans des mises de 16 à 20 centimètres de profondeur. Après sept à huit jours ce savon peut être divisé sous une forme ou sous une autre. Le parfum est souvent composé d'essences de lavande, de cannelle, de girofle, de bergamote et de teinture de musc. La coloration est obtenue par le vermillon.

M. A. Osterberg-Graeter, de Stuttgart, a pris un brevet en Allemagne, en 1881, pour la préparation d'un savon de toilette léger flottant sur l'eau, par addition au savon ordinaire d'acide palmitique et de bicarbonate de soude.

Voici la description de son procédé :

On traite un mélange de :

Huile de coco........................	420 parties
Huile de palme décolorée.............	30 —
Résine..............................	50 —
Huile d'olive.......................	100 —
Suif...............................	120 —

par une quantité de lessive correspondante à 360 parties de soude caustique à 40° Bé (D^{té} 1,383).

On introduit celle-ci d'abord diluée avec de l'eau, puis de plus en plus concentrée.

On ajoute alors au savon formé :

Acide palmitique......................	400 parties

et on cuit jusqu'à ce que le savon se détache aisément de la chaudière.

On parfume et on colore à volonté la pâte et, un peu avant de la couler en mises, on y incorpore du bicarbonate de soude en poudre fine qui, sitôt en contact avec le savon chaud, se décompose en acide carbonique et en carbonate de soude neutre. Le dégagement d'acide carbonique provoque la formation d'innombrables petites cavités dans la masse du savon et, en diminuant sa densité, lui communique la propriété de nager sur l'eau.

C SAVON DESHYDRATÉ.

MM. Brandt et Fude, de Berlin, ont pris un brevet pour la préparation d'un savon déshydraté à 100 0/0 en divisant le savon préparé comme de coutume, mais de première qualité, en copeaux qui sont réduits en poudre après complète dessiccation ; on agglomère ensuite cette poudre en blocs par un moulage sous forte pression.

Voici du reste quelques détails sur cette fabrication :

Quand le savon est complètement refroidi on le divise en barres que l'on convertit en copeaux très minces au moyen d'un rabot rotatif. Ceci fait, on place ces copeaux sur des toiles tendues entre des cadres de bois qu'on transporte dans une étuve chauffée au début à 40° et plus tard à 70° ou 80° c. On laisse refroidir, puis, à l'aide d'un mortier ou d'appareils spéciaux, on réduit le savon desséché en poudre fine qui est façonnée en pains de diverses formes en la comprimant dans des moules ordinaires, soit à l'aide de presse hydraulique, soit avec une presse à bélier.

On arrive ainsi à avoir un savon absolument déshydraté d'un beau grain qui offre une apparence cornée.

D. SAVON DE VASELINE SOUS PRESSION.

Dans une chaudière sphérique en cuivre on met 50 litres d'eau et 13 kg., de soude caustique solide ; lorsque celle-ci est entièrement dissoute on introduit 100 kg., d'huile de coco Cochin épurée et on ferme hermétiquement la chaudière. On chauffe progressivement au moyen de la vapeur jusqu'à ce que la pression atteigne 5 atmosphères ; et on maintient cette pression pendant 4 heures. On ouvre la chaudière, on ajoute 50 litres d'eau bouillante pour délayer la masse et 20 kg., de vaseline. On ferme la chaudière et on chauffe encore 2 heures à kg., de pression. On rouvre la chaudière, on ajoute 50 litres d'eau bouillante, puis le parfum dont voici une des recettes :

300 gr.	essence de lavande.	
75 gr.	—	de citron.
75 gr.	—	de néroli.
25 gr.	—	de verveine.
20 gr.	—	de menthe.
20 gr.	—	d'anis.
20 gr.	—	de carvi.
20 gr.	—	de thym.

On ferme hermétiquement la chaudière et on la laisse en cet état une heure ou deux pour permettre au parfum de s'incorporer dans toute la masse, et on procède au moulage.

Si le savon doit être coloré on ajoute la couleur avant le parfum.

La fabrication des pains de savon de vaseline diffère totalement de la méthode actuellement employée pour la fabrication des savons de toilette. Elle est infiniment plus rapide et plus économique ; elle se fait en une seule opération, un simple moulage, et évite ainsi le découpage, le séchage, le pelotage, l'estampage, que doivent subir les savons fins préparés à froid.

Le moulage est basé sur une curieuse propriété que possède le savon de vaseline : c'est d'être fusible à une température relativement basse en un liquide très limpide se laissant manier avec une grande facilité.

Les moules que l'on emploie sont en cuivre ou en fer blanc, ils ont la forme d'une pelote et s'ouvrent par le milieu. Ils portent en relief, dans l'intérieur, le nom du fabricant et celui du savon. Ils sont réunis par groupes de 20 disposés pour s'ouvrir simultanément. Ils portent un jet, par lequel on introduit le savon liquide. Ce jet est relié à un tuyau où viennent aboutir les 20 jets d'un groupe. C'est par ce tuyau que l'on amène le savon dans tous les moules à la fois.

Dans une caisse rectangulaire en tôle, on dispose 20 séries de moules. On relie ensuite les 20 tuyaux de ces moules à une boule portant autant d'ajutages, et à la partie supérieure de laquelle arrive le tuyau amenant le savon de la chaudière. Lorsque l'on veut mouler, on chauffe les moules au moyen d'un courant d'air que l'on dirige dans la caisse, et on fait couler le savon en ouvrant le robinet de vidange de la chaudière. Les moules étant pleins, on cesse l'arrivée de l'air chaud, et on le remplace par un courant d'eau froide qui solidifie instantanément le savon. Le démoulage est très facile, il suffit d'ouvrir le moule et de casser le jet. Les pains de savon sont mis sur des toiles tendues sur des cadres, et laissés 24 heures à l'air. Un ouvrier ratisse les aspérités laissées par suite de la rupture du jet et des ouvrières donnent du brillant aux pains de savon au moyen d'un chiffon de flanelle.

Un ouvrier moule 3,000 pains par jour.

Le savon de vaseline ainsi obtenu ressemble comme consistance, dureté, aspect et coupe à de l'acide stéarique. Il a la propriété de retenir une grande quantité d'eau qui peut aller jusqu'au double de son poids. Il est très détersif et mousse beaucoup. Après lavage il laisse sur la peau une onctuosité très recherchée. Malgré ces diverses qualités ce savon est d'un prix relativement bas.

E. NOUVEAU PROCÉDÉ DE MARBRURE ARTIFICIELLE.

La marbrure artificielle n'a été effectuée jusqu'ici que par l'introduction dans un savon, lorsqu'il commence à s'épaissir en mises, d'une certaine proportion du même savon très fluide, et par conséquent très chaud, fortement coloré, soit d'une façon, soit d'une autre.

Le savon chargé de la matière colorante, en raison de son état, pénètre inégalement celui qui est presque figé et l'on arrive, à l'aide d'un brassage inégal à obtenir, après refroidissement complet, une marbrure qui imite la marbrure naturelle.

Pendant longtemps on s'est borné, en employant cette méthode, à produire des savons marbrés d'une seule nuance, puis on en a fabriqué qui réunissaient deux et trois marbrures différentes.

M. Richard Lagerie, de Roubaix, s'est fait breveter en 1888 pour un procédé qui permet de réaliser un système de marbrure de la plus grande originalité auquel il a donné le nom de *marbrure mosaïque*.

Ce qui distingue ce procédé du précédent, c'est qu'il repose sur un mélange à *froid* de pâtes savonneuses séparément colorées à chaud ou encore au moyen d'une broyeuse.

Il est facile de concevoir qu'en opérant ainsi on peut réunir dans un savon les nuances les plus multiples et avoir par une disposition ingénieuse de couleurs des effets absolument nouveaux.

On commence par réduire en copeaux, au moyen d'un rabot rotatif chaque savon coloré ; puis, après une trituration mécanique de la pâte on la convertit en espèce de vermicelle en la faisant passer au travers d'une plaque d'un ou plusieurs trous d'une section quelconque.

Lorsque les diverses pâtes de savon ont été ainsi séparément préparées, suivant la nuance qui leur est spéciale, on les sèche, on les divise en fragments irréguliers, on les réunit dans la proportion que nécessite l'effet à produire et on les comprime, en les juxtaposant dans des tubes dont le diamètre doit être équivalent à l'épaisseur du pain de savon à obtenir.

Quand le savon sort par pression en boudins on le divise en bondons qu'on fait sécher avec soin avant de les soumettre à l'action de la presse destinée à les transformer en pains.

Pendant les opérations que nous venons de décrire, à aucun moment les pâtes diversement colorées ne peuvent se confondre ; aussi est-il facile de combiner d'avance les dispositions précises des couleurs dans les pains de savons et de les faire varier à l'infini.

F. SAVON EN FEUILLES.

En 1882, M. J. Bankmann, de la maison Caldera et Bankmann, de Vienne, s'est fait breveter en France pour un mode de préparation du savon en feuilles.

Il fabrique ce savon en feuilles en débitant des copeaux par le rabottage sur des barres de savon et en aplatissant ensuite les copeaux au moyen d'un rouleau.

Ces copeaux une fois découpés forment des feuilles de savon transparent qui ont généralement :

Longueur, 8 centimètres et demi ;

Largeur, 6 centimètres et demi ;

Epaisseur, 1 demi-millimètre.

Et qui réunies se présentent en petits carnets de poche recouverts de papier, de toile ou de cuir.

G. SAVONS EN POUDRE.

On réduit d'abord un bon savon à chaud en copeaux, à l'aide d'un rabot; ceux-ci passés ensuite entre les cylindres d'une broyeuse en sortent sous forme de feuilles excessivement minces. À cet état le savon est soumis à l'action d'un séchoir pour subir une dessiccation complète, puis broyé dans un mortier ou un pulvérisateur et la poudre est tamisée au fur et à mesure qu'on l'obtient.

Le parfum et la couleur, dissous dans un peu d'alcool, sont incorporés durant le broyage qui a lieu à la sortie du séchoir.

Les poudres de savon sont souvent additionnées de racines de plantes aromatiques pulvérisées et même d'amidon, ce qui les rend plus légères.

Composition d'une poudre de savon :

Savon de suif réduit en poudre..............	25 kg.,
Racine de violette pulvérisée.................	4
Amidon impalpable...........................	25
Essence de citron............................	123 gr.,
— bergamote	25

Le caractère distinctif d'une poudre de savon pure est de se dissoudre totalement dans l'eau distillée et dans l'alcool bouillant. Elle doit en outre n'avoir aucune alcalinité, et fournir à l'usage une mousse abondante et épaisse.

Comme ces poudres absorbent avec une grande facilité l'humidité de l'air, on doit toujours les mettre dans des flacons ou dans des boîtes garnies d'une feuille d'étain et fermant hermétiquement.

H. ESSENCES DE SAVON.

Sous le nom d'essences de savon, on entend des dissolutions de savon pur dans l'alcool.

Le mode de préparation est des plus simples. On divise le savon en rubans aussi minces que possible, qu'on met dans une chaudière au bain-marie avec de l'alcool et du carbonate de potasse, puis on chauffe à une douce chaleur sans faire bouillir, en ayant soin de couvrir la chaudière pour éviter une déperdition d'alcool.

Lorsque la masse est homogène et limpide cesser de chauffer, laisser refroidir, colorer et parfumer *ad libitum*.

Après une ou deux heures de repos on filtre la dissolution et on la verse dans des flacons qu'on bouche avec le plus grand soin.

Le savon liquidé, à l'huile d'olive, est celui qui donne le meilleur résultat. Il a été aussi remarqué que plus l'alcool est concentré plus l'essence de savon est claire. Le carbonate de potasse augmente l'action émulsive.

Voici une formule assez souvent suivie :

Savon blanc....................................	2 kg.,
Alcool à 85⁰	10
Carbonate de potasse.......................	125 gr.,

Le parfum employé est à raison de 8 à 10 gr., par kg., d'essence de savon.

I. SAVONS MOUS

Les savons mous de toilette, désignés sous le nom de crêmes d'amandes ou crêmes cosmétiques, ont pour base la potasse et sont fabriqués avec des corps gras mous, par exemple, le saindoux auquel on ajoute à peu près 10 à 15 p. 100 d'huile de coco pour avoir une mousse abondante.

La lessive de potasse doit être claire, pure, caustique.

Mode d'opérer. — On fait fondre 50 kg., de saindoux blanc et 10 kg., d'huile de coco et on ajoute 50 kg., de lessive à 30⁰ Bé. (Dté 1,263). On agite continuellement la masse durant 4 heures, à une température de 60 à 70⁰ c. après quoi elle apparaît homogène et consistante. Pour terminer la saponification, on abreuve peu à peu la pâte avec 30 kg., de lessive à 36⁰ Bé (Dté 1,332), en ayant soin de toujours brasser et de conserver la température de 60 à 70°. Quand la pâte est devenue très épaisse on cesse de chauffer et on la coule dans des vases en terre cuite vernissée pour se refroidir.

On peut à la rigueur fabriquer ces sortes de savons selon les procédés en usage pour les savons mous ordinaires, en substituant au saindoux et à l'huile de coco des huiles végétales épurées ; mais la méthode que nous venons d'indiquer est suivie de préférence.

Pour donner aux savons mous de toilette un reflet nacré et brillant, on les broie dans un mortier de marbre avec un pilon de bois.

On parfume avec 10 gr., d'essence d'amandes amères par kg., de savon.

Dans quelques savons mous on ajoute de la glycérine, substance qui a l'avantage de leur communiquer des propriétés émollientes remarquables et fournit une mousse d'une grande stabilité.

Le meilleur procédé consiste, selon M. Deite, à dissoudre 35 parties de savon mou transparent dans la même quantité d'un mélange d'eau et d'alcool et à ajouter à la dissolution filtrée 30 parties de glycérine.

M. Heeren conseille de saponifier à une température de 50°, 100 parties en poids d'acide oléique, avec 56 parties de lessive de potasse caustique d'une densité de 1,357 (38° Bé) mélangée à 3 ou 4 parties de glycérine.

J. PROCÉDÉ POUR ASSURER LA CONSERVATION DES SAVONS DE TOILETTE.

M. Massignon, afin de supprimer les inconvénients qu'offrent les savons de toilette pour les consommateurs, tels que : fusion et altération de la pâte qui conserve toujours l'humidité après chaque emploi, évaporation des parfums, etc., a imaginé de fabriquer un nouveau produit renfermant tous les éléments constitutifs du savon et étant par conséquent lui-même un véritable savon de toilette, et cela sous un volume tel qu'il soit suffisant pour un seul lavage. C'est une poudre ou une pâte de savon enrobée dans une enveloppe soluble, assez consistante pour que le produit soit d'un transport facile et d'une conservation assurée.

L'inventeur s'est également réservé le droit d'employer une enveloppe insoluble d'une épaisseur aussi minime que possible, constituée par l'enrobement du savon à l'aide d'une couche de collodion que l'on applique soit par immersion, soit par tout autre moyen.

CHAPITRE XVII

RÉSINE ET SAVONS RÉSINEUX,
SILICATE ET SAVONS SILICATÉS

1. RÉSINE ET SAVONS RÉSINEUX

Propriétés de la résine.— C'est en Ecosse, en 1827, qu'on a commencé à employer en savonnerie la résine pour la première fois, les Américains en ont fait peu de temps après grand usage et maintenant on produit, presque dans tous les pays, des savons à base de résine qui offrent des avantages incontestables quand on reste dans de sages limites.

La résine est le résidu de la distillation de la térébenthine. D'une couleur jaune clair ou foncé, d'une cassure conchoïde, elle est insoluble dans l'eau ; mais soluble dans l'alcool de bois (bihydrate de méthylène). l'éther, etc. Elle se ramollit à 78° et fond à 100°.

Chimiquement pure elle se compose d'acides pinique, pimarique, sylvique, colophonique : sa densité est de 1,070.

Pendant longtemps on a cru que la résine (colophane ou arcanson) ne pouvait se saponifier ; voici, du reste, un passage du compte-rendu du jury de l'exposition de Londres 1851, très affirmatif sur ce point.

« M. Pelouze décrivant le savon de résine, dit que la résine n'est pas susceptible d'éprouver une véritable saponification, et que sa combinaison avec l'alcali doit plutôt être considérée comme une *simple dissolution*, qui, tout en rehaussant, pour ainsi dire, les propriétés du savon ordinaire, qu'elle rend plus soluble dans l'eau et plus susceptible de la faire mousser, *ne peut cependant pas être considérée comme un vrai savon* »

Aujourd'hui la question est totalement changée, et en Hollande où les lois sur la savonnerie sont fort sévères, les fabricants ont réussi, il y a une vingtaine d'années, à faire admettre que la résine serait désormais comptée comme matière grasse.

L'usage de la résine repose sur la propriété qui lui a été reconnue de former, en se combinant à l'alcali, des résinates de soude ou de potasse, suivant la base de l'oxyde métallique alcalin avec lequel on agit ; mais ces savons spéciaux ne peuvent être employés seuls ; il faut les mélanger avec des savons ordinaires, dans ce cas elle rend ces derniers plus détersifs, plus mousseux, plus solubles et aptes à des lavages dans les eaux calcaires et salées.

En employant un savon résineux, le consommateur est assuré de l'enlèvement ou de la destruction des matières résineuses inhérentes aux fibres des tissus qu'il serait impossible d'éliminer avec un alcali caustique.

Purification de la résine. — Le meilleur procédé consiste à faire fondre totalement la résine dans une chaudière pour la laisser reposer jusqu'à ce que toutes les impuretés se soient précipitées.

Ce résultat acquis, on transvase avec précaution la résine claire dans une seconde chaudière, contenant pour 100 kg., de résine, 20 kg., d'une solution de chlorure de sodium à 6 ou 8° Bé (D¹⁰ 1,045 à 1,060), on soumet ce mélange à une ébullition d'une heure, en ayant soin de brasser, et on arrête le feu. Après un certain temps de repos, la résine se réunit au fond de la chaudière tandis qu'à la partie supérieure se trouve la solution alcaline chargée des parties colorantes. L'enlèvement de ce liquide opéré, si la résine ne semble pas suffisamment décolorée, il faut renouveler le traitement à l'eau salée autant de fois que cela est nécessaire pour atteindre le but proposé.

Mode d'emploi de la résine. — La résine peut entrer dans tous les savons, quel que soit leur mode de fabrication ; cependant il faut établir une exception pour ceux de Marseille.

On conçoit qu'il est inutile de la faire passer par les diverses phases de la saponification ; ce qui aurait d'autant plus d'inconvénients qu'une partie de cette substance serait entraînée en dissolution par les lessives de relargage, tandis que l'autre partie, composée de principes volatils, s'échapperait sous l'influence d'une chaleur élevée.

La saponification a lieu aussi bien avec les lessives de soude ou de potasse carbonatées qu'avec celles amenées à l'état caustique ; quant à la quantité d'alcali, elle est la même que pour les huiles ou les graisses. En principe, dans les savons durs, la résine ne doit pas excéder le tiers du poids des matières grasses ; dans les savons mous cette proportion demande à être réduite, autrement on enlève du corps à ces derniers. Pour l'introduction de la résine dans les savons de l'une ou l'autre sorte, on la saponifie soit en même temps que les matières grasses, soit après l'empâtage, soit enfin séparément ; en tout cas il est nécessaire de la concasser pour faciliter sa fusion et par suite sa combinaison avec l'alcali.

La première méthode est peu recommandable ; il est plus rationnel d'adopter la seconde ou la troisième qui permettent de corriger le savon s'il possède un excès de lessive.

Si l'on veut obtenir un savon d'acide oléique ou de suif résineux, nous entendons des savons de relargage, il faut mettre la résine en chaudière pendant la période de la cuisson. Le meilleur moment c'est celui où l'on constate que le savon en grains s'écaille quand on le presse chaud entre les doigts. La résine une fois en chaudière, on ajoute de la lessive pour sa saponification.

L'opération est terminée quand la pâte savonneuse n'est presque plus molle.

Ce point étant atteint, on procède comme de coutume à la liquidation. Pour ces deux savons il est essentiel d'opérer un vigoureux brassage dans les mises.

Par 100 kg., d'acide oléique, on ne peut guère mettre que 10 à 15 kg., de résine, tandis que pour 100 kg., de suif on peut en employer de 25 à 30 kg.,

Certains fabricants, particulièrement ceux qui produisent des savons durs d'empâtage et des savons mous, pour éviter que la résine, lors de son incorporation à la pâte ne vienne s'attacher au fond de la chaudière et y brûler, en parsemant la masse savonneuse de points noirs, la placent dans un chaudron criblé de trous, qui, suspendu à une chaîne montée sur poulie, est descendu dans la chaudière. De cette façon la résine se liquéfie peu à peu, et au fur et à mesure qu'elle s'écoule du chaudron, se saponifie dans d'excellentes conditions avec la lessive libre dans la pâte du savon.

La quatrième méthode, qui consiste à obtenir à part un savon résineux, et à le mélanger ensuite avec le savon ordinaire, encore en chaudière, n'a rencontré que de rares partisans.

Dans le but d'atténuer autant que possible l'odeur inhérente à la résine, on parfume les savons qui en renferment avec de l'essence de mirbane ou d'aspic. L'huile de palme entre dans la composition de la majorité de ces savons, grâce au double avantage qu'elle présente par son odeur et sa couleur.

On pare au manque de consistance des savons résineux en introduisant dans leur pâte un peu de carbonate de soude pur anhydre.

MM. Domeier et Nickels ont pris en 1884 un brevet en Angleterre pour un composé dénommé « résinate de glycérine » qu'ils préparent en chauffant plusieurs heures de la glycérine avec de la résine en poudre et en agitant continuellement.

Les inventeurs arrivent au même résultat en faisant dissoudre 4 p. 100 de soude caustique dans de la glycérine et en y ajoutant 16 p. 100 de résine en poudre. A peu près 15 p. 100 de l'un ou de l'autre de ces mélanges peuvent être incorporés au savon de la manière ordinaire.

Formules de savons résineux
Savon cuit sur lessive en une seule opération

Suif	300 kg.,
Huile de palme	200
Résine	200
Lessive de soude à 12° Bé	750
— 18 —	500
Lessive de potasse à 22° Bé	150
	2.100 kg.,

Pour commencer l'opération on met tout d'abord en chaudière 500 kg., de lessive de soude caustique à 12° Bé (Dté 1,091), puis l'ébullition étant produite on introduit les corps gras préalablement liquéfiés et l'on brasse la masse.

La combinaison ne tarde pas à s'effectuer, on ajoute alors le reste de la lessive à 12 Bé , soit 25 kg., puis on laisse l'ébullition suivre son cours afin de favoriser l'empâtage et l'évaporation.

Au bout de quelques heures on verse en chaudière, mais par petites fractions, les 500 kg., de lessive à 18° Bé (Dté 1,142), en veillant à ne pas interrompre l'ébullition. On reconnaît que la cuisson est à son terme lorsque la lessive bouillante qui se sépare du savon en grumeaux marque 20° Bé (Dté 1,162) et que la pâte pressée entre les doigts s'écaille.

C'est alors l'instant convenable pour incorporer la résine ; à cet effet on la concasse puis on la met par petites parties en chaudière en brassant la pâte savonneuse de haut en bas et en l'abreuvant en plusieurs fois de 100 kg., de lessive de potasse caustique à 20° Bé, on fait ensuite bouillir environ une heure et on cesse de chauffer. On brasse pendant un quart d'heure, on couvre la chaudière, afin qu'elle ne se refroidisse que lentement, et on la laisse ainsi 12 heures environ. Après ce laps de temps on lève le savon sur lessive pour le couler en mises ou on le brasse à nouveau. La solidification n'a guère lieu qu'au bout de 10 jours.

La partie de savon résineux qui est entraînée forcément en dissolution dans la lessive, est employée à la fabrication de savons d'empâtage. Le rendement est à peu près de 210 du poids des corps gras en ne tenant pas compte de la résine.

Savons d'empâtage à chaud

1) Huile de coco ou de coprah	60 kg.,
Huile de palme.	20
Suif	15
Résine	5
Lessive de soude caustique à 20° Bé	150
Solution de potasse carbonatée à 20° Bé . . .	50
	300 kg.,

Rendement 270 à 275 0/0 du poids des corps gras et de la résine.

2) Huile de coco ou de coprah . . . .   70 kg.,
Huile de palme   1
Huile de ricin   5
Suif   20
Résine . :   4
Lessive de soude caustique à 22° Bé . . . . . :   140
Solution de potasse carbonatée à 40° Bé   10
                                                   ─────
                                                   250 kg.,

Rendement 220 à 225 0/0 du poids des corps gras et de la résine.

3) Huile de coco ou de coprah . . . .   90 kg.,
Huile de palme   7
Résine   3
Lessive de soude caustique à 23° Bé   130
Solution de potasse carbonatée à 40° B.   20
                                                   ─────
                                                   250 kg.,

Rendement comme ci-dessus.

Pour ces trois formules, le mode d'opérer est le même. Faire fondre à une douce température les corps gras, puis verser en chaudière, peu à peu, les deux tiers de la lessive de soude caustique en augmentant la chaleur graduellement. Laisser ensuite bouillir 15 à 20 minutes et ajouter le reste de lessive. Il est fort important de remuer presque sans cesse la masse en voie de saponification ; d'une part pour accélérer cette opération, d'autre part afin d'empêcher des croûtes de se former au fond de la chaudière. Lorsque la saponification est complète, c'est-à-dire quand le savon est transparent et tombe de la cuillère d'épreuve comme de l'amidon bien cuit, on incorpore lentement à la pâte le carbonate de potasse et après quelque temps d'ébullition soutenue, on procède à l'addition de la résine, on continue à faire bouillir et, quand on constate que la pâte est suffisamment ferme, on cesse de la chauffer, on couvre la chaudière et une fois la mousse tombée; on coule en mises. Pour durcir le savon et élever son rendement, certains fabricants font usage d'une solution de chlorure de sodium à 15° Bé (D^{té} 1,116).

Inconvénients des savons résineux. — Nous avons indiqué

les avantages que présentent les savons résineux, aussi convient-il, par contre, que nous signalions les cas particuliers où ils peuvent occasionner des inconvénients.

Les industriels reprochent à la résine introduite dans les savons de communiquer à la laine, au coton, à la soie, un luisant graisseux nuisible à l'apprêt, au mordançage et à la teinture.

D'autre part, si dans les savons destinés aux usages domestiques l'on élève par trop la proportion de résine, la pâte a une couleur brune qui s'accentue encore au contact de l'air, de plus elle est molle ainsi que poisseuse et possède une odeur *sui generis*.

En se conformant aux indications données précédemment, c'est-à-dire en faisant un emploi judicieux de la résine, on arrive à remédier à presque tous les inconvénients.

2. SILICATE ET SAVONS SILICATÉS

Propriétés et fabrication du silicate. — C'est l'analogie que présente le silicate de soude avec les oléostéarates, en renfermant un alcali (soude) dont la causticité est neutralisée par un acide très faible (acide silicique) qui a donné l'idée de son emploi en savonnerie. D'autre part le silicate a l'avantage de procurer une mousse abondante et permet d'obtenir des savons propres aux lavages dans les eaux calcaires ou salées.

Chacun connaît la soude, ses propriétés et ses combinaisons ; mais les notions qu'on possède généralement sur l'acide silicique sont assez vagues, aussi est-il utile de les préciser.

L'acide silicique, désigné sous le nom de *silice*, constitue les pierres meulières; les silex, les grès, les sables, la terre d'infusoires, et se rencontre en forte proportion dans les terres arables. Cet acide, à l'état de pureté absolue, est en poudre blanche d'une excessive légèreté qui résiste au feu de forge et du chalumeau ordinaire et n'entre en fusion que sous l'action du chalumeau oxyhydrique. Il forme des silicates d'alumine, de chaux, de fer, de magnésie, de potasse, de soude, de zinc.

On a constaté que les silicates avec excès de base alcaline, sont les seuls solubles dans l'eau ; il n'existe donc et ne peut exister de silicate de soude *neutre* à l'usage de la savonnerie. Celui qui porte cette dénomination est aussi peu alcalin que possible, de là sa qualification de *neutre*.

Le silicate de soude soluble est préparé, pour l'industrie qui nous occupe, en faisant fondre, dans un four analogue à celui des verriers, un sable très pur, blanc et fin, avec du sel de soude carbonaté en poudre de la plus grande richesse ; on obtient alors, après refroidissement, une masse vitreuse, qui, une fois concassée, est passée sous des meules et tamisée, puis introduite dans un appareil appelé *digesteur*, espèce de cylindre hermétiquement fermé, dans lequel on fait arriver de la vapeur directe à une pres-sion de 4 à 5 atmosphères pour réaliser une rapide et complète dissolution. Ce résultat acquis, la solution visqueuse est conduite dans des réservoirs où elle dépose ses impuretés en se refroidissant puis mise dans des fûts pour être livrée à la consommation.

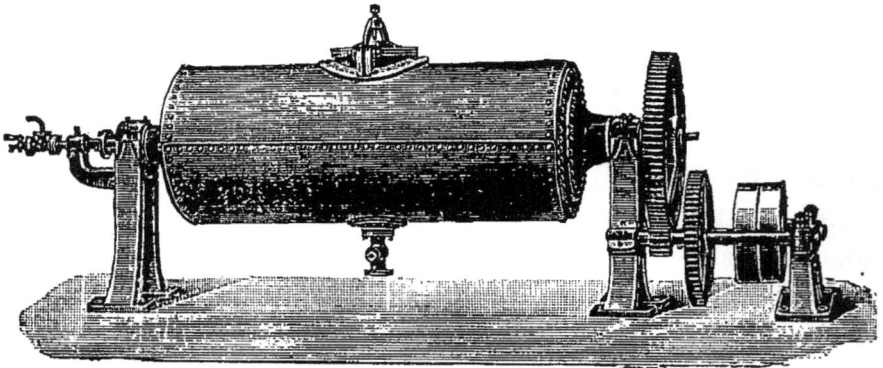

Fig. 110. — Digesteur Van Baerle et Wollner.

La maison Van Baerle et Wöllner, de Worms-sur-Rhin (Alle-magne), la plus ancienne pour la fabrication du silicate, frappée du transport relativement considérable que ce produit a à subir en raison de l'énorme proportion d'eau qu'il renferme quand il est à 35°,36° Bé (Dté 1,320 à 1,332) a pris l'initiative de livrer aux consom-mateurs le silicate à l'état vitreux et de fournir un digesteur pour la dissolution de ce produit, fig. 110.

M. Eugène Lormé, dont la compétence en savonnerie ne saurait être contestée, s'est ainsi exprimé sur le silicate de soude :

« Sous le rapport de ses propriétés chimiques, nous trouvons qu'il présente de nombreux points de ressemblance avec le savon. Tous deux procèdent de combinaisons d'acides faibles, insolubles dans l'eau avec la soude. Tous deux possèdent une réaction et ramènent à leur couleur primitive les réactifs colorés rougis par un acide. Tous deux forment avec l'eau des solutions opalines et lactescentes plus ou moins visqueuses suivant la proportion d'eau qu'elles contiennent. Tous deux enfin sont doués de propriétés détersives très actives, et sont susceptibles de se combiner avec les corps gras. Ce sont ces propriétés qui ont assigné au silicate de soude une prééminence justifiée sur toutes les autres substances dont l'industrie se sert pour surélever le rendement des savons. »

Le silicate de soude, dit « neutre » 30 à 35° Bé (Dté 1,263 à 1.320) est seul employé ordinairement en savonnerie ; il possède une viscosité que n'ont pas les silicates alcalins ordinaires quoique marquant 40 à 45 et 45 à 50° B. (Dté 1,383 à 1,453 et 1,453 à 1530) aussi, grâce à cette précieuse propriété, forme-t-il corps avec le savon beaucoup plus facilement que ces derniers sur lesquels il a en outre l'avantage d'être bien meilleur marché.

Silicates français et anglais. — Si le silicate d'origine française est vendu suivant les degrés Baumé, le silicate de provenance anglaise est livré d'après les degrés Twaddle.

L'aréomètre Twaddle a pour formule $d = \dfrac{0,5g + 100}{100}$ c'est-à-dire qu'en multipliant le degré par 5 et ajoutant 1000, on a le poids du litre en grammes.

Degrés Twaddle	Degrés Baumé	Degrés Twaddle	Degrés Baumé
1	0,7	50	28,8
2	1,4	60	33,3
3	2,1	70	37,4
4	2,7	80	41,2
5	3,4	90	44,8
6	4,1	100	48,1
7	4,7	110	51,2
8	5,4	120	54,1
9	6,0	130	56,9
10	6,7	140	59,5
20	13,0	150	61,8
30	18,8	160	64,2
40	24,0	170	66,3

Le silicate de soude anglais qui a 140° Twaddle et correspond à 59°5 Baumé, ne doit son élévation de degrés qu'au détriment de la richesse en acide silicique, ce qui en diminue incontestablement la qualité. Cette surélévation de degrés provient d'une certaine proportion d'oxyde de sodium.

Voici, du reste, la composition des deux silicates que nous mettons en parallèle:

Silicate de soude français à 35° Baumé = 65° Twaddle.		Silicate de soude anglais à 140° Twaddle = 59°,5 Baumé	
Oxyde de sodium	6,60	Oxyde de sodium	18,00
Acide silicique	26,60	Acide silicique	33,00
Eau	66,8	Eau	49,00
	100,00		100,00

On voit que dans le silicate anglais il y a pour cent :

en plus : **11,40** d'oxyde de sodium.

— **6,40** d'acide silicique.

en moins : **17,80** d'eau

tandis que pour avoir une composition semblable à celle du silicate français le silicate anglais devrait être ainsi constitué :

Oxyde de sodium	14,20
Acide silicique	57,40
Eau	28,40
	100,00

Ce qui ferait pour cent :

en moins   **3,80** d'oxyde de sodium.

en plus   **24,40** d'acide silicique.

en moins **20,60** d'eau.

Mais ce silicate serait alors en masse solide d'une certaine élasticité.

Il y a 6,40 d'acide silicique dans 24 kg., de silicate de soude français à 33° Bé , admettons 25 kg., ces 25 kg., renferment 1.65 d'oxyde de sodium et si l'on retranche 1,65 de 11,40, il reste 9,75.

Donc 125 kg., de silicate français additionnés de 9 kg., d'eau auraient la même composition chimique que 100 kg., de silicate anglais.

Silicate allemand. — En Allemagne, on fabrique du silicate qui peut lutter avec le silicate français ; mais on vend, en outre, sous le nom de *silicate préparé*, 2 qualités.

L'une destinée aux savons durs qui est composée de :

Silicate de soude à 30° Bé....................	80 kg.,
Lessive de soude caustique à 40° Bé........	4
Solution de chlorure de potassium à 20° Bé.	16
	100 kg.,

L'autre pour savons mous qui est formée de :

Silicate de soude à 30° Bé.................	62 kg.,
Lessive de potasse caustique à 40° Bé	6
Solution de chlorure de potassium à 20° Bé..	32
	100 kg.,

Mode d'emploi du silicate.

Savons durs. — Les plus importants fabricants de savons de relargage ont, auprès de leur chaudière de saponification, une autre chaudière d'égale capacité dans laquelle ils introduisent tout d'abord une quantité de lessive neuve suffisante pour en couvrir le fond ; on chauffe, puis on ajoute en brassant du silicate en proportion nécessaire et on laisse arriver ce mélange à une température de 50/60° c. Le feu a dû être arrêté la veille sous la chaudière à savon, et la pâte qui repose sur la lessive doit posséder à peu près la même chaleur que le silicate étendu de lessive. A l'aide d'un conduit en bois, on transporte la cuite de savon dans la seconde chaudière, et on agite le tout jusqu'au moment où la pâte intimement silicatisée, s'épaississant par le refroidissement, il est alors nécessaire de la couler en mises. Généralement on préfère opérer en mises l'incorporation du silicate au savon. A cet effet, on prépare à part le silicate comme ci-dessus en se servant d'une petite chaudière et, dès que le savon est coulé en mises un ouvrier verse avec un arrosoir le silicate préparé, pendant que d'autres mélangent avec des râbles jusqu'à solidification de la masse savonneuse.

Nous devons faire remarquer que les savonniers qui liquident à l'eau salée réussissent moins bien que ceux qui liquident à l'eau pure ; car le chlorure de sodium tend à précipiter le silicate. On devra donc effectuer la liquidation avec un soin particulier, si on emploie l'eau salée.

Dans les savons d'empâtage, on introduit le silicate préparé en chaudière, lorsqu'ils sont suffisamment refroidis, c'est-à-dire prêts à être coulés en mises.

S'il s'agit de savons marbrés rouges ou bleus par aborescence, et désignés sous le nom de « dijonnais », la méthode est la suivante :

Le savon étant terminé à une température qui le laisse encore bien fluide, peu de temps avant sa coulée en mises, on introduit en chaudière la matière colorante, puis on procède de suite à l'incorporation du silicate additionné préalablement de 8 à 10 p. 100 de lessive caustique marquant 18 à 20° B^é (D^{té} 1,142 à 1,162).

L'adjonction de cette lessive au silicate est indispensable ; car elle durcit la pâte et favorise la marbrure ; toutefois, il ne faut pas négliger de s'assurer de la quantité d'alcali existant dans le savon afin de n'employer qu'une juste proportion de lessive.

Les savons « genre dijonnais », marbrés mécaniquement, qu'ils soient obtenus par relargage ou empâtage, reçoivent, en mises, le silicate toujours préparé de la même façon ; ce n'est qu'ensuite, au moment où la pâte est sur le point de se solidifier, qu'on y met la proportion de savon coloré très liquide, que l'on répartit inégalement par brassages énergiques, pour former la marbrure.

Le silicate peut entrer, dans les savons à froid, mélangé à la lessive ou, dès que la saponification est terminée ; dans le second cas, il doit être apprêté comme d'ordinaire.

On a constaté que le silicate durcit le savon, empêche sa dessiccation ainsi que la poussée au sel et enfin lui donne un certain brillant.

Savons mous. — Le lendemain de la cuite, alors que le savon ne possède que 70° c. environ, on étend le silicate avec de la lessive de potasse caustique marquant 12° B^é (D^{té} 1,091) puis, après l'avoir chauffé lentement jusqu'à une température voisine de celle du savon, on le verse peu à peu en chaudière en brassant fortement pour acquérir une homogénéité parfaite.

Si l'on veut mettre le silicate en même temps que la fécule, délayer pour 100 kg., de corps gras, par exemple, 15 kg., de fécule dans 15 kg,, de lessive de potasse carbonatée à 5° (Dté 1,037)ou une égale quantité d'eau, ajouter 15 kg., de silicate réduit à 15° Bé (Dté 1,116) avec de la lessive de soude caustique faible et abreuver le savon de ce mélange.

Une méthode réputée excellente est celle qui consiste à introduire, par fractions, le silicate vers la fin de l'empâtage une fois qu'il est abaissé avec 15 p. 100 de lessive caustique à 10° Bé (Dté 1,075). Cette lessive peut être de soude en été, mais en hiver il faut qu'elle soit composée de :

1/3 de lessive de soude caustique à 18° Bé (Dté 1,075).

1/2   —   potasse   —   —

Quelques rares fabricants mettent le silicate seulement après la coulée en tonnes ; nous blâmerons toujours une telle manière de faire qui, outre qu'elle nécessite une plus grande main-d'œuvre, n'est jamais effectuée d'une façon convenable. Dans tous les cas, il est indispensable de chauffer le silicate.

La résine ne supporte, pour sa part, que 10 p. 100 de silicate ; les matières grasses le double.

Plus les huiles offrent de corps, plus il est facile d'employer du silicate en forte quantité ; néanmoins, en hiver, étant contraint de délaisser ces huiles qui sont principalement froides, l'on est obligé de restreindre l'usage de ce produit, sinon le savon deviendrait opaque et se décomposerait.

Dans cette saison où la soude, à n'importe quel état de combinaison, est susceptible comme l'on sait d'être nuisible, on a la ressource, il est vrai, de remplacer le silicate de soude par du silicate de potasse ; mais le prix de celui-ci est bien élevé, et il contient moins d'acide silicique et plus d'alcali. Les seuls motifs qui plaident en sa faveur, c'est qu'il offre sur le silicate de soude les mêmes avantages qu'ont les sels de potasse sur ceux de soude. Un savon contenant du silicate de potasse est beaucoup moins enclin à devenir trouble et liquide ; enfin il est plus onctueux.

Le silicate de potasse s'introduit dans les mêmes conditions que celui de soude, si ce n'est qu'on doit l'apprêter exclusivement avec de la lessive de potasse.

Pour ne pas risquer de compromettre le succès du tirage à point des savons mous, le meilleur moyen est, avant d'ajouter le mélange de silicate, quel qu'il soit, de retirer de la chaudière 100 kg., de savon et de faire une série d'essais avec cette petite quantité, en prenant, après chacun d'eux, une épreuve sur un verre épais qu'on place dans un courant d'air, ou dans un endroit frais, au moins dix minutes, pour se rendre compte de la transparence et déterminer la proportion du mélange à employer.

Cette précaution est indispensable, car si on la négligeait, on ne saurait jamais fixer d'avance exactement la juste proportion de silicate, laquelle est subordonnée à la nature des matières grasses saponifiées.

Formules de savons silicatés. — Quoique nous blâmions l'emploi de ce produit, nous donnons néanmoins, pour éclairer nos lecteurs, le procédé de fabrication suivi pour obtenir en employant le silicate deux savons durs d'empâtage, l'un à chaud, l'autre à froid.

Procédé à chaud

Suif épuré	150 kg.,
Huile de coprah	50
Huile de palmiste	50,
Lessive de soude caustique à 22° Bé	415
Silicate de soude à 35° Bé	100
	765 kg.,

Les corps gras étant fondus à une très douce température, on verse tout d'abord peu à peu en chaudière, la moitié de la lessive en brassant sans cesse, puis on attend l'ébullition. Celle-ci commençant, on ajoute le reste de la lessive avec précaution, puis on introduit le silicate avec une petite quantité d'eau après l'avoir préalablement fait chauffer à une température voisine de celle du savon et on l'incorpore par un énergique brassage. On laisse ensuite bouillir et, quand on juge que la pâte est assez refroidie, on la coule en mises. Le rendement est de 250 kg., par 100 kg., de corps gras.

Procédé à froid

Huile de coprah...........................	75 kg.,
Huile de palme,..........................	25
Lessive de soude caustique à 36° Bé....	60
Eau...................................	40
Cristaux de soude......................	30
Solution de chlorure de sodium à 20° Bé	25
Silicate de soude à 35° Bé.............	75
Lessive de soude caustique à 36° Bé....	15
Total......	345

Faire fondre les huiles puis ajouter les 40 kg., d'eau, les 30 kg., de cristaux de soude, les 35 kg., de solution de chlorure et, en dernier lieu, les 60 kg., de lessive de soude caustique.

Laisser reposer 4 ou 5 heures et ajouter les 75 kg., de silicate, après mélange avec les 15 kg., de lessive à 35°, le tout étant bien chaud. On colore avec de l'huile de palme brute additionnée de lessive pour rendre la nuance plus durable et on couvre soigneusement les mises. Le rendement est de 340 kg., par 100 kg., de corps gras.

Particularités de certains savons silicatés.

L'emploi des couleurs d'aniline, dans la fabrication des savons durs silicatés, a donné lieu à la remarque suivante :

Lorsqu'on a coloré une quantité quelconque de savon avec une couleur d'aniline, celui-ci se décolore presque complètement peu de temps après ; mais, au bout de quelques jours, la coloration revient avec son intensité primitive.

Pour se rendre compte de ce fait, rien n'est plus simple.

On chauffe 180 grammes d'huile de palme vers 40° centigrades, dans une capsule de porcelaine ; on maintient cette température, jusqu'à ce que la fusion complète de la matière grasse soit effectuée, on ajoute alors 100 grammes de lessive de soude caustique à 38° Baumé. Dès qu'on a obtenu une masse homogène, on verse dans la capsule, en agitant sans cesse, 140 grammes de solution de silicate de soude à 36° Baumé puis on colore avec une couleur d'aniline dissoute préalablement dans de la glycérine.

Sous l'influence du refroidissement, la masse en devenant consistante se décolore ; mais en peu de jours elle reprend la nuance précédente.

Inconvénients des savons silicatés.

Le silicate doit être absolument laissé de côté pour tous les savons destinés aux usages industriels ; car en teinture il agit sur les couleurs d'une façon telle que souvent il les détruit et, pour le foulage et le lavage des laines, la silice se sépare de sa combinaison et agit comme un véritable instrument tranchant en coupant les fibres superficielles. Une laine traitée par un savon silicaté reste dure et cassante et ne présente plus beaucoup de solidité.

Pour les lins ainsi que les mélanges de chanvre et de laine, l'inconvénient est moindre. Mais la soie souffre énormément à être lavée avec un savon siliceux.

Il est à remarquer que l'usure des étoffes ne peut être évaluée par leur perte de poids, car elles s'incrustent de silice et sont parfois plus denses après lavage et séchage qu'avant, il s'en suit qu'on doit avoir recours au microscope pour constater la présence de la silice.

En dehors des préjudices que cause le silicate en industrie, il y a à redouter les accidents qu'il peut occasionner dans une foule de cas.

» Je ne puis négliger de mentionner, dit M. le docteur Vohl » (*Etudes sur les savons mous et leurs falsifications*) que la charpie » faite avec de la toile qui a été lavée avec un savon siliceux, » exerce la plus fâcheuse influence sur l'état d'une plaie. Un blessé » était traité par la charpie de toile pure ; chaque fois que le pan- » sement était fait avec de la charpie provenant du quartier, la » plaie entrait dans un état d'inflammation considérable ; avec » la charpie préparée à l'hôpital, cela ne se produisait pas. Une » analyse chimique prouva que la charpie du quartier contenait » beaucoup de silice et que celle de l'hôpital en était exempte. » Au microscope, on voyait que les fibres de la première charpie » avaient la surface déchirée et laineuse, tandis que celles de la » seconde conservaient leur forme primitive. Renseignements » pris, on sut qu'au quartier du blessé la toile qui avait servi à » faire la charpie avait été lavée avec un savon fortement chargé » de silicate. »

CHAPITRE XVIII

SAVONS INDUSTRIELS ET MÉDICINAUX

1. — SAVONS INDUSTRIELS.

La place occupée par ce genre de savons est des plus importantes ; le lavage des laines, le foulage des draps, la teinture et l'impression des étoffes, etc., en emploient des quantités considérables.

Certains sont à base de soude, d'autres à base de potasse, et ces deux alcalis sont combinés, tantôt à l'huile d'olive, tantôt à l'acide oléique, ceux d'huile d'olive sont souvent additionnés d'huiles de sésame et d'arachide.

Dans tous les cas, ces savons exigent, pour être irréprochables, une neutralité parfaite et une pureté absolue.

Les savons mous possèdent la propriété, en raison de la présence de la potasse, de rendre les tissus soyeux, tandis que les savons durs, par suite de la soude, leur communiquent de la rudesse.

On reproche au savon d'acide oléique d'être plus alcalin que ceux d'huiles d'olive, de sésame et d'arachide. Si ce fait existe parfois, il faut l'attribuer à l'affinité exceptionnelle de l'acide oléique pour les alcalis.

Si les savons industriels demandent à être neutres c'est qu'un excès de soude ou de potasse occasionne une détérioration de la majeure partie des tissus.

Nous reconnaissons que pour le lavage des laines un faible excès d'alcali est favorable ; mais le consommateur seul peut être juge sur ce point : on doit donc lui laisser la faculté d'en ajouter dans ses bains telle proportion qu'il estimera convenable.

« La consommation du savon, écrit M. l'abbé Vassart (*Des eaux*

» *et des savons au point de vue industriel*) doit avoir en vue la ques-
» tion d'intérêt et la question de perfection du travail. Pour le pre-
» mier point de vue, l'industriel a surtout à tenir compte de la quan-
» tité d'eau et de la quantité de matières insolubles que le savon con-
» tient et s'il a fait des dosages sur plusieurs échantillons de savons
» qui lui sont offerts à des prix déterminés, il lui est bien facile de
» voir quel est l'achat le plus avantageux. Au second point de vue,
» il doit se préoccuper des corps gras libres ou non saponifiés, de
« l'alcali libre, de la solubilité, de l'odeur. Si le savon contient des
» corps gras libres, ces corps gras donnent lieu à des yeux dans
» les dissolutions et à des taches sur les fibres teintes. S'il contient
» de l'alcali libre, la résistance des fibres animales pourrait en être
» plus ou moins compromise. Si le savon a déjà par lui-même une
» odeur désagréable, on comprend que l'on court grand risque de
» laisser plus ou moins de cette odeur dans la fibre. C'est pour
» n'avoir pas assez tenu compte de ces conditions que des teintu-
» riers ont eu des ennuis avec des tissus — les essais faits pour
» *masquer* l'odeur n'avaient pas d'effet durable, un nouveau séjour
» dans les caisses d'expédition ou sur les rayons d'un magasin la
» faisait revenir — pour en avoir raison il a fallu leur faire subir
» un grand traitement à la benzine et les réapprêter. »

Occupons-nous tout d'abord des savons durs. Les savons à base
de soude sont principalement employés au décreusage ou dégommage de la soie ainsi qu'à sa cuisson.

Pour se prononcer sur la sorte de savon la plus favorable il est
indispensable d'être fixé sur la composition et les propriétés de la
soie crue de même que sur le rôle du savon durant le travail.

D'après Mulder la soie renferme :

	Soie jaune de Naples	Soie blanche du Levant
Fibroïne	53,37	54,04
Gélatine	20,66	19,08
Albumine (?)	24,43	25,47
Cire	1,39	1,11
Corps gras et résineux	0,10	0,30
Matière colorante	0,05	
	100,00	100,00

Nous devons faire remarquer que Mulder a donné le nom d'albumine à un principe azoté ayant la composition centésimale de l'albumine ; mais il fait ressortir lui-même des différences assez notables entre cette substance et celle de l'albumine des œufs.

Selon Stædeler et Cramer la fibre proprement dite est formée environ de 50 à 55 0/0 de fibroïne offrant la composition et les propriétés de la substance cornée « kératine » et la « mucine ».

La fibroïne est la partie centrale de la soie, tandis que la gélatine, l'albumine de Mulder, la cire, les matières grasses et résineuses en constituent la partie extérieure.

Ces éléments qui accompagnent la fibroïne et doivent être éliminés partiellement existent en proportions qui varient souvent. En dehors de leurs dissolvants particuliers (eau, alcool, éther et acide acétique), ils ont aussi quelques dissolvants communs, tels que la soude, la potasse et les savons.

La fibroïne, il est vrai, n'est pas dissoute immédiatement dans des solutions très étendues de soude ou de potasse à l'état caustique, néanmoins il faut veiller à écarter avec soin, même la plus minime quantité d'alcali libre qui aurait pour conséquence inévitable d'enlever à la soie son éclat, de la rendre molle et de compromettre par suite sa solidité. En conséquence le dissolvant qui convient le mieux pour débarrasser la soie de ses matières étrangères, c'est une solution de savon neutre à base d'huile d'olive ou d'acide oléique.

Depuis quelque temps déjà on se sert avec pleine satisfaction d'un savon d'huile de pulpes d'olive ; nous avons eu l'occasion d'en examiner un échantillon qui nous a été envoyé de Lyon, en voici la composition :

Acides gras.................	63,60
Alcali combiné.............	6,50
— libre..................	0,12
Eau de constitution........	29,78
	100,00

L'action du savon ne doit pas être prolongée plus qu'il n'est absolument nécessaire.

On a reconnu, en effet, que le savon lui-même est parfois nuisible à la soie à laquelle il enlève de la souplesse et du brillant ; il faut donc utiliser le savon jusqu'à complet enlèvement des matières grasses et cireuses, mais ne pas dépasser ce moment.

Le rôle que joue le savon dans le blanchiment de la soie, est celui-ci. Sous l'influence de l'eau il est décomposé en sous-sels et en acides gras ; ces derniers se portant sur les matières grasses et résineuses s'y combinent, et de cette combinaison résulte pour elles une facilité relativement plus grande à se dissoudre dans les alcalis ou du moins à se mêler à eux.

La plupart de nos observations relatives aux savons durs, s'appliquant aux savons mous, nous nous bornerons donc à ne dire que quelques mots de ces derniers. Pour l'industrie des lainages, le savon mou type serait celui à base d'huile d'olive mais comme son prix est inabordable, on doit donner la préférence à celui fabriqué avec l'acide oléique de bonne qualité.

Pour être irréprochable, il faut que ce savon soit neutre, sinon l'alcali caustique libre attaquerait les fibres de la laine, et il faut également qu'il soit d'une pureté absolue, car les ajoutes sont toutes nuisibles.

FORMULES DE SAVONS INDUSTRIELS SPÉCIAUX

Savon hydrofuge de Menotti

C'est un savon d'alumine préparé à l'aide de sulfate d'alumine introduit à l'état de dissolution marquant 15° Bé (D¹é 1,116), dans un savon ordinaire un peu alcalin.

Le sulfate d'alumine se décompose rapidement, l'acide sulfurique s'unit à l'alcali du savon, et l'alumine isolée (oxyde d'aluminium) reste en suspension dans la pâte savonneuse et s'y mélange intimement par une ébullition soutenue. Cette opération terminée, on ajoute une certaine quantité de gélatine.

Ce savon sert à rendre les étoffes imperméables.

Savon à détacher

Huile de coco	25 kg.,	
Lessive de soude caustique à 36° Bé	13	
Solution de carbonate de potasse à 10° Bé	3	
Solution de sel marin à 13° Bé	4	
Fiel de bœuf	4	
Bleu d'outre-mer		200 gr.,
Bichromate de potasse		200
Eau		400
Essence de térébenthine		500

Après avoir opéré la saponification de l'huile de coco, qu'on colore avec le bleu d'outre-mer, ajoutez la lessive et la solution de sel ; brassez convenablement, versez le bichromate dissous dans les 400 gr., d'eau, mettez le fiel de bœuf et l'essence de térébenthine, puis coulez en mises.

Savon au fiel de bœuf

Huile de coco	50 kg.,	
Bleu d'outre-mer		100 gr.,
Lessive de soude caustique à 40° Bé	20	
Solution de carbonate de potasse à 10° Bé	4	
Fiel de bœuf	3	
Bichromate de potasse	0,050	
Solution de sel marin à 15° Bé	2,500	
Ammoniaque liquide	2,500	
Essence de térébenthine	2,500	

L'huile de coco étant parfaitement fondue, la colorer avec le bleu d'outre-mer, procéder à sa saponification, et ajouter d'abord la solution de carbonate de potasse avec celle de sel marin. Après un brassage énergique, mettre l'ammoniaque et l'essence de térébenthine.

Savons de cuivre et de fer

On les obtient en décomposant une solution de savon préparé comme d'ordinaire, par une solution de sulfate de cuivre (couperose bleu) ou de sulfate de fer (couperose verte). Le premier savon est vert, le second marron. L'un et l'autre sont solubles dans les huiles grasses et principalement dans l'essence de térébenthine.

Ces savons sont très employés dans les arts depuis longtemps; celui de cuivre pour le bronzage antique, celui de fer pour le bronzage florentin : mais seulement sur les objets moulés en plâtre.

Savon de cire dit « encaustique »

Dissoudre dans 4 kg., d'eau : 125 gr., de carbonate de potasse raffiné, chauffer, puis ajouter 1 kg., 250 de cire jaune et 165 gr., de savon mou diaphane. Faire bouillir pendant un quart d'heure, en brassant, et laisser refroidir. On a une matière épaisse, ou de la consistance du miel fluide, suivant que l'évaporation a été plus ou moins forte.

Ainsi qu'on le voit, ce produit n'est plutôt qu'un mélange ; seule la potasse caustique peut dissoudre l'acide cérotique et saponifier le myrcine, principes immédiats qui, par leur union constituent la cire d'abeille.

Ce savon de cire sert pour les parquets.

Savon au sable

Préparer tout d'abord un simple savon d'empâtage en employant :

Huile de coprah	100 kg.,
Lessive de soude caustique à 22° Bé	160
Solution de potasse carbonatée à 25° Bé.....	100
— de chlorure de sodium à 13° Bé.....	400
Sel de soude Solvay 90°/92° D.............	20

Ce savon étant obtenu au rendement de 725 à 750, on le laisse sécher puis on le met en copeaux grossiers pour le faire fondre avec le minimum d'eau nécessaire dans une chaudière à double fond chauffée à la vapeur.

La pâte étant bien liquide on introduit en chaudière du sable blanc et fin et on opère un brassage énergique de la masse à l'aide d'un mélangeur mécanique. Lorsque l'homogénéité est parfaite on coule aussitôt dans des moules de 500 gr., où la solidification s'opère presque instantanément.

Ce savon sert au récurage des étains et ferblancs ainsi qu'au nettoyage des tables de bois, de marbre et enfin à entretenir à l'état de propreté, les éviers, dallages et pierres de foyer.

Savon pour la conservation des dépouilles d'animaux

Acide arsénieux pulvérisé	32 kg.,
Carbonate de potasse anhydre	12
Eau distillée	32
Savon marbré de Marseille	32
Chaux vive en poudre	40
Camphre raffiné	10

Mettez dans une bassine : l'eau, l'acide arsénieux et le carbonate de potasse, en agitant souvent pour faciliter le dégagement de l'acide carbonique. Continuez le chauffage en le poussant légèrement à l'ébullition jusqu'à complète dissolution de l'acide arsénieux, puis ajoutez peu à peu le savon aussi divisé que possible et retirez le feu. Une fois la dissolution du savon terminée, introduisez la chaux et le camphre, après avoir réduit en poudre ce dernier produit à l'aide d'alcool. Terminez cette préparation en broyant intimement le mélange.

2. — SAVONS MÉDICINAUX

On entend sous cette dénomination *les savons d'oxydes métalliques à base alcaline* et ceux *d'oxydes métalliques à base terreuse*. Les seconds se distinguent des premiers en ce qu'ils sont complètement insolubles.

A. Savons d'oxydes métalliques à base alcaline

Dans cette catégorie sont rangés les savons à base de soude, de potasse ou d'ammoniaque. M. Béral a nommé *saponés* des savons additionnés de substances susceptibles de leur communiquer de nouvelles propriétés sans leur enlever celles qui leur sont propres. il a appelé *saponures* des médicaments composés de savon en poudre et de matières extractives ; enfin par *saponulés* il a désigné des alcoolés assez chargés de savon pour se prendre en gelée.

Savon à l'acide phénique

Huile de coco.............................	4 kg.,
Suif......................................	3
Huile de ricin............................	3
Lessive de soude caustique à 36° Bé........	5,500 gr.,
Alcool...................................	3
Glycérine................................	2
Sirop de sucre (Eau 2 kg., sucre 2 kg.,).....	4
Acide phénique cristallisé.................	800
Huile de palme...........................	050

Après avoir fait fondre l'huile de coco et le suif, on ajoute l'huile de ricin, on saponifie avec la lessive de soude caustique mélangée à l'alcool, et on introduit, dans la pâte, l'acide phénique préalablement liquéfié puis l'huile de palme, et on coule en moules. Une fois refroidi ce savon doit être transparent.

Savon à l'acide salicylique

Cet acide possède des propriétés antiseptiques aussi accentuées que le phénol, et il a sur ce produit l'avantage d'être complètement dépourvu d'odeur. Pour fabriquer un savon à l'acide salicylique, il suffit de dissoudre cet acide dans de l'alcool, puis d'incorporer cette solution à un savon blanc fondu de bonne qualité, mais le moins chaud possible.

Généralement on emploie 1 partie d'acide salicylique pour 10 parties de savon.

Savon ammoniacal

On le prépare avec huit parties d'huile d'amandes douces et une partie d'ammoniaque, ou bien avec :

Savon blanc...........................	3 kg.,
Alcool................................	25
Ammoniaque..........................	800 gr.,

Il suffit de dissoudre le savon une fois râpé, dans l'alcool, et d'ajouter l'ammoniaque. Il porte dans ce cas le nom de *saponulé*.

Savon amygdalin

Huile d'amandes douces..............	2 kg., 100 gr.,
Lessive de soude-caustique à 36° Bé ...	1

Chauffer l'huile en versant peu à peu la lessive.

La saponification étant parfaite, couler dans des formes en faïence. Ce savon est souvent employé seul, ou pour la préparation d'un grand nombre de savons médicinaux de refonte.

Savon animal

Moelle de bœuf purifiée......................	5 kg.,
Lessive de soude caustique à 36° Bé	2,500
Eau.......................................	10
Sel marin..................................	1

Mettez la moelle de bœuf et l'eau sur le feu ; lorsque la graisse sera fondue, versez dans la bassine la lessive peu à peu, en agitant, et entretenant la chaleur et l'agitation jusqu'à ce que la saponification soit complète. Ajoutez alors le sel marin, enlevez le savon qui se rassemble à la surface, faites-le égoutter, fondez-le à une douce chaleur et laissez-le refroidir.

Savon arsenical

Savon blanc............................	6 kg.,	250
Arsenic................................	5	
Chaux vive............................		100
Camphre...............................		600
Eau...................................	6,	250

Dissoudre à chaud le savon dans l'eau, et ajouter l'arsenic, la chaux et le camphre en mélangeant avec le plus grand soin.

Savon au beurre de cacao

On met 1.000 gr., de beurre de cacao fondu et purifié par filtration, dans un bain d'eau chaude, avec 850 gr., de lessive de soude caustique à 36° Bé (Dté 1,332), puis on remue le tout et l'on chauffe jusqu'à ce que la solution puisse se dissoudre dans l'eau distillée chaude. On ajoute alors sans cesser d'agiter, une solution filtrée de 250 gr., de chlorure de sodium dans 500 gr., d'eau distillée, puis on chauffe encore pendant une demi-heure en remuant toujours.

On coule alors la masse dans des récipients de porcelaine et on laisse refroidir, ensuite, on recueille le savon surnageant et on le presse dans une toile. Enfin, on traite le produit obtenu une dernière fois par la solution de sel marin et on lave avec de l'eau distillée le savon une fois refroidi.

Savon camphré

Savon blanc....................	5 kg.,
Camphre.....................	080 gr.,
Amandes amères mondées.	600
Teinture de benjoin........	400

Réduisez les amandes en pâte, ajoutez le camphre, puis la teinture de benjoin et enfin le savon ; faites fondre au bain-marie et coulez en moules.

Savon chirurgical

MM. Reverdin et Goegg, de Genève, ont fait connaître récemment la formule d'un savon de leur préparation qui, tout en étant doué de propriétés désinfectantes qui le recommandent à l'usage des chirurgiens, est en même temps un savon agréable pour la toilette, très doux à la main et qui nettoie à merveille sans irriter la peau. Voici la formule de cette préparation.

On ajoute par portions à de l'huile d'amandes douces (72 p.) un mélange de lessive de soude (24 p.) et de potasse (12 p.), ainsi qu'une dissolution de sulphophénate de zinc (2 p.) et on parfume avec de l'essence de rose. On agite continuellement pour obtenir un mélange intime et l'on maintient ensuite pendant plusieurs jours le récipient à 20° c. On continue à agiter la masse jusqu'à consistance d'une pâte molle, puis l'on moule.

Ce savon doit trouver sa place dans les amphithéâtres de dissection et les hôpitaux et rendre service à tous ceux qui se trouvent appelés à toucher des substances en décomposition.

Savon de Gaïac

```
Savon amygdalin..........   2 kg.,
Résine de gaïac............   1
Alcool rectifié.............   100 gr.,
```

En substituant à la résine de gaïac celles de scammonée ou de jalap, on obtient des savons de scammonée ou de jalap.

Savon de goudron

```
Huile de coco..............................   10 kg.,
Goudron de hêtre...........................   1,500 gr.,
Lessive de soude caustique à 36° Bé.......   6 kg.,
```

Quelquefois on remplace le goudron de hêtre par du goudron de houille.

Savon de Naples

```
Savon amygdalin,............   15 kg.,
  —   animal................   15
Beurre de muscades.........   8
  —    de cacao............   8
Eau de laurier cerise........   15
```

Parfumer avec quelques gouttes d'essences de girofle, néroli, sassafras, thym.

Savon d'Opodeldoch

```
Savon blanc de Marseille.............   1 kg.,
Camphre raffiné.....................   150 gr.,
Essence de romarin..................   30
  —    d'origan ....................   60
Alcool rectifié.....................   4 litres 1/2
```

Mêler le tout dans un flacon bien bouché et faire dissoudre au bain-marie. Lorsque le mélange est un peu refroidi ajouter 350 gr., d'ammoniaque liquide. Il ne reste plus ensuite qu'à verser le produit dans des fioles que l'on bouche avec soin. Après complet refroidissement ce savon doit être transparent.

Savon au pétrole

Huile de pétrole..........................	60 kg.,
Cire de Carnauba.........................	20
Suif d'os.................................	20
Lessive de soude caustique à 30° Bé........	80 litres
Eau......................................	50

Ce genre de savon dont la formule est due à M. Thellot est surtout très précieux pour guérir les affections de la peau, en outre il assainit tous les tissus de laine et de coton.

Savon au soufre

Savon blanc......................	1 kg., 250 gr.,
Fleurs de soufre.................	1,250 gr.,

Opérer le mélange à une douce chaleur et en brassant continuellement.

Savon à la térébenthine

Savon blanc en poudre................	10 kg.,
Essence de térébenthine ordinaire.......	10
Carbonate de potasse raffiné............	1 kg., 500

Pulvérisez soigneusement le carbonate de potasse et tamisez, ajoutez l'essence, puis triturez le mélange jusqu'à ce qu'il ait acquis une consistance de miel.

Savon à la vaseline

Huile de coco............................	10 kg.,
Vaseline	2
Lessive de soude caustique à 36° Bé..........	5

Fondre lentement l'huile de coco avec la vaseline, ajouter la lessive et, lorsque la masse est claire et homogène, couler en moules. On parfume avec les essences de lavande, de romarin et de citronelle.

Pour plus de détails sur ce savon, voir le chapitre de la fabrication des savons de toilette.

B. Savons d'oxydes métalliques à base terreuse

Ils sont connus en pharmacie sous le nom d'*emplâtres*. On se sert pour les obtenir d'axonge et d'huile d'olive.

Les savons de plomb composés d'oléate, de stéarate et de margarate de plomb sont le plus souvent usités ; nous nous bornerons donc à en indiquer la préparation.

1. — SAVON DE PLOMB OU EMPLATRE SIMPLE

Litharge pulvérisée (oxyde de plomb)........ 2 kg.,
Axonge...................................... 2
Huile d'olive.............................. 2
Eau.. 4

Mettez les trois premières substances dans une bassine au moins trois fois plus grande qu'il ne faudrait pour les contenir, faites fondre ; ajoutez ensuite l'eau et tenez la matière en ébullition en la remuant sans cesse, jusqu'à ce que la masse ait acquis une couleur blanche et qu'une petite quantité projetée dans de l'eau froide prenne une consistance emplastique ; de grosses bulles qui se forment à la surface indiquent d'ailleurs ce moment. Pendant l'ébullition, on remplace l'eau qui s'évapore par d'autre qui doit être chaude. MM. Gélis et Plaff ont proposé de préparer ce savon par double décomposition d'une solution de savon ordinaire au moyen de l'acétate de plomb liquide ; mais le produit qu'on obtient selon cette méthode est trop cassant.

2. — SAVON DE PLOMB OU EMPLATRE BRULÉ

Huile d'olive.............................. 1 kg.,
Axonge..................................... 500 gr.,
Beurre..................................... 500
Suif....................................... 500
Cire jaune................................. 500
Litharge pulvérisée (oxyde de plomb)..... 500
Poix noire................................. 125

Après avoir mis les matières grasses dans une bassine, chauffez-les jusqu'à ce qu'elles commencent à fumer ; ajoutez-y alors la litharge pulvérisée et retournez sans cesse. Lorsque la masse est devenue d'une couleur foncée, introduisez la poix noire, et quand l'emplâtre sera demi-refroidi, coulez-le dans des moules de papier.

CHAPITRE XVIII

PROCÉDÉS PARTICULIERS DE SAPONIFICATION

1. SAPONIFICATION SOUS PRESSION

On doit aux Anglais l'initiative de la fabrication des savons sous pression qui, inaugurée vers 1856, n'a cessé de prendre chez eux une très large extension, tandis que les autres pays, à part les Etats-Unis, semblent peu soucieux de l'adopter malgré ses nombreux avantages.

Il convient donc que nous démontrions combien cette fabrication l'emporte dans certains cas sur celle des savons obtenus en chaudières ouvertes ; pour cela, nous n'avons qu'à donner la description des appareils qui lui sont spéciaux et à relater les diverses méthodes préconisées.

M. Dunn recommande de chauffer à l'ébullition la masse à saponifier, rigoureusement dosée, dans un simple bouilleur, sous la pression de 2 à 3 atmosphères, en se basant sur ce que plus la pression est forte moins la saponification est facile.

M. Mouveau a proposé, après lui, une chaudière fermée (autoclave) munie d'un tube de sûreté ainsi que d'un agitateur mécanique et de plus entourée d'une enveloppe dans laquelle est établie une circulation de vapeur d'eau surchauffée, permettant d'avoir une température de 150 à 160°.

L'introduction de la lessive et des matières grasses est effectuée par un trou d'homme qu'on ferme aussitôt après et l'on commence à faire circuler la vapeur, en laissant le tube de sûreté ouvert, jusqu'à ce que la chaudière soit complètement débarrassée de l'air qu'elle renfermait.

Dès que ce résultat est obtenu, on ferme ce tube et l'on procède à la saponification. Lorsque celle-ci est terminée, on fait écouler la pâte savonneuse par un robinet placé à la partie inférieure de la chaudière.

Pour les savons d'empâtage, en agissant avec des lessives caus-tiques à 25° Bé, en proportion strictement nécessaire à la saponifi-cation parfaite des matières grasses, la marche du travail est des plus simples, mais il n'en est pas de même pour les savons de re-largage.

Procédé Spinelli. — M. Spinelli a pris un brevet en 1883, par lequel il revendique l'application de la chaudière sous pression pour les savons suivant le mode marseillais.

La chaudière dont il se sert affecte la forme d'un cylindre her-métiquement fermé qui est placé horizontalement ; elle est chauf-fée par la vapeur sèche à l'aide d'un serpentin intérieur muni d'un robinet d'échappement. Deux manomètres fixés à chaque extré-mité de l'appareil marquent la force de pression et sont accompa-gnés de deux soupapes de sûreté. Un trou d'homme existe à la partie supérieure pour les matières premières, enfin un robinet de vidange est réservé à l'écoulement de la lessive de relargage ainsi qu'à celui du savon terminé. Il y a, en outre, un agitateur dans le but de remuer intimement la masse en chaudière toutes les fois que cela est utile.

Voici maintenant comment M. Spinelli nous renseigne sur sa ma-nière de procéder :

« Le vase clos dont je me sers est d'une capacité de 10.000 litres. J'introduis d'abord dans cet appareil, par le trou d'homme, 3.000 litres, soit d'huile, soit de lessive, soit de toutes sortes de corps gras ; cela terminé, j'ajoute 3.000 litres de lessive de soude caustique marquant 30° Bé; ce chargement fait représente 6.000 litres ; il reste encore 4.000 litres de vide dans le vase clos. Je ferme le trou d'homme, j'ouvre le robinet du générateur qui com-munique par un tuyau avec le vase clos, je mets en mouvement l'agitateur et je pousse la pression afin d'obtenir 5 atmosphères. Je rappelle qu'il reste dans le vase clos 4.000 litres de vide ; ce vide est indispensable, attendu qu'il permet à l'agitateur de pouvoir librement brasser la pâte qui s'épaissit au contact des lessives. Je conserve la pression de 5 atmosphères pendant quatre heures ; au bout de ce temps, je ferme le robinet de la prise de vapeur du vase clos et je procède à l'épinage.

« L'épinage s'opère en ouvrant légèrement le robinet de vidange, de manière à laisser affaiblir la pression du vase clos. Quand les manomètres ne marquent plus que 2 atmosphères, on ouvre le robinet plus en grand, et comme la lessive se trouve alors dans la partie inférieure du vase clos, elle sort par le tuyau de décharge. Cette lessive de ce premier épinage contient, avec la glycérine qui faisait partie des corps gras, d'autres impuretés de sels que l'on précipite par le moyen de la chaux ; du reste ce travail est connu de tous les savonniers ; enfin, cette lessive étant épurée sert à de nouvelles opérations.

« La première opération, que je viens de décrire, se fait en cinq ou six heures.

« La seconde opération, que j'appelle « coction », a pour objet de faire cuire le savon, qui, du reste, est déjà bien constitué dans le vase clos ; à cet effet, j'ajoute la même quantité de lessive que celle que j'ai retirée. Cette nouvelle lessive doit être aussi caustique et peser 30° Bé. Je procède de la même façon qu'à la première opération ; je laisse également agir la pression de 5 atmosphères pendant quatre heures ; passé ce temps, j'épine la lessive de la même manière qu'à la première opération. Quand la lessive est toute écoulée et que le savon paraît vouloir sortir, je ferme le robinet ; je dispose le tuyau de vidange de façon à communiquer avec une chaudière d'une capacité de 10.000 litres (cette chaudière peut être la même que celle dont on se sert pour faire le savon par la méthode ordinaire) ; j'ouvre alors le robinet du vase clos, le savon sort avec force et vient tomber dans la chaudière sus-indiquée ; ce savon représente une pâte très dure et très chargée d'alcali.

« La troisième opération consiste à faire la liquidation. Cette liquidation a pour objet de retirer la trop forte dose d'alcali que contient le savon ; à cet effet, j'ajoute insensiblement 20 pour 100 d'eau ; je fais bouillir jusqu'à ce que le grain de savon soit ouvert ; arrivé à ce point, j'ajoute de nouveau, peu à peu, une quantité d'eau suffisante pour avoir une pâte homogène présentant à l'œil la même consistance que celle que l'on prépare dans la liquidation par la méthode ordinaire ; enfin je termine comme d'habitude en laissant reposer le savon avant de le couler en mises. »

Procédé Lombard. — Depuis, M. Lombard s'est fait breveter pour certaines modifications que nous allons signaler en nous guidant sur une note de M. Vincent parue dans le *Bulletin de la Société industrielle de Marseille.*

Les appareils de M. Lombard se composent d'un autoclave qui contient à l'intérieur un serpentin dont les tubes longitudinaux sont appliqués contre les parois. Dans l'axe de l'autoclave, un arbre en fer, à palettes hélicoïdales, porte à l'une de ses extrémités une poulie qui reçoit le mouvement et le transmet à l'arbre pour mélanger les matières en présence. Un tube de vapeur directe, muni d'un robinet, met en communication le générateur et l'autoclave, dans l'intérieur duquel il produit une élévation de température et de pression beaucoup moins rapide que le serpentin.

Au-dessus de l'autoclave, à un mètre environ de hauteur, se trouve un grand cylindre en tôle, qui contient intérieurement un agitateur vertical à lames hélicoïdales, reposant sur une crapaudine et actionné par deux roues d'angle. Le cylindre est pourvu de deux robinets : l'un, fixé au centre du disque, qui sert de fond au cylindre, a pour but de soutirer les lessives ; l'autre, placé sur le côté, sert à l'écoulement de la pâte savonneuse. Un tube en fer de 8 centimètres de diamètre intérieur, part du fond de l'autoclave et vient déboucher dans le haut du cylindre.

Maintenant que nous avons décrit le matériel, passons au mode d'opérer.

On introduit dans l'autoclave les matières grasses avec une quantité de soude caustique à 21° Bé, strictement nécessaire à l'empâtage, puis on fait arriver la vapeur dans le serpentin et on met en mouvement l'agitateur de l'autoclave. Dès que la pression intérieure accuse 1 kg., ce qui a lieu au bout d'une heure de chauffage, on ouvre le robinet du tube qui met en communication l'autoclave et le générateur. La vapeur directe, pénétrant dans l'autoclave, fait monter en peu de temps la pression de 3 kg., à 3 kg., et demi.

Après une heure et demie d'introduction de vapeur directe, soit deux heures et demie depuis le commencement du travail, la combinaison des matières grasses avec la lessive étant effectuée, on ouvre le robinet du tube abducteur ; celui-ci est aussitôt traversé par la masse totale contenue dans l'autoclave, laquelle vient se déverser dans le cylindre supérieur ; la pression à l'intérieur de l'autoclave active l'évacuation.

On soutire par le robinet inférieur du cylindre la totalité de la lessive dite « lessive douce », qui s'est réunie au fond, puis on introduit dans le cylindre une solution d'eau salée très concentrée. L'agitateur contenu dans le cylindre est mis en marche, il favorise le contact de la pâte savonneuse avec l'eau salée, celle-ci amène promptement la séparation de tout le savon sous forme de grains très gros, qui lorsqu'on arrête l'agitateur, se réunissent à la surface de la lessive. On laisse reposer quelques minutes, puis on ouvre de nouveau le robinet placé au-dessous du cylindre pour avoir l'écoulement de la lessive, enfin par le robinet placé sur le côté du cylindre on effectue le transvasement de la pâte savonneuse dans une chaudière ouverte pour la soumettre à la coction et à la liquidation, suivant les principes accoutumés.

Les procédés de MM. Dunn et Mouveau n'ont trait qu'aux savons d'empâtage ; celui de M. Spinelli et celui de M. Lombard s'appliquent aux savons selon la méthode marseillaise ; toutefois nous devons faire remarquer que M. Spinelli ne termine hors de l'autoclave que la liquidation, tandis que M. Lombard effectue hors de cet appareil le coction et la liquidation.

On objectera assurément que les savons obtenus dans ces conditions sont d'une qualité inférieure à ceux qui sont fabriqués d'après l'ancienne théorie, mais cette objection est sans valeur, car l'expérience a prouvé, d'une façon péremptoire, que l'action de la chaleur, unie à celle de la pression, favorise la combinaison de l'alcali avec les matières grasses les plus rebelles à la saponifi-

cation. Enfin, on réalise des économies de temps, de main-d'œuvre
et de combustible ; aussi n'hésitons-nous pas à reconnaître que l'a-
venir appartient aux savons sous pression.

2. SAPONIFICATION PAR ÉMULSION

Cette méthode, connue depuis longtemps, a pour but de favoriser l'empâtage des corps gras en les divisant, avant de les mettre en contact avec la lessive, en particules excessivement tenues
analogues à celles qui résulteraient d'une pulvérisation complète. Il est évident que ce travail préliminaire apporte dans la fabrication des savons une économie de temps et de combustible.

M. Mège-Mouriès en 1854, M. Bignon en 1867, enfin M. Weineck
en 1881, ont examiné tout spécialement le genre de saponification
qui nous occupe, en émulsionnant les corps gras, et en particulier
ceux qui se présentent à l'état solide, au moyen d'eau savonneuse
et d'une agitation sans interruption, à une température qui ne doit
pas être inférieure au point de liquidation des corps gras.

Procédé Weineck. — Le procédé de M. Weineck permet de
préparer des savons durs irréprochables, sans que les corps gras
émulsionnés soient cuits avec la lessive.

On se sert de graisses végétales ou animales, et les eaux contenant la glycérine, étant exemptes de sel marin dont elles sont sa-
turées dans les procédés ordinaires, sont éminemment propres à
l'extraction de ce produit.

L'appareil employé consiste en un vase cylindrique en fer forgé entouré d'une double enveloppe et muni d'un agitateur. Dans la
double enveloppe circule de l'eau qu'il est facile, à l'aide d'un jet
de vapeur, de porter à la température désirable. Un thermomètre
plonge dans le cylindre qui est muni de plusieurs robinets pour recueillir le savon et soutirer les eaux chargées de glycérine.

On peut mettre en traitement toutes les graisses habituellement
en usage en savonnerie. Graisses animales : comme le suif, le

saindoux, la graisse d'os ; graisses végétales : comme l'huile de palme, le beurre de coco, etc.; soit seules, soit mélangées. On les introduit dans l'appareil décrit ci-dessus et on les fond en élevant la température de l'eau dans la double enveloppe (s'agit-il par exemple de suif, on chauffe à 45° c.). D'autre part, on porte à la même température une dissolution de 2 parties de savon dans 100 parties d'eau ; celle-ci est mélangée dans l'appareil avec la graisse fondue. La qualité de savon dépend de la qualité des graisses et du produit qu'on veut obtenir.

Ainsi, pour préparer les savons que le commerce nomme « complètement neutres », il faut employer 20 p. 100 du poids de la graisse.

L'agitateur est mis en mouvement pendant tout le temps qu'on introduit la dissolution de savon ou tout autre liqueur susceptible de provoquer l'émulsion de la graisse, en sorte que celle-ci prend finalement l'état appelé vésiculaire. Dans ces conditions, les gouttelettes microscopiques de graisse sont attaquées avec une extrême facilité par les dissolutions alcalines et la saponification est instantanée.

Cette disposition provoque, en raison même de la rapidité de la réaction, un dégagement de chaleur suffisant pour fondre les petites particules de savon. Si en même temps on élève suffisamment la température extérieure, l'excès d'alcali se sépare si bien que, par cette simple opération on obtient un savon entièrement neutre.

Lorsque l'émulsion de la graisse avec l'eau de savon est complète on verse dans l'appareil la lessive alcaline chauffée à la température de l'émulsion, et dès que l'alcali est en quantité nécessaire, on maintient la température aux environs de 90° C. et on agite jusqu'à ce qu'une prise d'essai indique la fusion complète du savon formé. En général, pour obtenir avec le suif ou un mélange de suif et de graisse d'os un savon bien neutre, il faut employer à peu près 52 p. 100 de lessive à 38° Bé.

Pendant toute la durée de cette opération, l'appareil doit être recouvert de façon à empêcher le refroidissement de l'eau et à utiliser le plus complètement possible la chaleur due à la réaction.

Sitôt que l'on a constaté que le savon est bien fluide, on arrête l'agitateur et on laisse reposer pendant quelques heures puis on soutire l'eau-mère qui ne contient avec la glycérine, que l'excès de soude caustique et marque 5 à 10° Bé.

D'après ce procédé, la saponification dure au plus deux heures. Dans la plupart des cas elle est même terminée au bout d'une heure.

Quand on veut obtenir des savons qui ne soient pas absolument neutres et qui, par suite, doivent contenir une certaine quantité d'alcali et d'eau, on règle les proportions de liqueur savonneuse et de lessive alcaline en raison du rendement qu'on désire atteindre.

Il n'est pas indispensable d'agir avec de la lessive à 38° Bé, car celle à 30° Bé suffit à la rigueur ; cependant il est nécessaire de tenir compte de l'excès d'eau que l'on introduit dans l'appareil et de diminuer d'autant la quantité servant à l'émulsion.

3. SAPONIFICATION INSTANTANÉE

Procédé Rivière. — Le procédé de saponification dont M. Rivière est l'inventeur, a pour base essentielle une double action physique.

Il consiste à faire arriver dans une chaudière fermée, *qu'il ne faut pas confondre avec un autoclave*, le corps gras et la lessive dans des proportions rationnelles et à soumettre ce mélange à l'action d'un jet de vapeur de 4 à 5 atmosphères.

C'est alors que se manifeste la double action physique.

D'une part la vapeur *divise* le mélange de corps gras et de lessive et le pulvérise pour ainsi dire.

D'autre part, elle compense le froid produit par l'évaporation de la masse en traitement en maintenant l'air de la chaudière à une température uniforme.

L'inventeur assure que d'après cette méthode on obtient d'une façon instantanée des savons neutres en évitant la cuisson ; il suffit de recevoir la pâte savonneuse, à sa sortie de l'appareil, dans une chaudière contenant une dissolution chaude de chlorure de sodium afin de la relarguer puis de la couler en mises.

Il résulte de ce rapide exposé que le travail qui s'effectue peut être considéré comme se divisant en deux parties.

1° Emulsion des corps gras.

2° Empâtage et combinaison tellement intimes qu'ils dispensent de la coction.

Description de l'appareil dit « Intégrateur ». — L'*Intégrateur*, fig. 111, affecte légèrement la forme d'un tronc de cône ; il est, ainsi que ses accessoires, en tôle galvanisée.

A sa partie supérieure, qui est la plus évasée, il est pourvu d'une calotte presque plate qui est fixée à l'aide d'écrous.

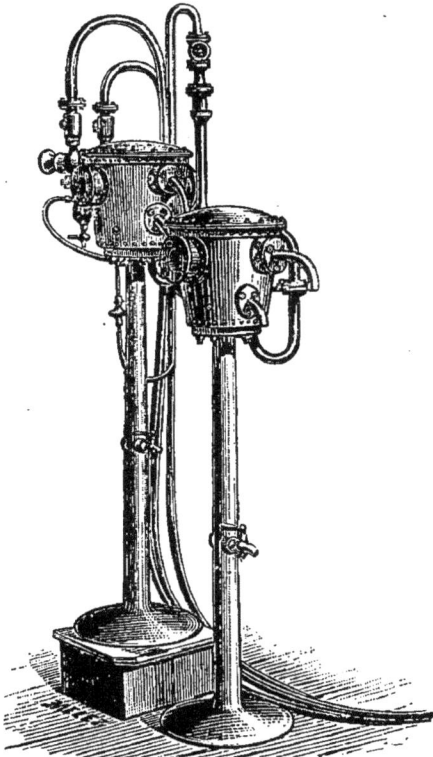

Fig. 111. — Intégrateur Rivière.

A sa partie inférieure se trouve placée, à 5 centimètres environ du fond, une plaque perforée dans toute son étendue d'une multitude de petits trous.

Exactement *au-dessus* de cette plaque débouche par côté un tuyau destiné à l'arrivée dans *l'intégrateur* du mélange de corps gras et de lessive.

Quant à la vapeur, elle pénètre dans l'appareil par un tuyau qui aboutit *au-dessous* de la plaque perforée.

A quelques centimètres du bord de *l'intégrateur*, sur lequel repose la calotte, existent deux regards munis d'un verre épais ayant 10 à 12 centimètres de diamétre qui permettent de suivre dans une certaine mesure la marche de l'opération.

Enfin du côté opposé à celui où sont les tuyaux que nous venons d'indiquer, il en existe deux autres : l'un pour l'échappement de la vapeur dans un second *intégrateur*, l'autre pour l'évacuation du corps gras combiné à la lessive dans le même récipient où s'achève le travail de saponification.

Ce deuxième *intégrateur* est un peu au-dessous du premier et porte deux tuyaux sur le devant pour permettre le dégagement de la vapeur devenue inutile et l'écoulement de la pâte savonneuse.

Les *deux intégrateurs* accouplés sont désignés sous le nom de *Batterie de deux éléments*.

Avec les intégrateurs tels qu'ils existent actuellement, quoique leur capacité soit à peu près de 60 litres, il n'y a jamais en rotation plus de 10 kg., de matière.

Il importe aussi de signaler que si nous admettons qu'avec une « batterie de deux éléments » on puisse obtenir par heure 3,000 kg., de savon (nous voulons parler de savon propre à être relargué) pour atteindre une production triple, c'est-à-dire de 9.000 kg., il ne faudra pas opérer avec des appareils 3 fois plus grands ; mais avec *six intégrateurs* ou trois batteries de deux éléments chacune.

La conduite des intégrateurs est fort simple et ne présente aucun danger, contrairement aux autoclaves, nous devons aussi insister sur que la pâte savonneuse s'écoule d'une façon continue (autre avantage sur les autoclaves), pour se rendre à sa sortie du *second inté-grateur* dans une chaudière munie d'un serpentin à sa partie inférieure où il est procédé au relargage.

Le corps gras et la lessive sont introduits dans le *premier inté-grateur* par le moyen de monte-jus et ils ne se réunissent qu'en pénétrant dans *l'intégrateur*.

Les tuyaux de conduite de corps gras et de lessive sont pourvus de vannes à section carrée afin de régler les proportions qui doivent s'écouler pour la bonne marche de l'opération.

Marche de l' « Intégrateur ». — Après avoir vissé la calotte sur l'orifice de l'appareil, on ouvre le tuyau destiné à l'arrivée de vapeur, puis une fois que la batterie des deux éléments en est saturée, on fait évacuer l'eau de condensation et on donne passage au mélange de corps gras et de lessive.

Nous ne devons pas omettre d'indiquer que le corps gras comme la lessive doivent préalablement avoir une température voisine de 80° centigrades.

Cette précaution prise, le mélange de corps gras et de lessive (mélange qui est plus ou moins parfait), entrant dans l'*intégrateur* à une pression qu'on peut évaluer à un 1/2 atmosphère jaillit avec force contre la paroi opposée à son orifice de pénétration et s'étend en nappe légère sur la plaque de tôle perforée.

Là il est reçu par une infinité de jets de vapeur, qui, passant à travers les trous de la plaque qui en est munie, émulsionnent la masse et commencent la saponification et la continuent en imprimant au mélange de corps gras et de lessive, qui se combine avec une rapidité sans exemple, un mouvement giratoire qu'il est aisé de concevoir.

Quant à l'évacuation de la pâte savonneuse ainsi formée, elle est en raison de l'arrivée de la vapeur.

Cette pâte complète sa saponification dans le second *intégrateur* sous l'influence de la même action que celle subie dans le premier pour s'écouler d'une façon non interrompue dans la chaudière et y être amenée à point ainsi qu'il convient.

Nous avons signalé précédemment que M. Rivière prétend que, grâce à son mode de saponification, il suffit d'opérer le relargage et qu'après séparation du savon il ne reste plus qu'à le couler en mises ; toutefois il y a lieu d'ajouter que M. Rivière reconnaît que, suivant la nature de certains corps, il est nécessaire d'effectuer une liquidation.

Quoi qu'il en soit M. Rivière supprime, on le voit, la cuisson considérant qu'elle est sans objet en raison de l'emploi de l'*intégra-teur* ; il supprime également les services de lessives pour le même motif.

A notre point de vue, l'appareil Rivière est parfait pour provoquer l'émulsion, il est bon également pour accélérer la saponification, mais celle-ci ne peut être achevée d'une manière irréprochable que dans une chaudière ordinaire.

Ceci pour deux raisons : la première c'est qu'il est fort difficile, pour ne pas dire impossible, d'amener dans l'*intégrateur* les corps gras et la lessive dans les proportions convenables, la seconde c'est que le contact des matières n'est pas assez prolongé pour arriver à réaliser une saponification complète.

Procédé Courtonne. — Ce procédé, breveté récemment, a pour but l'emploi combiné de certains agents capables de rendre très rapide et pour ainsi dire instantanée l'opération qui constitue la saponification proprement dite, on procède ensuite à la récupération continue de ces agents.

Parmi les produits relativement assez nombreux pouvant être utilisés pour atteindre ce but, M. Courtonne a dû en éliminer tout d'abord un certain nombre pour ne conserver que cenx qui réunissent, d'après lui, les conditions indispensables pour recevoir une application industrielle.

Il faut, en effet, que ces produits soient abondants et peu coûteux, il faut surtout que la revification ou récupération en soit facile, complète, et que, en se séparant du savon, ils ne l'altèrent en aucune façon et ne lui abandonnent aucune odeur nuisible.

L'inventeur a trouvé ces qualités réunies dans les alcools, et, parmi ceux-ci, il fait usage indifféremment de l'alcool éthylique, de l'alcool méthylique ou de l'alcool dénaturé. Le choix du produit est simplement subordonné aux lois ou décrets qui en régissent dans chaque pays l'application industrielle.

Quelle que soit la nature du savon à obtenir, les conditions dans lesquelles l'opération de la saponification proprement dite est conduite, sont absolument les mêmes dans tous les cas ; les opérations

subséquentes varient suivant le genre de savon et aussi selon les
méthodes de fabrication adoptées par chaque industriel, qui, du
reste, ne se trouvent en rien modifiées par le nouveau procédé.

Nous allons passer en revue la fabrication des divers savons pour
lesquels M. Courtonne indique la façon d'opérer qu'il convient de
suivre depuis le mélange de la matière grasse avec l'huile, jusqu'à
l'achèvement du savon. .

Fabrication des savons dits « Savons à la grande chaudière ».
— Dans la chaudière d'un appareil distillatoire chauffé à la vapeur,
au moyen d'un barbotteur et d'un serpentin, on introduit à la fois
les quantités de *matière grasse*, d'*alcali* et d'*alcool* qui doivent réagir, soit pour 100 parties en poids de matière grasse — huile d'o-
live, huile de palme, suif, acide oléique, etc. — 500 parties de lessive de soude caustique ayant une densité 1,33 (36° Baumé), et 250
parties d'alcool à 90-95° Gay-Lussac, et on ouvre immédiatement le
robinet d'introduction de vapeur dans le barbotteur. Lorsque, après
quelques minutes de chauffage, la température du mélange atteint
75-80° C., la saponification est achevée, elle est *complète*, aucune
trace de matière grasse n'a échappé à la réaction.

On peut opérer un peu différemment : introduire dans la chaudière d'abord la lessive alcaline et l'alcool, puis, peu à peu, quand
la température est de 80° C., la matière grasse, ou bien chauffer
d'abord la matière grasse seule et verser ensuite l'alcali et l'alcool ;
mais ces divers modes opératoires, que l'on peut préférer l'un à
l'autre suivant les circonstances, ne changent en quoi que ce soit
l'économie du procédé dont les avantages subsistent entièrement au
point de vue de la rapidité de la saponification.

Le savon formé complètement, ainsi qu'il vient d'être dit, en
présence de lessive concentrée (ce qui ne peut avoir lieu avec les
procédés usuels) et du premier coup à l'état de savon absolument
neutre, si les matières ont été convenablement pesées ou mesurées,
n'a pas besoin d'être soumis à l'action de plusieurs lessives, il est
propre à subir immédiatement la cuisson à laquelle on procède
avec les lessives alcalines ou alcalino-salées, comme il est d'usage.

A ce moment, si l'on veut éviter de diluer les lessives, on

chauffe la masse non avec le barbotteur, mais avec le serpentin de vapeur.

Pendant la cuite qui, tout en épurant le savon, lui communique ses propriétés commerciales, les matières en ébullition dégagent la totalité de l'alcool à l'état de vapeurs qui, par leur passage au travers de la colonne distillatoire, s'enrichissent assez pour fournir à la condensation un liquide à haut degré alcoolique, pouvant, par conséquent, être employé dans une opération suivante.

L'alcool étant une fois séparé du contenu de la chaudière, les opérations dernières suivent leur cours habituel aussi n'avons-nous pas à nous en occuper.

On pourrait récupérer tout ou partie de l'alcool en distillant les lessives glycérinées, mais il est plus avantageux de chasser tout l'alcool lors de la cuisson, aussi souvent que les circonstances le permettent.

En suivant la marche qui vient d'être indiquée pour la fabrication des « savons à la grande chaudière », on trouve, d'après l'inventeur, les avantages suivants :

L'opération de l'*empâtage* est supprimée, l'opération du *relargage* est supprimée également en tant qu'opération distincte, la saponification est complète du premier coup avec une seule lessive, elle est instantanée ; de là un gain énorme de temps et une simplification considérable des opérations de la main-d'œuvre.

De plus, la durée de la cuite est notablement diminuée, puisqu'on a à compléter l'entière combinaison des matières grasses avec les alcalis, ce qui est une des principales raisons de cette opération.

Fabrication des savons dits « Savons à la petite chaudière ». — Cette fabrication ne demande aucun soin particulier. On chauffe comme plus haut, le mélange de matière grasse (100 parties), de lessive alcaline soude à 36° B⁶ [500 parties] ou potasse [600 parties]), et d'alcool ; et une fois le savon formé, le chauffage est prolongé un temps suffisant pour chasser la totalité de l'alcool et la quantité d'eau en excès sur celle que doit contenir le savon achevé.

Fabrication des savons transparents. — Pour préparer ces savons on opère généralement d'une des deux manières suivantes : on dissout dans l'alcool du savon préalablement séché et divisé, de préférence du savon de suif ou du savon résineux à base de suif et, après dissolution, on chauffe pour volatiliser l'alcool ; ou bien on fait un mélange de savon sec et de glycérine que l'on chauffe pendant plusieurs heures pour obtenir une solution qui est coulée dans des moules où elle se prend par le refroidissement.

Voici le mode opératoire que propose M. Courtonne :

On prépare le savon convenable, suivant son procédé, en ayant soin d'employer une lessive alcaline parfaitement claire. Le savon formé est immédiatement dissous dans une quantité d'alcool suffisante. Après avoir évacué, par un tuyau placé sur la chaudière à cet effet, les impuretés qui se déposent, on chauffe la solution claire pour en chasser l'alcool. Quand celui-ci a distillé, le moment est venu de couler la masse liquide dans les moules où elle se solidifie en conservant sa transparence.

Si le savon ne doit pas contenir de glycérine, on dissout au moyen d'alcool le savon dépouillé de glycérine pendant la cuite en présence de lessives alcalines, alcalino-salées, ou salines, et on continue comme dans le cas du savon transparent avec glycérine.

Ce procédé de saponification instantanée s'applique, d'après son auteur, à la fabrication de toutes les sortes de savons, il nécessite comme installations spéciales, des chaudières closes et des appareils de distillation afin de récupérer le mieux possible l'alcool employé.

M. Courtonne a indiqué l'emploi de lessives alcalines de densité $= 1,33 - 500$ parties de lessive de soude ou 600 parties de lessive de potasse — et de 250 parties d'alcool à 90-95° pour 100 parties de matières grasses, mais il fait remarquer que ces proportions de lessives alcalines, qui correspondent à la formation du savon chimiquement neutre, non plus que les proportions d'alcool ou la densité des lessives n'ont rien d'absolu et peuvent être modifiées suivant les circonstances. La seule condition essentielle, c'est que le milieu soit suffisamment alcoolique pour que l'instantanéité de la réaction puisse se produire.

M. Courtonne revendique dans son brevet l'emploi combiné dans l'industrie de la savonnerie :

1° Des alcools éthylique, méthylique, dénaturés, ou tous autres alcools, seuls ou mélangés.

2° Des appareils distillatoires quelconques et de tous systèmes dans le but déterminé de diminuer la durée de la saponification qui est instantanée et complète en une seule opération, et de récupérer l'agent ou les agents nécessaires pour obtenir ce double résultat.

CHAPITRE XX

FALSIFICATION ET ANALYSE DES SAVONS

1. FALSIFICATION DES SAVONS

« Avant qu'on connût l'usage du savon, dit M. Balard, on employait le carbonate de soude ; le savon a été un progrès ; mais ne peut-on pas dire que peu à peu on retourne au point de départ ? On trouve dans le commerce des savons tellement mêlés et sophistiqués que c'est plutôt à l'alcali qu'au savon qu'est due leur propriété détergente. Le but est toujours le même : laisser dans le savon le moins possible de savon réel, tout en maintenant sa fermeté et sa densité. On arrive à ce résultat par deux moyens distincts : en ajoutant au savon des poudres inertes dont la valeur est inférieure à celle du savon, ou bien en introduisant dans la pâte savonneuse une substance étrangère susceptible de retenir une proportion d'eau considérable. »

Plus tard, le même chimiste traite non moins durement les savons contenant une trop forte proportion d'eau.

« Des savons qui, naturellement et sans addition frauduleuse, sont chargés d'une quantité d'eau normale sont-ils de vrais savons ? dit-il en 1862. Ne devrait-on pas plutôt les considérer comme de simples empâtages ? On a trouvé dans des savons de coco 40 à 75 p. 100 d'eau. C'est là évidemment une falsification. »

Que les savons renferment donc un excès d'eau, des matières solubles ou insolubles, M. Balard les considère tous d'une façon identique, et cette manière de voir a été admise par une délibération prise, après rapport, par l'Association scientifique de France, dans sa séance tenue à Marseille en 1868, délibération par laquelle on a reconnu : *que le savon n'étant pas un mélange, mais une combinaison d'acides gras, d'alcali et d'eau, dans des proportions définies, toute introduction de matière inerte ou tout excès d'eau est une altération fâcheuse et préjudiciable aux intérêts du consommateur.*

Vers la même époque, divers fabricants de Marseille ayant attaqué, devant le Tribunal de commerce de cette ville, plusieurs de leurs confrères qui, par la production de savons chargés de matières inertes leur faisaient une concurrence acharnée, le Tribunal déclara *qu'il n'existait pas de loi interdisant la fabrication de savon avec adjonction de matières inertes et que la vente d'un tel savon n'est pas de nature à établir un délit et par suite à entraîner des poursuites.*

« En d'autres termes, écrit M. Jules Roux, *toutes les anciennes lois* qui régissaient la question sont considérées comme *lettre morte* quoique *non abrogées.*

« Toutefois, si le jugement livre ainsi les fabricants à toutes les incertitudes d'une concurrence illimitée, il lui fait entrevoir une lueur d'espérance dans la loi de 1851, qui punit le fait de tromperie sur la *quantité* de la marchandise vendue.

« Si la preuve de ce fait avait été produite dans la cause dont il s'agit, non par les fabricants, mais par les acheteurs, la cause de ceux-ci aurait été favorablement accueillie et la vérité aurait triomphé. Mais les poursuivants se sont bornés à établir le fait de la falsification du produit. Ils croyaient, avec quelque raison, que si un produit, reconnu falsifié, était mis en vente et livré au consommateur, il en résultait forcément que le consommateur était trompé. Il paraît que pour que cette tromperie existe, il faut que le consommateur se plaigne. Pas de plaignant direct, pas de délit. Ainsi l'a déclaré le tribunal. »

A première vue, on serait assurément tenté de croire que seul le fabricant est le promoteur de la fraude ; mais si l'on réfléchit tant soit peu, on constate qu'il ne produit bien souvent des savons chargés que pour satisfaire aux prétentions des intermédiaires qui veulent toujours du bon marché et se rendent bien peu compte de la qualité.

Nomenclature des ajoutes

Matières minérales solubles	Carbonate de soude. Chlorure de potassium. — de sodium. Sulfate de soude.
Matières minérales insolubles...........	Carbonate de chaux. Kaolin. Sulfate de baryte. Talc.
Matières végétales solubles.............	Glucose. Lichen Carragaheen. Mélasse.
Matières végétales insolubles...........	Amidon de riz. Fécule de pommes de terre. Pulpes de pommes de terre.

A. — Matières minérales solubles

Carbonate de soude. (Savons durs). — On l'emploie ordinairement à l'état cristallisé avec la conviction que les cristaux de soude jouissent de la propriété de s'emparer de l'eau contenue en excès dans les savons à haut rendement. C'est là une grave erreur ; ces cristaux ne peuvent absorber d'eau ; ils donnent seulement de la dureté aux savons et en augmentent le poids. On les met en chaudière, une fois la cuite terminée, tantôt tels qu'ils sont livrés par le commerce, tantôt fondus dans leur eau de cristallisation : mais dans les deux cas, le résultat est identique. Au contraire, fait-on usage du sel de soude carbonaté en poudre qui titre 90° 1/2 alcalimétriques Descroizilles, correspondant à 98/99 p. 100 de carbonate de soude anhydre, on constate que ce produit s'empare de 62 p. 100 d'eau ; il faut alors opérer la dissolution du carbonate de soude anhydre dans le minimum d'eau pour le mélanger à la pâte savonneuse.

Chlorure de potassium (Savons durs ou mous). — Ce sel joue un rôle semblable à celui des carbonates ; toutefois il a été reconnu que son adjonction rend les savons moins détersifs ; de plus, particulièrement dans les savons mous, il les amollit en été.

L'incorporation du chlorure de potassium à la pâte savonneuse s'effectue à l'état de solution marquant 18 à 20° Bé, et dans la proportion de 15 kg,. de cette solution par **100** kg., de corps gras.

Ce chlorure est plus soluble dans l'eau chaude à partir de **30° c.** que le chlorure de sodium.

Chlorure de sodium (Savons durs ou mous.) — Vu son bon marché, surtout pour les savonniers qui ont le privilège d'être exempts de la taxe afférente à la consommation intérieure du chlorure de sodium, ce chlorure compte parmi les ajoutes les plus en faveur.

Dans les savons durs d'empâtage, à base d'huiles concrètes, on l'introduit à l'état de dissolution marquant 15 à 20° Bé, lorsque la saponification est terminée. Il faut avoir soin de brasser sans cesse et de ne mélanger que par fractions la solution saline, sinon on s'exposerait à une séparation de la pâte savonneuse.

Dans les savons mous, la proportion de chlorure de sodium dont on peut user dépend de la nature du carbonate de potasse caustifié· Il est évident qu'un savon fabriqué, par exemple, avec des lessives de carbonate de potasse brut de betteraves qui contiennent une notable quantité de chlorure de sodium, supportera moins de ce sel qu'un autre savon, obtenu avec des lessives de carbonate de potasse raffiné de même origine, qui en est presque privé.

L'addition du chlorure de sodium s'effectue dans les savons mous à l'état de solution à 12° Bé, le lendemain de la cuite, alors que le savon encore en chaudière est très liquide.

Sulfate de soude (Savons mous.) — C'est l'ajoute préférée des savonniers belges et allemands ; car ce sulfate, même employé en plus forte quantité que le chlorure de sodium, enlève la crainte de voir le savon se séparer ainsi que cela arrive infailliblement si on abuse de ce dernier sel ; enfin il peut être adopté en toute saison et conserve à la pâte sa transparence et son homogénéité.

Presque toujours le sulfate de soude est introduit cristallisé en aiguilles qu'on projette peu à peu en chaudière, après la cuisson, dans la proportion de 15 à 20 kg., pour 100 kg., d'huiles. Mais, ainsi que les cristaux de soude dans les savons durs, le sulfate de soude en cristaux ne prend pas d'eau, il ne fait qu'affermir la pâte et accroître sa densité.

B. — Matières minérales insolubles

Toutes ces matières, sans exception, sont réservées aux savons durs, leur nature empêchant d'en faire usage dans les savons mous.

On les mélange à la pâte coulée en mises à l'aide de brassages qu'il est nécessaire de continuer jusqu'à ce qu'ils deviennent impossibles, par suite de l'épaississement de la masse au fur et à mesure qu'elle se refroidit.

En substituant ces matières inertes à l'eau, pour élever le rendement, aucun déchet n'est à redouter ; aussi les négociants, acheteurs de savons bon marché, donnent-ils toujours la préférence à ce genre de savon sur celui chargé en eau exclusivement qui, quoi que l'on fasse, se dessèche et occasionne une perte énorme pour les détenteurs s'ils tardent à l'écouler.

Plus ces matières sont denses, plus elles sont recherchées, cela se conçoit ; mais les savons qui en renferment doivent être évités avec soin ; ils ne peuvent qu'être nuisibles dans les lavages, et les consommateurs les abandonnent toujours dès qu'ils en ont fait l'essai.

C. — Matières végétales solubles

Glucose (Savons durs). — Moins cher, le glucose pourrait être aussi bien affecté au chargement des savons mous qu'à celui des savons durs, où il entre assez couramment.

Si la pâte, sur le point d'être coulée en mises, apparaît très fluide, on y ajoute le glucose à l'état solide ; est-elle au contraire trop épaisse, on mélange cette substance à l'état de solution à 12° Bé.

Dans l'un comme dans l'autre cas, la pâte doit être à une température inférieure à 60° C., sinon le glucose se colorerait en brun. En Angleterre, dans certains cas, on met 1 partie de glucose sur 6 parties de savon.

Lichen Carragaheen (Savons mous.) — Désignée en botanique sous le nom de « Fucus crispus », cette plante marine se rencontre dans le commerce sèche, papillotée, élastique, d'une couleur blanche tirant légèrement sur le jaune. Il suffit de la faire digérer dans l'eau et on obtient une gelée abondante grâce à ses propriétés mucilagineuses exceptionnelles. L'important pour l'employer avec avantage c'est d'avoir une gelée bien concentrée qu'on introduit dans le savon lors du tirage à point.

Mélasse (Savons mous.) — En outre de son effet de diminuer le prix de revient, la mélasse empêche le blanchiment et la décomposition du savon en hiver ; cependant elle a l'inconvénient d'enlever du corps ; quoi qu'il en soit, les partisans de cette ajoute emploient 10 à 15 kg., de mélasse à 40° Bé, pour 100 kg., d'huiles.

D. — Matières végétales insolubles

Amidon de riz (Savons durs). — Cette substance est la meilleure des ajoutes pour les savons de ménage, et même ceux de toilette. Loin de leur communiquer des effets nuisibles, elle les rend souples et doux, tout en étant une sauvegarde contre la poussée au sel s'ils ont un excès d'alcali.

Ordinairement, après avoir délayé l'amidon dans une solution de carbonate de potasse raffiné à 20° Bé, on chauffe ce mélange jusqu'à l'ébullition, puis on le fait absorber à la pâte coulée en mises.

Souvent, pour les savons de toilette, on procède d'une façon différente, c'est-à-dire que l'amidon leur est incorporé pendant le broyage à froid entre les cylindres.

Fécules de pomme de terre (Savons mous.) — La place exceptionnelle occupée par cette ajoute nous oblige à nous étendre particulièrement tant sur ses propriétés que sur son mode d'emploi.

Les solutions caustiques de soude ou de potasse, transforment à froid, et presque instantanément, la fécule en empois. Si l'on se sert, par exemple, d'une lessive contenant 6 kg., de soude caustique, ou 8 kg., de potasse caustique, pour 200 kg., d'eau et que l'on y mette 25 kg., de fécule délayée, dans 100 kg., d'eau, on obtient une gelée translucide.

Le plus souvent on introduit la fécule deux heures après la cuisson, soit avec le silicate de soude soit unie à la lessive de potasse non caustique (doucette), ou simplement avec de l'eau.

Dans le premier cas, par 100 kg., d'huiles on délaye, avec soin, 15 kg., de fécule dans 15 kg., de lessive de carbonate de potasse raffiné à 5° Bé, ayant une température de 50° c , au maximum; on ajoute ensuite en brassant continuellement 15 kg.,de silicate abaissé à 15° Bé, après quoi on procède à l'introduction de ce mélange dans le savon dont la chaleur ne doit pas être supérieure à 75° c., et on le règle avec de la lessive de potasse caustique forte, afin de lui donner du corps.

Dans le second cas, on délaye la fécule dans trois fois son poids de lessive de potasse non caustique à 25° Bé, on chauffe également jusqu'à 50° c., puis on mélange cette pâte liquide au savon en chaudière.

Dans le troisième cas, on opère de la même façon en substituant à la doucette une quantité équivalente d'eau. Ce dernier procédé n'est usité que si le savon est trop caustique ; quand l'inverse existe, il faut délayer la fécule en ajoutant de la lessive caustique forte.

Quel que soit le mode d'opérer, il est toujours très pratique de retirer de la chaudière une petite quantité de savon à laquelle on fait absorber, par une agitation énergique, la fécule préparée, l'incorporation a lieu ensuite beaucoup plus aisément dans la masse totale.

Si l'on juge que la pâte, après ce mélange, est trop épaisse, on y ajoute de l'eau pure ; si, au contraire, elle est trop liquide, on remplace l'eau par un peu de lessive de potasse caustique à 30° Bé qui la resserre immédiatement.

Fréquemment on emploie la fécule dans la proportion de 15 p. 100 de matières grasses ; mais en hiver on peut élever cette proportion à 20 et même 25 p. 100, suivant la composition du brassin et la sorte de savon qu'on désire obtenir.

Il a été reconnu que l'addition de fécule présente trois avantages :

1° Elle rend la pâte savonneuse, souple et ferme ;

2° Lui communique de la transparence ;

3° Aide beaucoup à la conservation en tonnes.

On doit ne mettre la fécule qu'après le silicate, lorsqu'on introduit en chaudière concurremment ces deux produits ; car sans cette précaution le savon pourrait rougir.

Il est aussi très important de ne jamais faire bouillir un savon qui renferme de la fécule ; celle ci se convertirait bientôt en dextrine qui foncerait la pâte.

Pulpes de pommes de terre (Savons mous). — Leur odeur désagréable et leur nuance foncée en limitent l'emploi aux savons mous de la dernière qualité. Quoique parfaitement torréfiées, les pulpes de pommes de terre supportent moins d'eau que la fécule avec laquelle on les mélange la plupart du temps par moitié.

2. ANALYSES DES SAVONS

L'analyse complète d'un savon consiste à doser l'eau, les acides gras, les alcalis (soude ou potasse), la glycérine, les matières étrangères solubles ou insolubles et la résine.

A. Méthode ordinaire

Eau. — Mettre dans une capsule de porcelaine, dont on connaît la tare, 10 gr., de savon, les dessécher dans une petite étuve modérément chauffée au début en prenant soin d'en élever peu à peu la température jusqu'à 120°, 130° C. ; la différence entre la première pesée et celle qu'on effectue après la dessiccation complète représente la proportion d'eau.

Acides gras. — Peser 50 gr., de savon, les dissoudre dans de l'eau distillée en ébullition, ajouter de l'acide sulfurique ou de l'acide chlorhydrique dilué jusqu'à ce que le liquide en soit saturé.

Sous l'action de l'acide, qui s'empare de l'alcali, le savon se décompose et les acides gras se réunissent à la surface du liquide.

Après avoir chauffé quelques minutes afin que l'opération soit effectuée d'une manière parfaite, on laisse complètement refroidir. La partie grasse s'étant solidifiée, on la perce avec une baguette de verre pour faire écouler le liquide, puis on la fond avec de l'eau distillée bouillante, une ou plusieurs fois, pour éliminer l'acide. Ce résultat obtenu, laisser égoutter le gâteau de graisse, le mettre dans une capsule qu'on chauffe vers 100°, 110° pour réaliser une dessiccation satisfaisante ; peser la capsule et en déduisant sa tare on a le poids des acides gras. Si l'on retranche de ce poids 3.25 p. 100 d'eau de combinaison, on possède le poids de ces acides à l'état anhydre dans le savon.

Plus un savon renferme de graisse, de suif ou d'huiles concrètes, plus le gâteau provenant de la décomposition par l'acide sulfurique ou chlorhydrique est ferme ; mais si l'on essaie un savon à base d'huiles liquides, les acides gras qui constituent ce dernier genre de savon étant toujours peu consistants, il faut, pour faciliter l'opération, se servir d'une certaine quantité de cire blanche. Dans ce cas on la mélange avec les acides gras, dès que leur séparation est terminée, pour qu'ils acquièrent de la fermeté.

En procédant ensuite comme précédemment, il suffit de retrancher la proportion de cire employée pour avoir le poids réel des acides gras.

Si l'on veut rechercher les matières grasses non saponifiées ; dissoudre 25 gr., de savon dans de l'eau distillée bouillante et le décomposer par une solution de chlorure de baryum en excès. Le savon proprement dit se transforme en savon calcaire insoluble qui est lavé, filtré, séché et finalement traité par l'éther qui dissout le total des matières grasses non saponifiées. On évapore l'éther, et le résidu représente la quantité de matières grasses non converties en savon.

Alcalis. — Prendre 10 gr. de savon, les réduire en cendres à l'aide d'un moufle, dissoudre ces cendres dans de l'eau distillée à l'ébullition et laisser refroidir, on trouve ensuite en effectuant un essai alcalimétrique la richesse en alcali.

Pour distinguer la soude, se servir du bichlorure de platine qui donne lieu à un précipité orange, tandis que la potasse en présence du bimétantimoine de potasse fournit un précipité blanc.

Tient-on à s'assurer de l'alcali libre que contient un savon ? Dissoudre à chaud, dans de l'eau distillée, quelques grammes de savon, puis ajouter du chlorure de sodium pulvérisé. Le savon neutre se réunit en petits grains qui surnagent, tandis que l'alcali libre (soude ou potasse) reste dans la masse liquide. On passe le tout sur un filtre qui retient le savon neutre et on le lave avec une nouvelle dissolution de chlorure de sodium tant que le liquide qui s'écoule est alcalin, c'est-à-dire ramène au bleu le papier rouge de tournesol.

Les eaux de lavages une fois réunies servent à procéder à un titrage alcalimétrique selon la méthode accoutumée.

Glycérine. — Les savons de relargage n'en contiennent que fort peu relativement à ceux d'empâtage, car dans ces derniers existe la totalité de la glycérine qui servait de base aux matières grasses saponifiées. Le dosage de ce produit s'opère en dissolvant 100 gr., de savon dans 1 litre d'eau distillée bouillante ; on sépare les corps gras par l'acide sulfurique ou chlorhydrique, on filtre et on lave la partie solide à l'eau acidulée. Saturant alors l'acide par du carbonate de soude on évapore la solution alcoolique dans une capsule de platine et on pèse le résidu, puis on le calcine ; la différence de poids correspond à la glycérine.

Résine. — Dessécher à l'étuve 10 gr., de savon qu'on épuise par l'éther sulfurique, dans une capsule *ad hoc*, évaporer ensuite au bain-marie dans une capsule tarée, et peser la résine qui reste à l'état de résidu.

Matières étrangères. — Leur analyse exige des procédés très délicats et par suite le concours d'une grande expérience. Aussi conseillons-nous d'en confier le soin aux chimistes qui se sont adonnés presque uniquement à l'essai des corps gras et de leurs dérivés. Partant de ce principe, nous nous bornerons à un rapide exposé de la détermination des matières étrangères qui se rencontrent le plus souvent dans les savons chargés.

Ces matières, ainsi que nous l'avons vu dans la 1re partie de ce chapitre, se divisent en général comme suit:

1° Matières minérales solubles.
2°   —   insolubles.
3° Matières végétales solubles.
4°   —   insolubles.
5° Matières animales solubles.

La méthode analytique sommaire que nous considérons comme pouvant être à la portée des industriels eux-mêmes, est basée sur ce que la plupart des matières étrangères sont insolubles dans l'alcool fort et bouillant, alors que le savon est seul soluble dans ce liquide. Ce fait établi, on soumet, durant quelques minutes, à l'action de l'alcool 90° bouillant, 25 gr., de savon, puis on abandonne au repos. Le savon est pur, si la solution est limpide et n'offre qu'un résidu à peine sensible ; impur, si elle présente un aspect louche et un dépôt abondant.

On filtre le liquide alcoolique qui s'est emparé du savon, puis par des lavages successifs à l'alcool bouillant, on débarrasse le résidu, restant sur le filtre, du savon qu'il pouvait retenir. L'eau froide enlève au résidu les matières minérales et végétales solubles ; l'eau bouillante entraîne les matières animales solubles ; quant aux matières minérales insolubles, elles se trouvent en dernier lieu, dans le résidu épuisé comme ci-dessus.

L'analyse qualitative ou quantitative de ces matières s'opère à l'aide de réactifs appropriés à la nature de chacune d'elles, et les recherches nécessaires pour arriver à des résultats sérieux sont fort longues et souvent hérissées de difficultés, vu la diversité des matières étrangères qui peuvent exister dans le savon à l'essai.

Si, au contraire, on veut se contenter de déterminer le poids de ces matières, il suffit de dessécher à l'étuve le résidu laissé par l'alcool et de le peser.

B. Méthode Deiss, au moyen de liqueurs titrées

« J'ai toujours reconnu, dit ce chimiste, que, dans la pratique,
« lorsqu'il est possible de faire une analyse par les liqueurs titrées
« avec des indicateurs sensibles, cela est bien préférable à la mé-
« thode des pesées ; il y a l'avantage du temps gagné et une
« plus grande précision.

« J'ai constaté, par de nombreux essais, qu'on peut facilement
« doser, dans une dissolution de savon, l'alcali libre, l'alcali com-
« biné et les acides gras ; c'est-à-dire faire une analyse complète
« au moyen d'un acide minéral exactement titré, en prenant le
« méthyl orangé n° 3 de Poirrier comme indicateur. »

Analyse d'un savon d'huile d'olive, par la liqueur normale d'acide
chlorhydrique.

Dissoudre 10 gr., de savon exactement pesés dans environ 100 c.
c. d'alcool fort au bain-marie ; y faire ensuite barbotter de l'acide
carbonique pour compléter la carbonatation de l'alcali libre ; filtrer
cette solution et laver le filtre avec de l'alcool chaud.

L'alcool libre, dans les savons, étant à l'état de carbonate, n'est
pas dissous par l'alcool fort et reste sur le filtre ; en lavant le filtre,
cette fois, avec de l'eau distillée chaude, qui dissout les carbonates,
on dose ceux-ci avec une liqueur *normale décime* d'acide chlorhydrique, en présence de quelques gouttes de méthyl orangé n° 3 de
Poirrier comme indicateur, jusqu'à coloration rose du méthyl
orangé. En multipliant le nombre de centimètres cubes de la liqueur acide employée par 0,0053, on aura la quantité de carbonate de soude libre contenue dans les 10 gr., de savon.

On dosera l'alcali combiné et les acides gras en opérant sur la
dissolution alcoolique filtrée du savon.

On ajoute à la solution alcoolique filtrée additionnée d'un peu
d'eau distillée, quelques gouttes de méthyl orangé et on titre avec
une solution *normale* d'acide chlorhydrique jusqu'à coloration rose,
ne disparaissant plus après agitation.

Le nombre de centimètres cubes de liqueur acide employés,

multipliés par 0,031, donnent l'alcali combiné (NaO) et ce même nombre de centimètres cubes de liqueur acide employés une fois multiplié par 0,280, donne la quantité d'acides gras contenus dans les 10 gr., de savon.

Le chiffre de 280 est l'équivalent de saponification des acides gras de l'huile d'olive à fabrique, et a été établi par un grand nombre d'expériences.

Exemple. — Supposons qu'il ait fallu 5 centimètres cubes de la *liqueur normale décime* dans le titrage de l'alcool volatil, on aura : 5 × 0,0052 = 0,0265 ou 0,265 de carbonate de soude libre (NaO,CO^2) dans 0,0053 de savon.

Supposons qu'il ait fallu dans le dosage des acides gras 23 centimètres cubes de *liqueur normale*, on aura 23 × 0,280 = 6,44 ou 64,40 d'acides gras dans 100 de savon.

Et pour dosage de l'alcali combiné, on aura : 23 × 0,031 = 0,713, soit pour 100 de savon de NaO combiné.

De nombreux essais comparatifs ont démontré l'exactitude mathématique de ces dosages par liqueurs titrées, ce qui nous permet de recommander ce procédé aux analystes et surtout aux chimistes d'établissements industriels chez lesquels on a souvent intérêt à connaître rapidement le résultat d'une analyse. Cette méthode fait aussi découvrir l'addition frauduleuse du talc, de la baryte, des fécules, etc., etc. insolubles dans l'alcool, qui resteraient ainsi sur le filtre.

Une grande partie des savons du commerce sont à base d'huile d'olive à fabrique et ont pour équivalent de saponification le nombre 280.

Pour les savons à base d'huiles de graines d'arachide, sésame, coton, coprah ou de leur mélange, on procède à leur titrage de la même manière que pour ceux d'olive, mais comme l'équivalent de saponification change, il faut déterminer cet équivalent ; pour cela on prendra une partie d'acides gras provenant de la décomposition d'une dissolution aqueuse du savon par un acide, 2 grammes, par exemple, lavés et séchés ; on les dissout dans 20 centimètres cubes d'alcool, on ajoute quelques gouttes de phtaléine du phénol (solution alcoolique) et on titre avec une solution normale décime de soude caustique (NaO,HO), 4 gr. par litre, on déduit par simple calcul la valeur en acides gras du centimètre cube de solution normale. On peut ainsi établir une fois pour toutes l'équivalent de saponification des acides gras de telle ou telle qualité de savon. Cet équivalent connu, on peut faire une analyse complète de savon en moins d'une demi-heure et cela avec une grande précision.

Résultats d'analyses

SAVONS DURS

Savons de Marseille

	Marbré bleu pâle	Marbré bleu vif
Acides gras anhydres.	54,50	55,75
Soude combinée......	6,35	6,50
Soude libre...........	0,30	0,40
Sels divers solubles...	2,20	2,35
Glycérine.............	2,30	1,85
Fer, alumine et chaux.	0,35	0,65
Eau.................	34,00	32,50
	100,00	100,00

(Arnavon).

	Savons blancs ordinaires		Savon blanc mousseux huiles d'arachide, de coton, de coprah de palmiste et de coco
	Huile d'olive seule —	Huile d'olive et huile d'arachide	
Eau.................	33,60	32,20	30,00
Acides gras........	59,40	59,00	61,90
Soude..............	6,68	6,80	7,42
Sels divers solubles.	0,42	1,00	0,68
	100,00	100,00	100,00

(Arnavon).

Savon d'acide oléique

Acides gras anhydres...............	59,50
Soude combinée...................	6,48
Sels divers solubles...............	0,52
Eau.............................	33,50
	100,00

(Lormé).

Savon vert d'huile de pulpes d'olive

Acides gras........................	63,60
Alcali combiné.....................	6,50
— libre.......................	0,12
Eau de constitution...............	29,78
	100,00

(Moride)

Savon marbré rouge

Acides gras........................	65,52
Soude combinée....................	5,28
Eau	27,10
Impuretés.........................	2,10
	100,00

(Jean).

Savon marbré bleu

Acides gras........................	64,26
Soude combinée....................	5,12
Eau...............................	28,00
Impuretés.........................	2,62
	100,00

(Jean).

Savon marbré silicaté

Acides gras.......................	48,00
Soude.............................	12,00
Eau...............................	30,00
Silice............................	10,00
	100,00

(Schnitzer).

Savon marbré talqué

Acides gras.......................	50,00
Alcali............................	6,20
Chlorure de sodium................	1,40
Sulfate de soude..................	0,40
Eau...............................	31,00
Talc..............................	11,00
	100,00

(Bobierre).

Savon d'huile de palme brute

Acides gras..........................	65,20
Soude................................	9,80
Sels étrangers.......................	1,10
Eau..................................	19,90
Partie insoluble dans l'alcool.......	4,00
	100,00

(Stockhardt).

Savon d'huile de palme décolorée

Acides gras..........................	61,20
Soude................................	9,70
Sels étrangers.......................	1,30
Eau..................................	24,80
Partie insoluble dans l'alcool.......	3,00
	100,00

(Stockhardt).

Savon d'huile de coco

Eau..................................	42,05
Acides gras..........................	42,63
Soude................................	6,42
Chlorures et sulfates alcalins.......	8,90
	100,00

(Jean).

Savon résineux anglais

Acides gras et résine................	62,95
Soude................................	8,03
Eau..................................	22,23
Matières minérales insolubles........	6,79
	100,00

(Stein).

SAVONS MOUS

Fabrication française

Acides gras..........................	43,00
Alcali...............................	9,00
Sels neutres.........................	3,50
Eau et glycérine.....................	44,50
	100,00

(Moride).

Fabrication allemande

Acides gras.	38,50
Potasse.	7,26
Sulfate de potasse.	3,12
Chlorure de potassium.	1,04
Eau et glycérine.	50,08
	100,00

(Worms)

Fabrication belge

Acides gras.	36,00
Alcali.	7,00
Sels neutres.	5,00
Eau et glycérine.	52,00
	100,00

(Ure).

Savon féculé

Acides gras.	27,2300
Potasse.	8,8303
Soude.	0,1146
Silice.	1,2967
Fécule.	15,1699
Eau.	47,3420
Pertes.	0,0165
	100,0000

(Vohl).

Savons de dernière qualité

Eau.	56,800	46,000
Potasse combinée.	3,990	6,398
Acides gras.	20,000	36,750
Carbonate de potasse libre.	5,721	5,369
Glycérine.	0,450	1,600
Matières organiques insolubles dans l'eau (fécule.)	7,870	4,100
Sels minéraux divers.	4,489	2,533
Divers.	0,680	0,650
	100,000	100,000
	kg.	kg.
Alcali total (compté en potasse).	7,890	10,058
Proportions d'alcali combiné 0/0 d'acides gras.	19,950	17,400
— libre —	19,500	9,950
Alcali total (compté en potasse) 0/0 d'acides gras.	39,450	27,350
Densité des acides gras.	0,900	0,910
Point de fusion des acides gras.	+ 27°	+ 19°

(Vivien).

CHAPITRE XXI

LA GLYCÉRINE EN SAVONNERIE.
GÉNÉRALITÉS. — EXTRACTION. — DOSAGE ET ANALYSE.

---

1. GÉNÉRALITÉS SUR LA GLYCÉRINE.

Composition de la glycérine. — C'est en 1779 que Scheele découvrit la glycérine qu'il désigna sous le nom de *principe doux des huiles*; mais ce ne fut que vers 1823 que Chevreul, à la suite de mémorables recherches sur la saponification, constata que les matières grasses, animales ou végétales, en présence des alcalis et autres bases puissantes, se décomposent d'une part en glycérine, qui, à l'état libre, reste en dissolution dans le liquide aqueux, d'autre part en plusieurs acides gras parmi lesquels les plus connus sont les acides oléique, stéarique et margarique. Plus tard, M. Berthelot démontra que la glycérine est un alcool triatomique composé de :

3 équivalents de carbone.
8   —   d'oxygène.
3   —   d'hydrogène.

et que les corps gras naturels sont des éthers composés de glycérides tertiaires.

Industriellement on peut extraire par 100 kg., de matières grasses neutres les quantités de glycérine brute à 28° Bè indiquées dans le tableau suivant :

Huile d'olive...........................	7 à 9	p. 100
— de sésame........................	6 à 7	—
— d'arachide	6 à 7	—
— de lin............................	8 à 6	—
— de colza.........................	6 à 7	—
— de coton.........................	7 à 9	—
— de palme........................	5 à 10	—
— de palmiste.....................	6 à 10	—
— de coco.........................	7 à 8	—
Suif ordinaire........................	9 à 10	—
Saindoux	6 à 9	—

La glycérine pure est un liquide incolore, sirupeux, inodore, d'une saveur sucrée, qui, exposée à l'air, en attire l'humidité. Sa densité est de 1,260 à 15° c. Elle cristallise dans des conditions indéterminées, mais une fois seulement. Sa puissance dissolvante, pour un grand nombre de matières, est des plus énergiques ; elle ne dissout cependant ni les résines, ni les corps gras. Son point d'ébullition est vers 280° c.

Table indiquant la richesse des solutions de glycérine, d'après leur densité (Lenz).

Glycérine anhydre p. 100	Densité à 12-14°	Glycérine anhydre p. 100	Densité à 12-14°C	Glycérine anhydre p. 100	Densité à 12-14°C	Glycérine anhydre p. 100	Densité à 12-14°C
100	1,2691	75	1,2016	50	1,1320	25	1,0635
99	1,2664	74	1,1999	49	1,1293	24	1,0608
98	1,2637	73	1,1973	48	1,1265	23	1,0580
97	1,2610	72	1,1945	47	1,1238	22	1,0553
96	1,2584	71	1,1918	46	1,1210	21	1,0525
95	1,2557	70	1,1889	45	1,1183	20	1,0498
94	1,2531	69	1,1858	44	1,1155	19	1,0471
93	1,2504	68	1,1826	43	1,1127	18	1,0446
92	1,2478	67	1,1795	42	1,1100	17	1,0422
91	1,2451	66	1,1764	41	1,1072	16	1,0398
90	1,2425	65	1,1733	40	1,1045	15	1,0374
89	1,2398	64	1,1702	39	1,1017	14	1,0349
88	1,2372	63	1,1671	38	1,0989	13	1,0322
87	1,2345	62	1,1640	37	1,0962	12	1,0297
86	1,2318	61	1,1610	36	1,0934	11	1,0271
85	1,2292	60	1,1582	35	1,0907	10	1,0245
84	1,2265	59	2,1556	34	1,0880	9	1,0221
83	1,2238	58	1,1530	33	1,0852	8	1,0196
82	1,2212	57	1,1505	32	1,0825	7	1,0172
81	1,2185	56	1,1480	31	1,0798	6	1,0147
80	1,2159	55	1,1455	30	1,0771	5	1,0123
79	1,2132	54	1,1430	29	1,0744	4	1,0098
78	1,2106	53	1,1403	28	1,0716	3	1,0074
77	1,2079	52	1,1375	27	1,0689	2	1,0049
76	1,2042	51	1,1348	26	1,0663	1	1,0025

Usages de la glycérine. — M. Pohl a conseillé de l'employer pour empêcher l'efflorescence des sels sur le carmin d'indigo desséché.

M. Mandet s'en est servi avec un grand succès pour préparer un encollage avec de la dextrine, du sulfate d'alumine et de l'eau qui évite aux tisserands le travail si malsain dans des caves humides.

MM. Vasseur et Houbrigant la font entrer dans la composition d'encres et de papiers à copier.

M. Tichborne prétend qu'elle lui a donné d'excellents résultats dans l'extraction des arômes des fleurs.

La glycérine est en outre très appréciée pour maintenir l'humidité de certains corps tels que : argile à modeler, ciments, mortiers, mastics, colles, de plus elle est un préservatif contre la gelée.

Ses propriétés antiseptiques la font rechercher en brasserie, ainsi que pour la conservation des cuirs non tannés et celle des pièces anatomiques.

En thérapeutique elle agit comme calmant dessiccatif, et chargée de principes médicamenteux elle remplace le cérat.

En savonnerie elle entre dans la composition de certains savons transparents et, dans la parfumerie, concourt à de nombreuses préparations.

On emploie la glycérine dans la fabrication du vinaigre, de la moutarde, du chocolat et pour la préparation de certaines conserves.

Les rouleaux des ateliers d'imprimerie sont composés d'une masse formée de colle et de glycérine, ils sont par suite très élastiques et ont une grande résistance.

Pour le graissage des organes délicats des machines on recommande cette substance, car elle ne s'épaissit et ne rancit pas.

On se sert surtout d'une grande quantité de glycérine dans la fabrication de la dynamite (mélange de nitro-glycérine avec des matières poreuses), enfin on l'utilise encore à la préparation des fruits artificiels et comme agent lubrifiant des rouages délicats comme le sont, par exemple, ceux des montres.

Barreswille a conseillé le premier d'ajouter un peu de glycérine dans l'eau des compteurs à gaz pour préserver celle-ci de geler durant les grands froids.

Vente de la glycérine. — La vente de la glycérine se fait souvent suivant les degrés de l'aréomètre Baumé, c'est un grand tort, car l'accord est loin d'exister entre le poids spécifique attribué aux degrés de cet aréomètre suivant les tables de divers auteurs.

Supposons qu'une maison française achète de la glycérine en Allemagne (pays qui se sert comme nous de l'aréomètre Baumé), les densités allemandes seront notablement au-dessous des densités françaises, et les écarts équivaudront presque un degré.

On a beaucoup préconisé la restitution de l'aréomètre Baumé qui a été faite par MM. Berthelot, Coulier et d'Almeida ; mais cette restitution ne concorde pas, il s'en faut de beaucoup, avec l'aréomètre tel que Baumé l'avait établi.

Comme on peut le constater par la table ci-dessous, les densités équivalentes aux glycérines à **28** et **30°** accusent des différences en moins de **0,011** et **0,112** par litre.

Degrés Baumé	Densités selon l'ancien aréomètre Baumé	Densités selon l'aréomètre Baumé vérifié par MM. B. C. et d'A.	Différences par litre de glycérine
28	1,241	1,230	0.011
30	1,263	1,251	0,012

D'après les chiffres qui précèdent, nous voyons que les densités de MM. Berthelot, Coulier et d'Alméida, comparées à celles de l'ancienne interprétation de l'aréomètre Baumé, présentent sur ces dernières un écart qui correspond à une augmentation de 1 degré ; c'est-à-dire que les densités restituées :

1,230 et 1,251 = 29 et 31 degrés au lieu de 28 et 30 degrés.

En admettant comme exactes ces densités, il faudrait, afin d'éviter toutes contestations, se servir exclusivement de l'aréomètre restitué ; mais c'est chose impraticable parce qu'il en résulterait une perturbation profonde dans le plus grand nombre des industries.

Des différences que nous venons de signaler, découlent, par suite, les écarts que voici dans la proportion de glycérine *anhydre* contenue dans les glycérines examinées.

28°
{ Ancien aréomètre } Poids du litre 1,241 $= \%$ en Glycérine 89.5 + Eau 10,5
{ Aréomètre restitué } Poids du litre 1,230 $= \%$ en Glycérine 85,5 + Eau 14,5

Glycérine en moins d'après l'aréomètre restitué $\overline{4\ \%}$

30°
{ Ancien aréomètre } Poids du litre 1,263 $= \%$ en Glycérine 98,» + Eau 2,»
{ Aréomètre restitué } Poids du litre 1,251 $= \%$ en Glycérine 93,5 + Eau 6,5

Glycérine en moins d'après l'aréomètre restitué $\overline{4,5\ \%}$

En résumé, le mieux c'est de s'abstenir de l'emploi de l'aréomètre Baumé dans les transactions commerciales et de le remplacer par le *densimètre*, qui n'est qu'une balance simplifiée dont les indications sont toujours faciles à contrôler (1).

M. Salleron, constructeur d'instruments de précision à Paris, dont le nom possède une certaine notoriété, et son successeur M. Démichel ont livré depuis longtemps déjà, et livrent constamment à des fabricants et négociants en glycérines des « densimètres » portant vis-à-vis des densités les degrés aréométriques qui y correspondent.

On livre à la consommation cinq qualités de glycérine :

Glycérine blonde industrielle à   28° Bé
—   blanche   —   28°
—   —   —   30°
—   —   officinale   28°
—   —   —   30°

La fraude la plus fréquente est l'addition de mélasse pour la glycérine blonde ou de glucose pour la glycérine blanche. On décèle cette falsification en agitant avec du chloroforme; le sucre se sépare et va au fond du vase à expérience, tandis que la glycérine qui est insoluble dans le chloroforme vient flotter à la surface. Le bichromate de soude chauffé avec la glycérine ne doit pas donner de coloration (indice du sucre).

(1) Pour plus de détails sur cette question, voir « L'Étude sur l'aréomètre de Baumé » que nous avons présentée à la Société scientifique industrielle de Marseille.

2. EXTRACTION DE LA GLYCÉRINE.

Matériel. — S'il s'agit simplement de retirer la glycérine de lessives usées de savonnerie, le matériel est limité à une série d'appareils à évaporer pour la concentration de ces lessives ; mais pour
l'extraction directe de la glycérine des corps gras il est indispensable d'avoir :

1° Un générateur à haute pression, c'est-à-dire à **10** ou **12** atmosphères ;

2° Un autoclave en cuivre rouge d'une épaisseur de **18** à **20**^{mm}
capable de résister également à **10** ou **12** atmosphères ;

3° Un filtre-presse pour séparer les acides gras entraînés avec
l'eau glycérineuse ;

4° Des évaporateurs pour amener les solutions de glycérine aux
degrés voulus.

Générateur. — Dans les chapitres du matériel des diverses
sortes de savons, nous avons donné la description de plusieurs générateurs, il est donc inutile que nous y revenions ici.

Autoclave. — Il en existe deux types, l'un sans agitateur, l'autre
avec agitateur. L'autoclave sans agitateur (fig. 112) se compose
d'un corps cylindrique avec entonnoir servant à l'entrée de la matière. La vapeur arrive par un robinet placé à la partie supérieure
et s'introduit dans la masse par la crépine placée à la partie inférieure et agite ainsi la matière dans toute sa hauteur. Un robinet à
air sert à purger l'appareil au moment de la mise en marche. Un
petit robinet dit « robinet à aiguille » produit, en laissant échapper
un léger filet de vapeur, une agitation continuelle. A la partie supérieure se trouve un robinet de décharge. Une soupape de sûreté
complète l'ensemble.

L'autoclave avec agitateur (fig. 113) est constitué des mêmes organes que ceux de l'autoclave précédent. Ce qui l'en distingue,
c'est qu'il a en plus : un fourreau intérieur percé de trous à sa partie supérieure, un arbre portant des hélices qui tournent à l'inté-

rieur de ce fourreau et force la matière à remonter ; celle-ci se déverse par les trous à la partie supérieure, aussi est-elle par suite agitée et divisée.

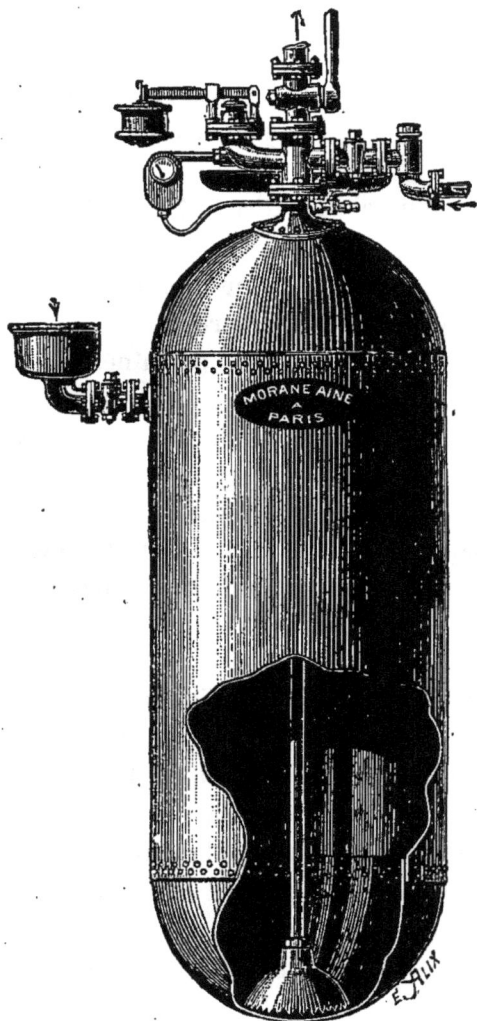

Fig. 112. — Autoclave Morane aîné, sans agitateur.

Fig. 113. — Autoclave Morane aîné, avec agitateur.

L'appareil de M. Droux consiste en une sphère horizontale en cuivre rouge à doubles rivures.

Il est muni à l'intérieur d'un arbre en cuivre armé de palettes. Le presse-étoupe de l'arbre à son entrée dans l'appareil est double et se trouve construit de façon à ce que, malgré la pression de 9 à 10 atmosphères, il ne puisse donner lieu à aucune trace de fuite. La sphère se trouve montée sur un support en fonte qui la maintient fixe.

L'entrée de la vapeur s'effectue au moyen d'un injecteur placé au-dessous. Cet injecteur est muni de distributeurs intérieurs qui ont pour but d'amener la vapeur en la divisant également dans la masse liquide renfermée dans l'appareil. La bonne disposition de cet injecteur a une grande importance sur la marche de l'opération.

L'appareil est muni de soupapes et d'un manomètre et est susceptible de résister à une pression de 12 atmosphères.

Filtre-presse. — Le filtre-presse (fig. 114) se compose d'une série de plateaux cannelés verticalement sur leurs deux faces. Sur

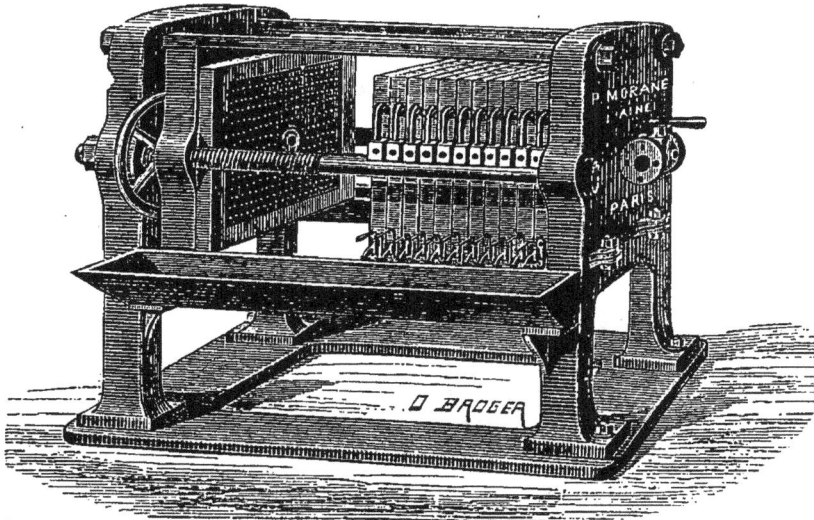

Fig. 114. — Filtre-presse.

chacune des faces des plateaux on place une tôle perforée et par dessus une serviette, serrée à la partie centrale par une pièce en bronze qui forme dans chaque plaque une chambre libre dans laquelle viendra se répandre la matière à filtrer. Les serviettes forment joint entre chacune des plaques. On obtient ce joint en serrant les plaques les unes contre les autres à l'aide de deux volants, placés sur des tirants intérieurs. On injecte la matière à filtre, à l'aide d'une pompe par le robinet placé à droite de l'appareil et celle-ci pénètre dans chaque chambre par le canal ménagé au milieu des plaques.

La matière solide reste dans les chambres et la partie liquide s'écoule par des petits robinets situés sur le côté des plaques et tombe dans une gouttière.

Évaporateur. — On en distingue trois sortes :
L'évaporateur Morane aîné.
— Chenailler.
— Droux.

L'évaporateur Morane aîné (fig. 115) se compose d'un bac dans lequel tourne un arbre creux portant 8 serpentins dont l'enroulement est en sens contraire de deux en deux.

La vapeur arrive à gauche de l'appareil par deux tubulures, elle va du centre à l'extérieur dans le premier serpentin, et de l'intérieur au centre dans le deuxième, et ainsi de suite. La seconde prise de vapeur va directement au cinquième serpentin. Les eaux de condensation sont amenées automatiquement par la rotation de l'appareil dans l'arbre creux et sortent à la partie droite de l'appareil.

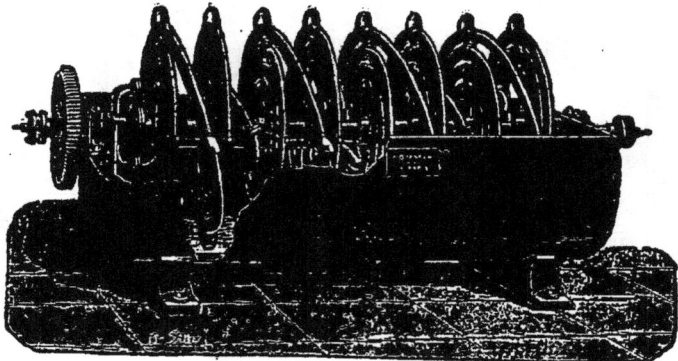

Fig. 115. — Évaporateur rotatif Morane aîné.

Les évaporateurs système Chenailler et Droux sont basés sur le même principe que le précédent, le premier est formé d'une série de lentilles, le second d'une série de lames disposées parallèlement sur toute la circonférence d'un cylindre.

A. Extraction de la glycérine des lessives. — M. Reynolds a pris le premier (1858) un brevet pour récupérer la glycérine dans les lessives usées de savonneries, mais ce n'est que beaucoup plus tard et même à une très longue distance de temps que cette récupération est entrée dans la pratique.

Dans la fabrication des savons, la glycérine devrait se retrouver presque sans altération dans les lessives salées sur lesquelles surnage le savon. Les lessives les plus riches en glycérine seraient celles de relargage, c'est-à-dire celles séparées après l'empâtage, ou première action de l'alcali caustique sur les matières grasses ; cette séparation des lessives n'étant obtenue que par l'addition de sel marin qui augmente la densité de la lessive, la liqueur que l'on a à traiter en vue d'en extraire la glycérine renferme donc un grand nombre d'impuretés qui ont rendu cette extraction des plus difficiles. D'autre part, les fabricants de savons, et notamment ceux de Marseille, ayant l'habitude d'établir, dans leur travail, un roulement de lessives soumises à plusieurs filtrations sur des alcalis plus ou moins épuisés, détruisent ainsi une partie de la glycérine et mélangent toutes leurs lessives riches ou pauvres ; aussi la quantité que l'on peut extraire de ces lessives ne dépasse-t-elle pas en moyenne 4 à 5 p. 100 de glycérine à 28°.

La composition moyenne des vieilles lessives usées fournies par les savonneries marseillaises est la suivante :

> 1 à 2 de soude caustique ;
> 2 à 3 de carbonate de soude ;
> 1 à 2 de sulfure de sodium ;
> 8 à 10 de chlorure de sodium ;
> 3 à 4 de sulfate de soude ;
> 2 à 4 d'hyposulfite de soude ;
> 6 à 8 de matières organiques gélatineuses ;
> 60 à 70 d'eau ;
> 4 à 5 de glycérine anhydre.

Voici comment on opère généralement à Marseille :

Les lessives usées rejetées par le savonnier renferment encore des alcalis libres qui sont saturés au moyen d'un acide puissant, sulfurique ou chlorhydrique. On commence en même temps l'attaque des sulfites ou hyposulfites, il se produit alors un fort dégagement d'acide carbonique et de gaz sulfureux, et il y a formation de dépôts salins et boueux.

La liqueur filtrée est ensuite évaporée. Les bassines à feu nu ont été abandonnées en raison des dépôts salins, on a dû également cesser l'emploi des fours à réverbères Porion, car, encore plus que dans l'évaporation à feu nu, la haute température y détruit une partie de la glycérine.

On se sert actuellement d'appareils évaporateurs rotatifs qui permettent d'évaporer à basse température et même en utilisant des vapeurs perdues.

Une évaporation méthodique amène la liqueur à une densité d'environ 1,260 (30°), puis elle est abandonnée à un repos pendant lequel elle cède, par refroidissement, une partie des chlorures et des sulfates, mais elle renferme encore de telles proportions de sulfures, à divers états, que l'extraction directe de la glycérine n'en serait pas possible.

La désulfuration a lieu au moyen d'acide sulfurique et d'un courant d'air chaud. On concentre alors de nouveau jusqu'à 35 ou 36°, et l'on obtient une liqueur fortement colorée, très sirupeuse, contenant encore un mélange de sels divers, dont on peut extraire 60 p. 100 de glycérine, soit par combinaison, soit par distillation, soit encore par la dyalise.

Nous pensons que la plupart des fabricants de savons doivent arrêter leur travail à ce point et vendre ce produit aux raffineurs de glycérine, car l'installation d'appareil à distiller est coûteuse, exige un grand local et entraînerait le savonnier dans une industrie difficile à conduire et trop différente de la sienne.

Nous devons cependant dire quelques mots des méthodes employées à Marseille pour arriver à produire la glycérine commerciale.

Deux procédés sont en usage : le premier consiste en une distillation de la glycérine par la vapeur surchauffée en maintenant le vide dans les appareils pendant toute la durée de la distillation; mais il s'agit d'appareils très compliqués et très coûteux.

Le second mode de traitement est une très curieuse application des procédés Droux et Depoully qui, se basant sur la synthèse chimique indiquée par M. Berthelot, ont recherché un corps capable de se combiner avec la glycérine pour la séparer du magma dans lequel elle se trouve après l'évaporation des lessives.

C'est un acide gras qu'ils ont choisi, et, par suite de divers moyens très ingénieux ayant nécessité les plus laborieuses recherches, ils sont parvenus à reconstituer industriellement les matières grasses neutres auxquelles ils font même absorber une quantité plus que double de la glycérine qu'elles renferment naturellement.

La liqueur glycérineuse salée est mélangée avec l'acide oléique du commerce, puis introduite, en présence de l'acide carbonique, dans un cylindre en fonte à double enveloppe de vapeur. La température y est maintenue d'une façon absolue entre 170° et 175° et le mélange subit un brassage mécanique.

L'eau que renfermait le mélange est d'abord éliminée, la combinaison d'acides gras et de glycérine s'effectue ensuite graduellement, et quand le dégagement d'eau a cessé, la reconstitution du corps gras neutre est effectuée.

Selon les proportions de glycérine et d'acide oléique en présence, il se forme des mélanges de monoléine, de dioléine et de trioléine. Le corps gras neutre reconstitué est un glycéride insoluble qu'il n'y a plus qu'à laver à l'eau bouillante, puis à débarrasser des sels et des diverses impuretés amenées par la lessive.

Il ne reste alors qu'à saponifier le produit comme on le fait dans la fabrication de l'acide stéarique pour obtenir : d'une part la glycérine en dissolution dans l'eau et d'autre part l'acide oléique régénéré, qui est de nouveau employé à d'autres réactions. C'est toujours le même acide oléique qui absorbe la glycérine pour reformer un corps gras neutre, détruit à son tour pour régénérer l'acide oléique, en mettant la glycérine en liberté.

L'emploi de la soude brute sulfureuse, telle qu'elle sort du four à reverbère après décomposition du sulfate de soude par la craie (carbonate de chaux) et le charbon, rend l'extraction de la glycérine très difficile et coûteuse. Malgré de sérieuses tentatives, on a reconnu que ce travail n'est véritablement rémunérateur que tout autant que les lessives de rebut ne renferment qu'une faible proportion de carbonate et peu ou pas de sulfure de sodium. Ce sont ces difficultés qui ont fait que bon nombre de savonniers remplacent la soude brute par le carbonate de soude titrant 90/92° Descroizilles obtenu par le procédé au bicarbonate d'ammoniaque, produit qui n'a aucun des inconvénients de la soude Leblanc.

Quoi qu'il en soit, on commence à revenir aujourd'hui à cette soude, pendant longtemps si estimée ; aussi en nous occupant de la préparation des lessives à Marseille, avons-nous donné un procédé dû à M. Lombard, basé sur une désulfuration des lessives de soude brute, avant leur emploi, précisément en vue de parer aux difficultés qu'on rencontre en préparant les lessives suivant l'ancienne méthode.

M. Hergeman s'est fait breveter pour un procédé d'extraction de la glycérine des lessives usées pour lequel il a indiqué le mode d'opérer suivant :

Réunir les lessives-mères alcalines brutes dans un récipient convenable et ajouter une petite quantité de chaux caustique, de baryte, d'alun ou de tout autre oxyde ou hydrate métallique terreux, susceptible de se combiner avec les corps gras ou savonneux contenus dans les lessives. A la suite de cette addition, la chaux, ou ses équivalents mentionnés, ne tarde pas à produire un précipité insoluble qui se dépose rapidement au fond du récipient et que le filtrage sépare bientôt.

Dans les conditions ordinaires deux ou trois kg., de chaux suffisent pour traiter 160 litres de lessive ; si le dépôt n'avait pas lieu, le dosage devrait être renforcé. Ensuite a lieu le deuxième traitement des lessives par l'hydrogène sulfuré ou autre acide convenable jusqu'à ce que le liquide réagisse d'une façon neutre : opération qui a pour resultat la séparation des substances albumineuses. Une addition de sulfate ou chlorure de fer, d'un sel de manganèse ou de zinc achève de décomposer les substances savonneuses.

Cette double décomposition opérée, il est nécessaire de mélanger à l'état chaud, des oxydes métalliques tels que ceux de fer, de manganèse ou de chrôme avec la lessive traitée, d'agiter longtemps ce mélange afin d'obtenir l'élimination des substances savonneuses, capronates, caprylates, laurinates et semblables. Laisser évaporer et cristalliser. Afin de parer à l'inconvénient ordinaire et empêcher que la glycérine ne brûle en faisant évaporer, l'inventeur propose l'usage d'un appareil spécial pour pousser l'évaporation ; appareil dont les parois seraient les moins rugueuses possible. Il conseille l'usage des poëles creuses, c'est-à-dire dont les parois ne sont courbées que dans un sens. Dans ces poëles il place un dérapeur et un récipient dans lequel est établi un arbre vertical rotatif, muni de palettes ou ailettes agitatrices.

Extraction de la glycérine des corps-gras. — S'il n'est plus contesté que la déglycérination doive se faire préalablement à la fabrication des savons, on est loin d'être d'accord sur les moyens de la réaliser pratiquement.

A l'exemple de la stéarinerie, quelques savonniers ont installé des autoclaves. Cependant, la plupart se bornent encore à recueillir leurs lessives glycérineuses et à les vendre sans grand profit.

Cela tient non seulement à l'élévation des frais d'installation d'autoclaves, mais surtout à la médiocrité des produits qu'on en obtient, en tant que rendement en glycérine et qualité des acides gras.

Sous peine d'altérer les matières grasses qui se colorent plus ou moins par l'effet de la température élevée, la savonnerie a dû renoncer à faire travailler les autoclaves à la haute pression qu'exige la dissociation par l'eau seule (saponification aqueuse). En conséquence, elle n'obtient qu'une partie de la glycérine en compensation des corps gras traités ; diminuant ainsi, dans une forte proportion, les avantages à recueillir d'installations coûteuses.

Selon M. Hugues le problème à résoudre peut se poser en ces termes :

a) Opérer la déglycérination par l'autoclavation seule, de sorte que les acides gras soient utilisables dès leur sortie du vase clos.

b) Employer une température assez peu élevée pour éviter d'altérer et de colorer la matière grasse.

c) Obtenir des produits identiques à ceux de la stéarinerie, comme quantité et qualité.

Cet énoncé écarte la saponification aqueuse à haute pression qui colore fortement la plupart des matières grasses.

A plus forte raison exclut-il la saponification usitée en stéarinerie à 2, 3 et 4 0/0 de chaux, nécessairement suivie de la décomposition du savon calcaire par un acide puissant, — opération longue et dispendieuse.

La solution est donc une méthode réunissant les avantages des deux systèmes sans en avoir les inconvénients.

En d'autres termes, il suffit de réaliser, sans réactifs en dose massive, la déglycérination, dans les mêmes conditions de pression et de température que la saponification calcaire des stéariniers.

On y parvient pratiquement par certaines modifications dans le mode de fonctionnement des autoclaves dont l'agencement allégé de tout accessoire encombrant ou inutile, est de la plus grande simplicité.

C'est Melsens, chimiste belge, et Tilghman, ingénieur américain, qui ont prouvé que le dédoublement des matières grasses en acides gras et en glycérine avait lieu à l'aide de l'eau seule à haute température.

Tilghman émulsionne la matière grasse avec de l'eau, puis, à l'aide d'une pompe, refoule cette émulsion dans un serpentin métallique placé dans un foyer. L'opération est continue et rapide, mais la température à laquelle il agit, 320° environ, attaque les matières grasses ainsi que la glycérine, ce qui a empêché son procédé de devenir industriel.

Melsens a composé son appareil de deux cylindres en fer, doublés de plomb et placés horizontalement à deux niveaux différents.

Le premier reposant sur un foyer recevait la matière grasse et l'eau. Par une combinaison de robinets et de tuyaux, quand le cylindre inférieur était en pression, on envoyait une partie de l'eau dans le cylindre supérieur, d'où elle retombait en pluie dans le cylindre inférieur; son appareil fonctionnait sous une pression de 15 à 18 kg., la durée de l'opération était de 15 heures. M. de Roubaix, MM, Wright et Fouché, enfin M. Renner, ont construit également des appareils basés sur une circulation ou une agitation des masses en traitement, conditions indispensables à l'accomplissement des réactions devant séparer la glycérine des matières neutres ; mais ces appareils exigent des pressions de 15 à 18 kg., et les opérations durent 15 à 20 heures.

Actuellement voici le mode d'opérer le plus fréquemment suivi.

Après avoir introduit dans l'autoclave la quantité de corps gras à décomposer, soit par simple aspiration, soit à l'aide d'un monte-jus ou par superposition de bassins à décharge et, ajouté ensuite la proportion d'eau voulue on ouvre la conduite de vapeur.

Sous l'action de l'eau et celle d'une haute température (il faut 6 à 8 atmosphères soit 159° c., 2 à 170° c., 8, suivant la nature des corps gras), la décomposition ne tarde pas à s'effectuer et au bout de 6 heures environ, elle est complètement terminée.

Ce travail n'exige aucune surveillance ; le chargement effectué, on n'a qu'à maintenir le feu sous la chaudière à vapeur pendant le nombre d'heures indiquées. Un manomètre enregistreur sert de contrôleur et indique la marche de l'opération.

Une fois celle-ci terminée, un robinet placé au-dessous de l'appareil permet de faire refouler la matière décomposée dans un réservoir, ou d'envoyer directement l'eau glycérineuse dans l'appareil de concentration, la matière grasse transformée en acides gras étant dirigée dans les chaudières à savon.

L'eau glycérineuse est ensuite filtrée, puis envoyée à l'appareil de concentration.

Quelques usines font encore usage, pour la concentration des eaux glycérineuses, de serpentins disposés en forme de grilles, au fond d'un bassin en tôle ; mais cette disposition vicieuse doit être repoussée, car elle amène une consommation de vapeur considérable, et une perte de glycérine par suite de l'élévation de température nécessaire à l'ébullition d'un liquide, à la densité de 1,241 (28° Bé), la glycérine commençant à distiller à la fin de la concentration. Les usines bien installées emploient des évaporateurs rotatifs.

Quel que soit l'appareil en usage, la concentration des eaux glycérineuses s'opère en deux fois.

Il faut d'abord les filtrer, puis les évaporer jusqu'à 7 ou 8° Bé (densité 1,045 à 1,060). Par le refroidissement, la séparation des matières entraînées s'opère aisément. On filtre à nouveau ces eaux glycérineuses, puis on les concentre jusqu'à 28° Bé (densité 1,241). Certaines usines se servent d'appareils à évaporer dans le vide analogues à ceux des sucreries ; mais les appareils rotatifs sont préférables, car ils fonctionnent avec les chaleurs perdues de l'usine et permettent d'agir à basse température.

Les liquides y sont évaporés en couches minces constamment renouvelées et la température à laquelle il est permis d'agir empêche leur coloration et leur altération.

On enlève les sels calcaires qui se déposent sur tous les appareils d'évaporation en les faisant tourner pendant quelques minutes dans un bain d'acide chlorhydrique à 10° Bé.

La glycérine est donc obtenue à la densité de 28° Bé, directement par simple évaporation des eaux glycérineuses.

Le coût d'extraction de la glycérine ne dépasse pas en moyenne 1 fr. 50 par 100 kg., de matière grasse traitée, et si l'on admet une extraction moyenne de 7 p. 100 de glycérine à 28°, nous trouvons un prix de 0 fr. 21 par kg., prix auquel il faut ajouter l'intérêt du capital dépensé pour l'installation de ces appareils.

Le bénéfice à réaliser par le savonnier est donc incontestable ; quant à la fabrication du savon, il est inutile d'ajouter qu'elle sera toujours plus facile et plus rapide avec une matière grasse transformée en acides gras, qu'avec une matière grasse neutre.

Dès maintenant, presque toutes les savonneries importantes font l'extraction préalable de la glycérine et beaucoup d'entre elles, pour favoriser la décomposition des corps gras ont recours à un oxyde métallique ou à un acide quelconque, ou même à un agent diviseur inerte tel que le carbonate de chaux ou le carbonate de magnésie.

Indépendamment de la chaux et des alcalis : soude, potasse, on peut encore employer les oxydes métalliques, tels que ceux de fer ou de zinc, ou même les métaux facilement oxydables par l'eau à haute température comme le zinc à l'état métallique. Toutes ces réactions, connues depuis longtemps, sont le résultat de nombreux travaux sur la saponification.

Le procédé breveté, il y a déjà quelques années, par MM. Poullain et Michaud frères, consiste à soumettre les corps gras dans un autoclave, et sous pression de 8 à 9 kg., par centimètre carré, à l'action de la vapeur à la température correspondante à cette pression, en présence d'un quart à un tiers de leur poids d'eau et de 1/100 à 1/150 de leur poids d'oxyde de zinc, appelé dans le commerce *blanc de zinc*, ou d'une quantité également proportionnelle d'un produit connu sous le nom de *poudre de zinc*, *poussière de zinc* ou *gris de zinc* qui est, comme l'on sait, un des résidus de la métallurgie du zinc et un mélange composé d'oxyde de zinc et de zinc métallique.

L'autoclave et les réservoirs sont disposés de la même façon que ceux employés d'ordinaire pour la saponification calcaire. La manœuvre est identique, l'on doit maintenir la pression ci-dessus désignée pendant trois à quatre heures suivant la nature des corps gras neutres traités et suivant la quantité d'oxyde de zinc ou de poudre de zinc employée.

Voici du reste des renseignements complémentaires.

On met dans un autoclave :

3,000 kg., de corps gras
avec 750 kg., d'eau où l'on délaye au préalable une quantité variable de poudre de zinc.

Pour obtenir un rendement d'environ 6 0/0 de la glycérine contenue dans le corps gras on emploie 10 kg., de poudre de zinc pour 3,000 kg., de corps gras et on autoclave le tout pendant 3 à 4 heures à la pression indiquée précédemment.

On peut sans inconvénient faire usage directement des acides gras mélangés d'oxyde de zinc sans l'éliminer par un acide. Aussitôt que l'on commence l'empâtage avec de la soude caustique, ce dernier corps décompose immédiatement la petite quantité de savon de zinc en savon de soude et en oxyde de zinc; or comme l'oxyde de zinc est très soluble dans un excès de soude caustique, il est éliminé en dernier lieu à l'état de zincate de soude dans les eaux de relargage.

On peut diminuer la proportion de poudre de zinc jusqu'à 2 kg., de poudre de zinc pour 1,000 kg., de corps gras à traiter.

3. DOSAGE ET ANALYSE DE LA GLYCÉRINE.

Dosage de la glycérine dans les corps gras. — M. David a donné le procédé suivant de dosage de la glycérine dans les matières grasses.

On saponifie par la baryte 100 gr., de suif. Cette saponification n'est pas obtenue par l'ébullition de la matière avec l'eau de baryte, car ce procédé, excessivement long, ne donne presque jamais des saponifications complètes. Voici comment on opère :

Dans une capsule de porcelaine ou de fonte émaillée, de 0^m20 de diamètre au moins, on met exactement 100 gr., de suif. On fond celui-ci sur un bec Bunsen à papillon et on ajoute dans la masse fondue 65 gr., d'hydrate de baryte (BaO,9HO). L'hydrate fond dans son eau de cristallisation et la vapeur d'eau se dégage à travers la couche de suif. On remue énergiquement le mélange avec une spatule en porcelaine, et lorsque la majeure partie de l'eau de l'hydrate s'est dégagée, on éteint le feu et on verse sur le mélange 80 centimètres cubes d'alcool à 95°, en remuant toujours avec la spatule.

La saponification se fait alors immédiatement, l'alcool se dégage en vapeur à mesure que l'on agite, et la masse saponifiée se durcit rapidement. On ne saurait trop insister sur la nécessité d'agiter jusqu'à ce que la masse soit durcie : c'est la condition nécessaire pour obtenir une bonne saponification. On ajoute alors un litre d'eau distillée, on rallume le feu et on laisse bouillir une heure. Le savon de baryte insoluble se dépouille de sa glycérine qu'il cède à l'eau, ainsi qu'une petite quantité de baryte en excès. On décante l'eau glycérineuse, on rajoute un peu d'eau froide et on broie avec un pilon le savon de baryte pour que le lavage se fasse bien. On recommence une seconde fois ce lavage, on réunit les eaux, que l'on filtre, et on les sature par de l'acide sulfurique étendu ajouté goutte à goutte, en ayant soin de dépasser légèrement le point de saturation, ce qui se voit aisément, en ajoutant une goutte de teinture de tournesôl dans le liquide. On fait bouillir, on réduit le volume du liquide à moitié, on ajoute une petite quantité de carbonate de baryte précipité, pour saturer la goutte d'acide en excès, puis on filtre, on lave et on évapore les eaux glycérineuses.

Ici se présente une petite difficulté, la glycérine, arrivée à un certain degré de concentration, ne peut plus se déshydrater davantage sans perdre, en même temps que l'eau, des vapeurs glycérineuses entraînées mécaniquement. Il faudrait, pour avoir un résultat exact, finir l'évaporation dans le vide et à très basse pression, et peser successivement jusqu'à ce qu'on n'éprouve plus de perte de poids. M. David conseille de n'évaporer la masse qu'à 50 centimètres cubes environ, puis, après refroidissement à 15 degrés, de porter le volume du liquide à 60 centimètres cubes dans un vase gradué. La solution, introduite alors dans un flacon à densité, est pesée comparativement au même volume d'eau, ce qui en donne la densité. D'un autre côté, avec de la glycérine commerciale à 28° Baumé, pesant 1 kg., 240 le litre, M. David a fait une table ainsi conçue :

10 gr., de glycérine étendus d'eau et amenés au vol. de 60 cent. cubes.
10 gr., 5   —   —   —   60 —   —

La densité de tous ces mélanges étant prise, il n'y a plus qu'à comparer la densité trouvée à sa correspondante du tableau et on a, sans calcul, la quantité de glycérine contenue dans le suif, puisqu'on a opéré sur 100 gr., et que les suifs contiennent généralement de 10 à 12 p. 100 de glycérine à 28° Bé.

Analyse des glycérines de savonnerie. — Nous avons vu qu'en savonnerie on peut extraire la glycérine : soit des lessives usées, soit préalablement à la saponification.

Les glycérines de savonnerie sont livrées à trois états de concentration différents :

Les petites eaux contenant 4 à 8 0/0 de glycérine anhydre et les lessives à 40 et 80 0/0.

Les petites eaux et les premières lessives se vendent à la quantité de glycérine anhydre que l'on détermine de la même façon que pour les lessives à 80 0/0.

Cette dernière sorte ne doit pas contenir plus de 10 0/0 de cendres, composées en majeure partie de chlorure de sodium, quant à sa teneur en glycérine anhydre on l'évalue comme suit :

On prépare une solution type contenant 74,86 gr., de bichromate de potasse pur par litre et une solution de contrôle de sulfate ferreux ammoniacal renfermant environ 240 gr., par litre.

Sept parties de bichromate sont considérées comme suffisantes pour oxyder une partie de glycérine.

On pèse environ 1,5 gr., de glycérine que l'on introduit dans un ballon de 100 cent. cubes et l'on ajoute un peu d'oxyde d'argent après avoir mis quelques cent. cubes d'eau. On laisse reposer 10 minutes puis on ajoute un léger excès d'acétate basique de plomb et l'on complète à 100.

On prend 25 cent. cubes de la liqueur filtrée sur un filtre bien sec que l'on place dans un vase préalablement nettoyé à l'acide sulfurique et au bichromate pour enlever toute trace de matières grasses et l'on ajoute 40 ou 50 cent. cubes de solution titrée de bichromate et 15 cent. cubes d'acide sulfurique. On chauffe pendant deux heures au bain-marie en ayant soin de couvrir le vase.

On titre l'excès de bichromate restant au moyen de la solution de sulfate ferreux avec le ferricyanure de potassium comme indicateur et l'on calcule le résultat en glycérine anhydre.

La recherche des matières organiques se fait en ajoutant de l'acétate de plomb à la glycérine diluée d'un volume égal d'eau ; pour les doser on pèse dans une petite capsule de platine 3 à 4 gr., de glycérine que l'on place dans une étuve qui est portée à 120° et ensuite progressivement jusqu'à 150°, température que l'on maintient jusqu'à poids constant.

Le résidu n'excède généralement pas 1 0/0, déduction faite des cendres. Cette méthode s'applique à toutes les qualités de glycérine.

Un facteur qui joue un très grand rôle dans les glycérines de lessives c'est la teneur en composés sulfurés : hyposulfite, sulfite et sulfure de sodium.

Commercialement on détermine tous ces éléments en bloc et on les calcule en hyposulfite de sodium anhydre en opérant de la manière suivante :

On pèse 7 à 8 gr., de glycérine que l'on dilue de 4 à 5 fois son volume d'eau, on neutralise par quelques gouttes d'acide borique et l'on ajoute 1 ou 2 gouttes d'empois d'amidon. On titre avec une solution déci-normale d'iode contenant 12,7 gr., par litre ; 1 cent. cube correspond à 0,0158 d'hyposulfite anhydre.

Il importe toutefois de remarquer que la solution est quelquefois trop foncée pour permettre d'observer nettement la réaction, il faut alors décolorer la glycérine diluée avec un peu de noir.

Il n'y a pas encore de bon procédé pratique pour doser les sulfures qui sont d'ailleurs généralement en très faible quantité. Pour les rechercher on se sert d'un tube à essai fermé à sa partie supérieure par un bouchon à robinet surmonté d'une boule et terminé par une partie évasée. Dans la boule on place du coton et l'on coiffe l'appareil d'un papier imprégné de sous-acétate de plomb. Le tube porte à sa partie inférieure deux divisions marquées 2 et 4 cent. cubes.

On verse 2 cc. de glycérine, puis 2 cc. d'acide chlorhydrique concentré et l'on ajoute 1 gr. de zinc pur ; on bouche l'appareil et l'on agite après avoir fermé le robinet ; on ouvre le robinet et l'on abandonne le tout pendant 1/4 d'heure. La tache plus ou moins foncée sur le papier donne une indication comparative sur la proportion de sulfure,

Les hyposulfites ne donnent aucune réaction.

Il n'est pas possible de rechercher les sulfures au moyen du nitroferroprussiate de potassium qui ne donne aucune réaction dans un milieu aussi complexe.

CHAPITRE XXII

EXTRACTION DES CORPS GRAS DES EAUX SAVONNEUSES ET DES TISSUS HORS DE SERVICE. SAPONIFICATION DES CORPS GRAS RÉCUPÉRÉS.

1. EXTRACTION DES CORPS GRAS DES EAUX SAVONNEUSES.

Le traitement des eaux savonneuses afin d'en retirer les acides gras pour reconstituer sans cesse de nouveaux savons, présente surtout maintenant un intérêt capital en raison de l'amoindrissement de bénéfice qui se fait de plus en plus sentir dans la plupart des industries.

Les eaux savonneuses que nous nous proposons d'examiner dans cet ordre d'idée, sont d'origines fort complexes ; elles peuvent provenir du peignage et du tissage des laines, du foulage des draps, du blanchissage des tissus, des bains usés de teinture, du décreusage ainsi que de la cuisson des soies et des teintureries en rouge turc.

Les eaux de peignage des laines se divisent en deux catégories :

1° Celles qui ont été affectées à éliminer par lavage à *froid* les sels solubles du suint et procurent par évaporation puis par calcination du carbonate de potasse (nous laisserons ces premières eaux de côté car elles sont exemptes de matières grasses).

2° Celles qui ont ensuite servi à enlever par lavage à *chaud*, avec le concours de savon et de sel de soude, la graisse de suint connue souvent sous le nom de « suintine ».

Il y a vingt-cinq ans environ, qu'on a songé à entreprendre l'épuration des eaux de peignage des laines avant de les évacuer au

dehors pour éviter de contaminer d'une façon grave et souvent ir-
rémédiable les cours d'eaux ; mais les industriels ayant bientôt
constaté que cette opération n'amenait pas, à leur point de vue, des
profits assez sérieux, renoncèrent à la continuer. Il a fallu de vives
et incessantes réclamations basées sur des questions d'hygiène indiscutables pour contraindre les peigneurs de laine à épurer leurs
eaux résiduaires.

On a remarqué que la rivière de l'Espierre, qui traverse Roubaix et Tourcoing, contient par mètre cube 900 à 1,000 gr. de matières grasses. Il en résulte que si l'on traite les eaux de peignage
dans les usines, cette proportion est de beaucoup augmentée, du
reste, il n'y a pas d'autres moyens d'effectuer ce travail d'une façon
rémunératrice.

Les eaux de tissage des laines sont classées parmi celles qui présentent le plus d'avantage à être traitées ; on n'y trouve en effet
qu'une dissolution savonneuse, de l'huile d'olive ou de l'acide oléique et très peu d'impuretés, aussi faut-il prendre le soin de ne pas
les mélanger avec des eaux moins riches.

Les eaux du foulage des draps retiennent toujours, en outre d'une
proportion de savon très variable, des terres argileuses, de l'u-
rine, etc.

Les eaux de blanchissage des tissus se distinguent des précédentes en ce qu'elles ne sont qu'une dissolution de savon plus ou
moins étendue et de carbonate de soude.

Les eaux des bains usées de teinture ont le grave défaut d'être
fortement colorées, tantôt par des couleurs végétales, tantôt par
des couleurs minérales, souvent même par les deux sortes réunies ;
il s'en suit qu'une fois que le savon a été décomposé les acides
gras exigent une décoloration complète.

Les eaux du décreusage et de la cuisson des soies, renferment en
sus du savon consommé, de la gélatine, une matière colorante spéciale et un produit azoté (albumine de Mülder), les trois dernières
substances extraites de la soie restent en grande partie en solution
après la récupération des acides gras. Nous devons aussi faire remarquer que, comme sous l'action du savon les matières grasses et
cireuses adhérentes à la soie se trouvent dissoutes, il ne faut pas

s'étonner si l'on recueille une proportion plus élevée de matières grasses que celle contenue dans le savon.

Les eaux des teintureries en rouge turc contiennent:

1° Des huiles tournantes ; ce sont des huiles d'olive, de ricin, de coton ou d'acide oléique rendues solubles par l'acide sulfurique qui proviennent des bains blancs et de dégraissage.

2° Des solutions de savon résultant du premier avivage et des nettoyages.

Traitement par l'acide sulfurique. — Le procédé le plus ancien pour récupérer les acides gras contenus dans les eaux que nous venons d'examiner, consiste, après qu'elles ont été recueillies, à les abandonner à un repos de quelques jours afin de permettre aux impuretés insolubles de se déposer.

Pour effectuer la décomposition de ces eaux, on les amène dans des cuves de bois garnies à l'intérieur de plomb où l'on verse peu à peu et en brassant sans cesse à l'aide d'un jet de vapeur une quantité relativement très faible d'acide sulfurique jusqu'à complète saturation de la base alcaline. Ce résultat est atteint dès que le liquide rougit le papier bleu de tournesol. L'acide sulfurique peut être remplacé par l'acide chlorhydrique ; mais les vapeurs nuisibles dégagées par ce dernier le font généralement abandonner.

En peu de temps les acides gras, les pigments et les produits azotés viennent se réunir à la surface des cuves et constituent un magma qui, une fois enlevé à l'aide d'écumoirs, est déposé sur des trémies pour permettre à l'eau qu'il retient de s'écouler. Lorsque la masse paraît égouttée suffisamment on la place dans des étreindelles qu'on soumet à l'action d'une presse à chaud pour isoler les acides gras. Ceux-ci sont alors distillés dans des alambics spéciaux avec le concours de la vapeur ; quant aux résidus on les décompose dans des fours pour en extraire l'ammoniaque et le carbonate d'ammoniaque.

Traitement par le chlorure de sodium. — Une seconde méthode est basée sur la récupération directe du savon à l'aide d'une solution saturée de chlorure de sodium qui naturellement le rend insoluble en le transformant en grumeaux qui viennent se réunir à la surface du liquide ét il ne reste qu'à décomposer ce savon au moyen d'acide sulfurique ou chlorhydrique très dilué pour mettre les acides gras en liberté. ·

Pour faciliter ce travail, on peut faire usage d'une baratte mécanique permettant de recevoir 20 à 25 hectolitres d'eaux savonneuses additionnées de chlorure de sodium ; on met les palettes en mouvement et en moins d'une demi-heure la séparation du savon étant complète il ne reste plus qu'à en opérer la décomposition ainsi que nous l'avons indiqué ci-dessus.

Traitement par le carbonate de soude. — Il consiste, une fois que les eaux savonneuses ont été recueillies dans un récipient quelconque, à les traiter par une quantité convenable de carbonate de soude.

Dès que cet alcali a été ajouté, on chauffe la masse liquide à 65 ou 70° c. et on maintient cette température durant 20 à 30 minutes. On enlève alors l'écume qui est formée à la surface et par un traitement soit à l'acide sulfurique, soit à l'acide chlorhydrique, on recueille les acides gras.

L'eau débarrassée du savon peut être utilisée à nouveau après avoir traversé un filtre de noir animal qui la décolore.

Traitement par le procédé Vohl. — Les divers modes d'opérer que nous venons d'indiquer, semblent réunir toutes les conditions désirables, cependant dans la pratique, ils présentent plusieurs points défectueux.

Comme les solutions savonneuses sont en général plus ou moins chargées de savon calcaire qui a pris forcément naissance par suite de la proportion de chaux contenue dans l'eau qui a été employée, aussitôt qu'on cherche à récupérer les acides gras par l'acide sulfurique, la chaux se précipite à l'état de sulfate de chaux et constitue avec les acides gras isolés un magma qu'il est fort difficile d'isoler de l'eau.

Il est évident que si au lieu d'acide sulfurique on a fait usage d'acide chlorhydrique ou de gaz chlore, il se produit du chlorure de calcium qui présente les mêmes ennuis.

Ajoutons qu'en travaillant ainsi il y a toujours des pertes relativement élevées en acides gras et que la conservation de ces magmas liquides n'est pas aisée.

M. H. Vohl ayant constaté ces inconvénients a innové en 1858 un traitement indirect qui consiste à précipiter des solutions savonneuses la totalité des matières grasses sous forme d'un savon calcaire, c'est-à-dire insoluble, en se servant de chlorure de calcium ; on sépare ensuite facilement ce savon solide de la partie liquide par filtration, et on obtient ainsi un produit sous forme sèche qu'on peut conserver dans lequel il existe environ 40 pour 0/0 d'acides gras.

Voici dans tous ses détails le mode d'opérer de M. H. Vohl, tant pour la précipitation des eaux de saturation par un sel calcaire des corps gras, que pour la revivification des acides gras.

Précipitation des corps gras. — On verse dans les eaux de saturation une solution de chlorure de calcium jusqu'à constatation d'un précipité caséiforme, on enlève le savon calcaire au moyen d'un large panier garni à l'intérieur d'une étamine de chanvre et on élimine l'eau par égouttage ainsi que par pression.

Décomposition du savon calcaire. — Une fois que la masse a été débarrassée de la partie liquide, elle est jetée dans une cuve doublée de plomb sur laquelle on place un couvercle et on y fait arriver une quantité convenable d'acide chlorhydrique aussi exempt que possible d'acide sulfurique. On accélère la décomposition par l'introduction de vapeur d'eau et on a les acides gras séparés à l'état fluide. Les gaz et les vapeurs qui se dégagent durant cette opération s'échappent avec la vapeur d'eau par un serpentin qui débouche dans un bac parfaitement clos ; ce bac renferme de la chaux hydratée et se trouve en communication avec le foyer de la chaudière à vapeur. Grâce à cette disposition on supprime et détruit tous les gaz odorants ainsi que les vapeurs malsaines.

La décomposition du savon calcaire étant totalement réalisée, on abandonne le mélange à un repos de six heures, puis au moyen d'un robinet placé au fond de la cuve, on évacue la solution de chlorure de calcium qui peut servir à une nouvelle précipitation. La matière grasse est une seconde fois mélangée à la moitié de l'acide chlorhydriqne étendu qui a concouru à la décomposition et on fait arriver de la vapeur d'eau pendant une demi-heure ou trois quarts d'heure.

Lorsque la matière grasse est bien séparée du liquide acide, on laisse écouler le liquide clair en conservant sa couche émulsionnée ; mais cette couche présente de grandes difficultés quand il s'agit de séparer les acides gras de la liqueur aqueuse.

Purification des acides gras. — La purification des acides gras peut avoir lieu de trois manières ; elle consiste soit en une simple déshydratation, ou bien indépendamment de cette deshydratation elle comprend un blanchiment et une séparation des acides gras concrets de ceux qui sont fluides.

1° Deshydratation. — Si les acides gras recueillis ne rentrent pas immédiatement dans la fabrication du savon, une deshydratation est nécessaire. A cet effet, la couche émulsive est chauffée à feu nu dans une chaudière avec une addition de chlorure de sodium, ou bien on vaporise à l'aide de la vapeur d'eau de détente qu'on fait circuler sur le fond de la chaudière dans un serpentin en fer ou en cuivre. Ce dernier mode de chauffage est surtout appliqué lorsque le savon ou l'eau savonneuse provient du décreusage de la soie ou de la teinture en rouge turc et par conséquent est un savon d'huile d'olive.

2° Blanchiment. — Il y a souvent un énorme avantage à blanchir les acides gras récupérés parce qu'ils acquièrent ainsi une plus-value et qu'ils perdent en outre de leur odeur.

Ce blanchiment s'opère dans des cuves revêtues de plomb et munies d'un agitateur et d'un serpentin de chauffe. La liqueur blanchissante se compose d'une solution d'acide chromique diluée qu'on prépare avec du chromate de potasse fortement acidifié par l'acide sulfurique.

Les acides gras éliminés du savon calcaire, lavés et encore chauds, sont mis dans les cuves dont il a été question et, en brassant sans interruption, on verse la liqueur blanchissante en continuant d'agiter pendant une demi-heure. Au bout d'un repos de six heures les acides gras sont séparés.

On décante alors la liqueur aqueuse verdâtre contenant de l'alun de chrome par suite de la réaction qui a été effectuée et on lave une ou deux fois à l'eau chaude ; puis après évacuation des eaux de lavage on fait couler l'huile émulsive. La masse grasse claire est ensuite déshydratée. La couche émulsive est mélangée à 14 ou 15 0/0 d'essence minérale.

Le traitement de la couche émulsive, par cette essence, n'a lieu qu'après 5 à 6 opérations de blanchiment, c'est-à-dire quand on s'est procuré assez de matière pour charger la cucurbite de l'appareil distillatoire.

L'essence qui est recueillie avec soin sert aux opérations suivantes.

Les acides gras qui proviennent des établissements de décreusage de la soie et de la teinture en rouge turc ont une couleur rouge vineux clair ; mais l'odeur est presque nulle. On peut les utiliser pour la fabrication de certains savons.

3° Séparation des acides gras concrets de ceux qui sont fluides. — Dans plusieurs cas il y a profit à isoler les acides gras concrets des acides gras fluides. Afin d'arriver à ce but, les acides gras blanchis et encore chauds sont mis dans une cuve et refroidis peu à peu jusqu'à la température de + 9° c. Pour réaliser la séparation d'une façon aussi complète que possible, il est indispensable que ce refroidissement n'ait lieu que très lentement, sinon les acides gras concrets ne se réunissent pas et restent en suspension dans la masse liquide à l'état de coagulum qu'il n'est pas aisé d'éliminer.

Si l'opération a été bien conduite, les acides gras concrets se séparent sur les parois et le fond de la cuve sous la forme de cristallisations bien nourries.

Les masses concrètes sont aussitôt soumises à une pression à froid et peuvent être utilisées de suite.

La cristallisation exige deux à trois semaines quand la masse n'est pas riche en acides gras concrets, que la température ambiante est élevée et qu'on n'a pas de cave fraîche à sa disposition. En hiver il est indispensable d'entourer la cuve à cristalliser de substances peu conductrices de la chaleur pour ralentir le refroidissement.

En parlant de la décomposition du savon calcaire par l'acide chlorhydrique pour obtenir les acides gras, nous avons insisté sur ce que cet acide devait être exempt le plus possible d'acide sulfurique.

Le motif de cette recommandation est dû à ce que l'acide sulfurique occasionne une formation de sulfate de chaux, qui rend souvent pénible la séparation que l'on se propose.

L'acide chlorhydrique sans acide sulfurique, étant rare, M. Vohl a modifié son procédé en substituant au chlorure de calcium du chlorure de magnésium qui permet d'arriver tout aussi bien à la précipitation complète des acides gras et sans qu'aucun ennui soit à craindre en décomposant le savon de magma par l'acide chlorhydrique contenant de l'acide sulfurique ; enfin nous devons mentionner que ce savon occupe un volume moindre que celui de chaux.

Traitement par le procédé Landolt et Strahlschmidt. — Ce procédé consiste à soumettre les eaux savonneuses à l'action d'un lait de chaux qui, en même temps qu'il amène la décomposition des résidus, procure une clarification.

On remplit un réservoir de 150 mètres cubes avec les eaux savonneuses. Au fond de ce réservoir est un canal qui correspond à un bassin de décomposition ; au-dessus de ce canal est placée une tonne qui, par un robinet déverse le lait de chaux dans le courant d'eau qui se rend au bassin. Le fond de ce bassin est formé par trois couches de briques dont l'inférieure est à plat, l'intermédiaire de champ et la supérieure du nouveau à plat ; elles sont espacées de façon à former une multitude de petites rigoles toutes inclinées vers un coin du bassin où elles se déversent dans une caisse prismatique percée sur toutes ses faces et sur toute sa hauteur de trous bouchés par des chevilles en bois.

La décomposition a lieu promptement pendant que les eaux parcourent le bassin ; le savon calcaire qui se forme en flocons enveloppe les matières solides en suspension et se dépose peu à peu au fond de la caisse où il prend une consistance pâteuse. Au bout de quelques minutes la couche supérieure du liquide est non seulement limpide, mais incolore. Cette clarification qui s'exerce sur toutes les matières en suspension et même sur les substances colorantes est, d'après l'expérience, excessivement énergique.

L'apparition des flocons dans l'eau indique le point où doit s'arrêter l'addition de la chaux ; d'ailleurs un excès de celle-ci ne s'oppose pas à la clarification ; la proportion à employer est subordonnée évidemment à la richesse en savon des eaux.

Pour 150 mètres cubes il faut d'ordinaire 3 dixièmes de mètre cube, soit un cinquième pour cent du volume des eaux, de bouillie calcaire telle qu'elle est une fois la chaux éteinte.

Les eaux claires sont évacuées en enlevant les chevilles de bois qui garnissent les parois de la caisse successivement de haut en bas jusqu'au niveau où commence le dépôt de savon calcaire pâteux. Pour plus de sûreté, on place encore en avant de la caisse une planche qui ne s'élève que jusqu'à la moitié de la hauteur du bassin et qui elle aussi est munie de trous bouchés par des chevilles.

La dessiccation du précipité s'opère naturellement, aidée par les crevasses qui se produisent dans la masse et par le retrait qui l'a détaché des parois. Après quelques jours on extrait la matière à l'état d'une pâte presque sèche dont la dessiccation s'achève sur les bords du bassin où on l'étend le plus possible. En hiver on peut mettre ces résidus sur des aires appropriées et garanties par des hangars. Lorsque le local le permet, il est bon d'avoir deux bassins à décomposition, de façon que l'on puisse consacrer un plus long espace de temps à la dessiccation pour l'avoir complète.

Ce savon calcaire retient pendant longtemps les dernières portions de son eau propre ; mais, en raison de sa nature grasse, il n'en absorbe plus, aussi peut-il par suite, sans augmenter sensiblement de poids, rester des journées entières exposé à la pluie. Le dépôt sec d'un bassin ayant un mètre et demi de profondeur, n'a pas plus de 60 millimètres d'épaisseur ce qui représente 4 0/0 de la hauteur de la colonne liquide.

On a des acides gras immédiatement aptes à être saponifiées en décomposant le savon calcaire par l'acide chlorhydrique puis en traitant les acides gras par le sulfure de carbone.

Traitement par le procédé Gawolovski. — Nous avons vu jusqu'à présent qu'il y avait deux méthodes principales pour les eaux savonneuses.

L'une consistant à séparer les acides gras au moyen de l'acide sulfurique.

L'autre sous la forme de savon insoluble calcaire ou magnésien.

Selon la théorie, ce dernier procédé est le plus rationnel puisque seul il permet de précipiter la totalité de la matière grasse, cependant la déposition subséquente du savon calcaire ou magnésien entraîne à une dépense élevée d'acide chlorhydrique ; elle donne un résidu volumineux et fournit des acides gras qu'on est tenu d'épurer dans des conditions coûteuses.

On connaît la propriété que possèdent en général les savons insolubles, et surtout ceux à base de chaux, de coaguler ou d'envelopper toutes les substances : il s'en suit qu'une notable proportion de parties colorantes et autres est entraînée de telle sorte que quand on décompose le précipité de savon par l'acide chlorhydrique ces impuretés sont remises en liberté et se dissolvent dans la masse grasse en la colorant et la rendant impure. Ainsi, par exemple, la plupart des couleurs végétales, de même que celles d'aniline, sont fort peu solubles dans les matières grasses, surtout en présence d'acides gras volatils.

La gélatine, l'amidon, la dextrine, etc., forment avec les corps gras des masses gélatineuses, de plus on a par pression un résidu important dont la proportion atteint 20 0/0 des corps gras en moyenne.

Dans le but d'obvier aux inconvénients ci-dessus, M. Gawolovski a proposé d'adopter un mode de travail qui repose sur les bases suivantes :

1° Sulfuration des eaux savonneuses brutes.

2° Acidification de ces eaux. L'inventeur fait agir sur le magma obtenu de l'acide sulfhydrique à l'état naissant, ce qui a pour effet de détruire la majeure partie des couleurs d'aniline.

3° Le magma est imprégné de potasse qui oxyde partiellement la gélatine, l'amidon et la dextrine. Cette oxydation est lente, mais complète.

4° Ce magma est ensuite lavé pour faire disparaître les couleurs dérivées du goudron de houille, les couleurs minérales oxydées ainsi que les oxalates. L'eau de lavage se colore fortement en rouge ou en brun et en même temps le magma acquiert une onctuosité qui permet de le malaxer comme du suif. Quant au restant des acides libres, il est assez facile de l'évincer par pression.

5° On transforme le chromate qui se trouve en excès dans le magma en y versant une solution désoxydante qui le convertit en acide chromique, et l'on exprime le liquide neutre et vert à froid, puis on presse à chaud.

La désacidification peut être effectuée comme de coutume.

2. EXTRACTION DES CORPS GRAS DES TISSUS HORS DE SERVICE.

Les savonniers pouvant parfois trouver une source de bénéfices dans l'extraction des corps gras dont sont imprégnés les chiffons et les étoupes qui ont été employés au graissage et au nettoyage des pièces de machines, nous serions incomplets si nous laissions de côté cette question.

On ne doit s'attacher, disons-le tout d'abord, qu'à traiter des chiffons ou étoupes qui proviennent du graissage de machines avec des corps gras d'origine végétale ou animale ; car sans cette précaution on s'exposerait presque toujours à n'obtenir que des corps gras trop impurs pour qu'il soit possible d'en tirer un parti rémunérateur.

Ceci posé, examinons les divers traitements en usage :

Traitement par la soude. — Dans des bacs munis d'un double fond percé de trous, on met des chiffons ou des étoupes jusqu'aux 2/3, puis on y verse, de façon à les couvrir entièrement, une solution de soude carbonatée et l'on fait arriver de la vapeur directe à l'aide d'un barbotteur.

Lorsque la masse a été soumise à une ébullition soutenue, durant quelque temps, on enlève les chiffons ou les étoupes, en prenant le soin de les laisser s'égoutter au-dessus des bacs et on les introduit dans des tambours tournants dans lesquels est amenée de l'eau afin d'opérer le rinçage des chiffons ou étoupes qu'on met ensuite à sécher dès que cette opération semble convenablement effectuée.

Les eaux de lavage qui contiennent les corps gras éliminés à l'état de dissolution savonneuse très imparfaite sont alors décomposés par l'acide sulfurique et les acides gras sont recueillis pour être soigneusement lavés, afin d'être débarrassés de toute trace d'acide.

Traitement par le sulfure de carbone. — C'est M. Deiss qui qui a eu le mérite d'appliquer le sulfure de carbone au dégraissage des résidus de diverses industries, en raison de la merveilleuse facilité avec laquelle il dissout les corps gras.

Après avoir fait sécher tout d'abord les chiffons et les étoupes, on les introduit dans un cylindre en fonte pouvant se fermer hermétiquement et qui est muni d'une double enveloppe en tôle dans laquelle circule de la vapeur d'eau.

A l'intérieur du cylindre se trouvent deux disques : l'un fixé à quelques centimètres de la partie inférieure, l'autre, mobile à volonté, surmonte le premier.

On place les chiffons ou les étoupes entre ces deux disques, puis on les comprime en abaissant celui de la partie supérieure. Ceci fait, on ferme le cylindre et en même temps qu'on ouvre le robinet qui amène la vapeur dans la double enveloppe, on infiltre le sulfure de carbone de bas en haut à l'aide d'une pompe aspirante et foulante.

Ce liquide traverse de toutes parts la masse qu'il dégraisse peu à peu, pour ensuite s'écouler d'une façon continue dans une chaudière où en se volatilisant sous l'influence de la chaleur il abandonne les corps gras qu'il tenait en dissolution. Quant aux vapeurs de sulfure de carbone, elles se condensent dans un appareil réfrigérant d'où elles tombent dans des réservoirs pour repasser sans

cesse sur les chiffons ou les étoupes jusqu'à leur complet dégraissage.

Afin de s'assurer si l'opération est arrivée à son terme, on recueille de temps à autre un peu de sulfure de carbone à sa sortie
du cylindre extracteur, et dès qu'on s'aperçoit que ce liquide, mis
sur une plaque de verre, ne laisse plus après évaporation une
tache graisseuse, on arrête la circulation qui vient d'être décrite.

A cet instant il faut veiller à éliminer le sulfure de carbone qui
imbibe les chiffons ou les étoupes ; dans ce but on commence par
se servir d'un injecteur d'air froid qui refoule le liquide, puis on
agite avec de l'air chauffé à une température de 70° c., lequel, en
pénétrant à travers les substances textiles, volatilise les dernières
traces de sulfure de carbone.

Vers 1874, M. Sirtaine avait cherché à enlever ce qui reste de
sulfure de carbone en substituant à la méthode que nous venons de
décrire un courant de gaz chlore au degré de chaleur et à la pression nécessaires, mais les résultats dans ce sens ne furent pas cou-
ronnés de succès.

Il est évident que le travail dont nous venons d'exposer la conduite entraîne, malgré toute l'attention qu'on peut y apporter, une
perte inévitable de sulfure de carbone.

M. Van Haecht, qui s'est tout particulièrement occupé de ce point
important, admet que si l'opération est dirigée avec une scrupu-
leuse attention, la perte en sulfure de carbone est inévitablement
d'au moins un demi pour cent sur la quantité des matières conte-
nues dans l'appareil extracteur.

Traitement par la benzine. — L'extraction des corps gras des
chiffons ou des étoupes au moyen de la benzine est moins en
usage, cependant nous devons en dire quelques mots.

La benzine étant à l'état de vapeur sous pression est amenée
dans un vaste cylindre garni de treillages sur lesquels on dispose
les chiffons ou les étoupes de manière à éviter leur tassement. Une
fois l'appareil clos hermétiquement, on fait arriver la benzine par
des tubes réchauffeurs, et sa vapeur, en se condensant, entraîne les
corps gras à la partie inférieure du cylindre. Cette solution

coule dans un distillateur où on la débarrasse de la benzine qu'elle contient.

Traitement par le procédé Mansfield et Borgen. — Il y a quelques années MM. Mansfield et Borgen ont fait breveter une méthode de dégraissage qui comprend une série d'opérations que voici :

1° Immersion des matières à dégraisser dans un bain de soude caustique ou de chaux cuite, mais non éteinte, pour les déchets de coton, d'ammoniaque pour ceux de laine.

. La durée de l'opération varie selon l'état des tissus.

2° Battage dans une cuve remplie d'eau au moyen d'un appareil automatique composé de deux maillets retombant alternativement sur la masse.

Le fond de la cuve est arrondi et incliné pour faciliter l'écoulement des corps gras dans un bac situé en contre-bas.

3° Essorage pour enlever l'excès d'eau.

4° Second battage, cette fois à sec, dans un tambour à claire-voie muni intérieurement d'un « diable » armé de dents pour faire tomber la poussière.

5° Assouplissement des déchets par leur passage entre des cannelles et entre deux rangées de dents ayant pour but d'ouvrir les fibres.

Traitement par le procédé Parenty. — M. Parenty a imaginé un appareil pour soumettre à un lavage méthodique les chiffons graisseux ainsi que les étoupes en se servant d'une dissolution de soude carbonatée ou plutôt de soude caustique et en combinant le système ordinaire de lavage avec le procédé usité dans les laboratoires basé sur l'action d'un filet d'eau qui déplace avec lenteur et par couches sensiblement homogènes une dissolution circulant à travers les matières à épuiser.

Ce but est atteint au moyen d'un appareil pourvu d'un distributeur qui indique le débit du liquide par une graduation en heures et minutes, ce qui permet par conséquent de régler la durée de l'opération.

Indépendamment des avantages offerts par la combinaison de ces deux procédés de lavage, la simplicité de l'appareil rend l'application de ce système très facile et peu coûteux.

L'appareil de M. Parenty comporte :

1° Un réservoir supérieur d'alimentation auquel on peut supposer une capacité d'un hectolitre pour recevoir une charge de 75 litres d'eau pure par opération.

2° Plusieurs cuves de lavage, également d'un hectolitre, pouvant contenir 60 kg., de matières sèches ; elles sont disposées en batterie et elles communiquent entre elles de manière à obliger le liquide laveur sortant de la partie inférieure d'une cuve quelconque à se rendre à la partie supérieure de la cuve suivante par l'effet d'une simple circulation.

Une telle installation doit se composer au moins de trois cuves dont l'une sert de rechange.

Le réservoir d'alimentation repose sur une plateforme où l'on ménage une rigole circulaire percée de quatre trous qui correspondent à chacune des cuves.

A l'avant il est pourvu d'un tube de niveau et d'un appareil pour régulariser le débit du liquide.

Le régulateur est formé d'un tube en verre monté sur la conduite d'écoulement dont l'orifice de sortie présente une section notablement plus petite. Il s'ensuit que le liquide s'élève dans le tube à une hauteur correspondante au degré d'ouverture du robinet, ce qui permet de déterminer la pression de l'écoulement initial du liquide dans la rigole. Or comme la durée totale de l'opération dépend précisément du débit initial, il est facile d'évaluer en heures et minutes, au moyen d'une graduation déterminée, soit par le calcul, ou pratiquement le temps que mettra la cuve à se vider.

Le liquide laveur parvient ainsi à la rigole dont l'un des orifices reste ouvert, tandis que les autres sont fermés par des tampons coniques ; en raison de cette disposition, il est permis de faire descendre successivement le liquide laveur dans chacune des cuves de la batterie. Celles-ci sont posées sur une plateforme en madriers et réunies deux à deux par une cale en bois que traverse un petit tube métallique communiquant avec un canal vertical ouvert à ses deux extrémités et appliqué contre la paroi intérieure de la cuve.

Ce canal présente au-dessous de l'orifice de communication un siège sur lequel on peut placer un bouchon conique pour séparer les deux cuves. Enfin une tubulure montée au bas des cuves sert à la vidange qui est assurée complètement par un petit bassin recouvert d'une plaque perforée.

Traitement par le procédé Vaussay et Péan. — Il a pour but de résoudre les problèmes qui suivent :

1° Eviter le contact prolongé des dissolvants avec les matières à dégraisser, et rendre plus rapide l'égouttage du dissolvant lorsque les corps gras sont séparés.

2° Enlever ce qui reste du dissolvant après l'égouttage, sans l'emploi de la vapeur d'eau ou de la vapeur sèche.

3° Séparer du dissolvant les corps gras sans leur faire éprouver la moindre altération.

Pour résoudre le premier point, MM. Vaussay et Péan envoient de l'air sous pression dans un cylindre clos dit « macérateur », dans lequel les matières à dégraisser ont été mises en contact avec le dissolvant des corps gras. L'emploi d'un fluide sous pression fait d'abord pénétrer plus rapidement et plus profondément le dissolvant et permet de le laisser moins longtemps.

Une fois l'action terminée, il suffit d'ouvrir une issue en bas pour que la pression même serve à chasser hors du « macérateur » le dissolvant chargé des corps gras.

La seconde partie du problème consiste, pour obtenir l'extraction complète du dissolvant, à supprimer l'arrivée d'air sous pression et à mettre en communication le cylindre clos avec une pompe à double effet, qui, faisant le vide dans l'appareil, aspire les vapeurs produites par le dissolvant, qui peut être encore contenu dans les matières à dégraisser. Ces vapeurs sont refoulées par la pompe dans un condensateur où elles se liquéfient.

Il est bien entendu qu'on peut faire le vide dans le « macérateur » avec tout autre appareil qui remplira les mêmes conditions.

Cette opération permet d'éviter l'emploi de la chaleur, toujours funeste aux matières en traitement, surtout lorsqu'elles sont imprégnées du dissolvant.

Pour résoudre la troisième partie du problème, MM. Vaussay et Péan se servent d'un appareil de leur invention qui consiste en un cylindre clos dans lequel sont disposées en étages des surfaces multiples où les matières grasses mélangées avec les dissolvants viennent s'étaler en couches minces, ce qui permet à l'action de la chaleur, de la vapeur sèche ou du vide, suivant les cas, de se faire sentir plus rapidement, les matières grasses arrivant sur les dernières surfaces sont complètement débarrassées du dissolvant et tombent par un robinet constamment ouvert, dans un récipient où elles arrivent sans avoir le temps de s'échauffer, et par conséquent sans subir aucune altération.

On comprend que même en faisant usage de chaleur sèche les corps ne puissent s'échauffer, l'objet essentiel et caractéristique de l'appareil que nous venons de décrire étant de ne laisser les corps en contact avec la chaleur que juste le temps nécessaire pour les séparer du dissolvant.

Quand on emploie le vide, les surfaces multiples ont encore le grand avantage de faire dégager plus vite les vapeurs du dissolvant, puisque son action se fait sentir sur des couches minces au lieu d'agir sur des masses de liquide.

3. SAPONIFICATION DES CORPS GRAS RÉCUPÉRÉS.

Avec les acides gras retirés des eaux de tissage des laines, du foulage des draps, etc., la fabrication des savons se présente dans des conditions normales lorsqu'on a pris le soin de procéder à une épuration complète de ces acides.

Quant à la saponification des matières grasses provenant des tissus hors de service, elle est très difficile si ces matières sont mélangées avec des huiles minérales.

Dans les deux cas il ne faut jamais négliger d'effectuer une addition d'huiles ou de graisses neuves, ce qui procure des savons plus consistants et de meilleur aspect.

Parmi les acides gras retirés des eaux savonneuses, ceux du suint méritent une mention spéciale, car ce sont ceux dont il est le plus difficile de tirer parti en savonnerie, en raison de l'acide cérotique qui s'y trouve. Nous n'ignorons pas qu'on a cherché à utiliser la suintine dans la fabrication du savon bronze en la mélangeant à une très forte proportion de suif et à une très forte quantité de résine, puis en se servant d'une lessive chargée en carbonate de soude ; mais telle n'est pas la solution avantageuse.

MM. Isaac Holden et fils, les grands peigneurs de Croix (Nord), sont d'avis qu'il ne faut s'attacher qu'à saponifier les acides stéarique et oléique de la suintine, qu'ils sont parvenus à isoler et à débarrasser d'acide cérotique.

D'après ces industriels, c'est en autoclave qu'on arrive à atteindre les résultats les plus satisfaisants pour la saponification de ces deux acides gras ; néanmoins si l'on opère en chaudière ouverte on peut obtenir des savons passables.

Nous devons faire remarquer que l'acide stéarique exige moins de corps gras neufs que l'acide oléique.

Jusqu'à présent on a généralement réservé l'acide stéarique de la suintine pour la fabrication des savons durs et l'acide oléique de la même source pour celle des savons mous ; il n'y a que depuis peu de temps que l'acide stéarique en question est consommé pour les savons à base de potasse ; en été on peut en mettre 30 0/0 du poids des huiles, tandis qu'en hiver il est prudent de s'arrêter à 20 0/0.

M. Rohard prétend être parvenu à saponifier la suintine en profitant de ce que cette substance subit en présence de certains composés sulfureux une modification radicale dans sa constitution élémentaire qui permet alors une saponification à froid complète en moins d'une demi-heure avec une lessive de carbonate de soude.

Selon l'auteur de cette théorie, la graisse de suint amenée à son point de fusion retient et fixe jusqu'à cent fois son volume d'hydrogène sulfuré, ce qui occasionne la décomposition instantanée du carbonate de soude.

L'acide carbonique se dégage avec une telle énergie que la masse se soulève au point de déborder si la chaudière n'est pas assez profonde.

Ainsi saponifiée, la suintine fournirait un savon à pâte fixe, longue et d'une homogénéité irréprochable, ne conservant aucune odeur désagréable ; il y a donc combinaison intime. Ce qui le prouve, d'ailleurs, c'est que le savon marquant 30 à 40° c. lors de sa coulée en mises, atteint bientôt 60 à 70° c.

APPENDICE

BREVETS D'INVENTION CONCERNANT LA SAVONNERIE

DÉLIVRÉS EN FRANCE DEPUIS 1850

1850

9329 *3 janvier.* — Moyen de séparer la stéarine de l'oléine. **Moinier, Mermet et Guillon.**

9740 *2 avril.* — Savon de glycérine. **Cap.**

10029 *7 juin.* — Améliorations apportées à la fabrication des savons. **Moinier.**

10466 *20 septembre.* — Fossile savon. **Derrien et Thoumelet.**

10490 *20 septembre.* — Fabrication d'un savon composé et perfectionné. **Tourreau.**

1851

11012 *6 janvier.* — Genre de savon. **Martin.**

11187 *28 janvier.* — Perfectionnements apportés aux procédés et appareils pour la fabrication du savon. **Saint John Tadwell et Payson.**

11233 *26 février.* — Genre de savon. **Détrez et Cie.**

11499 *15 avril.* — Fabrication de savon de diverses qualités. **Canonge.**

11643 *9 mai.* — Savon de composition propre à laver spécialement le linge à froid. **De Hennin.**

12777 *18 décembre.* — Moyens perfectionnés propres à extraire le savon des eaux de lessive, **Birkett.**

1852

14865 *9 novembre.* — Procédé de fabrication du savon. **Jimenez.**

1853

15862 *15 mars.* — Conversion de gemmes en colles et en savons résineux. **Cétran.**

15905 *17 mars.* — Perfectionnements dans la fabrication des savons. **Laroche.**

16057 *6 avril.* — Application des huiles de pignon d'Inde et de Béreff à la fabrication du savon, à la teinture en rouge, etc. **Cavelier et Boniface frères.**

16252 *30 avril.* — Fabrication perfectionnée du savon par l'emploi de l'huile de palme. **Buard.**

16396 *14 mai.* — Savon à l'huile de foie de morue. **Lamar et Pauris.**

16608 *11 juin.* — Système de fabrication du savon. **Pleney et Bernard.**

16733 *18 juin.* — Dispositions mécaniques propres à peloter les savons. **Lesage.**

16906 *12 juillet.* — Procédés de fabrication de savon et utilisation des résidus. **Tournière.**

17185 *16 août.* — Fabrication de savon économique en poudre. **Encontre et Leroux.**

17396 *10 septembre.* — Procédés propres à transformer en savons ordinaires les savons obtenus en versant, dans les eaux savonneuses sans emploi, des sels terreux ou métalliques. **Pechoin frères.**

18199. *17 décembre.* — Mode de traitement des corps gras destinés à la fabrication des savons et des bougies et mode de fabrication des savons. **Deleveau.**

1854

18838 *25 février.* — Utilisation de toutes les eaux de savon, eaux de dégraissage des laines et tous les corps graisseux en général, à la fabrication des savons. **Armand.**

19132 *22 mars.* — Procédés dans les traitements des corps gras et huileux, principalement applicables à la fabrication du savon, de la chandelle et de la glycérine. **Tilghman.**

19369 *18 avril.* — Perfectionnement dans la fabrication du savon et autres composés savonneux. **Broomau.**

19505 *8 mai.* — Procédé de fabrication d'un savon neutre. **Broussais et Carpentier.**

19546 *11 mai.* — Genre de savon. **Kieffer.**

20493 *8 août.* — Fabrication d'un savon économique. **Grardel.**

20642 *28 août.* — Savon à dégraisser. **Teyson et Rivoire.**

20712 *5 septembre.* — Raffinerie des sels saponifiables. **Tabaret.**

20744 *7 septembre.* — Fabrication ou moyen de fabrication du savon. **Berger.**

21094 *12 octobre.* — Procédé de saponification. **Merle.**

21213 *6 novembre.* — Transformation de l'huile de palme et emploi des produits qui en résultent dans la fabrication de la bougie et du savon. **Delapchier.**

21228 *6 novembre.* — Savon spécial pour la distillerie. **Porret-Bootz.**

21706 *13 décembre.* — Fabrication d'un savon dit *savon Dalexandre.* **Dalexandre.**

21721 *18 décembre.* — Procédés de saponification des corps gras naturels provenant des animaux et des végétaux, applicables à la fabrication des bougies et des savons. **Melsens.**

1855

21911 *3 janvier.* — Machine pour couper et marquer le savon. **Gérard.**

21920 *3 janvier.* — Savon économique pour le blanchissage du linge. **Morin.**

22354 *12 février.* — Genre de savon. **Roullion.**

22913 *24 mars.* — Savon dit : *cantalou.* **Pichon.**

23247 *18 avril.* — Méthode de saponification ou acidification des corps gras neutres et de solidification des corps gras liquides. **Masse.**

23224 *21 avril* — Perfectionnements dans la fabrication des savons par l'emploi de certains corps ou substances. **Biebuych.**

23229   *21 avril.* — Introduction d'une substance dans la fabrication des savons. **Dujoncquoy et Mercier.**

23342   *30 avril.* — Savon dit : *savon Pelletier*, propre au blanchissage du linge sans frottement aucun. **Pelletier.**

23670   *29 mai.* — Mode de saponification des corps gras. **Frémy.**

24108   *10 juillet.* — Genre de savon. **Villeroux.**

24376   *7 août.* — Fabrication de savon dit : *savon de lichen.* **Chassin.**

24870   *27 septembre.* — Fabrication du savon. **Buncle.**

25668   *21 novembre.* — Composé propre à la fabrication des savons. **Babbitt.**

25883   *14 décembre.* — Poudre destinée à nettoyer, blanchir et adoucir la peau et application de cette même poudre à un cold cream et à un savon spécial de toilette. **Fanty-Lescure** et le comte **de Lamarthomé.**

25822   *24 décembre.* — Perfectionnements apportés dans la fabrication du savon. **Martin.**

1856

26072   *12 janvier.* — Perfectionnements dans la fabrication de certains savons. **Gossage.**

26336   *4 février.* — Savon économique. **Masson et Chabert.**

26826   *12 mars.* — Application de nouvelles graisses à la fabrication de bougies, chandelles, cierges, bougies-allumettes, savons, etc. **Laporte.**

27138   *2 avril.* — Perfectionnements apportés à la fabrication des savons. **Touzart.**

27274   *18 avril.* — Emploi des terres à foulon provenant du dégraissage des draps à la fabrication du savon. **Chaudet.**

27317   *28 avril.* — Savon. **D'Houan.**

27825   *22 mai.* — Perfectionnements apportés à la fabrication des savons. **Arlot.**

28124 *12 juin.* — Application d'un produit à la fabrication des savons. **Bouconnord.**

28597 *24 juillet.* — Fabrication d'un savon lessive. **Gaye.**

29378 *7 octobre.* — Savon propre à divers usages. **Delorme.**

29516 *16 octobre.* — Fabrication simultanée de la chandelle et du savon. **Laporte.**

29782 *17 novembre.* — Système de fabrication du savon au moyen d'une chaudière clause se vidant par pression de la vapeur. **Nanny.**

1857

30893 *12 février.* — Amélioration dans la fabrication du savon. **Dulery.**

31036 *27 février.* — Procédé de fabrication du savon brun noir, **Marassi et Marin.**

31074 *2 mars.* — Mode de fabrication du savon à froid. **Nicolas.**

31530 *6 avril.* — Composition et emploi d'un savon destiné à fixer les matières colorantes sur les toiles de coton par la vapeur. **Hoffer.**

32755 *20 juin.* — Fabrication de savons. **Bernard et Gaytte.**

33048 *21 juillet.* — Fabrication de savon, **Brackman.**

33375 *10 août.* — Machine à couper le savon. **Bazor fils.**

33788 *28 septembre.* — Perfectionnements apportés au système de fabrication du savon au moyen de la chaudière close se vidant par la pression de la vapeur. **Nanny.**

34059 *19 octobre.* — Saponification des corps gras dans un appareil à double fond (autoclave). **Petit et Limoult.**

34177 *29 octobre.* — Perfectionnements dans les machines à travailler et à peloter le savon. **Lesage.**

34399 *30 octobre.* — Moules à savon pour parfumerie. **Doyen.**

34486 *21 novembre.* — Perfectionnements apportés aux savons et aux préparations ou composés détersifs. **V⁰ Rowland.**

1858

35842   *19 mars.* — Machine à pétrir et couper le savon. **Letang.**

35937   *24 mars.* — Genre de fabrication de savon. **Joubert.**

36071   *2 avril.* — Saponification des corps gras de toute origine à
vase libre et à vase clos combinés dans des conditions
spéciales et nouvelles. **Petit et Limoult.**

36318   *24 avril.* — Procédé et préparation de savon. **Houssin.**

36892   *4 juin.* — Procédé de traitement des matières saponifiques.
Vᵛᵉ Bizet.

36940   *9 juin.* — Préparation des savons alumineux et leurs applications à la fabrication du sucre. **Frank.**

38681   *10 novembre.* — Genre de savon. **Génevois.**

1859

39440   *15 janvier.* — Manipulation du savon. **Vitaux aîné.**

39527   *18 janvier.* — Perfectionnements dans la fabrication des
savons. **Lindo.**

40374. *9 avril.* — Méthode de fabrication de savon à la vapeur et
à alcali neutre. **Piétroni.**

41777   *8 août.* — Appareil propre à fabriquer des savons. **Guitet.**

43122   *9 décembre.* — Savon perfectionné. **Bizet.**

1860

44149   *1ᵉʳ mars.* — Perfectionnements dans les appareils servant
à la fabrication des acides gras et à la saponification des
graisses. **Werk.**

44417   *21 mars.* — Savon liquide et solide dit : *savon oléogène.*
Droux.

45426   *6 juin.* — Base saponifiable pour la fabrication des savons en
général et particulièrement du savon de toilette. **Barry.**

45859   *10 juillet.* — Fabrication d'un savon parfait avec le jaune
d'œuf. **Gros.**

46270   *10 août.* — Perfectionnement dans la fabrication des savons. **Gossage.**

46290 *11 août*. — Emploi direct des sels alcalins dans la fabrication des savons de parfumerie et de ménage. **Tannevau**.

46929 *5 octobre*. — Système de fabrication de savons. **Vandel de P. et Gros frères**.

47117 *18 octobre*. — Savon à base sulfureuse. **Mollard**.

1861

48030 *4 janvier*. — Savon économique dit : *le Gédéon*. **Fliniaux**.

49212 *12 avril*. — Savon dit : *Savon oléagineux*. **Herpe**.

49371 *22 avril*. — Savon de toilette. **Marini**.

49848 *25 mai*. — Perfectionnements apportés à la fabrication des savons. **Moynier et Reytier**.

50137 *17 juin*. — Savon à base de beurre, de cacao et de glycérine. **Rimmel**.

50556 *25 juillet*. — Système et moyen de fabrication fournissant un savon rationnel sans déchet. **Riot**.

50787 *12 août*. — Composition pour savon extraite du bois de Panama. **Boramé**.

50938 *31 août*. — Genre de coupe-savon. **Muriel et Plessis**.

51130 *10 septembre*. — Savon de toilette. **Newman**.

51214 *19 septembre*. — Perfectionnements apportés à la fabrication du savon. **Kottula**.

51232 *21 septembre*. — Perfectionnements dans la fabrication du savon et des compositions propres au graissage des voitures et machines sur chemins de fer et autres. **Berthell**.

51408 *4 octobre*. — Clarification de l'acide oléique distillé pour le rendre propre à la saponification sans addition d'autres corps gras, et composition de savons alumineux par l'emploi de l'alumine précipitée de ses sels. **Morel-Despiegeleer et Maritz**.

51721 *25 octobre*. — Genre de savon **Orth**.

1862

53106. *22 février*. — Perfectionnements dans la fabrication du savon. **Morfit**.

53389 *22 mars*. — Moyen économique de faire le savon destiné au dégraissage de la laine et au blanchiment des étoffes. **Petit.**

53932 *29 avril*. — Savon dit : *Trésor des savons* à l'hélice des vignes, au suc de limaçons et au limon d'escargots. **Blanche.**

54008 *1er mai*. — Perfectionnements apportés dans la fabrication du savon, particulièrement applicable au désuintage, au dégorgeage et au foulage des tissus de laine et autres. **Fawett.**

54309 *30 mai*. — Application à la savonnerie, des amidons, farines, fécules rendus solubles et leur transformation en savon dit : *Savons d'amyline*. **Asselin.**

54592 *20 juin*. — Moyens de traitement pour les matières textiles végétales et animales et applications de savons caustiques à cet effet. **Vasseur et Jaussens.**

55308 *22 août*. — Fabrication de savons, eaux de toilette et autres produits de parfumerie aux fleurs des champs. **Bruges.**

55824 *3 octobre*. — Filières et moules propres la à fabrication du savon de toilette. **Piver.**

56053 *27 octobre*. — Fabrication d'un savon blanc mou. **Chapt, dame Carlier et Eyckens.**

56062 *8 novembre*. — Manche servant à employer commodément toutes sortes de savons compactes dit *manche savonnette*. **Griffon.**

56064 *8 novembre*. — Savon de riz. **Hernandez et Crespy.**

56321 *15 novembre*. — Perfectionnements dans la manufacture du savon et dans les appareils y employés. **Groux.**

1863

57421 *12 février*. — Application du rouge d'aniline ou fuschine à la coloration en rose des savons. **Papault et Martin.**

57442 *16 février*. — Système de lustrage des savons de tous genres. **Dupuis.**

57591   *25 février*. — Perfectionnements apportés à la fabrication des savons. **Mathieu**.

57891   *23 mars*. — Savon minéral. **Lecat et Bizet**.

58027   *10 avril*. — Fabrication des savons à froid. **Faget**.

58370   *18 avril*. — Système et moyens d'opérer à froid la saponification des corps gras et d'obtenir un genre de savon. **Permezel**.

58738   *23 mai*. — Appareil propre à la fabrication de toutes espèces de savons, dit : *système Deloustal*. **Deloustal**.

58789   *26 mai*. — Préparation d'un savon à base de corps gras acidifiés et marbrure par le cobalt. **Montfajon**.

58815   *29 mai*. — Fabrication d'un genre de savon. **Lemoult**.

59150   *23 juin*. — Perfectionnements apportés dans la fabrication des savons. **Elton**.

60472   *10 septembre*. — Savon de toilette. **Mougeot**.

60352   *15 septembre*. — Savon des toiles d'Alençon. **Roche et Aubier**.

60616   *28 octobre*. — Composition d'un savon à base végétale. **Duroy**.

60634   *29 octobre*. — Savon. **Vasseur et Mahot**.

61004   *27 novembre*. — Coloration en rouge et en violet des savons de toilette. **Piver**.

1864

62143   *1ᵉʳ mars*. — Fabrication des savons. **Mège**.

62468   *26 mars*. — Fabrication du savon. **Lemoult**.

63628   *1ᵉʳ juillet*. — Application industrielle des savons à base métallique et des huiles essentielles et siccatives. **Hartmann**.

64200   *19 août*. — Machine à couper le savon. **Tovany**.

64298   *29 août*. — Plaques et filières chauffées pour l'étirage et le modelage des savons de toilette. **Piver**.

64299   *29 août*. — Séchoir automatique continu propre à la dessiccation rapide du savon de toilette. **Piver**.

64376   *8 septembre*. — Machines pour parer, diviser et découper les barres de savon. **Faulquier Cadet et Cⁱᵉ**.

64574 *27 septembre.* — Appareil dit : *coupe-savon régulateur.* **Conard.**

64640 *8 octobre.* — Machine à couper le savon. **Fity.**

64783 *21 octobre.* — Perfectionnement au brevet du 10 septembre 1863. **Mougeot.**

65694 *2 décembre.* — Savon mou blanc. **Cosaert.**

55271 *2 décembre.* — Instrument dit : *coupe-savon.* **Bertrand.**

65391 *6 décembre.* — Emploi de l'alumine dans la fabrication des savons de toilette. **Bonnamy.**

65473 *13 décembre.* — Machine dite : *coupoir-diviseur* à balancier. **Ogé-Fourcart.**

1865

65861 *19 janvier.* — Peloteuse pour faire les briques de savon et morceaux de toutes dimensions. **Weill.**

66236 *18 février.* — Fabrication d'un savon dit : *savon gélatineux.* **Révin.**

66416 *6 mars.* — Emploi du pétrole à la fabrication du savon. **Imer-Fraissinet et Baux.**

66727 *25 mars.* — Savon photographique dit : *antimétalloïde.* **Auxerre.**

67196 *4 mai.* — Application du *Dika* à la fabrication du savon. **Rousseau**

67440 *20 mai.* — Procédé de décreusage des matières filamenteuses fournissant un savon commercial. **Pasquier et demoiselle Dumont.**

67441 *20 mai.* — Savon de toilette. **Pasquier et demoiselle Dumont.**

67748 *15 juin.* — Procédé pour purifier et raffiner les huiles et obtenir des résidus pour la fabrication du savon. **Pols.**

67835 *20 juin.* — Sorte de savon. **Mareschal.**

67839 *26 juin.* — Savon dulcifié au son. **Ponsin.**

68366 *11 août.* — Savon de toilette dit : *au lait de son.* **Gérard et Cie.**

68428 *19 août.* — Savons dits : *à l'huile de palma Christi.* **Gérard et Cie.**

68724   *12 septembre.* — Application de la matière dite : *écume de mer* à la fabrication des savons. **Neuburger et Spencer.**

68648   *13 septembre.* — Appareils destinés à couper le savon. **Couhé.**

68769   *16 septembre.* — Machines à travailler les savons. **Beyer.**

68865   *28 septembre.* — Fabrication rapide du savon. **Bignon.**

71408   *25 novembre.* — Savon propre au foulage des draps. **Pailhoux.**

1866

70612   *27 février.* — Savon. **Watt.**

71638   *19 mai.* — Machines à peloter le savon. **Washer.**

72777   *4 septembre.* — Fabrication du savon **Jacquier et Rostaing.**

73437   *26 octobre.* — Savon phéniqué. **Shouver.**

73438   *27 octobre.* — Genre de savon. **Sanfourche.**

73499   *13 novembre.* — Emploi de la vapeur surchauffée pour saponifier les corps gras ou pour en séparer la glycérine et obtenir ainsi les acides gras libres. **Peyrecave.**

73702   *23 novembre.* — Savon préparé avec l'oléine et l'ammoniaque caustique du commerce. **Philippe et Fortier.**

1867

74722   *29 janvier.* — Savon propre au dégraissage des laines en suint. **De Werchin.**

74913   *11 février.* — Savon pour usages industriels et domestiques. **De Werchin.**

75074   *19 février.* — Savon de toilette. **Mougeot.**

75120   *9 mars.* — Savon dit : *porte-bleu.* **Soubrié.**

75718   *23 mars.* — Savon pour le foulage et le dégraissage des draps. **Negro.**

75790   *28 mars.* — Fabrication du savon. **Payne.**

76091   *6 mai.* — Séchoir économique destiné à sécher le savon pour le moulage. **Sire.**

76540   *1er juin.* — Désinfection des savons d'oléine parfumés ensuite par l'emploi de la nitrobensine pour donner l'odeur d'amande amère. **Bourgeaud.**

76929   *2 juillet.* — Savons et autres produits phéniqués. **Huchette.**

77989   *7 septembre.* — Broyage du savon de toilette et autres. **Piver.**

73161   *26 octobre.* — Machine à trancher le savon. **Walter.**

1868

79677   *24 février.* — Savon. **Bonet.**

79962   *28 mars.* — Savon économique dit : *savon argileux.* **Debus.**

80986   *18 mai.* — Savon blanchissant parfaitement à l'eau de mer. **Raybaud.**

81019   *8 juin.* — Machine dite : *coupe-savon.* **De Rottkay.**

81651   *10 juillet.* — Savon fait de toute espèce de déchets graisseux. **De Frey et Bonnevie.**

81776   *18 juillet.* — Savon dit : *savon bombycique,* destiné au décrassage et au lessivage des fils et des tissus de soie et autres. **Gazbayet.**

81970   *7 août.* — Appareil avec agitateur pour la saponification des corps gras. **Jedinowicz.**

81907   *8 août.* — Fabrication d'un savon. **Laurent.**

82030   *12 août.* — Fabrication directe du savon au silicate. **Martin.**

82236   *3 septembre.* — Savon économique. **Armelin et Guérin.**

83464   *7 décembre.* — Procédé pour refroidir et mettre en barre le savon. **Divine.**

83732   *31 décembre.* — Produit remplaçant le savon. **Bonet.**

83741   *31 décembre.* — Désinfection des matières grasses et fabrication du savon. **De Frey.**

1869

83821   *2 janvier.* — Savon pour l'ensimage de la laine et le foulage des draps feutrés. **Delmasse.**

84002 *2 février.* — Savon bleu d'outremer. **Lacour.**

85210 *23 février.* — Savon chimique flotteur. **Durely et Urel.**

85240 *12 avril.* — Machine à modeler le savon. **Piver.**

85622 *8 mai.* — Machine à broyer. **Piver fils et Beyer.**

85903 *3 juin.* — Machine à peloter le savon. **Dubois.**

86738 *10 août.* — Estampage des savons. **Piver.**

86908 *17 août.* — Saponification des corps gras par l'acide azoto-sulfurique. **Bastier et Lalou.**

80279 *28 décembre.* — Moules pour savonnettes transparentes renfermant des images. **Denzel et les sieurs Beyer.**

88103 *13 décembre.* — Saponification des corps gras saponifiables. **Vincent.**

1870

89188 *12 mars.* — Pâte de saponine. **Claisse et Delmotte.**

90246 *19 avril.* — Emploi de la pression hydraulique à la peloteuse à savon. **Brandreth.**

89914 *6 mai.* — Savon Rosière. **Rosière.**

89806 *11 mai.* — Blanchiment du savon. **Deiss.**

89863 *11 mai.* — Machine à découper et à débiter le savon. **Delmas.**

90538 *24 juin.* — Presse à savon articulée. **Thibault.**

90753 *25 juillet.* — Appareil à fabriquer le savon. Les sieurs **Hyde.**

91292 *10 novembre.* — Machines pour mouler, former et imprimer le savon. **Cleaver.**

1871

92552 *26 août.* — Savon phéniqué. **Claisse et Delmotte.**

1872

93902 *20 janvier.* — Savon soluble à l'eau de mer. **Manin jeune.**

95103 *30 avril.* — Savon-annonce. Les sieurs **Beyer.**

95104 *2 mai*. — Savon au goudron, au soufre, à la salsepareille, etc. **Bock et Defrey**.

95229 *10 mai*. — Detergent-savon. **De Tatton, Egerton, Mitford et Watkins**.

95385 *2 mai*. — Savon à graisser les laines et sa composition. **Huser, Medaer, et Cⁱᵉ**.

95280 *15 mai*. — Saponification des corps gras par la voie sèche. **Fortoul**.

95381 *25 mai*. — Savon mélangé d'hydrate de silice. **Vᵛᵉ Guillemard**.

95557 *10 juin*. — Pâte de savon. **Richard et Dupont**.

95906 *6 juillet*. — Savons. **Fournier**.

96020 *20 juillet*. — Fabrication et emplois de savon ammoniacal. **Rohart**.

96280 *16 août*. — Emploi du gaz carbonique à la destruction de la causticité des savons de toilette, **Mialhe**.

96376 *26 août*. — Machine à frapper les savons. **Patault**.

96241 *27 août*. — Presses à frapper les savons et à établir diverses grosseurs. **Michel**.

96694 *24 septembre*. — Application de la presse hydraulique à une machine à peloter le savon. **Delaporte et Junca**.

96888 *22 octobre*. — Savon à fouler et à dégraisser les draps. **Decurty**,

97518 *18 décembre*. — Machines à traiter le savon. **Les sieurs Beyer**.

1873

98012 *25 avril*. — Fabrication des savons mous et durs à base de matières grasses, de tissus adipeux et de déchets de boucherie, avec addition de poches de fiels et de parties bilieuses, résistant à la congélation et à la chaleur. **Bock et Defrey**.

98932 *8 mai*. — Fabrication du savon. **Moïse**.

98964 *12 mai*. — Découpeuse à savon. **Leboucher**.

99360 *20 mai*. — Eau et savon hygiéniques dits : *hydrocérasine*, *vulnérine* et *sudorine*. **Maurel**.

99439   *5 juin.* — Fabrication du savon. **Arlot.**

100509   *4 octobre.* — Fabrication de savons. **Fournier.**

101018   *3 novembre.* — Fabrication de matières lubrifiantes et saponification. **Persoz.**

101237   *27 novembre.* — Savon oléo-stéarique pur et savon oléo-stéarique résineux. **Destibeaux.**

1874

105415   *22 mai.* — Traitement par la potasse caustique des matières grasses afin d'en augmenter le point de fusion. **Bastie.**

104894   *9 septembre.* — Mélangeur à savon. **Fisch.**

105084   *28 septembre.* — Fabrication du savon. **Brandon.**

105418   *3 octobre.* — Application de l'eau de son concentrée, ou huile de son, à la fabrication d'un savon de toilette. **Dame Bossé.**

105427   *26 octobre.* — Peloteuse à savon. **Hermann.**

105473   *14 novembre.* — Production de dessins colorés dans un savon. **Poussard.**

105526   *26 novembre.* — Emploi des graines oléagineuses dans la fabrication des savons. **Fournier.**

106082   *17 décembre.* — Fabrication du savon. **Freeland.**

1875

106250   *7 janvier.* — Savon de mars. **Montégut.**

107092   *4 mars.* — Peloteuse à vis cylindrique, noyau conique. **Célisse.**

107125   *10 mars.* — Boudineuse pour savon. **Beyer frères.**

107156   *3 avril.* — Boîte à charnières pour marquer et estampiller le savon. **Arnaud.**

107170   *3 avril.* — Caisses pour l'emballage des savons. **Ghilini.**

407836   *27 avril.* — Fabrication du savon. **Lombardon.**

108001   *8 mai.* — Fabrication du savon par l'électricité. **De Meritens.**

108089   *15 mai.* — Cylindres métalliques d'une seule pièce sans rivures pour saponifier les matières grasses. **Droux.**

108148   *22 mai.* — Enrobage héraldique et adhérent des savons de toilette. **Chardin, Massignon et Pinaud.**

109631   *22 septembre.* — Savons de Marseille ordinaires parfumés. **Souvignet.**

109819   *4 octobre.* — Savon végéto-minéral. **Houet.**

109782   *9 octobre.* — Fabrication des savons. **Fliniaux.**

110075   *25 octobre.* — Fabrication rapide des savons. **Coinsin-Bordat et Girouard.**

110095   *26 octobre.* — Fabrication du savon par l'électricité. **Vildé.**

1876

111551   *17 février.* — Machine à mêler les savons. **Weiler.**

112687   *3 mai.* — Fabrication des savons neutres et savon liquide à la glycérine. **Esquiron.**

113927   *27 juillet.* — Savon fait avec les eaux de lessivage de la paille. **Duclaux.**

114408   *2 septembre.* — Fabrication des savons. **Olivier.**

115269   *30 octobre.* — Fabrication des savons d'huile. **Lewis et Copie.**

1877

116434   *10 janvier.* — Coupe-savon mécanique. **Dubost et Lacroix.**

116462   *12 janvier.* — Boudineuse pesant et coupant mécaniquement. **Hermann.**

117841   *31 mars.* — Fabrication des savons. **Gaulofret.**

118887   *6 juin.* — Dessication des savons par essorage. **La Quintinie.**

118751   *7 juin.* — Saponification à froid des huiles et des graines par la lessive de soude. **Dupont.**

119166 *29 juin,* — Fabrication du savon à base de soude ou de potasse en vase clos. **Yol.**

120426 *21 septembre.* — Savon à l'amiante. **Bonneval d'Abugeon, Rocher et Dayet.**

120514 *28 septembre.* — Savon ou composé destiné au nettoyage. **Waller.**

120797 *19 octobre.* — Fabrication de savons-sachets avec enveloppe adhérente. **Chardin et Massignon.**

121591 . *13 décembre.* — Saponification instantanée. **Girouard.**

1878

122334 *24 janvier.* — Savon fait avec les fruits et les graines oléagineuses. **Spinelli.**

123041 *6 mars.* — Savon dit : *le dégraisseur.* **Bernhard.**

123448 *26 mars.* — Moyen de rendre toutes les sortes de savons solubles à l'eau de mer. **Charpy.**

123325 *28 mars.* — Savon lavant à l'eau de mer. **Puget.** ·

123744 *10 avril.* — Ecume à raser. **Hampel.**

123836 *12 avril.* — Savon flottant pour bains. **Hilgers.**

124099 *20 avril.* — Traitement des matières grasses et leur transmation en acides gras. **Droux.**

124464 *22 mai.* — Fabrication du savon en vase clos. **Spinelli.**

125015 *11 juin.* — Composition d'un genre de savon. **Pantin et Richard.**

125458 *4 juillet.* — Application de la décalcomanie sur l'extérieur des savons. **Freeland.**

125684 *24 juillet.* — Procédés pour blanchir les résines ou colophanes et de les rendre propres à la fabrication des savons. **Testanière.**

126300 *29 août.* — Production des acides gras. **Hartl.**

126426 *6 septembre.* — Fabrication du savon. **Mackey.**

127129 *2 novembre.* — Découpeuse-Arnaud. **Arnaud.**

128115 *24 décembre.* — Savon de toilette. **Massignon.**

1879

128560 *30 janvier.* — Saponification des huiles minérales pour faire un savon benzine. **Barbieux et Rosier.**

128656 *30 janvier.* — Fabrication des savons à froid. **Payen.**

128677 *10 février.* — Fabrication des savons à froid par les acides gras purs. **Barbieux et Rosier.**

129051 *10 février.* — Machine à couper le savon. **Juveille.**

129764 *15 mars.* — Fabrication du savon par dissolution préalable des matières saponifiables. **Horsin-Déon.**

131194 *13 juin.* — Savon à l'amiante. **Rocher et Dayet.**

133286 *21 octobre.* — Moulage et marbrure du savon. **Société Lefebvre et Cie.**

133858 *26 novembre.* — Savon dit : *de carboléine*. **Martin.**

134274 *11 décembre.* — Savon de toilette hygiénique sulfité. **Combret.**

1880

134514 *12 janvier.* — Fabrication des savons. **Jeyes.**

134959 *9 février.* — Fabrication des savons. **Sirandré.**

135177 *20 février.* — Emploi de l'oxyde de méthyl pour dissoudre les corps gras et les parfums. **Massignon.**

135508 *10 mars.* — Savon dur ou mou dit : *savon de Barnången.* **Holmström.**

136169 *19 avril.* — Savon désinfectueux et antiputride. **Bredael.**

137134 *8 juin.* — Fabrication de savon chloreux. **Bertin.**

138519 *4 septembre.* — Coupe-savon. **Boucheron.**

139375 *28 octobre.* — Fabrication des savons. **Combret.**

139656 *16 novembre.* — Moyen industriel perfectionné de produire des savons et huiles à nettoyer et à graisser. **Claudon.**

139774 *22 novembre.* — Pâte saponnière pour la fabrication de tous les savons. **Blanlœuil et Achaume.**

139775 *23 novembre.* — Préparation d'un savon spécial dit : *savon lessiveur.* **Millaud et Bouzon.**

140393 *29 décembre.* — Savons perforés. **Borie.**

1881

140533   *8 janvier.* — Savon-réclame et savon de l'Illustration. **Chapelain**.

140539   *8 janvier.* — Procédé pour établir de la glycérine au moyen de la sous-lessive dérivée de la fabrication du savon. **Flemming**.

140942   *7 février.* — Régénération du savon et son extraction des résidus de toutes sortes provenant d'opérations industrielles dans lesquelles on emploie le savon ou les matières propres à le former. **Blin et Bloch**.

141064   *9 février.* — Extraction par le procédé de l'osmose de la glycérine contenue dans les lessives perdues des savonneries. **Société Petit frères**.

141232   *18 février.* — Savons portant des inscriptions en couleurs. **Naux et Dubreuilh**.

141498   *3 mars.* — Savon marbré. **Gandelat**.

141663   *9 mars.* — Adjonction aux matières premières pour la fabrication des savons d'une décoction et d'une macération mucilagineuses de graines de lin. **Cathala et Maunier**.

141664   *9 mars.* — Nouveau savon dit : *savon blanchisseur*. **Bouzon**.

141889   *22 mars.* — Nouveau procédé pour fabriquer avec des corps gras d'origine animale ou végétale des savons durs parfaitement neutres ou des savons mous à laver. **Weineck**.

142189   *7 avril.* — Relargage des savons et extraction de la glycérine des lessives en résultant. **Benno, Jaffé et Darmstaedter**.

143370   *11 juin.* — Perfectionnements apportés à la fabrication du savon. **Higgins**.

143721   *30 juin.* — Traitement des lessives épuisées de savonnerie pour en récupérer la glycérine. **Payne**.

143757   *4 juillet.* — Composé destiné au lavage et appareil employé. **Watt**.

143837 *7 juillet.* — Savon marbré, vert, jaune, à l'huile de palme et à base principale de soude, pour le lavage à l'eau de mer et aux eaux séléniteuses et calcaires. **Naux et Dubreuilh.**

143923 *16 juillet.* — Savon à détacher. **Vincent.**

145558 *31 octobre.* — Découpeuse. **Arnaud.**

145713 *8 novembre.* — Savon lavant à l'eau de mer. **Rome et Mollard.**

145823 *14 novembre.* — Application de couche de savon sur feuilles de papier pour la toilette. **Fraenkel.**

146433 *16 décembre.* — Fabrication des savons. **Charpy.**

146402 *17 décembre.* — Perfectionnement dans la fabrication du savon ou son traitement. **Green.**

146548 *26 décembre.* — Savon en pastilles dit : *le Moko*. **Besson et Remy.**

1882

147629 *2 mars.* — Nouveau procédé perfectionnant la composition et la qualité des savons en diminuant le prix de revient. **Conti.**

148120 *28 mars.* — Perfectionnement dans l'art de fabriquer du savon avec des graisses et des huiles, et appareil pour mettre ces perfectionnements en pratique. **Heckel.**

148285 *5 avril.* — Procédé de fabrication des savons. **Fournier.**

148388 *12 avril.* — Perfectionnements dans la fabrication des savons. **Liebreich.**

149619 *12 juin.* — Perfectionnements dans la fabrication des savons mous et durs. **Grave.**

149616 *17 juin.* — Nouvelle fabrication du savon sous forme de feuilles. **Bankmann.**

149966 *4 juillet.* — Agitateur mécanique appliqué à la fabrication du savon. **Ferrier.**

150712 *23 août.* — Savon-lessive pour laver, lessiver le linge et tous les tissus végétaux sans aucun autre produit. **Palun.**

151401 *4 octobre.* — Procédé d'extraction de la glycérine des corps gras. **Poullain et Michaud frères**.

152134 *16 novembre.* — Appareil et méthode pour la fabrication du savon afin de séparer les composants des graines et des huiles et obtention de glycérine, stéarine et oléïne. **West**.

152146 *16 novembre.* — Empaquetage du savon en pâte. **Société « La Stéarinerie Française »**.

152411 *16 novembre.* — Nouveau procédé de saponification complète des corps gras et régénération des réactifs employés. **Crespel frères et Martin**.

152657 *13 décembre.* — Application nouvelle de moyens connus pour obtenir un résultat qui consiste à présenter aux consommateurs des savons dont chaque morceau porte son prix respectif de vente. **Sylvestre**.

1883

153369 *27 janvier.* — Système de fabrication d'un produit dit: *savon minéral*. **Lecat**.

153369 *5 avril.* — Perfectionnements dans la fabrication des savons. **Baudot**.

154934 *21 avril.* — Coupe-savon. **Andriot**.

155181 *30 avril.* — Perfectionnements dans la fabrication du savon. **Spieihagen**.

155750 *31 mai.* — Applications nouvelles de boîtes, vases, flacons, etc., en métal, faïence, carton, bois, ou liège de toute grandeur, pour le logement et la vente au détail des savons gras de toute espèce et de toute nature. **Robert**.

155886 *18 juin.* — Savon dit: *Saponéine*. **Tisserand et Martin**.

156372 *3 juillet.* — Perfectionnements dans le traitement des corps gras acides ou partiellement acides destinés à être employés dans la fabrication du savon. **Bang et Castro**.

157422 *6 septembre* — Appareil à couper les boudins de savons au sortir de la peloteuse. **Roussel**.

157963 *10 octobre.* — Procédé économique pour obtenir des savons de résine. **Hennebutte.**

158741 *13 novembre.* — Nouveau système pour l'introduction de corps étrangers solides dans l'intérieur des savons de toute espèce quelle qu'en soit la forme. **Berthelier.**

1884

160203 *9 février.* — Nouveau système de décomposition des matières grasses neutres en acides gras et en glycérine dit : *Système de saponification moléculaire.* **Droux.**

160264 *12 février.* — Composition d'un savon lessiviel pour le blanchissage et le coulage du linge en général. **Bar.**

161457 *12 avril.* — Nouveau procédé de saponification des corps gras. **Daire, Ancelin et Cⁱᵉ.**

151756 *26 avril.* - Procédé de fabrication d'un savon dur sans lessive, très dur et neutre et d'une faible contenance d'eau avec emploi de la force centrifuge. **Fabrick chemischer producte actien-Gesellschaft.**

161821 *1ᵉʳ mai.* — Transformation complète introduite dans la fabrication du savon de Marseille dit : *savon bleu pâle et bleu vif.* **Serpette.**

162817 *16 juin.* — Appareil destiné à activer la fabrication du savon marbré dit : *de Marseille.* **Senès.**

163266 *12 juillet.* — Procédé de traitement des huiles extraites par le sulfure de carbone et des ressences vertes d'huile d'olive pour la fabrication du savon. **Oettinger.**

163567 *30 juillet.* — Principe de l'association de l'amiante avec la saponine et autres produits détersifs de la saponaire et autres plantes fournissant les mêmes produits, et fabrication découlant de ce principe, tels que : savons nouveaux dénommés savons d'amiante, de saponine, savons de toilette à double face, savons d'usine, poudre de lessive, etc. **Bonneval d'Arbrigeon.**

163732 *11 août.* — Perfectionnement dans la fabrication du savon. **Domeier et Nickels.**

165038   *24 octobre*. — Presse à marquer les savons. **Maurice**.

165757   *4 décembre*. — Nouveau système de saponificateur. **Delpech**.

1885

166651   *29 janvier*. — Nouveau système de marquage des savons. **Hubert**.

167979   *3 avril*. — Machine à couper le savon. **Rutterer**.

169613   *17 juin*. — Madreur mécanique pour savonnerie. **Eydoux**.

171140   *10 août*. — Procédé de fabrication des savons. **Nicolet**.

171111   *9 septembre*. — Procédé de fabrication d'un savon économique. **Monterrubio**.

171371   *28 septembre*. — Lessive parfumée destinée à tous lavages et nettoyages. **Soc. F. R. Nahrath et Cⁱᵉ**.

172128   *7 novembre*. — Machine à diviser les blocs de savon. **Lavanant**.

172423   *20 novembre*. — Appareil à godets mobiles pour la saponification des huiles et corps gras en général. **Eydoux**.

172848   *11 décembre*. — Mode de traitement et d'utilisation des eaux savonneuses. **Ashwell**.

1886

174251   *18 février*. — Procédé de fabrication d'un savon en poudre désinfectant, nettoyant et blanchissant en même temps. **Pollaesck et Elsner**.

174317   *22 février*. — Fabrication de savon de toilette contenant de l'amidon. **Dalmbert**.

174871   *18 mars*. — Procédé de purification du suint des laines en vue de son traitement dans la fabrication des savons. **Graff**.

175068   *27 mars*. — Machine peloteuse-boudineuse avec coupoir automatique pour la fabrication des savons de toilette. **Dubois**.

175266   *5 avril*. — Nouveau procédé de traitement des matières grasses en vue de leur saponification. **Rohart (Dame)**.

176928 *17 mai.* — Perfectionnements dans les savons liquidés. **Livesey**.

176528 *22 juin.* — Savon destiné à nettoyer les étoffes ou vêtements et à leur rendre leur couleur primitive. **Andersen**.

177437 *16 juillet.* — Perfectionnements apportés dans la fabrication des savons à base de potasse pour blanchiment, teinture et apprêts des fils et tissus. **Vandersnickt**.

177881 *10 août.* — Perfectionnements apportés dans la fabrication du savon. **Clute, Rose et Aubery**.

1er octobre. — Fabrication d'un savon spécial simultanément détersif, décolorant, antiseptique et désinfectant. **Olivier et Ferchat**.

178992 *14 octobre.* — Machine automatique à frapper les savons moulés. **Montel**.

179062 *16 octobre.* — Perfectionnements dans la fabrication du savon et l'obtention des lessives glycérineuses. **Linget et Viaudey**.

179082 *18 octobre.* — Nouveau système d'empaquetage des savons. **Société A. Grellou et Cie**.

180162 *8 décembre.* — Nouveau procédé de fabrication du savon. **Rabattu**.

1887

181716 *8 février.* — Coupe-savon. **Fonteneau**.

182175 *14 mars.* — Pâte savonneuse. **Stéphany**.

182745 *8 avril.* — Procédé de séparation des corps gras de leur glycérine en autoclave. **Société industrielle des glycérines et acides gras**.

183138 *16 avril.* — Application des filtres-presses pour la préparation des lessives employées dans la fabrication des savons. **Moride et de Winter**.

183970 *4 juin.* — Fabrication consistant à extraire la glycérine des corps gras neutres destinés à la fabrication des savons sans altérer la qualité de leurs acides gras; mais au contraire en leur donnant une plus-value. **Société Daire, Anselin et Cie**.

184088 *8 juin,* — Nouveau perfectionnement applicable à la saponification des corps gras. **Besson aîné.**

185630 *2 septembre.* — Procédé dé saponification des corps gras par l'électricité. **Brocard.**

186024 *23 septembre.* — Décomposition des matières grasses neutres en glycérine et en acides gras. **Droux.**

186555 *24 octobre.* — Savon anhydre. **Société Rissmuler et Wistinger.**

187178 *24 novembre.* — Nouveau genre de savon mou pouvant s'utiliser dans la parfumerie. **Montié.**

1888

188293 *24 janvier.* — Machine à découper le savon. **Quilhot.**

188512 *4 février.* — Chariot découpeur rouleur à savons. **Baculard.**

188737 *25 février.* — Procédé de fabrication de savons solubles dans l'eau de mer. **Von Wilke.**

189634 *31 mars.* — Nouveau procédé permettant d'obtenir à froid et mécaniquement des savons moulés présentant en toutes nuances, les effets désirables de mosaïque, de marbrure ou de veinure, savon dit : *mosaïque.* **Richard-Lagerie.**

190268 *28 avril.* — Savon perfectionné. **Thompson.**

190273 *28 avril.* — Perfectionnement apporté à la fabrication du savon. **Rodiger.**

190632 *16 mai.* — Recettes et procédés nouveaux de fabrication du savon. **Magrini.**

190988 *29 mai.* — Fabrication d'un produit dit : *savon benzine.* **Homo et Paquereau.**

190894 *30 mai.* — Autoclave pour la séparation des corps gras neutres et application de la noria dans l'intérieur des autoclaves, **Hachl.**

191678 *3 juillet.* — Machine à découper le savon. **Dussel.**

191603 *4 juillet.* — Procédé de fabrication des savons dits : *savons panachés.* **Société Rivière et Cie.**

192163 *1ᵉʳ août*. — Perfectionnements apportés aux appareils à saponifier les matières grasses. **Bollinckx**.

192259 *6 août*. — Fabrication de savons avec la terre alcaline de *Nacera-Umbra*. **Maggiorani**.

192474 *18 août*. — Procédé de fabrication de savon acide. **Locktine**.

193419 *9 octobre*. — Mode d'emballage du savon mou. **Société Rivière et Cⁱᵉ**.

193632 *19 octobre*. — Nouveau savon dit *savon-Gossart*. **Gossart** (**Dⁱⁱᵉ**).

194207 *19 novembre*. — Procédé de circulation pour obtenir la séparation de la glycérine des corps gras en autoclave. **Marix**.

194764 *19 décembre*. — Combinaison du miel aux alcalis pour servir de savon et aux mêmes usages que les savons à l'huile. **De Werchin**.

194837 *20 décembre*. — Nouveau genre de savon de toilette dit : *savon polychrome* donnant l'agglomération finale à chaud des plaques ou morceaux de savon réunis à froid par pression. **Richard-Lagerie (Dame)**.

1889

195211 *10 janvier*. — Composition de pâte de savon. **Bricoult**.   +

195788 *1ᵉʳ février*. — Nouvelle composition saponaire et procédé pour sa fabrication. **Von Froschauer**.

195942 *9 février*. — Presse à mouler les savons. **Morel**.

196409 *2 mars*. — Presse à frapper les savons de toilette et de ménage. **Dubois**.

196828 *12 mars*. — Perfectionnements dans les appareils employés dans la fabrication du savon. **Bishop**.

196933 *27 mars*. — Machine à marquer et découper les pains de savons en barres. **Morel**.

197256 *9 avril*. — Application des injecteurs pulvérisateurs dans le traitement des graisses et huiles organiques ou minérales. **Seigle-Goujon**.

197713 *24 avril.* — Procédé pour extraire des lessives mères du savon la glycérine et les produits secondaires. **Hagemann.**

198249 *15 mai.* — Nouveau savon dit *savon-buanderie.* **Van Den Berghe.**

199175 *25 juin.* — Savon bleu de buanderie. **Kempton.**

199720 *22 juillet.* — Perfectionnements à la fabrication des savons. **Schuster.**

201775 *7 novembre.* — Application des enveloppes filtrantes aux savons et autres matières. **Genevois.**

201868 *12 novembre.* — Fabrication de savon avec des sauterelles, leur graisse, leur huile. **Hernandez et Hernandez.**

202847 *30 décembre.* — Machine à tronçonner le savon. **Dagassan.**

1890

203292 *25 janvier.* — Machine à découper le savon dans les mises. **Morel.**

203425 *1er février.* — Savon blanc spécial. **Barjavel.**

203644 *7 février.* — Nouvelle méthode de saponification des corps gras. **Rivière.**

203775 *13 février.* — Procédé perfectionné pour la fabrication des savons broyés ou agglomérés. **Des Cressonnières (les sieurs).**

204492 *22 mars.* — Nouveau système de découpoir pour le savon. **Peyreplane et Celle.**

204523 *22 mars.* — Perfectionnements dans la fabrication du savon. **Duclos.**

204839 *11 avril.* — Transformation des savons de chaux en savons sodiques en vue de l'utilisation de la glycérine. **Eydoux.**

205291 *26 avril.* — Nouveau savon dénommé *lessive parfumée.* **Arbouin (Dame).**

205802 *21 mai.* — Machine à couper le savon dite l'*express.* **Bulle.**

205854 *23 mai.* — Nouveau produit dit *savon au lait,* dur ou mou, et son mode de préparation **Rehnström.**

206017 *31 mai.* — Appareils destinés à la fabrication des acides gras. **Droux.**

206018 *31 mai.* — Nouveau procédé de fabrication du savon en employant de l'huile minérale. **Kœnig.**

206092 *3 juin.* — Procédé pour fabriquer par leur propre échauffement des savons de potasse durs et mous et des savons durs de soude et de potasse. **Zeitler.**

206397 *16 juin.* — Perfectionnements aux pains de savon transparent et aux moyens d'y introduire et d'y faire des étiquettes d'annonces. « **The Economic Advertising Cº Lᵈ.** »

206476 *19 juin.* — Nouvelle presse à savon de ménage. **Wallois.**

206523 *20 juin.* — Système de fabrication des pains de savon. **Chesebrough Mˢ Cº.**

206552 *26 juin.* — Introduction du phénol et de tous autres désinfectants (goudrons exceptés) dans les savons de toute nature. **Freland père, Porlier et Freland fils.**

206812 *4 juillet.* — Fabrication d'un nouveau savon ou composé propre à laver, dégraisser et détacher. **Scherb.**

208358 *20 septembre.* — Procédé de fabrication d'un savon à l'huile de pétrole et aux huiles congénères. **De Velna et Lagoutte.**

208777 *14 octobre.* — Déglycérination des huiles et des graisses pour l'obtention des acides gras et de la glycérine. **Weiss.**

208842 *15 octobre.* — Perfectionnement dans la fabrication des savons de potasse durs, opaques et transparents. **Roselle et Pennie.**

209874 *29 novembre.* — Perfectionnements dans la fabrication du savon. **The Liverpool, Patent Soap Cº Lᵈ.**

1891

211107 *2 février.* — Nouvelle composition de savon de toilette. **Bodet.**

213012 *24 avril.* — Savon nouveau et son procédé de fabrication. **Raiga.**

213374 *11 mai.* — Procédé économique pour l'épuration des eaux savonneuses et récupération du savon et des acides gras qu'elles renferment. **Scott et Hennebutte**.

213429 *12 mai.* — Coupeuse à savon à tabliers d'équerre et à mouvements automatiques. **Wallois**.

214625 *3 juillet.* — Procédé de fabrication de savon dur tiré de différentes matières. **Osuchowski**.

214829 *17 juillet.* — Nouveau moyen économique pour fabriquer mécaniquement des savons marbrés et autres. **Rousseau aîné**.

215558 *19 août.* — Neutralisation des eaux de savonnerie. **Lombard**.

217538 *13 novembre.* — Savon aux lessives concentrées de saponaire, de menthe poivrée et de toutes plantes saponifères. **Besson et Bonneval d'Abrigeon**.

1892

218974 *27 janvier.* — Nouveau savon, dit : *savon Blanchet*. **Gautron**.

219497 *18 février.* — Nouveau savon gras, dit *savon naphte* préparé spécialement pour le nettoyage à sec à fond, de tous articles, etc. **Mélis et Rosey**.

220582 *1er avril.* — Fabrication d'un savon dans le corps duquel on aperçoit des dessins réguliers de toutes formes et de toutes nuances. **Guiblin**.

221118 *23 avril.* — Procédé de fabrication d'un savon de ménage économique marbré. **Billault**.

221296 *30 avril.* — Disposition et méthode de la préparation d'une matière inerte toute prête pour charger le savon. **Schreyer**.

222834 *6 juillet.* — Perfectionnement dans la fabrication du savon. **Société anonyme Akticbolaget**.

223237 *26 juillet.* — Procédé à chaud ou à froid de fabrication de savon de résine de pins avec ou sans addition de savon de graisses ou d'huiles animales ou végétales. **Hlawaty et Kanitz**.

223459 *4 août.* — Savon liquide perfectionné. **Haigh**.

224415 *19 septembre.* — Fabrication d'un savon pour lavages désinfectants. **Heller**.

224372 *21 septembre.* — Nouveau procédé de fabrication. **Lombard**.

224567 *27 septembre.* — Perfectionnements apportés aux procédés permettant d'extraire le savon et le suint des corps gras provenant de la laine en suint. **Mills**.

224983 *17 octobre.* — Perfectionnements dans la fabrication du savon mou. **Brown**.

224984 *17 octobre.* — Perfectionnements dans la fabrication du savon dur. **Brown**.

225232 *18 octobre.* — Application de la vapeur surchauffée au chauffage des chaudières à cuire le savon. **Société Blanchard et Sauvé**.

225756 *21 novembre.* — Machine automatique à couper les savons. **Montel**.

225937 *26 novembre.* — Procédé de fabrication de savons durs à base de potasse et à base de potasse et de soude. **Schicht**.

226350 *14 décembre.* — Procédé de fabrication de savon à base de potasse et de soude. **Görg**.

226496 *19 décembre.* — Procédé perfectionné pour marquer en couleurs indélébiles des pains et des prismes de savon. **Macdongal et Sturrock**.

226741 *27 décembre.* — Nouvelle méthode pour fabriquer une matière finie pour la combinaison des savons. **Grünwald**.

1893

227019 *13 janvier.* — Préparation d'un nouveau savon destiné au lavage des parquets, éviers, comptoirs en étain, etc. **Palun**.

227699 *7 février.* — Nouvelle presse à frapper le savon de mé-

nage-et le savon de toilette, à plateau tournant fonctionnant par courroie. **Desmarais**.

228261 *3 mars.* — Mises volantes et découpeurs à savon.
Baculard.

229999 *10 mai.* — Perfectionnements dans la fabrication du savon. **Finlay**.

230588 *5 juin.* — Emballage des savons durs. **Rivière**.

231106 *29 juin.* — Procédé permettant d'obtenir économiquement de la glycérine de pure saponification et des savons absolument semblables à ceux donnés par les
corps gras avant traitement. **Foëx**.

232582 *4 septembre.* — Nouveau mode de découpage des pains
de savon. **Chazaud**.

232695 *13 septembre.* — Forme à donner au savon dans le but de
supprimer tout déchet dans son usage. **David**.

233026 *25 septembre.* — Fabrication nouvelle des savons de toilette ou de ménage en employant le lait animal.
Villain.

233766 *3 octobre.* — Savon destiné au blanchissage et au lavage
du linge. **Mayer**, **Lévy et Philippe**.

233246 *6 octobre.* — Savon épilatoire de la peau. **Mellinger**.

CATALOGUE DE LIVRES

SUR LES

INDUSTRIES CHIMIQUES

PUBLIÉS PAR

LA LIBRAIRIE POLYTECHNIQUE, BAUDRY & Cᴵᴱ

15, RUE DES SAINTS-PÈRES, A PARIS

Le catalogue complet est envoyé franco sur demande.

Histoire de la chimie.

Histoire de la chimie. I. Histoire des grandes lois chimiques. — II. Histoire des métalloïdes et des principaux composés. — III. Histoire des métaux et de leurs principaux composés. — IV. Histoire de la chimie organique.
Par R. Jᴀ. ɢɴᴀᴜx. 2 volumes grand in-8°, contenant plus de 1500 pages   32 fr.

Aide-mémoire du chimiste.

Aide-mémoire du chimiste. Chimie inorganique, chimie organique, documents chimiques, documents · physiques, documents minéralogiques, etc., etc., par R. Jᴀɢɴᴀᴜx, 1 beau volume contenant environ 1,000 pages, avec figures dans le texte, solidement relié en maroquin.............................:...... 15 fr.

Vade-Mecum du fabricant de produits chimiques.

Vade-mecum du fabricant de produits chimiques, par le Dʳ G. Lᴜɴɢᴇ, professeur de chimie industrielle à l'Ecole Polytechnique fédérale de Zurich, traduit de l'allemand sur la 2ᵉ édition par V. Hᴀssʀᴇɪᴅᴛᴇʀ et Pʀᴏsᴛ, chimistes-industriels. 1 volume in-12, avec figures dans le texte, relié.................... 7 fr. 50

Traité de chimie.

Traité de chimie avec la notation atomique, à l'usage des élèves de l'enseignement primaire supérieur, de l'enseignement secondaire moderne et classique, des candidats aux Ecoles du gouvernement et aux élèves de ces écoles, par Lᴏᴜɪs

Serres, ancien élève de l'Ecole polytechnique, professeur de chimie à l'école municipale supérieure Jean-Baptiste Say. 1 volume in-8º avec figures dans le texte. .... 10 fr.

, *On vend séparément :*
Première partie : Métalloïdes................................. 3 fr. 50
Deuxième partie : Métaux...................................... 3 fr. 50
Troisième partie : Chimie organique............................ 3 fr. 50

Chimie appliquée à l'industrie.

Traité de chimie appliquée à l'industrie, par Adolphe Renard, docteur ès-sciences, professeur de chimie appliquée à l'École supérieure des sciences de Rouen. 1 volume grand in-8º, avec 225 figures dans le texte............. 20 fr.

Chimie médicale et pharmaceutique

Traité de chimie médicale et pharmaceutique (Chimie minérale), par le Dr R. Huguet, professeur de chimie et de toxicologie à l'Ecole de médecine et de pharmacie de Clermont-Ferrand, pharmacien en chef des hospices, inspecteur des pharmacies, ex-interne lauréat des hôpitaux de Paris. 1 volume grand in-8 de plus de 1000 pages, avec 427 fig. dans le texte. Relié................. 30 fr.

Analyse chimique.

Traité d'analyse chimique des substances commerciales, minérales et organiques, par R. Jagnaux. 1 volume grand in-8º avec figures dans le texte... 20 fr.

Analyse chimique.

Tableaux d'analyse chimique minérale d'après Frésénius, par C. Desmazures. 11 tableaux figuratifs renfermés dans un carton..................... 20 fr.

Dictionnaire d'analyse.

Dictionnaire d'analyse des substances organiques, industrielles et commerciales, par Adolphe Renard, docteur ès-sciences, professeur de chimie à l'Ecole supérieure des sciences de Rouen. 1 volume in-8º avec figures dans le texte, relié. .... 10 fr.

Méthodes de travail pour le laboratoire.

Méthodes de travail pour les laboratoires de chimie organique par le Dr Lassar Cohn, professeur de chimie à l'université de Kœnigsberg, traduit de l'allemand par E. Ackermann, ingénieur civil des mines. 1 volume in-12 avec figures dans le texte, relié... 10 fr.

Docimasie.

Docimasie. Traité d'analyse des substances minérales par Rivot, ingénieur en chef des mines, professeur de docimasie à l'Ecole des mines de Paris. 2e édition, 5 volumes grand in-8º... 50 fr.

Les eaux minérales de la France.

Les eaux minérales de la France. Etudes chimiques et géologiques entreprises conformément au vœu émis par l'Académie de médecine, sous les auspices du Comité consultatif d'hygiène publique de France, par E. Jacquot, inspecteur général des mines, membre du Comité d'hygiène, et Willm, professeur de chimie à la Faculté des sciences de Lille. 1 volume grand in 8º, avec 21 figures dans le texte et une carte..................................... 20 fr.

Matières colorantes artificielles.

Traité pratique des matières colorantes artificielles dérivées du goudron de houille, par A.-M. Villon, ingénieur chimiste. 1 volume grand in-8º, avec figures dans le texte... 20 fr.

Matières colorantes.

Traité des matières colorantes, du blanchiment et de la teinture du coton, suivi du dégommage et de la teinture de la ramie ou china-grass, par Adolphe Renard, docteur ès-sciences physiques, professeur de chimie à l'École supérieure d'industrie de Rouen. 1 volume in-8o. avec figures dans le texte et un album de 83 échantillons... 20 fr.

Dégraissage. — Blanchiment.

Traité pratique du dégraissage et du blanchiment des tissus, des toiles, des écheveaux, de la flotte, etc., ainsi que du nettoyage et du détachage des vêtements et des tentures, par A. Gillet. 1 volume in 8o, avec gravures dans le texte.
5 fr.

Epuration des eaux.

Traité de l'épuration des eaux naturelles et industrielles; analyse et essais des eaux, inconvénients de l'impureté des eaux, examen des procédés physiques employés à l'épuration des eaux, épuration ou correction chimique, systèmes mixtes, corrections des eaux dans les chaudières, description et examen critique des appareils, épuration des eaux résiduelles, par Delhotel. 1 volume grand in-8o avec 147 figures dans le texte, relié............................... 15 fr.

Epuration des eaux. *

N. B. — Les études suivantes ont paru dans le *Portefeuille des machines* et se vendent avec la livraison qui les renferme au prix de 2 fr la livraison.

Appareil d'épuration et de filtration des eaux, système Pullen. Livraison de décembre 1890... 2 fr.

Note sur la filtration mécanique par tissus : filtres Loze et Helaers, Breitfeld-Danek, Rolikowski, Muller, Bontemps, Philippe, avec une planche. Livraison de juin 1891... 2 fr.

Epuration des eaux destinées à l'alimentation des chaudières à vapeur. Livraison d'août 1893... 2 fr.

Traitement des eaux par la chaux avec 1 planche. Livraison de mai 1894. 2 fr.

Réchauffeur-épurateur d'eau, système Chevallet. Livraison de juillet 1894. 2 fr.

Fabrication du gaz.

Traité théorique et pratique de la fabrication du gaz et de ses divers emplois, à l'usage des ingénieurs, directeurs et constructeurs d'usines à gaz, par Edmond Bohias, ingénieur des arts et manufactures, directeur d'usines à gaz. 1 volume in-8o, avec figures dans le texte, relié................................ 25 fr.

L'éclairage à Paris.

L'éclairage à Paris. Etude technique des divers modes d'éclairage employés à Paris sur la voie publique, dans les promenades et jardins, dans les monuments, les gares, les théâtres, les grands magasins, etc., et dans les maisons particulières. — Gaz, électricité, pétrole, huile, etc.; usines et stations centrales, canalisation et appareils d'éclairage; organisation administrative et commerciale, rapports des Compagnies avec la ville; traités et conventions; calcul de l'éclairement des voies publiques; prix de revient, par Henri Maréchal, ingénieur des ponts et chaussées et du service municipal de la ville de Paris. 1 volume grand in-8o, avec 221 figures dans le texte, relié.............................. 20 fr.

Fabrication des cuirs.

Traité pratique de la fabrication des cuirs et du travail des peaux. Tannage, corroyage, hongroyage, mégisserie, chamoiserie, parcheminerie, cuirs vernis, maroquins, fourrures, courroies, selles, équipements militaires, harnais, théorie du tannage, statistique des cuirs et des peaux, par Villon, 1 volume grand in-8o contenant 128 figures dans le texte .... 18 fr.

Emplois chimiques du bois.

Des emplois chimiques du bois dans les arts et l'industrie. Du bois considéré comme combustible, carbonate de potasse, charbon de bois ordinaire, charbon de bois pour poudre, bois torréfié ou charbon roux, charbon moulé, dit charbon de Paris, goudron et ses dérivés, essence de térébenthine et ses dérivés, esprit-de-bois et ses dérivés, acide pyroligneux et ses dérivés, gaz d'éclairage au bois, tannin (extraits tanniques pour tannerie et teinture), cellulose (pâte chimique et pâte mécanique de bois pour papier), glucose (pour alcool), acide oxalique, par O. PETIT, ingénieur, ancien élève de l'École nationale forestière. 1 volume grand in-8º avec de nombreuses figures dans le texte...................... 15 fr.

Conservation des bois et des substances alimentaires.

Traité de la conservation des bois, des substances alimentaires et des diverses matières organiques, par PAULET. 1 volume grand in-8º............... 9 fr.

Annuaire de la Savonnerie et de la Parfumerie.

Annuaire de la savonnerie et de la parfumerie comprenant les documents scientifiques et pratiques intéressant la savonnerie et la parfumerie, et les adresses des savonniers, des parfumeurs et des fournisseurs de matières premières et de matériel, publié sous la direction de EDOUARD MORIDE, 2e année, 1893-94. 1 volume grand in-8º, relié... 8 fr.

Fabrication de la cellulose.

Traité pratique de la fabrication de la cellulose, à l'usage des directeurs techniques et commerciaux des fabriques de papier et de cellulose, des chefs d'atelier et des écoles professionnelles, par MAX. SCHUBERT, directeur d'usine, traduit de l'allemand avec notes et additions, par E. BIBAS, ancien élève de l'École Polytechnique, sous-directeur de la Société des Papeteries du Marais et de Sainte-Marie. 1 volume in-12 avec de nombreuses figures dans le texte. Relié.......... 10 fr.

Laval. — Imprimerie et stéréotypie E. JAMIN, 8, rue Ricordaine.